Normative Entgrenzung

Axel W. Bauer

Normative Entgrenzung

Themen und Dilemmata der Medizin- und Bioethik in Deutschland

Axel W. Bauer
Geschichte, Theorie und Ethik der Medizin
Medizinische Fakultät Mannheim der
Universität Heidelberg
Deutschland

ISBN 978-3-658-14033-5 ISBN 978-3-658-14034-2 (eBook)
DOI 10.1007/978-3-658-14034-2

Die Deutsche Nationalbibliothek verzeichnet diese Publikation in der Deutschen Nationalbibliografie; detaillierte bibliografische Daten sind im Internet über http://dnb.d-nb.de abrufbar.

Springer VS

Lektorat: Frank Schindler, Daniel Hawig

Gedruckt auf säurefreiem und chlorfrei gebleichtem Papier

Springer VS ist Teil von Springer Nature
Die eingetragene Gesellschaft ist Springer Fachmedien Wiesbaden GmbH

Das kann man so sehen.
Aber das muss man nicht so sehen.
G. W.

Wenn Gott nicht existiert, ist alles erlaubt.
Fjodor Michailowitsch Dostojewski (1821-1881)

Vorwort

Die Idee zu diesem Buch entstand am 19. September 2014 auf einer Zugfahrt im ICE 874 von Frankfurt am Main nach Berlin, die ich frühmorgens gemeinsam mit einer Kollegin angetreten hatte. Wir waren auf dem Weg zu einer medizinethischen Fachtagung, die am Nachmittag in der Guardini-Stiftung nahe dem Anhalter Bahnhof in Berlin-Kreuzberg stattfinden sollte. Das Thema dieser Tagung war der assistierte Suizid, dessen für den Herbst 2015 geplante strafrechtliche Regulierung zu diesem Zeitpunkt als ein sehr „heißes Eisen" im Fokus des kontrovers geführten biopolitischen oder besser des thanatopolitischen Diskurses in Deutschland stand.

Irgendwo zwischen Frankfurt und Fulda lenkte meine Mitreisende das Gespräch auf die nach ihrer Meinung doch recht umfangreichen Erfahrungen mit Wissenschaftlern und Politikern, vor allem aber mit strittigen Themen, die ich in den letzten zwei Jahrzehnten meiner Tätigkeit im Bereich der Medizin- und Bioethik gesammelt hätte. Ob ich diese Erfahrungen denn nicht einmal in Form einer Monografie ordnen und veröffentlichen wolle? Als einem Medizinethiker, dessen akademische Laufbahn jedoch als Medizinhistoriker begonnen habe, müsse es mich doch reizen, den Blick auf die aktuelle Medizin- und Bioethik mit einem zum Teil dann wohl auch zumindest mittelbar autobiografischen Rückblick auf die vergangenen rund zwanzig Jahre zu kombinieren, in denen es eine erhebliche Dynamik sowohl in der institutionellen Entfaltung des jungen Fachgebiets Geschichte, Theorie und Ethik der Medizin an den Medizinischen Fakultäten als auch in der thematischen Entwicklung des bioethischen und biopolitischen Diskurses gegeben habe. Es sei geradezu eine normative Entgrenzung der Lebenswissenschaften in Gang gebracht worden, speziell auf den Beginn und das Ende des menschlichen Lebens bezogen, die ich doch einmal aus der Perspektive eines sachverständigen Zeitzeugen beschreiben könnte.

Je mehr sich unser Zug der Bundeshauptstadt näherte, desto interessanter fand ich diesen Gedanken und den damit verbundenen Vorschlag, auf den ich selbst vermutlich nicht gekommen wäre. Denn das Tagesgeschäft eines Wissenschaftlers besteht eher darin, dem Maulwurf gleich immer neue „Erdhügel" in Form von Publikationen aufzuwerfen. Der Rückblick auf das eigene Wirken ist die Sache des Maulwurfs hingegen für gewöhnlich nicht, zumal er auch nicht besonders scharf sieht. Selbst ein Medizinhistoriker, der in den letzten zwei Jahrzehnten allmählich mehr und mehr zum Medizinethiker geworden ist, scheut die Retrospektive auf das eigene Schaffen, denn dabei droht ihm zumindest unter einer anachronistischen Perspektive realistischerweise die Gefahr, dass frühe eigene Fehleinschätzungen späterer Entwicklungen auf dem jeweiligen Themengebiet zutage treten können. Vor allem aber gilt der Zeitzeuge als ein schlechter Chronist in eigener Sache, denn nichts trübt den nüchternen Blick stärker als eine subjektive Sicht auf den Gang der Dinge.

In den folgenden Monaten begann ich dann jedoch tatsächlich damit, über die miterlebten Wendungen und Wandlungen in der Medizin- und Bioethik nachzudenken. Nach und nach ergab sich auch eine formale Struktur, eine thematische Matrix, in die ich meine ausgewählten Beiträge der letzten zwanzig Jahre einordnen konnte. So stand außer Frage, dass der geplante Band mit methodischen Problemen des Faches beginnen sollte, die im ethischen Alltagsdiskurs oftmals zu kurz kommen. Ebenso lag es auf der Hand, dass ein ausgebildeter Medizinhistoriker auch als Ethiker nicht darum herumkommen würde, die Veränderungen moralischer Konzepte im Lauf der Geschichte wenigstens zu skizzieren. Da Historiker die von ihnen rekonstruierten oder gar konstruierten Tatsachen der Vergangenheit prinzipiell unter einem individuellen, ebenfalls zeitgebundenen Blickwinkel beschreiben, kann es schon aus diesem Grund keine allgemein verbindlichen moralischen Normen geben, die als solche gleichsam „von selbst" aus der Vergangenheit für Gegenwart und Zukunft erwüchsen. Wer unter ethischer Perspektive in der Geschichte nach eindeutigen Antworten auf aktuelle normative Fragen sucht, der erhält zu viele und nicht etwa zu wenige kontradiktorische Lösungsvorschläge.

Wissenschaftsphilosophisch gesehen folgt aus dem historischen Wandel der Wertvorstellungen jedoch keineswegs zwingend eine relativistische Haltung im Hinblick auf die Wahrheitsfrage in der normativen Ethik. Die von mir seit vielen Jahren in Anlehnung an die Philosophen John R. Searle (*1932) und Rafael Ferber (*1950) vertretene metaethische Theorie, der zufolge moralische Aussagen als institutionelle Tatsachen dargestellt werden müssen, die durch kommunikative Aushandlung und Vereinbarung innerhalb einer Sprach-, Kultur-, Glaubens- oder Rechtsgemeinschaft etabliert, tradiert und modifiziert werden, kommt im vorliegenden Buch immer wieder sehr deutlich zur Geltung. Diese metaethische Theorie erklärt aus meiner Sicht formal am besten, was empirisch gesehen im ethischen und moralpolitischen Diskurs tatsächlich vor sich geht. Über die Frage des metaphysischen Wahrheitsgehalts der in einer konkreten Gesellschaft in einer bestimmten Epoche etablierten Moralvorstellungen trifft diese Theorie jedoch keine Aussage. Es wäre ja immerhin – zumindest rein theoretisch – denkbar, dass sich in einer Gesellschaft auch einmal die „falschen" Normen in Form allgemein anerkannter institutioneller Tatsachen stabilisiert haben könnten.

Damit wäre die grundlegende Frage nach der adäquaten Wahrheitstheorie in der Ethik angesprochen. Müssen wir uns bei der Behandlung moralischer Probleme letztlich mit einem bloß durch die jeweilige Mehrheit erzeugten Konsens oder mit der rechtspositivistisch abgesicherten Legalität abfinden? Dürfen wir die Klärung der Wahrheitsfrage einer Gruppe von kohärentistisch, womöglich transzendentalistisch argumentierenden Philosophen anvertrauen? Oder muss auch die Ethik einem korrespondenztheoretischen und somit nicht-relativistischen Wahrheitsbegriff verpflichtet bleiben?

Eine letztbegründete Antwort auf diese Frage kann ich nicht geben, schon gar nicht als überzeugter Anhänger des von dem Mannheimer Philosophen Hans Albert (*1921) formulierten *Münchhausen-Trilemmas*, das meines Erachtens nicht nur für die Erkenntnistheorie, sondern auch für eine normative Disziplin wie die Ethik gilt: Bei jedem Versuch der Letztbegründung scheitern wir entweder 1. im dogmatischen Abbruch, 2. durch den unendlichen Regress oder 3. mit dem Eintritt in eine zirkuläre Argumentationskette. Wenn es gleichwohl eine korrespondenztheoretische Wahrheit in der Ethik geben sollte, so müsste sie demnach von transzendenter Art sein. Undenkbar wäre dies schließlich nicht. Es erstaunt und irritiert mich immer wieder, dass neuerdings gerade die hier am ehesten zuständigen Theologen, darunter auch katholische Fachvertreter, an dieser Stelle oft in ein beredtes Schweigen verfallen, indem sie allenfalls bekunden, sie argumentierten als Moraltheologen ebenso bloß mit den Mitteln der Philosophie wie ihre nicht theologisch inspirierten Kollegen aus der Philosophischen Fakultät.

Nach dem einleitenden wissenschaftstheoretischen (Kapitel 1 bis 4) und einem anschließenden medizinhistorischen Teil (Kapitel 5 bis 8) wende ich mich in den drei folgenden Teilen des Buches jenen Problemkreisen zu, die während der vergangenen beiden Jahrzehnte den medizin- und bioethischen Diskurs wie auch die daran anknüpfende Biopolitik in Deutschland – aber nicht nur hier – besonders stark und nachhaltig geprägt haben. Diese Themen betreffen die Forschung an menschlichen embryonalen Stammzellen (Kapitel 9 bis 12) sowie die zunehmende Erosion des vom Staat zu gewährleistenden Lebensschutzes am Beginn (Kapitel 13 bis 18) und am Ende (Kapitel 19 bis 24) des menschlichen Lebens.

Wenn in diesem Band an zahlreichen Beispielen beschrieben wird, dass sich zumindest der medizinethische Mainstream einflussreichen wissenschaftlichen und gesellschaftlichen Interessengruppen gegenüber derzeit allzu dienstbar erweist, dann bezieht sich diese These in besonderer Weise auf die Entwicklung des ethischen, juristischen und biopolitischen Diskurses in den drei zuletzt genannten Themenfeldern. Es fällt auf, dass auf der argumentativen Vorderbühne, der *Front of House* im Sinne des Soziologen Erving Goffman (1922-1982), vor allem hehre und äußerst positiv konnotierte Begriffe wie „Ethik des Heilens“ oder „Respekt für die

Selbstbestimmung" geradezu obsessiv ins Zentrum der Debatten gerückt werden, während es hinter den Kulissen, also *Backstage*, häufig darum geht, den Schutz des menschlichen Lebens im Interesse der biologischen Forschung einerseits so spät wie möglich beginnen, ihn andererseits aber unter dem Druck demografischer und vermeintlicher ökonomischer Notwendigkeiten eher früh enden zu lassen. Medizin- und Bioethik, die dem Wortsinn nach Bereichsethiken des Heilens beziehungsweise des Lebendigen schlechthin sein sollten, verwandeln sich vor unseren Augen allmählich in Disziplinen, die allzu oft den Tod im Gepäck haben, dessen vorzeitige Herbeiführung sie auch noch philosophisch zu rechtfertigen suchen.

Nirgendwo lässt sich diese, jedenfalls aus meiner Sicht tragische Entwicklung besser verfolgen als auf den ethisch besonders sensiblen Gebieten der Stammzellforschung, der Fortpflanzungsmedizin und der sogenannten Sterbehilfe, hier insbesondere bei dem in den letzten Jahren aktuellen Thema des assistierten Suizids. Seit der Mitte der 1990er Jahre kann man daran beispielhaft beobachten, wie die in der Ethik häufig postulierte, aber ebenso oft bestrittene „schiefe Ebene" (*slippery slope*) in der bio- und thanatopolitischen Praxis tatsächlich funktioniert: Was vor zwanzig Jahren noch als nahezu undenkbar galt, ist heute nicht selten schon gängige Realität, so im Falle der Stichtagsverschiebung für den Import menschlicher embryonaler Stammzellen nach Deutschland (2008), bei der zivilrechtlichen Verankerung der Patientenverfügung mit der unbeschränkten Möglichkeit zum rechtskonformen Therapieabbruch in jedem Krankheitsstadium (2009), bei der Legalisierung der Präimplantationsdiagnostik (2011) und schließlich bei der strafrechtlich nunmehr privilegierten Duldung der „nicht geschäftsmäßigen" Suizidassistenz (2015).

Die ursprünglichen Versionen der 24 Kapitel dieses Bandes sind zwischen 1995 und 2016 entstanden. Sie dokumentieren und kommentieren die hier zunächst nur angedeuteten Entwicklungen im Detail und aus der jeweils diachronen Zeitperspektive heraus. Daher sind gewisse Überschneidungen und thematische Wiederaufnahmen durchaus nicht zufällig. Durch dieses Verfahren scheinen zugleich Nuancen in der metaethischen Rahmung wie in der normativen Bewertung einzelner Punkte auf, die belegen, dass auch meine persönliche Sicht der Dinge während der vergangenen zwei Jahrzehnte nicht vollkommen statisch geblieben ist. Ich habe deshalb die einzelnen Kapitel jeweils nur mit der gebotenen Zurückhaltung aktualisiert und mit Absicht an einigen Stellen den damaligen Wissenshorizont und dessen Bewertung beibehalten.

An einem solchen Buchprojekt sind stets zahlreiche Kollegen und Freunde beteiligt, denen der Verfasser zu Dank verpflichtet ist. Neben Mechthild Löhr, die den entscheidenden Anstoß zu diesem Band gab, danke ich besonders Frank Schindler, dem Cheflektor des Springer VS Verlags, der es mir ermöglicht hat, in seinem Hause publizieren zu dürfen, und der mich in allen Phasen der Realisierung des Buches zuvorkommend und hilfreich unterstützte. Ganz herzlich danken möchte ich auch meiner bewährten ersten Leserin, Dipl.-Übersetzerin cand. med. Silvia Breul, die bei der Korrektur von Orthographie, Stil und Inhalt wie immer eine unentbehrliche Hilfe war. Die meisten Kapitel dieses Bandes gehen auf Vortragstexte zurück, zu denen mich im Lauf der Jahre zahlreiche Kolleginnen und Kollegen durch ihre freundliche Einladung angeregt haben; auch ihnen gilt mein Dank. Thomas Friedl schließlich danke ich für viele Gespräche über Bioethik und Biopolitik, die für mich stets besonders anregend waren; so möge es auch künftig bleiben.

Es ist nicht zu erwarten, dass die im Folgenden dargelegte Sicht auf die gegenwärtige Medizin- und Bioethik bei allen Leserinnen und Lesern ungeteilte Zustimmung finden wird; dies wäre auch keineswegs mein Ziel. Unser Fach braucht den streitigen Diskurs, ja es lebt geradezu durch ihn. Ein Ethiker, der von allen Seiten nur Beifall erhielte, würde seine Aufgabe nach meiner Überzeugung verfehlen, denn er hätte offenbar nichts Substanzielles gesagt. Solcher Gefahr gilt es vorzubeugen. Zumindest in dieser Hinsicht habe ich mich ernsthaft bemüht.

Mannheim, im April 2016
Axel W. Bauer

Inhalt

Aufgaben, Methoden und Aporien der Medizinethik

I

1 Ethische Argumente im Diskurs über medizinische Forschung zwischen Funktion und Funktionalisierung[1]

Die Medizin- und Bioethik als dienstbarer Geist der Forscher?

Seit dem Beginn des 21. Jahrhunderts hat die Ethik in den Wissenschaften Konjunktur, vor allem rhetorische, zum Teil aber bereits institutionelle. Ethik-Zentren und Ethik-Institute einschließlich solcher für Technikfolgenabschätzung werden etabliert, als sei eine Art moralischer Epidemie über unser Land hereingebrochen. Ganz besonders boomt die Medizin- und Bioethik. Seit einigen Jahren vergeht kaum eine Woche, ohne dass etwa im *Deutschen Ärzteblatt* das Stichwort *Ethik* im Titel mindestens eines Beitrags fällt. Aktuelle Themen der Biomedizin wie therapeutisches Klonen oder Präimplantationsdiagnostik ziehen das Interesse der Publikumsmedien auf sich. Wissenschaftsseiten und Feuilletons der Tages- und Wochenzeitungen quellen im Wettstreit mit Hörfunk- und Fernsehfeatures geradezu über von Beiträgen zum Themenbereich Wissenschaft und Ethik.

Ist dies alles nun ein gutes Zeichen für den moralischen Zustand unseres Landes und unserer westlichen Zivilisation einschließlich ihrer wissenschaftlichen Reflexionskultur, oder müssen wir uns womöglich im Gegenteil darüber Sorgen machen, dass eine in Wahrheit völlig amoralische Gesellschaft das Fach Ethik als kompensatorisches Surrogat zur Beruhigung ihres schlechten Gewissens benötigt? Diesem nicht gar so erfreulichen Anfangsverdacht soll hier etwas genauer nachgegangen werden, immerhin verbunden mit der Hoffnung, dass dabei auch

1 Dieses Kapitel beruht auf dem überarbeiteten Text eines Vortrags, der am 18. Januar 2001 im Heidelberger Kolloquium *Wissenschaftlichkeit in der Medizin (VIII): Seriosität und Qualität in der medizinischen Forschung* gehalten wurde.

entlastende Indizien zugunsten der Ethik in den Wissenschaften zusammengetragen werden können.

Das Thema *Seriosität und Qualität in der medizinischen Forschung* enthält zunächst einmal offenkundig eine genuin ethische Dimension, denn die Begriffe Seriosität und Qualität sind keine deskriptiven Termini, sie enthalten vielmehr ein normatives Element. Mit ihnen werden keine „natürlichen Tatsachen" (*brute facts*) der externen Realität beschrieben, vielmehr bezeichnen diese beiden Substantive „institutionelle Tatsachen" (*institutional facts*) oder normative soziale Konstrukte, die eine weit fragilere Konstitution aufweisen als jene Art von Fakten, mit denen es der Naturwissenschaftler bei der Beschreibung seiner Untersuchungsgegenstände in der Regel zu tun hat. Der an der Universität von Kalifornien in Berkeley lehrende Philosoph John R. Searle (*1932) hat im Jahre 1969 die beiden Begriffe *brute fact* und *institutional fact* geprägt, der Schweizer Philosoph Rafael Ferber (*1950) hat den Begriff der *institutional facts* auf moralische Tatsachen ausgedehnt.[2] Moralische Tatsachen sind demnach keine objektiven physischen oder metaphysischen Realitäten, wie es der metaethische Kognitivismus behauptet, sie sind aber auch nicht bloß subjektive psychische Phänomene, die andere Personen allenfalls zur Nachempfindung oder zur Nachahmung anregen könnten, was der Auffassung des metaethischen Emotivismus entspräche. Moralische Tatsachen müssen vielmehr als von Menschen historisch geschaffene soziale Institutionen angesehen werden, die innerhalb einer Sprach-, Kultur-, Glaubens- oder Rechtsgemeinschaft nach bestimmten Regeln intersubjektiv konstituiert, stabilisiert, tradiert und modifiziert werden. Diese Regeln entsprechen der Struktur *A gilt als B im Kontext der Gemeinschaft C*. Daraus folgt, dass die Regeln, nach denen sich moralische Werte entwickeln, stets zugleich auch sprachlich-semantische Regeln sind: Dem Wort A wird durch sie die Bedeutung B im Kontext der Sprachgemeinschaft C zugeordnet. Da die zur Kommunikation benutzten Wörter einer Sprache Symbole sind, lässt sich deren Assoziation mit konkreten Bedeutungen als eine relativ flexible und im Laufe der Zeit graduell veränderliche Beziehung charakterisieren. Institutionelle Tatsachen sind auf eine bestimmte Art und Weise interpretierte Tatsachen; in ihnen gehen Lebens- und Sprachwelt eine mehr oder minder dauerhafte normative Verbindung ein, die allerdings weder starr noch unauflöslich ist.

Wenn also von Seriosität und Qualität die Rede ist, dann sollte man darüber nachdenken, welche legitime Funktion oder Aufgabe eine normativ-ethische Reflexion über moralische Standards in der medizinischen Forschung haben könnte. Es wird aber ebenfalls darüber zu sprechen sein, ob nicht in manchen Fällen das Schlagwort *Ethik* auch in problematischer Weise funktionalisiert oder

2 Searle (1994); Ferber (1988); Ferber (1993); Ferber (1994); Ferber (1999); Bauer (2000a).

instrumentalisiert wird, um bestimmte Effekte zu erzielen, die mit moralischer Reflexion wenig zu tun haben. Wenn man den Begriff und das handwerkliche Instrumentarium der Ethik für im voraus definierte Handlungsziele einsetzt und das Erreichen jener Ziele lediglich zweckrational überprüft, dann wird die Ethik funktionalisiert beziehungsweise fremdbestimmt. Wer sich einer solchen funktionalen Mittel-Zweck-Relation bedient, kann mit den Mitteln des Verstandes einigermaßen lückenlose Verbindungsglieder zwischen den Vorbedingungen, den einsetzbaren Mitteln beziehungsweise den vermittelnden Mechanismen und den angestrebten Zwecken beziehungsweise den zu vermeidenden Zuständen aufzeigen. Im Extremfall kann es dazu kommen, dass mithilfe vorgeblich ethischer Kategorien und Mittel tatsächlich unmoralische Ziele verfolgt werden.

Wenn man sich den Funktionen wie den Funktionalisierungen von ethischen Argumenten im Rahmen der medizinischen Forschung zuwendet, so muss das Thema für den pragmatischen Zugriff noch weiter untergliedert werden in

1. mit ethischer Akzentuierung formulierte Kritik an den institutionellen Strukturen sowie dem methodologischen Ablauf biomedizinischer Forschung und
2. mit ethischer Akzentuierung formulierte Kritik an den Forschungsthemen und deren Inhalten.

Ethische Kritik an den institutionellen Strukturen sowie am methodologischen Ablauf biomedizinischer Forschung

Den äußeren Anlass für die Brisanz des Themas bilden die Nachwehen des bekannt gewordenen Fehlverhaltens von Wissenschaftlern im Rahmen der sogenannten „Affäre Herrmann/Brach“. Wie sich seit dem Frühsommer 1997 allmählich herauskristallisierte, hatten die beiden Professoren Friedhelm Herrmann (*1949) und Marion Brach über einen langen Zeitraum hinweg, der mindestens von 1988 bis 1996 reichte, in ihren wissenschaftlichen Arbeiten Ergebnisse und Aussagen in erheblichem Umfang gefälscht. Vor diesem Hintergrund wurde eine Kommission ins Leben gerufen, die unter der Leitung des Würzburger Zellbiologen Ulf R. Rapp (*1943) zur Aufklärung der Vorwürfe insgesamt 347 Veröffentlichungen des Ulmer Krebsforschers Friedhelm Herrmann untersuchte. Die sogenannte *Task Force F. H.* kam in ihrem Abschlussbericht vom Juni 2000 zu dem Ergebnis, dass in insgesamt 94 Veröffentlichungen, bei denen Herrmann Co-Autor war, konkrete

Hinweise für Datenmanipulationen zu finden seien. Insgesamt wurden 357 einzelne Fälschungsvorwürfe erhoben.[3]

Jenseits der abstrakten Zahlen sehr aufschlussreich ist der atmosphärische Insider-Bericht eines ehemaligen Mitarbeiters von Herrmann und Brach, eines jungen amerikanischen Mediziners, der 1994/95 in der Forschungsgruppe tätig war. Ernie L. Esquivel schrieb über eine Unterredung mit Friedhelm Herrmann: „Bei diesem Treffen erläuterte er seine Forschungsphilosophie. Er tat dies, indem er einen meiner Kollegen [...] kritisierte. Er sagte, dass Dr. [...] niemals in der Wissenschaft voran käme, weil er ständig seine Ergebnisse reproduzieren wolle und Kontrollen der Kontrollen durchführe. [...] Jeder im Labor wusste, dass Dr. [...] kein bevorzugtes Mitglied war, weil er seine Arbeit sorgfältig durchführte und es nicht gestattete, dass Daten aufgeschrieben wurden, wenn er nicht überzeugt war, dass die Ergebnisse reproduzierbar waren und stichhaltig."[4] Esquivel schloss seine desillusionierenden Betrachtungen mit dem beinahe schon resignativ klingenden Appell: „Ist es nicht eine Schande, dass die, die am meisten für dieses große Fehlverhalten verantwortlich sind, offensichtlich wenig gelitten haben oder wenigstens nicht so viel, wie der Rest von uns, die sich noch keine Lorbeeren verdient haben, auf denen sie sich ausruhen können? Ich hoffe, dass die Kommission diese Tragödie korrigieren kann."[5]

Wie lässt sich ein derartiger Forschungsskandal thematisch einordnen? Zweifellos vermischen sich in ihm zwei Aspekte, die eng miteinander verzahnt sind: Es geht um mehr oder minder vorsätzlich begangene methodologische Fehler im Ablauf der Experimente, deren tiefere Ursachen jedoch wesentlich in der institutionellen Struktur und Organisation der modernen *Big Science* selbst zu suchen sind. Kritik entzündet sich demnach nicht nur am methodologischen Ablauf biomedizinischer Forschung, sondern gleichermaßen an den zugrunde liegenden institutionellen Strukturen. Die ethische Analyse muss hier sowohl wissenschaftstheoretische als auch wissenschaftssoziologische Faktoren in ihr Kalkül mit aufnehmen. Nach Ansicht des Kritischen Rationalismus, jener philosophischen Richtung, die auf Sir Karl R. Popper (1902-1994) und auf den Mannheimer Philosophen Hans Albert (*1921) zurück geht, müssen wir als Wissenschaftler davon ausgehen, dass unser gesamtes Wissen stets nur vorläufig ist und dass es jeder Zeit an der Wirklichkeit scheitern kann. Dann muss es entsprechend korrigiert werden. Diese Einstellung, die man auch als konsequenten Fallibilismus bezeichnen kann, lässt Raum für ein ständiges Wachstum, aber auch für einen stetigen, „evolutionären" Umbau des

3 Werkstattbericht (2000).

4 Esquivel (2000), S. 424.

5 Esquivel (2000), S. 425.

wissenschaftlichen Wissens. Das heute für richtig Erkannte kann sich schon morgen als ergänzungsfähig, als korrekturbedürftig oder sogar als falsch herausstellen. Der Prüfstein für richtig oder falsch bleibt die Bewährung des Wissens in der wirklichen Welt, und in der Medizin ist diese externe Realität der kranke Mensch.

Wissenschaftlichkeit lässt sich nach den Ausführungen des Heidelberger Internisten und Psychosomatikers Peter Hahn (*1931) als ein Einstellungsmerkmal erfassen, das durch seine Anwender und deren Methoden charakterisiert ist.[6] Es handelt sich dabei um eine Denk- und Handlungsweise, die in der prinzipiellen Bereitschaft zur Offenheit und Fähigkeit zur Kritik, zur permanenten emotionalen und rationalen Überprüfung, Korrektur und Veränderung des Erkannten besteht und die eine Festlegung auf Erkanntes und Bewiesenes nur im Sinne der Vorläufigkeit akzeptiert. Strenge Methodendisziplin und konsequente Bereitschaft zur Kritik einschließlich Selbstkritik sind demnach die besten Voraussetzungen für einen guten Wissenschaftler. Paradoxerweise sind gerade diese subjektiven Einstellungen jene Charakteristika, die am ehesten so etwas wie Objektivität oder zumindest Intersubjektivität in der Wissenschaft zu garantieren scheinen. Vor allem bei der Bereitschaft zur Selbstkritik handelt es sich jedoch um eine Tugend, die bei den meisten Wissenschaftlern nur relativ schwach ausgeprägt ist und die immer in der Gefahr schwebt, dem eigenen Ehrgeiz geopfert zu werden. Es ist viel verführerischer, ein glänzendes Ergebnis zu präsentieren, als sich eingestehen zu müssen, dass man die eigene Hypothese nicht seriös bestätigen konnte.[7]

Verständlicherweise ist es für das Selbstbewusstsein eines Forschers sehr viel angenehmer und auch für sein berufliches Fortkommen lohnender, wenn er seine Lieblingshypothese bestätigen kann, als wenn er sie nach erheblicher experimenteller Mühe am Ende doch verwerfen muss. Und da zieht man dann manchmal lieber einen ins Konzept passenden plausiblen Trugschluss, als zugeben zu müssen, dass man sich geirrt hat. Der im 19. Jahrhundert sehr prominente Anatom Jakob Henle (1809-1885) hat 1844 in dem programmatischen Aufsatz *Medizinische Wissenschaft und Empirie* einmal versucht, die Grundzüge einer innovativen wissenschaftlichen Heilkunde zu skizzieren. Henle schrieb damals über den Nutzen von Theorien und Hypothesen:

> „Immer werden […] Beobachtungen den Umriss bilden, dessen einzelne Theile die wandelbare Theorie weiter ausführt. Indem man aber darüber Hypothesen aufstellt und ihre Haltbarkeit im gegebenen Falle prüft, wird man nicht umhin können, die Erscheinungen selbst genauer in's Auge zu fassen; ausgerüstet mit Vorurtheilen, die uns nur nicht ans Herz gewachsen sein müssen, werden wir mehr und Manches

6 Hahn (2000), S. 47-48.

7 Weiß/Bauer (2015), S. 36-47, hier vor allem S. 40.

richtiger sehen. Leider bestätigt sich nur zu oft der alte Spruch, dass dem, der durch das gefärbte Glas einer Theorie schaut, die Gegenstände farbig erscheinen, aber es ist eben so gewöhnlich, dass sie dem unbewaffneten Auge des sogenannten nüchternen Beobachters ganz entgehen. Jenes ist doch der Anfang einer Erkenntnis."[8]

Hypothesen sind im günstigen Fall kontrollierte Vorurteile, die man benötigt, um wissenschaftliches Neuland zu betreten. Lieblingshypothesen aber können – und darin liegt ihre Gefahr – zu unkontrollierbaren Vorurteilen werden, weil sie dem Forscher, wie Henle formulierte, zu sehr „ans Herz gewachsen" sind. Wissenschaftler neigen dann dazu, jeden noch so unklaren oder widersprüchlichen Befund in ihren Experimenten oder klinischen Studien zugunsten der Hypothese zu interpretieren, ihn zu ignorieren oder gar die Messdaten ein wenig im erhofften Sinne „nachzubessern". Und schon ist man auf dem besten Weg, vom gläubigen Opfer der Lieblingshypothese zum Täter in und an der Wissenschaft, zum akademischen Fälscher zu werden.

Nicht selten ist es auch der akademische Betreuer, der wie Friedhelm Herrmann im Falle des oben zitierten Doktoranden Ernie Esquivel einen jungen Wissenschaftler dazu motiviert, die Rohdaten ein wenig gefälliger zu runden, um damit eine Graphik oder eine Statistik etwas „frisieren" zu können. Auf dem nächsten Fachkongress wirkt das entsprechende Poster oder das Diapositiv nämlich viel überzeugender, wenn aus der stark streuenden Verteilung der Messpunkte eine ordentliche Gerade oder eine formschöne Glockenkurve geworden ist. Und welcher abhängige junge Mitarbeiter wäre notfalls nicht bereit, dem Betreuer zuliebe hier ein wenig „nachzuhelfen", kommt doch das optisch „schönere" Ergebnis schließlich auch ihm selbst und seiner Karriere zugute.

So wird ein regelrechter Teufelskreis, eine schiefe Ebene, bestehend aus den eskalierenden Zutaten Idealismus, Selbsttäuschung, Gefälligkeit, Karrierestreben, Täuschung und schließlich Betrug in Gang gesetzt, in dem man sich am Ende sogar hochschul-, straf- und zivilrechtlich heillos verfangen kann. In „harmloseren" Fällen kann zumindest eine auf Dauer zynische Einstellung zur Wissenschaft und zum akademischen Wissenschaftsbetrieb aus solchen Erlebnissen resultieren. Die nicht selten gehörte resignierende Feststellung „Glaube nur der Statistik, die Du selbst gefälscht hast" legt davon ein beredtes Zeugnis ab. Der Kölner Internist Volker Diehl (*1938) nahm im Jahr 2000 mit zwei Co-Autoren den „publizierten Betrug" in Deutschland näher unter die Lupe, also die Veröffentlichung verfälschter medizinischer Forschungsergebnisse.[9] Dabei zeigte sich eine differenzierte Palette

8 Henle (1844), S. 34-35; Bauer (1987), S. 48.

9 Diehl et al. (2000).

des wissenschaftlichen Fehlverhaltens, das nicht nur im Erfinden oder Verfälschen von Daten bestehen kann. Auch die Verletzung geistigen Eigentums durch Plagiat, Ideendiebstahl, unbegründete Autorenschaft, Inhaltsverfälschung und unbefugte Veröffentlichung muss in Betracht gezogen werden, ebenso Sabotage und Mitverantwortung für das Fehlverhalten anderer, zum Beispiel durch grobe Vernachlässigung der Aufsichtspflicht.

Bei den genannten Strategien des unlauteren wissenschaftlichen Arbeitens handelt es sich um vorsätzliche Verstöße gegen jene anerkannten methodologischen Standards, die in jedem wissenschaftstheoretischen Proseminar gelehrt werden. Das eigentliche wissenschaftsethische Problem besteht deshalb auch nicht so sehr in fachlicher Unkenntnis, die relativ leicht zu beheben wäre, sondern vielmehr in den Motiven der Täter. Diese Beweggründe entspringen ihrerseits institutionsimmanenten Mängeln in Struktur und Organisation von Forschung und Wissenschaft. Besonders im Bereich der Medizin hängt heute die Karriere junger Wissenschaftler in erster Linie von der Zahl ihrer Veröffentlichungen ab.[10] Mag auch neuerdings durch die Berücksichtigung scheinbar objektiver, aber problematischer Parameter wie Impact-Factor (IF) oder Citation Index (CI) die Qualität von Zeitschriften beziehungsweise individuellen Forschungsleistungen eine stärkere Gewichtung erfahren, so gilt gleichwohl die Quantität des jährlichen Textaufkommens als ein vorrangiges Maß für die geistige Produktivität der Forscher.[11] Angesichts des harten Kampfes um die Einkommen, Macht und Ruhm garantierenden Lehrstühle und Chefarztpositionen ist damit eine strukturelle Ursache für den unlauteren Wettbewerb vorgegeben, die durch den hierarchischen Aufbau des deutschen Hochschulsystems noch verstärkt wird.[12] Allzu rasch kann berechtigte inhaltliche Kritik am methodologischen Vorgehen des Chefs von diesem quasi als „Majestätsbeleidigung“ aufgefasst und für den Nachwuchswissenschaftler karriereschädigend geahndet werden.

Auf der juristischen Ebene kann sowohl straf- als auch zivilrechtlich nur das jeweilige individuelle Fehlverhalten tatbestandlich charakterisiert und mit Sanktionen belegt werden. Im Strafrecht kommen unter anderem Betrugsdelikte (§ 263 StGB) sowie Verletzungen des persönlichen Lebens- und Geheimbereichs wie das Ausspähen von Daten (§ 202a StGB) oder die Verwertung fremder Geheimnisse (§ 204 StGB) in Betracht, aber auch Straftaten gegen das Leben beziehungsweise die körperliche Unversehrtheit wie fahrlässige Tötung (§ 222 StGB) und vorsätzliche (§ 223 StGB) oder fahrlässige Körperverletzung (§ 229 StGB). Zivilrechtlich muss

10 Conn und Asbury (1994).

11 Lehrl (2000).

12 Blum et al. (1997).

an den möglichen Bruch vertraglicher Vereinbarungen zwischen Forscher und Arbeitgeber, zwischen Forschern untereinander oder zwischen Verlag und Autor gedacht werden. Schließlich könnten von Betroffenen Schadensersatzansprüche wegen sittenwidriger vorsätzlicher Schädigung (§ 826 BGB) geltend gemacht werden.[13]

In organisationsethischer Perspektive ist jedoch eine solche lediglich individualrechtliche Sichtweise angesichts der geschilderten strukturellen Defizite unzureichend. Hier muss zusätzlich die institutionalisierte Wissenschaft selbsttätig regulierend eingreifen und wenigstens versuchen, prozedurale Regeln nicht nur zur Verfolgung von bereits entdecktem individuellem Fehlverhalten, sondern vor allem solche zur kollektiven Prävention zu entwickeln. Die Max-Planck-Gesellschaft (MPG) führte im Jahr 2000 ein zweistufiges Verfahren mit Vorprüfung und förmlicher Untersuchung ein, das bei Verdacht auf wissenschaftliches Fehlverhalten angewendet werden sollte.[14] Am 24. November 2000 beschloss der Senat der MPG darüber hinaus neue Regeln zur Sicherung guter wissenschaftlicher Praxis, die für alle Mitarbeiter verbindlich gemacht wurden. Besondere Bedeutung maß die MPG der Ausbildung des wissenschaftlichen Nachwuchses bei. Junge Wissenschaftler sollten lernen, dass der primäre Test eines wissenschaftlichen Ergebnisses dessen Reproduzierbarkeit ist: Je überraschender, aber auch je erwünschter ein Ergebnis sei, desto wichtiger sei die unabhängige Wiederholung des Weges zum Ergebnis in der Forschungsgruppe, bevor es nach außen weitergegeben werde. Weiterhin wurde gefordert, dass sich die Mitarbeiter stillschweigende axiomatische Annahmen bewusst machen müssten, dass sie in der Lage sein sollten, Wunschdenken zu kontrollieren, das entweder eigenen Interessen diene oder das auch moralisch motiviert sein könne. Schließlich wurde vor einer Übergeneralisierung von Befunden gewarnt.[15]

In eine ähnliche Richtung gingen bereits die 1998 veröffentlichten Vorschläge der Deutschen Forschungsgemeinschaft (DFG) zur Sicherung guter wissenschaftlicher Praxis, die auf Empfehlungen der Kommission *Selbstkontrolle in der Praxis* basierten.[16] In dieser Denkschrift wurden nicht nur Arbeitsregeln und Organisationsstrukturen für gute wissenschaftliche Praxis genannt, sondern es kamen auch Themen wie Ausbildung und Förderung des wissenschaftlichen Nachwuchses, das Vorsehen unabhängiger Vertrauenspersonen oder die Rolle der Fachgesellschaften und der wissenschaftlichen Zeitschriften zur Sprache. All diese zweifellos sinnvollen Maßnahmen können jedoch nicht den grundsätzlichen ethischen Konflikt

13 Diehl et al. (2000), S. 1113.

14 Max-Planck-Gesellschaft [(2000)]; Diehl et al. (2000), S. 1114 (Tabelle 5).

15 Maes (2001).

16 Deutsche Forschungsgemeinschaft (1998); Diehl et al. (2000), S. 1113 (Tabelle 4).

zwischen wissenschaftlicher Seriosität und Qualität auf der einen Seite und dem strukturellen Leistungsdruck zu quantitativ hoher wissenschaftlicher Produktivität auf der anderen Seite verdecken. Quantität ist als „hartes" deskriptives Merkmal oder *brute fact* relativ leicht messbar, Qualität hingegen ist von Normen abhängig, die als „weiche" *institutional facts* in viel sensiblerer Weise dem wissenschaftlichen, sozialen und historischen Wandel unterliegen. Die heutigen Kriterien für Wissenschaftlichkeit in der Medizin, die der Medizininformatiker Reinhold Haux (*1953) im Jahre 1999 mit den Begriffen Relevanz, Zielgerichtetheit, Verhältnismäßigkeit, Verwendung adäquater Modelle, Reproduzierbarkeit und Bewertung des Nutzens charakterisierte, sind nicht nur medizinhistorisch gesehen relativ junge Dimensionen zur Einschätzung wissenschaftlicher Leistungen, sie stellen darüber hinaus ihrerseits – mit Ausnahme der Reproduzierbarkeit – normative und somit „weiche" Wegmarken dar, die einer näheren Konkretisierung im Einzelfall bedürfen.[17] Über die korrekte Applikation wird dann sicher nicht immer Einigkeit herrschen.

Quantität und Qualität sind schon der Kategorie nach ein sehr ungleiches Geschwisterpaar, massiv und robust die eine, fragil und instabil die andere. Es leuchtet unmittelbar ein, wer hier vermutlich nachgeben wird, wenn die Zuweisung von Personal- und Sachmitteln in den Universitäten sich noch stärker als früher an der Messbarkeit von Forschungsleistungen orientiert. Die publicityträchtigen Skandale der vergangenen Jahre kennzeichnen dabei lediglich die Spitze eines tief reichenden Eisbergs. Der Berliner Pathologe Heinz David (*1931) hat in seinem Buch *„Big Science" und der Mythos von der Ehrlichkeit und Ehrenhaftigkeit der Wissenschaftler* ein ganzes Pandämonium von Manipulations- und Betrugsfällen versammelt, das sich keineswegs auf Deutschland beschränkt.[18] Alle Nationen, in denen bedeutsame biomedizinische Forschung betrieben werde, seien betroffen – die USA, Großbritannien, Frankreich, Schweden, die Schweiz, Polen, die Niederlande, Kanada oder Australien. David zeigte sich skeptisch gegenüber moralischen Appellen und Denkschriften, die womöglich eher eine Probleme kaschierende Funktionalisierung von Ethik darstellten als eine hilfreiche Funktion: Kein Gentleman benötige einen ethischen Code, und kein ethischer Code verhindere, dass ein Gentleman zum Betrüger werde.[19] Die Wissenschaft sei von ihrem gedachten Olymp, dem Konstrukt des „Elfenbeinturms", durch „Big Science" in die Niederungen des normalen Lebens gestoßen worden. Die Forschung sei zu einem Job und der Forscher zu einem Massenphänomen geworden, nicht selten mit der Charakteristik eines „Söldners". David warnte: „Wer glauben sollte, dass

17 Haux (1999).

18 David (2000).

19 David (2000), S. 174.

mit Richtlinien und Empfehlungen Fehlhandlungen verhindert werden, der irrt. Mit jeder Höherlagerung der ‚ethischen Latte' werden auch Erfindungsgeist und kriminelle Energie eine neue Dimension erreichen."[20]

Sofern an diesem resignativen Resümee mehr als nur ein Körnchen Wahrheit ist, könnte dies bedeuten, dass viele der seit einigen Jahren zu hörenden Appelle an das Gewissen und das Ethos der Forscher exakt einen Teil jener Funktionalisierung von Ethik bilden, die bereits eingangs kritisiert wurde. Wenn jedoch Ethik als ein beschwichtigender Tranquilizer, bestehend aus mahnenden, aber substanziell folgenlosen Reden eingesetzt wird, dann bildet sie nicht mehr einen Teil der Lösung, sondern einen Teil des Problems. Je häufiger, lauter und drängender nach mehr Ethik in den Wissenschaften gerufen wird, desto unwahrscheinlicher ist es, dass die Situation, die man vorgeblich beklagt, wirklich durchgreifend verändert werden soll. Eine funktionalisierte Ethik wäre aber eine ernsthafte Bedrohung jeder glaubwürdigen Moral.

Doch noch von einer anderen Seite her droht der Ethik eine Funktionalisierung: Das professionelle Wissenschaftsverständnis der durch die genannten Betrugsfälle noch mehr als sonst in Verruf geratenen „Schulmedizin" deckt sich weder mit den populären subjektiven Krankheitstheorien vieler Patienten noch mit deren – in erster Linie durch bunte Printmedien verstärkten – Wünschen nach vorgeblich „sanften" und „alternativen" Heilverfahren.[21] Es sind durchaus spezifische Elemente, welche die „andere Medizin" bis heute für ihre Nutzerinnen und Nutzer besonders attraktiv erscheinen lassen: Es geht dabei um Wünsche nach Individualität, Ganzheitlichkeit, Natürlichkeit, Einfachheit, aber auch nach Emanzipation, Selbstbestimmung und Exklusivität, die von den Anbietern der entsprechenden Therapieverfahren geschickt aufgenommen und ihren Waren beziehungsweise Dienstleistungen zugeschrieben werden.[22]

Aufseiten der niedergelassenen Ärzte werden diese Bedürfnisse und Forderungen nicht etwa durch rationale Aufklärung als Illusionen erkannt, wie es die wissenschaftliche Seriosität als Bestandteil ärztlichen Selbstverständnisses gebieten würde. Sie treffen im Gegenteil sogar auf Resonanz, und zwar aus einem ganzen Bündel von Motiven heraus: Ärztliche Systemkritik artikuliert sich gegenüber einer technisierten Medizin, die „Alternativmedizin" wird als rettender Strohhalm bei therapieresistenten Leiden sowie als Passepartout bei Befindlichkeitsstörungen gesehen, und schließlich gibt es erhebliche ökonomische Anreize für den Arzt, sich

20 David (2000), S. 175.

21 Zur Bedeutung der subjektiven Krankheitstheorien für die Medizin, insbesondere die Prävention, siehe Verres (1995).

22 Nüchtern (1998).

der „Komplementärmedizin" auch wider besseres Wissen zuzuwenden. Wenn nun die angeblich orthodoxe „Schulmedizin" ihre prinzipiellen methodischen Stärken durch Wissenschaftsbetrug gefährdet und relativiert, so kann diese Situation von einer funktionalisierten Ethik dahingehend pauschal interpretiert werden, dass es künftig noch weniger als bisher angeraten sei, sich den „akademischen Scharlatanen" anzuvertrauen. Die „Alternativmedizin" erschiene so plötzlich auch in moralischer Hinsicht als überlegen und bezöge neue, wenn auch unverdiente Glaubwürdigkeit aus der selbst verschuldeten Misere der Wissenschaft. In der Hand geschickt argumentierender Vertreter der „Alternativmedizin" könnte somit gerade die Ethik als eine bedrohliche Waffe gegen die akademische Heilkunde funktionalisiert und missbraucht werden.

Ethische Kritik an den Themen und Inhalten biomedizinischer Forschung

Wenn ethische Argumente im Diskurs über medizinische Forschung in der breiteren Öffentlichkeit auftauchen, dann geht es oftmals jedoch weniger um Kritik an den institutionellen Strukturen oder am methodologischen Ablauf biomedizinischer Forschung, denn dies bleibt trotz der bekannt gewordenen Wissenschaftsskandale vornehmlich ein Thema der Binnendiskussion innerhalb der *Scientific Community*. Auf große Resonanz in der Mediengesellschaft stoßen vielmehr ethische Kontroversen um Themen und Inhalte der biomedizinischen Forschung. Vor allem sind es Komplexe wie Gentherapie, Präimplantationsdiagnostik, Designerbabys[23], reproduktives und therapeutisches Klonen[24], Forschung mit embryonalen Stammzellen oder Patente auf menschliche Gene, die inzwischen nicht mehr nur die Wissenschaftsseiten der großen Tages- und Wochenzeitungen, sondern vor allem deren Feuilletons füllen sowie ansehnliche Sendezeiten in Hörfunk und Fernsehen erhalten. Bioethik und Biopolitik sind *in*, sie boomen in einem Ausmaß, das man noch zu Beginn der 1990er Jahre nicht für möglich gehalten hätte.

Ausgelöst wurde diese Hochkonjunktur nicht zuletzt durch die moderne Genforschung, die anscheinend dazu geeignet ist, bisher als sicher geltende moralische Grenzen in Frage zu stellen oder sie zumindest in einem neuen Licht erscheinen zu lassen. Vor allem geht es dabei um das schwierige Problem der Festsetzung des normativen, also des ethischen und rechtlichen Beginns menschlichen Lebens und – vor allem – seiner Schutzwürdigkeit. Bis zur Mitte der 1990er Jahre kannte man

23 Siehe z. B. Bauer (1999a).

24 Siehe z. B. Bauer (2000b).

diese Thematik vorwiegend als einen Fokus der Diskussionen um den Schwangerschaftsabbruch und dessen rechtliche Bewertung. Dazu sei ein kurzer Rückblick gestattet: In seinem Urteil vom 28. Mai 1993 hatte sich das Bundesverfassungsgericht eindeutig für den Schutz des ungeborenen menschlichen Lebens ausgesprochen. Dieses Urteil sollte für die im Jahre 1995 erfolgte Neuregelung der §§ 218-219b StGB durch den Gesetzgeber bindend sein: „Das Grundgesetz verpflichtet den Staat, menschliches Leben, auch das ungeborene, zu schützen. Diese Schutzpflicht hat ihren Grund in Art. 1 I GG; ihr Gegenstand und – von ihm her – ihr Maß werden durch Art. 2 II GG näher bestimmt. Menschenwürde kommt schon dem ungeborenen menschlichen Leben zu. Die Rechtsordnung muss die rechtlichen Voraussetzungen seiner Entfaltung im Sinne eines eigenen Lebensrechts des Ungeborenen gewährleisten. Dieses Lebensrecht wird nicht erst durch die Annahme seitens der Mutter begründet.“[25]

Das daraufhin erlassene, vom Deutschen Bundestag mit Zustimmung des Bundesrates interfraktionell beschlossene Schwangeren- und Familienhilfeänderungsgesetz (SFHÄndG), das am 1. Oktober 1995 in Kraft trat, modifizierte jedoch unter anderem den § 218a StGB in folgenschwerer Weise, was im Lauf der vergangenen 20 Jahre in der Praxis immer deutlich zutage getreten ist.[26] In der bis zum Urteil des Bundesverfassungsgerichts vom 28. Mai 1993 gültigen Fassung hatte es nach § 218a Absatz 2 Nr. 1 StGB eine sogenannte *embryopathische Indikation* gegeben, wonach der Abbruch der Schwangerschaft durch einen Arzt nicht strafbar war, wenn nach ärztlicher Erkenntnis dringende Gründe für die Annahme sprachen, „dass das Kind infolge einer Erbanlage oder schädlicher Einflüsse vor der Geburt an einer nicht behebbaren Schädigung seines Gesundheitszustandes leiden würde, die so schwer wiegt, dass von der Schwangeren die Fortsetzung der Schwangerschaft nicht verlangt werden kann“. Nach § 218a Absatz 3 StGB durften seit der Empfängnis jedoch nicht mehr als 22 Wochen verstrichen sein.

Die seit 1. Oktober 1995 geltende Neufassung des § 218a veränderte den Gehalt des vormaligen Absatzes 2, indem die embryopathische Indikation zumindest dem Wortlaut nach dadurch völlig verschwand, dass sie mit der medizinischen Indikation zusammengelegt wurde und somit in dieser „aufging“.[27] Der seither gültige Text des § 218a Absatz 2 StGB lautet: „Der mit Einwilligung der Schwangeren von einem Arzt vorgenommene Schwangerschaftsabbruch ist nicht rechtswidrig, wenn der Abbruch der Schwangerschaft unter Berücksichtigung der gegenwärtigen und zukünftigen Lebensverhältnisse der Schwangeren nach ärztlicher Erkenntnis an-

25 Bundesverfassungsgericht (1993), S. 1751.

26 Zum Folgenden siehe insbesondere den materialreichen Beitrag von Beckmann (1998).

27 Beckmann (1998), S. 155.

gezeigt ist, um eine Gefahr für das Leben oder die Gefahr einer schwerwiegenden Beeinträchtigung des körperlichen oder seelischen Gesundheitszustandes der Schwangeren abzuwenden, und die Gefahr nicht auf eine andere für sie zumutbare Weise abgewendet werden kann". Damit ist erstens aus der Nicht-Strafbarkeit eine Nicht-Rechtswidrigkeit geworden, jedenfalls für die Fälle der ehemaligen embryopathischen Indikation[28]. Zweitens wird nunmehr die ehemalige embryopathische Indikation durch ihre Subsumierung als medizinische Indikation kaschiert, und drittens besteht damit auch die vorherige Obergrenze der 22. Schwangerschaftswoche nicht mehr, die zuvor für Abbrüche aus embryopathischer Indikation gegolten hatte, sodass einer Abtreibung bis zum Beginn der Geburtswehen derzeit *de jure* und *de facto* kaum noch Schranken gesetzt sind.[29]

Mitten in diesen, unter als politisch „liberal" geltenden Vorzeichen diskutierten Kontext fielen nun jedoch seit der Mitte der 1990er Jahre die technischen Fortschritte im Bereich der Genmedizin, durch welche die gewohnten ideologischen Fronten in paradoxer Weise erschüttert wurden: Feministische Befürworterinnen der Abtreibung wurden aus ethischen Gründen zu Gegnerinnen der Embryonenselektion, während konservative, aber wirtschaftsfreundliche Kreise umgekehrt eher die Chancen als die Gefahren der Reproduktionsmedizin sehen wollten. So rückte ein höchst umstrittenes neues Anwendungsgebiet der prädiktiven Medizin seit dem Frühjahr 2000 ins öffentliche Blickfeld. Es ging dabei um die im Rahmen der In-vitro-Fertilisation (IVF) durchführbare Präimplantationsdiagnostik (PID). Durch die PID wird es möglich, *in vitro* befruchtete Eizellen am zweiten oder dritten Tag ihrer Entwicklung zu einem implantationsfähigen Embryo auf ihre genetische Beschaffenheit hin zu testen und sie gegebenenfalls zu verwerfen, sofern eine in der Familie bekannte Erbkrankheit verifiziert wurde.

Technische Voraussetzung für die PID war anfangs die Abspaltung einer gerade noch als *totipotent* geltenden Zelle aus dem 8- bis 12-Zellen-Stadium zum Zweck der genetischen Untersuchung. Da jedoch nach § 8 Absatz 1 des seit 1991 geltenden Embryonenschutzgesetzes (ESchG) „jede einem Embryo entnommene totipotente Zelle, die sich bei Vorliegen der dafür erforderlichen weiteren Voraussetzungen zu teilen und zu einem Individuum zu entwickeln vermag", ihrerseits als Embryo im Sinne des Gesetzes gilt, war die Abspaltung einer solchen Zelle in Deutschland als strafbewehrtes Klonen im Sinne von § 6 Absatz 1 ESchG aufzufassen. Das Verbot der PID wurde weiterhin gestützt durch § 2 Absatz 1 in Verbindung mit § 8 Absatz 1 ESchG, wonach die Verwendung eines extrakorporal erzeugten Embryos „zu einem

28 Die Nicht-Rechtswidrigkeit galt bereits zuvor für die Fälle der „traditionellen" medizinischen Indikation.

29 Bauer (1998b).

nicht seiner Erhaltung dienenden Zweck" mit Freiheitsstrafe bis zu drei Jahren oder mit Geldstrafe bestraft wird. Nur mithilfe dieses umständlichen juristischen Konstruktes gelang es noch bis ins Jahr 2011, das Verbot der PID in Deutschland aufrechtzuerhalten.[30]

Unterdessen wurde jedoch durch Forschungen erhärtet, dass Blastomeren jenseits des 8-Zellen-Stadiums praktisch nicht mehr totipotent seien, sodass bei einer Untersuchung im 10- bis 12-Zellen-Stadium § 8 Absatz 1 ESchG nicht mehr eingriffe. Nicht selten wird in PID-freundlichen bioethischen Argumentationen darauf verwiesen, dass es widersprüchlich sei, einen Embryo zwar bis zu seiner Implantation in den mütterlichen Uterus strikt vor jeder Diagnostik zu bewahren, während er danach im weiteren Verlauf der Schwangerschaft aufgrund der Bestimmungen des § 218a Absatz 2 StGB praktisch schutzlos sei und bis zur Geburt jederzeit abgetrieben werden könne. Die PID sei außerdem Teil einer Entwicklung, durch welche die Handlungsspielräume von Paaren bei Fortpflanzungsentscheidungen zunehmend erweitert würden. Genetische Risiken im Rahmen einer Schwangerschaft sollten möglichst vollständig ausgeschlossen werden.

Nach Auffassung von Kritikern birgt die PID jedoch erhebliche Risiken. Womöglich erweise sie sich als Schlüsseltechnologie für die Entwicklung von „Designer-Babys".[31] Es bestehe die Gefahr, dass künftig nicht nur auf wenige, als schwerwiegend betrachtete Krankheiten hin getestet werde, sondern mehr und mehr auch auf individuell oder gesellschaftlich „unerwünschte" Charakteristika. Zudem könne die neue „reproduktive Freiheit" schnell in eine entgegengesetzte Entwicklung umschlagen und zu einem verstärkten Zwang zum „qualitativ hochwertigen" Kind führen.

Eine Expertenkommission der Bundesärztekammer sprach sich bereits im Februar 2000 unter bestimmten Bedingungen für die Erlaubnis der PID aus: Es müsse sich um Paare handeln, bei denen Unfruchtbarkeit durch eine IVF therapiert werden solle und bei denen ein hohes Risiko für eine bekannte und schwerwiegende genetische Erkrankung vorliege. Der von der Expertenkommission erarbeitete Richtlinienentwurf wurde vom Bundesgesundheitsministerium (BMG), das damals unter der Leitung der Ministerin Andrea Fischer (*1960) stand, umgehend scharf kritisiert, weil er dem geltenden Embryonenschutzgesetz widerspreche und weil er ein Einfallstor zur Embryonenforschung und zum Eingriff in die Keimbahn darstelle.[32] Auch innerhalb der Bundesärztekammer sowie im *Deutschen Ärzteblatt*

30 Siehe hierzu auch weiter unten Kapitel 17: *Die Präimplantationsdiagnostik als Gefahr für den Lebensschutz* auf den Seiten 193-202 in diesem Band.

31 Bauer (1998b); Bauer (1999a).

32 Embryo-Diagnostik (2000).

fand sogleich eine lebhafte, kontrovers geführte Debatte statt.[33] Der Verfasser schrieb dazu im Februar 2001: „Es bleibt abzuwarten, wie lange es dauern wird, bis dieses Einfallstor vom Gesetzgeber schließlich doch geöffnet werden wird. In Belgien und den USA steht es bereits weit offen." Tatsächlich vergingen noch einmal zehn Jahre, ehe sich diese Prognose im Juli 2011 für Deutschland bewahrheiten sollte.

Im Oktober 2000 berichtete die Presse über einen Fall aus den USA: Den Eltern eines damals 6-jährigen Mädchens, das unter einem Mangel an blutbildendem Knochenmark litt, war zu einem zweiten Kind verholfen worden, mit dessen Zellen die Ärzte das Leben der kleinen Patientin retten wollten. Unter etlichen im Labor erzeugten Embryonen wurde mithilfe der PID einer ausgewählt, dessen Zelltyp genau die genetischen Voraussetzungen für eine Transplantation erfüllte. Das Baby kam Ende August 2000 gesund zur Welt. Doch so integer die Motive für den Einsatz der PID im vorliegenden Fall auch gewesen sein mögen, so umstritten bleibt in ethischer Perspektive gleichwohl die gezielte Selektion bestimmter Embryonen und die sich daran anschließende Vernichtung der übrigen Embryonen. Auch bei ihnen handelt es sich schließlich um menschliches Leben in einem frühen Stadium, das unter dem Schutz jedenfalls der deutschen Verfassung steht.

Seitdem es dem Entwicklungsbiologen James A. Thomson (*1958) von der Universität in Wisconsin im Herbst 1998 gelungen war, aus einem menschlichen Embryo sogenannte *embryonale Stammzellen* zu gewinnen, die sich unbegrenzt im Labor teilen, wuchs die Hoffnung, dass sich solche Stammzellen eines Tages zur Behandlung bislang unheilbarer Krankheiten durch die Züchtung von Geweben und Organen einsetzen lassen könnten, die im Falle einer Transplantation nicht mehr vom Körper des Empfängers abgestoßen würden, weil sie von seinem eigenen Körper abstammten. Dabei geht es um das sogenannte *therapeutische Klonen*, hinter dessen Namen sich bereits eine Funktionalisierung der Ethik verbirgt: Der Begriff *therapeutisch*, der grundsätzlich positiv konnotiert und entsprechend moralisch aufgeladen ist, soll *a priori* für eine hohe Akzeptanz des Verfahrens sorgen, die sicherlich nicht einträte, wenn man die Dinge nüchtern so beschriebe, wie sie tatsächlich sind und nicht so, wie sie nach gewissen Wunschvorstellungen sein sollten: Es geht *de facto* um das Klonen totipotenter Zellen, an denen verbrauchende Embryonenforschung mit völlig offenem Ausgang betrieben wird. Das Magazin *Der Spiegel* beschrieb diesen Sachverhalt im ersten Heft des Jahrgangs 2001 in der ihm eigenen süffisanten Prägnanz: Es sei ein bemerkenswertes Phänomen der jüngeren Zeitgeschichte, dass sich Wissenschaftler immer dann der Kranken und

33 Jachertz (2000) und Rieser (2000).

Gebrechlichen dieser Welt erinnerten, wenn es darum gehe, Zukunftstechnologien konsensfähig zu machen.[34]

Seit dem Jahr 1998 wurde infolgedessen weniger über das Klonen ganzer Menschen debattiert, sondern über das Klonen von Zellen, Geweben und Organen zu medizinischen Heilzwecken. Embryonale Stammzellen werden aus Embryonen gewonnen, die weniger als eine Woche alt sind und die gewissermaßen bei der künstlichen Befruchtung im Reagenzglas als „Überschuss" anfallen, da die Paare, für die sie erzeugt wurden, sie nicht mehr für Fortpflanzungszwecke verwenden können oder wollen. Bis zum Jahr 2000 hatten zunächst nur wenige Institute in den USA und in Europa mit solchen Stammzellen gearbeitet. Dies änderte sich aber schon bald. Für Deutschland ergab sich dabei eine ethisch und rechtlich prekäre Situation: Zwar war im Jahr 2000 (und ist auch noch im Jahre 2016) nach dem Embryonenschutzgesetz (ESchG) die *Erzeugung* embryonaler Stammzellen zu Forschungszwecken verboten, nicht jedoch ihr *Import* aus anderen Ländern. Diese Situation konnte dazu führen, dass die deutschen Stammzellenforscher auf internationaler Ebene zu „moralischen Trittbrettfahrern" würden.

Die Ethik-Experten der Europäischen Union hatten sich bereits für eine kontrollierte Zulassung der menschlichen Stammzellenforschung in der EU ausgesprochen. Das ging aus einem Bericht hervor, den die Beratergruppe am 14. November 2000 der damaligen französischen EU-Ratspräsidentschaft in Paris übergab. In den USA waren Versuche mit Stammzellen zur Erzeugung von Organen erlaubt, in der EU waren die nationalen Regelungen unterschiedlich. In Großbritannien wurde das Klonen menschlicher Embryonen zum Zweck der therapeutischen Forschung mit embryonalen Stammzellen bis zum 14. Tag der Entwicklung der Blastozyste gerade gestattet: Das Britische Unterhaus verabschiedete ein entsprechendes Gesetz am 19. Dezember 2000, das Oberhaus stimmte ihm am 22. Januar 2001 mit großer Mehrheit zu.[35] Das Gesetz trat am 31. Januar 2001 in Kraft. Schon im Frühjahr 2000

34 Bethge (2001), S. 142.

35 Das House of Lords lehnte nach einer mehrere Stunden dauernden Debatte einen Antrag der Gegner menschlichen Klonens mit 212 gegen 92 Stimmen ab, der eine Zustimmung zu der Regierungsvorlage so lange verzögert hätte, bis ein Sonderausschuss die ethischen, moralischen und wissenschaftlichen Fragen zu diesem Thema geprüft haben würde. Danach ließen die Lords die Regierungsvorlage ohne weitere Abstimmung passieren. Sie beschlossen, dass die ethischen Fragen zu einem späteren Zeitpunkt vor einer Sonderkommission debattiert werden sollten. (Vgl. dazu den Artikel „England erlaubt das Klonen von Embryos" in den *Badischen Neuesten Nachrichten* vom 24.1.2001, S. 1.) Es dürfte kaum ein besseres Beispiel für die Funktionalisierung beziehungsweise den Missbrauch von Ethik geben: Der Gesetzgeber schafft Fakten und lässt danach *pro forma* die Ethiker als Alibi-Beschaffer tätig werden. Durch solche Zumutungen kommt es leicht zu einer *reductio ad absurdum* dieser Disziplin.

war ein Expertengremium nach einjähriger Prüfung zu dem Schluss gekommen, dass der potenzielle Nutzen geklonter Embryonen für die Behandlung Kranker die ethischen Bedenken bei weitem überwiege. Unter Berufung auf Regierungskreise hieß es schon Anfang April 2000, es sei so gut wie sicher, dass die Regierung das Verbot des therapeutischen Klonens aufheben werde.

In Deutschland waren die Meinungen selbst unter den Biowissenschaftlern zunächst geteilt: Die *Deutsche Gesellschaft für Neurologie* (DGN) wollte im Herbst 2000 noch keine Empfehlungen für die Forschung mit menschlichen Stammzellen geben. Die Politik sei gefordert, ethische Normen zu setzen, sagte der damalige Präsident der DGN, der Tübinger Professor Johannes Dichgans (*1938), anlässlich der Jahrestagung seiner Fachgesellschaft in Baden-Baden. Die Wissenschaftler dürften nicht alleine entscheiden, was erlaubt sein solle. Zugleich betonte Dichgans jedoch, dass Dinge, die wir heute ablehnten, künftig gemacht werden würden.

Der Heidelberger Humangenetiker Claus Bartram (*1952) plädierte am 28. Dezember 2000 hingegen für eine Zulassung des therapeutischen Klonens auch in Deutschland: Wer beim therapeutischen Klonen von einem ethischen Dammbruch spreche, verkenne, dass die Tötung heranwachsenden Lebens schon längst gesellschaftlich toleriert werde.[36] Der in diesem Argument implizierten Ansicht, da der prinzipielle Dammbruch durch Empfängnisverhütung und Abtreibung bereits hinter uns liege, seien weitere Schritte auf diesem Weg moralisch zumindest neutral, kann so sicherlich unter ethischen Gesichtspunkten nicht zugestimmt werden.

Der Bonner Stammzellenforscher Oliver Brüstle (*1962) gab am 9. Januar 2001 ein Interview, in dem er die Meinung vertrat, Deutschland werde auf Dauer um ein klares Ja oder Nein zur Stammzelltechnologie und zum therapeutischen Klonen nicht herumkommen. Das damals geplante (aber bis 2016 nicht realisierte) Fortpflanzungsmedizingesetz biete eine ideale Gelegenheit, „die Nutzung dieser zukunftsträchtigen Spitzentechnologie sinnvoll zu steuern – und dabei Werte zu erhalten, ohne den Fortschritt zu verbauen."[37] Wie diese Quadratur des Kreises aussehen sollte, blieb jedoch offen. Es wäre denkbar, dass die entsprechenden moralischen Werte nur dadurch formal erhalten werden können, dass ihnen ein neuer Sinngehalt unterlegt wird. Ein solcher Bedeutungswandel ist bei institutionellen Tatsachen möglich, und dieser Umstand macht normative Begriffe für Funktionalisierungen äußerst anfällig.

Dabei ist die Rolle der Ethik als Werte setzender Entscheidungsinstanz in diesem und ähnlichen Konflikten durchaus prekär, legitime Funktion und fragwürdige Funktionalisierung liegen nahe beieinander. Der Kommunikationstheoretiker

36 Bahnsen (2000).

37 Gentechnik (2001).

Norbert Bolz (*1953) hat das legitimatorische Problem der Ethik einmal sehr hart und für viele Ethiker sicher schmerzhaft formuliert: Werte funktionierten als Stoppregeln der Reflexion; Moral fixiere, was nicht negiert werden dürfe; Werte seien demnach denkfeindlich.[38] Sowohl in der ängstlichen Blockade technischer Entwicklungen als auch in der hemmungslosen Anbiederung an den Fortschritt könnte also eine Gefahr liegen, die dann von der Moral selbst ausginge. Die starre Rückwärtsorientierung an der Geschichte beziehungsweise den angeblich aus ihr zu ziehenden Lehren würde zum völligen Stillstand jeder Neuentwicklung führen. Davon profitierten dann zweifellos jene vermeintlich „konservativen" Kritiker, die ihr Geschäft mit bereits existierenden Technologien machen. So wäre es etwa nicht zu erwarten, dass die Hersteller von Postkutschen den Bau einer Eisenbahntrasse begrüßen würden. Man müsste eher annehmen, dass sie – wie es im 19. Jahrhundert auch tatsächlich geschah – moralisch gefärbte Bedenken gegen den Transport von Fahrgästen mit (zu) hoher Geschwindigkeit geltend machen würden.

Auf der anderen Seite leben die ethischen Propagandisten des Fortschritts nicht mehr ungefährdet: „Ethiker zwischen Krankenhaus und Knast" lautete zum Beispiel im Herbst 2000 eine Zeitungsschlagzeile. Für gewöhnlich seien sie es, die den moralischen Zeigefinger heben, doch nun müssten sich Ethiker selbst vor Gericht verantworten. Erstmals wurden nicht nur Ärzte und Forscher juristisch für mögliche Kunstfehler belangt, sondern auch Ethiker, die ihnen zur Seite standen. Diese hatten eine Gentherapie-Studie an der University of Pennsylvania genehmigt, in deren Verlauf der 18-jährige Jesse Gelsinger (1981-1999) verstorben war. Ein Jahr nach dem Tod des Jungen zeigte dessen Vater den Philosophen und Bioethiker Arthur L. Caplan an, weil dieser als Vorsitzender der zuständigen Ethikkommission mitverantwortlich für die von ihm genehmigte Studie gewesen sei. Paul Gelsinger warf Arthur Caplan vor allem fehlende Unabhängigkeit vor. Er habe sich der „Kumpanei" mit den Wissenschaftlern schuldig gemacht. Caplan habe von Anfang an gewusst, dass niemand außer den Forschern von den Experimenten profitieren würde. Doch wann kann man eine Ethikkommission der Schlamperei überführen? Mit dieser Frage hatte sich bis zu diesem Zeitpunkt kaum jemand beschäftigt. Im Falle Gelsinger einigten sich der Kläger und die University of Pennsylvania Anfang November 2000 außergerichtlich auf einen Schadensersatz, dessen Höhe nicht bekannt wurde. Paul Gelsinger hatte umgerechnet etwa 500.000 Euro gefordert.[39]

Nach Meinung des Münchner Bioethikers Ulrich Dettweiler gehorchen Ethikkommissionen in vielen Ländern den Gesetzen der Wirtschaft: „Sie stellen durch schnelle Entscheidungen die menschlichen Ressourcen für die Biotech-Industrie

38 Bolz (2000), S. 454.

39 Dettweiler (2000).

zur Verfügung", klagte auch der Medizinethiker Boris G. Yudin (*1943) von der Moskauer Akademie der Wissenschaften. Britische und amerikanische Kollegen betonten ebenfalls, dass von Unabhängigkeit der Ethiker häufig keine Rede sein könne. „Die in den Kommissionen vertretenen medizinischen Experten bestimmen die inhaltliche Diskussion gegenüber den Theologen, Philosophen oder Sozialwissenschaftlern", sagte im Jahr 2000 Prof. James Dwyer von der New York University. Zudem stünden die Sachverständigen unter permanentem Zeitdruck, in einer Sitzung würden bis zu 30 Studien besprochen und genehmigt.[40]

Resümee

Legitime gesellschaftliche Funktion und von bloßen Eigeninteressen geleitete Funktionalisierung liegen auch im Falle der ethischen Kritik an den Themen und Inhalten biomedizinischer Forschung nahe und oft schwer unterscheidbar beieinander. Je öfter und je intensiver fachspezifische wie auch andere gesellschaftliche Probleme seit einigen Jahren unter ethischen Aspekten beleuchtet und somit moralisiert werden, desto eher drängt sich der Verdacht auf, dass in etlichen Fällen solche schädlichen Funktionalisierungstendenzen vorliegen. Nach einer Definition des Philosophen Otfried Höffe (*1943) sucht die Ethik dort, wo überkommene Lebensweisen und Institutionen ihre selbstverständliche Geltung verlieren, auf methodischem Weg und ohne letzte Berufung auf politische und religiöse Autoritäten oder auf das von alters her Gewohnte und Bewährte allgemeingültige Aussagen über das gute und gerechte Handeln.[41] Solche allgemeingültigen Aussagen sind nun, wie ein Blick in die metaethische Theorie zeigt, ohnehin nur äußerst schwer zu ermitteln, da sie einem zeitgebundenen gesellschaftlichen Diskurs unterliegen. Sie werden aber jedenfalls dann ganz unmöglich, wenn sich die Ethik als Disziplin oder der Ethiker als Person in innerer oder äußerer Abhängigkeit von Interessen befindet, die seine Expertise in eine fremdbestimmte Richtung lenken.

Die im Prinzip zu fordernde Unabhängigkeit ist jedoch im wirklichen Leben nur äußerst schwer zu realisieren, denn jeder von uns steht unter dem Einfluss zahlreicher konkreter Eigeninteressen. Sie ist im Einzelfall auch kaum je positiv nachzuweisen, denn wir kennen niemals sämtliche Interessen unserer Mitmenschen, ja noch nicht einmal unsere eigenen Präferenzen bis ins letzte Detail. Was folgt daraus für die Praxis des richtig zu führenden ethischen Diskurses über medizinische Forschung? Der Verfasser rät dazu, dass wir vor allem unsere gesunde Skepsis nicht

40 Dettweiler (2000).

41 Höffe (1997), S. 66.

verlieren dürfen, auch und gerade dann nicht, wenn neuerdings allzu schnell und allzu oft das Stichwort Ethik fällt. Probleme werden nicht schon dadurch leichter lösbar, dass man sie zu ethischen Problemen erklärt. Mitunter werden sie gerade dadurch erst perpetuiert. Zweifellos benötigt der Diskurs über Methoden, Ziele und Nutzen der medizinischen Forschung eine ethische Reflexion, doch gilt diese Forderung nach kontinuierlicher Überprüfung für die akademische Disziplin der Medizin- und Bioethik selbst nicht minder.

2 Wissenschaftliche Ethik als Demoskopie der Alltagsmoral? Die Begründungsfrage in der Medizinethik[42]

Das noch junge Fachgebiet der Medizinethik befindet sich in einer – meist jedoch wenig reflektierten – Aporie hinsichtlich seiner Begründungsansätze und deren Methodik. Diese Erkenntnis hatte einige Mitglieder der *Akademie für Ethik in der Medizin* (AEM) im Jahre 1997 zur Gründung der Arbeitsgemeinschaft *Begründungsfrage und Begründungsansätze* motiviert. Zahlreiche philosophische Begründungsansätze aus Vergangenheit und Gegenwart wurden in den folgenden sechs Jahren einer systematischen Prüfung und Kritik unterzogen. Dabei fiel den Teilnehmern auf: Nicht nur die moderne Medizinethik hat Schwierigkeiten mit der Begründungsfrage; die angesprochene Aporie betrifft die Ethik als Disziplin generell.

Etliche traditionelle Begründungsmuster gelten derzeit als *out*. Vor allem theologische Moralbegründungen erfreuen sich in der aktuellen wissenschaftlichen Ethik keiner sonderlichen Sympathie, denn sie gelten als dogmatisch und spekulativ. Die Letztbegründbarkeit steht in der normativen Ethik zur Debatte. In einer pluralistischen und sich religiös zumindest als desinteressiert präsentierenden Gesellschaft ist die praktische Schwierigkeit offenkundig geworden, intersubjektive, allgemeinverbindliche, philosophische Begründungen für moralische Werte und Normen zu finden, seien diese Begründungen nun deduktiver, induktiver oder auch reflexiver Provenienz. Die theoretische Unmöglichkeit dieses Vorhabens wird darüber hinaus von etlichen Diskutanten, darunter vom Verfasser dieses Buches,

42 Dieses Kapitel enthält den überarbeiteten Text eines Vortrags für die Sektion *Ethik und (lebensweltliche) Praxis* im Rahmen der Jahrestagung 2003 *Wie viel Ethik verträgt die Medizin? Methoden und Institutionen medizinischer Ethik* der Akademie für Ethik in der Medizin e. V. in Wittenberg vom 17. Oktober 2003.

zumindest vermutet, wobei man sich unter anderem auf das *Münchhausen-Trilemma* des Mannheimer Philosophen Hans Albert (*1921) berufen kann.[43]

Gerade in einer praxisorientierten Disziplin wie der Medizin- und Bioethik ist das Interesse an philosophisch einwandfrei – und das heißt in diesem Kontext sowohl apodiktisch als auch universalisierbar – begründeten Normen primär nicht sonderlich ausgeprägt. Hier mag die inhaltliche Nähe zur klinischen Medizin eine Rolle spielen: Auch dort gibt es eine latente Abneigung gegen pathophysiologisch „wasserdichte" Erklärungen von Heilverfahren. Vielmehr wird hier gerne der pragmatische – wenngleich wissenschaftlich als wenig seriös erweisbare – Grundsatz zitiert: „Wer heilt hat Recht".

Könnte es sich in der Medizinethik ähnlich verhalten, nämlich: „Was die Mehrheit denkt, muss irgendwie gut sein?" Angesichts des Mangels an philosophischen Positionen, die in der normativen Ethik einen korrespondenztheoretischen Wahrheitsbegriff für sich beanspruchen, ist es keine Überraschung, dass sich neuerdings am gesellschaftlichen Konsens orientierte Begründungsansätze eines zunehmenden Interesses erfreuen. Vor allem in der Klinischen Ethik, die sich gerade in einer Legitimations- und Expansionsphase befindet, sind solche Verfahren besonders beliebt. Welche Gründe sprechen für diese wissenschaftliche Strategie?

1. Konsensorientierte Verfahren scheinen zumindest auf den ersten Blick dem Wunsch der Kliniker nach empirischer Forschung zu entsprechen, wie diese selbst sie aus dem Kontext kontrollierter klinischer Studien kennen. Durch den Einsatz der bekannten empirischen Methoden und die damit verbundene Vertrautheit steigt die Akzeptanz des Medizinethikers seitens seiner überwiegend naturwissenschaftlich arbeitenden ärztlichen Kollegen, denn ein empirisches Studiendesign gilt schließlich als Goldstandard der medizinischen Wissenschaft.
2. Der folgende Analogieschluss scheint naheliegend: Da die kontrollierte klinische Studie besonders gut reproduzierbare und valide Resultate für die Therapie von Krankheiten zu liefern in der Lage ist, wird es sich wohl mit empirischen Studien zur Ethik in der Medizin ganz ähnlich verhalten. Wie die pathophysiologische Theorie nicht selten durch die klinische Realität korrigiert werden muss, so dürfte eine empirisch fundierte Medizinethik sachgemäßer sein als ein abstraktes philosophisches System.
3. Auch die Medizinethiker ziehen unmittelbaren Nutzen aus dem Einsatz der empirischen Methode, denn sie können in relativ kurzer Zeit durch systematisch angelegte demoskopische Befragungen jeweils repräsentativer Patienten- oder

43 Albert (1991).

„Betroffenen“-Gruppen ein erhebliches, zur Publikation geeignetes, originelles Datenmaterial gewinnen und auswerten.

4. Durch die Verwendung empirischer Methoden wird der vorher „nur“ philosophierende Ethiker scheinbar zum gleichrangigen „Forscher“ im klinisch-universitären Kontext, der sich vor seinen ärztlichen Kollegen nicht mehr wegen der rein reflektierenden Verfahrensweise des „Geisteswissenschaftlers“ genieren muss.
5. Schließlich erscheint es auch pragmatisch zunächst als angemessen, eine konsensorientierte Ethik im Krankenhaus zu fördern, da eine Suche nach objektiven und universell gültigen moralischen Entscheidungen in der Regel zwar zum Streit unter den Beteiligten führt, von ihnen aber jedenfalls als zu realitätsfern empfunden wird, sodass sie im Ergebnis nicht die erwünschte „befriedende“ Wirkung entfalten kann.

Wie wird nun Medizinethik mittels empirisch-demoskopischer Verfahren konkret umgesetzt? Welche Themen werden derzeit mit demoskopischen Methoden erforscht und wie werden sie öffentlich kommuniziert? Streben solche Studien lediglich deskriptive Ziele an, oder lassen sich normative Intentionen erkennen? Besteht womöglich die Gefahr einer Funktionalisierung der Ethik, die man so umschreiben könnte: „Sage mir, welches Resultat Du haben willst, und ich sage Dir, wen und wie Du zu diesem Zweck repräsentativ befragen musst“? Schließlich: In welchem Verhältnis stehen Mehrheitsmeinung und intersubjektiv gültige Normen in einer pluralistischen Rechtsordnung zueinander?

Nehmen wir ein Beispiel für Thematik und Kommunikation empirischer Ethik: Im Nachrichtenmagazin *Der Spiegel* vom 6. Oktober 2003 fand sich die folgende Notiz: „Wie würden werdende Eltern sich entscheiden, wenn sie für eine Gebühr von 2.000 Euro bei einer künstlichen Befruchtung das Geschlecht ihres Kindes aussuchen könnten? Würde auf lange Sicht das bislang ausgewogene Verhältnis von Jungen- und Mädchengeburten ins Ungleichgewicht geraten? Immerhin ist diese Befürchtung einer der Gründe dafür, dass die – medizinisch mögliche – Geschlechtswahl per Gesetz verboten ist. Eine Umfrage der Uni Gießen unter rund tausend Deutschen sowie tausend Briten zeigt nun, dass die Sorge nicht berechtigt ist. Nur 6 Prozent der deutschen Eltern würden überhaupt das Geschlecht vorher bestimmen wollen, bei den Briten sind es 21 Prozent. Aber auch dort würde es nach der Wahl gerecht zugehen: Fast alle Befragten wollen gleichermaßen Jungs wie Mädchen haben. Demnächst soll die Studie auch in Ländern durchgeführt werden, denen man eine stärkere Bevorzugung von Jungen unterstellt – zum Beispiel Spanien, Italien und Indien.“[44]

---

44 Geschlechter: Junge oder Mädchen? (2003).

Lässt man mögliche methodische Einwände gegen diese Untersuchung – etwa gegen die durch Nennung einer relativ hohen Gebühr eingeschränkte Fragestellung – einmal beiseite, so klingt die deskriptive Botschaft auf den ersten Blick beruhigend: Zumindest in Deutschland und Großbritannien gibt es – wenigstens derzeit – keine eindeutige Präferenz der potenziellen Eltern für ein bestimmtes Geschlecht bei der In-vitro-Fertilisation. Die subtile rechtsethische Implikation der Studie hingegen wird vielleicht nur von wenigen Lesern erkannt, doch allein sie verleiht der Meldung einen Sinn: Wenn die demoskopisch ermittelten Zahlen stimmen, dann sollte man wohl § 3 des deutschen Embryonenschutzgesetzes (ESchG) lockern, der die Befruchtung einer menschlichen Eizelle mit einer nach seinem Geschlechtschromosom ausgewählten Samenzelle verbietet! So könnte es am Ende gelingen, durch die demoskopische Ermittlung von Alltagsmoral und durch publizistische Verharmlosung des Resultats das von liberalen Forschern und Politikern ohnehin ungeliebte Embryonenschutzgesetz an einer wesentlichen Stelle biopolitisch in Frage zu stellen, indem man es als unnötig restriktiv ausweist.

Die hier zugrunde liegende ethische Überlegung ist allerdings logisch angreifbar: Die demoskopische Umfrage fördert angeblich zutage, dass die tatsächlichen Intentionen der Bürgerinnen und Bürger zur Geschlechtswahl im Augenblick mit der inhaltlichen Zielsetzung des § 3 ESchG übereinstimmen, der ja eine unausgewogene Geschlechterproportion nach künstlicher Befruchtung verhindern will. Aus dieser – nicht zuletzt durch die Art der Fragestellung bedingten – momentanen Koinzidenz von gesetzlicher Norm und realer Intention der Handelnden kann man indessen keineswegs zwingend schließen, dass das gesetzliche Verbot überflüssig wäre. Weder eine ethische Begründung des bestehenden Verbots noch seiner Lockerung kann aus der demoskopischen Erhebung abgeleitet werden.

Ein anderes Beispiel, ebenfalls dem Bereich der aktuellen Biopolitik am Lebensbeginn entnommen, haben die beiden Marburger Medizinethiker Tanja Krones (*1969) und Gerd Richter (*1956) in ihrer Arbeit über kontextsensitive Ethik bei der Präimplantationsdiagnostik beleuchtet. Hier ging es unter anderem um eine Befragung von sogenannten „genetischen Hochrisikopaaren" zu den ethischen Aspekten der PID. Die Autoren schrieben zum theoretischen Hintergrund ihrer Studie: „Gerade wenn man über ein gesetzlich verankertes strafrechtliches Verbot nachdenkt, müssen die Bedürfnisse und Sichtweisen der unmittelbar Betroffenen einen zentralen Platz in der öffentlichen Debatte einnehmen. Nur so kann eine im Sinne von kontextsensitiver Ethik und demokratischer Rechtsauffassung bestmögliche Entscheidung getroffen werden."[45] Zwar ist es im Rahmen der gewählten Untersuchungsmethode nicht verwunderlich, dass von 162 Paaren mit einem „hohen

45 Krones/Richter (2003).

genetischen Risiko" 88 Prozent für eine Legalisierung der PID votierten; doch was folgt daraus in normativer Hinsicht? Dürfen die grundlegenden rechtsethischen Standards einer – wenn auch demokratischen und pluralistischen – Gesellschaft von den Einstellungen und Wünschen „unmittelbar Betroffener" abhängig gemacht werden? Vor allem: Wer sind eigentlich die von der PID „Betroffenen" – nur die künftigen Eltern oder nicht doch alle Mitglieder der betreffenden Rechtsgemeinschaft? Ethische Fragen zeichnen sich doch gerade dadurch aus, dass sie uns eben nicht als zufällig „Betroffene" betreffen, sondern als Menschen schlechthin. Nur dann können moralische Urteile überhaupt unparteilich und universalisierbar sein, wenn sie eben nicht nur von den sich selbst als „betroffen" Bezeichneten gefällt werden. So sehr die subjektive Sichtweise psychologisch nachvollziehbar sein mag, den Begriff von Ethik als einer normativen Disziplin verfehlt sie. In Bezug auf die Klinische Ethikberatung hat der Freiburger Medizinethiker Giovanni Maio (*1964) schon im Jahre 2002 mit Recht darauf hingewiesen, dass Ethikberatung nicht mit Psychotherapie verwechselt werden dürfe. Moralische Konflikte lassen sich nicht auf Kommunikationsprobleme oder interpersonelle Konflikte reduzieren, denn sonst resultiert daraus die von Paulus Liening so bezeichnete „Wohlfühl-Ethik", bei der die meist unbequeme rationale Argumentation durch eine Art therapeutischer „Balint-Gruppe" der sich selbst für betroffen Erklärenden ersetzt wird.[46]

Werfen wir nun einen Blick auf die demoskopischen Befunde zur sogenannten „Sterbehilfe". Während in der Bundesrepublik Deutschland die Gesetzeslage zur Strafbarkeit der Tötung auf Verlangen nach § 216 StGB bislang restriktiv ist, gibt es auf den ersten Blick eine deutliche Mehrheit in der Bevölkerung, welche dieses euphemistisch gern als „aktive Sterbehilfe" bezeichnete Delikt gerne legalisiert sähe. Glaubt man einer Längsschnittstudie des *Instituts für Demoskopie Allensbach* aus dem Jahre 2001, dann hat sich diese Mehrheit in Westdeutschland zwischen 1973 und 2001 von 53 Prozent auf 64 Prozent erhöht. In Ostdeutschland betrug sie 2001 sogar schon 80 Prozent. Die hierzu gestellte Frage lautete jeweils: „Soll ein schwer kranker Patient im Krankenhaus das Recht haben, den Tod zu wählen und zu verlangen, dass der Arzt ihm eine todbringende Spritze gibt?" Der vorgegebenen Antwort „Über Leben und Tod darf nur Gott, man kann auch sagen das Schicksal, entscheiden. Das Leben ist heilig und muss es auch bleiben" stimmten nur 14 Prozent der Protestanten und 18 Prozent der Katholiken zu. Angesichts der extremen Formulierung dieser Antwort, die antireligiöse Reflexe selbst beim Gutwilligen geradezu provoziert, kann das Resultat nicht verwundern.[47] Doch was besagt es in normativer Hinsicht für die künftige Entwicklung im Strafrecht?

---

46 Maio (2002), S. 2287-2288; Liening (2001).

47 Institut für Demoskopie Allensbach (2001).

Zu einem differenzierteren Ergebnis gelangten ebenfalls 2001 vier Autoren aus der Abteilung für Medizinische Psychologie und Medizinische Soziologie des Universitätsklinikums Leipzig in einer Repräsentativbefragung der deutschen Bevölkerung. In dieser Untersuchung zeigt sich eine deutliche Diskrepanz zwischen der generellen Zustimmung zur rechtlichen Freigabe und der beabsichtigten persönlichen Inanspruchnahme bei allen vier abgrenzbaren Formen ärztlicher Sterbehilfe (passive, indirekte, aktive Sterbehilfe sowie Beihilfe zur Selbsttötung). Ein hoher Prozentsatz der Befragten stimmte der ärztlichen Sterbehilfe unter bestimmten Umständen als einer sozialen Wahlmöglichkeit zwar zu, sah sie jedoch nicht als Lösung für das eigene Lebensende an. Sterbehilfe ist offenbar nur etwas für „die Anderen". Je älter die Befragten waren, desto mehr lehnten sie für sich selbst jede Form von Sterbehilfe ab.[48]

Demoskopische Befragungen können sicher interessante deskriptive Befunde über momentan vorherrschende Meinungen bei bestimmten Personengruppen zu Tage fördern. Dies setzt allerdings eine methodisch einwandfreie Anwendung des Verfahrens voraus, die zum Beispiel bereits dann nicht gegeben ist, wenn Suggestivfragen gestellt werden. Es macht eben einen Unterschied, ob man fragt: „Sind Sie für das Bürgerrecht auf ein selbstbestimmtes, würdiges Lebensende?", oder ob man formuliert: „Wollen Sie, dass künftig Ärzte unheilbar kranke Patienten auf deren Verlangen hin straffrei töten dürfen?" Im ersten Fall bekommt man vermutlich eine Mehrheit *für* die „aktive Sterbehilfe", im zweiten Fall eine Mehrheit *dagegen*. Weiterhin muss darauf geachtet werden, dass man nicht durch die gezielte Auswahl bestimmter „Betroffenen"-Gruppen einen systematischen Bias in die Untersuchung einführt, der zwar psychologisch verständlich sein mag, aber in ethischer Perspektive fehlleitet.

Von solchen methodischen Fallstricken einmal abgesehen, können aber selbst in einem pluralistischen und demokratischen Rechtsstaat Meinungsumfragen eine konsistente und kohärente Moralbegründung durch die normative Ethik nicht ersetzen, falls man nicht einem naturalistischen Fehlschluss vom Ist- auf den Sollzustand erliegen will. Bestünde die Aufgabe der Ethik darin, die persönlichen Wünsche der Mehrheit für moralisch gerechtfertigt zu erklären, dann könnte dieses Fachgebiet durch die Meinungsforscher problemlos übernommen werden.

Moralische Tatsachen sind ihrer Struktur nach komplexe kulturelle *institutional facts* („A gilt als B im Kontext der sozialen Gemeinschaft C"), die sich von den einfacher strukturierten *brute facts* der physikalischen Welt („Das physische Objekt

48 Schröder et al. (2003); Bauer (2002a).

A hat die physische Eigenschaft B") grundlegend unterscheiden.[49] Institutionelle Tatsachen sind auf eine bestimmte Art und Weise interpretierte Tatsachen, in ihnen gehen Lebens- und Sprachwelt eine normative Verbindung ein, die weder starr noch unauflöslich ist. Aus dieser metaethischen Differenzierung kann aber nicht die Formel „Die Mehrheit bestimmt, was als moralisch zu gelten hat" abgeleitet werden, denn für die längerfristige Institutionalisierung einer moralischen Tatsache in einem modernen Rechtsstaat reicht deren momentane Mehrheitsfähigkeit ebenso wenig aus wie ihre Akzeptanz durch eine spezifische Teilmenge „betroffener" Individuen. Zu berücksichtigen ist vielmehr nicht zuletzt die Rechtsordnung, insbesondere das Verfassungsrecht. Nach Meinung des an der Universität Bayreuth lehrenden Verfassungsrechtlers Stephan Rixen (*1967) stellt in Deutschland das Grundgesetz eine Art „Minimalmoral" für den sozialen Kontakt zwischen Individuum und Individuum sowie zwischen Individuum und Staat dar.[50] Wie sollte es mangels einer alle Bürger überzeugenden universalen philosophischen Ethik auch anders sein?

Sofern rechtsethische Grundnormen wie die Würde des Menschen berührt sind, beschränkt sich der hier zu führende Diskurs nicht auf das im individuellen oder kollektiven Erfahrungs- und Erlebnishorizont verankerte kommunikative Gedächtnis, sondern auf das wesentlich stabilere kulturelle Gedächtnis, zu dem unter anderem Rechtsdogmatik, Theologie und Philosophie ihre Beiträge leisten. Solche Normen werden aus oft lange zurück liegenden, fiktiven oder tatsächlichen geschichtlichen Ereignissen des kollektiven Gedächtnisses durch Deutung, Sinnstiftung und Semiotisierung sublimiert und transformiert.[51] Auch eine Norm aus dem kulturellen Gedächtnis bedarf zwar der aktualisierenden Interpretation, die von den Soziologen Jörg Bergmann (*1946) und Thomas Luckmann (*1927) als *kommunikative Konstruktion* von Moral beschrieben wurde.[52] Doch handelt es sich bei der kommunikativen Konstruktion ethischer Grundfragen stets um einen gesamtgesellschaftlichen Prozess, der nicht für demoskopisch unterfütterte Gruppeninteressen instrumentalisiert werden darf. Denn ethische Fragen sind und bleiben Fragen, die uns alle angehen, als Menschen und Staatsbürger, nicht nur als „Betroffene".

---

49 Searle (1994); Ferber (1988); Ferber (1993); Ferber (1994) ; Ferber (1999); Bauer (1998c), S. 12-14.

50 Rixen (1999), S. 351.

51 Assmann (1999), S. 48-56; Bleyl (1999), S. 296-297.

52 „Moral ist im Wesentlichen gelebte Moral, die in den Handlungen und Entscheidungen der Menschen, eben in ihren kommunikativen Akten existiert. Natürlich sind Menschen in der Lage, sich reflexiv den moralischen Aspekten ihrer Handlungen und Entscheidungen zuzuwenden, doch auch dies geschieht immer unter zeitlichen, örtlichen und sozialen Realisierungsbedingungen". Bergmann/Luckmann (1999), S. 18.

3 Der Anspruch des Christlichen im politischen Handeln am Beispiel von Medizin- und Bioethik[53]

„[Es] scheinen Führungspersönlichkeiten der politischen Parteien bioethische Debatten zumeist als Hemmnisse für das zu verstehen, was sie für den Fortschritt halten. Den Eindruck zu vermitteln, dass man beim [...] Fortschritt nicht dabei ist, halten sie für verheerend und Wahlchancen vernichtend. Das Mittel, mit dem man die Öffentlichkeit über die Absicht der Narkotisierung der angeblich fortschrittshemmenden Ethik hinwegtäuscht, heißt ‚Diskussion', ‚intensive Diskussion' oder ‚breite Diskussion'. [...] Ein Interesse ist heute übermächtig: Das Interesse der lebenden erwachsenen Menschen an der Erhaltung ihrer Gesundheit. In diesem Interesse scheinen heute die letzten Schranken zu fallen. Die Stimmung geht dahin, dass man meint, für die Gesundheit erwachsener Menschen ganz kleine Menschen töten zu dürfen. Die Konsumgesellschaft beginnt, sich selbst zu konsumieren. Mit dem Ausdruck ‚Ethik des Heilens' verschleiert man diese Barbarei. Es geht also um Interessen, um Rhetorik und um politische Taktik."[54]

Dieses Zitat stammt aus der Feder des Ende Februar 2014 emeritierten Kölner Erzbischofs Joachim Kardinal Meisner (*1933). Es findet sich im Rahmen eines Gastkommentars, den der Kardinal am 19. Januar 2002 in der Tageszeitung *Die Welt* veröffentlichte. Die Überschrift dieses Beitrags lautete: „Ist die CDU noch christlich?" Den Anlass zu Meisners Artikel lieferte die damals kurz bevorstehende, für den 30. Januar 2002 angesetzte Bundestagsdebatte über die Frage nach der etwaigen Erlaubnis des Imports menschlicher embryonaler Stammzellen in die Bundesrepublik Deutschland. Wir erinnern uns: Am Ende einer ausführlichen und quer durch die Fraktionen kontrovers geführten Debatte entschied sich der Deutsche Bundestag schließlich für eine eng umgrenzte Lockerung des Importverbots für menschliche embryonale Stammzellen. Eine Tötung von Embryonen zu Forschungszwecken sollte demnach zwar weiterhin verboten bleiben und es sollte sichergestellt werden, dass der Import humaner embryonaler Stammzellen nach Deutschland keine Tötung weiterer Embryonen veranlassen würde. Zugleich stellte der Bundestag auch klar, dass die Zulassung des Imports vorhandener humaner embryonaler Stammzellen keine rückwirkende Billigung der Tötung von Embryonen zu Forschungszwecken bedeute. Der Import blieb auch nach dem am 28. Juni 2002 ausgefertigten Stammzellgesetz (StZG) grundsätzlich verboten

53 Dieses Kapitel beruht auf dem überarbeiteten Text eines Vortrags, der bei der Studientagung *Spielball oder Verpflichtung? Das Christliche in der Politik* der Katholischen Akademie Trier und des Bildungswerks Mainz der Konrad-Adenauer-Stiftung am 30. Oktober 2004 in Trier gehalten wurde.

54 Meisner (2002), S. 2.

und war nur ausnahmsweise für bestimmte „hochrangige" Forschungsvorhaben zulässig. Die Einfuhr war dabei bis zur Änderung des Stammzellgesetzes am 11. April 2008 auf solche Stammzelllinien beschränkt, die vor dem Stichtag 1. Januar 2002 etabliert worden waren.

Die wissenschaftliche Qualität und die ethische Vertretbarkeit der eingereichten Forschungsanträge werden seither durch ein interdisziplinär besetztes Gremium, die *Zentrale Ethik-Kommission für Stammzellenforschung* (ZES) geprüft. Diese Kommission leitet ihr Votum an die zuständige Genehmigungsbehörde, das Robert Koch-Institut in Berlin weiter. Der erste Tätigkeitsbericht der ZES nach Inkrafttreten des Stammzellgesetzes lag im Jahre 2004 vor, ebenso der am 28. Juli 2004 präsentierte erste Erfahrungsbericht der Bundesregierung.[55] In ihm stellte die Bundesregierung fest, dass durch das Stammzellgesetz Forschung mit humanen embryonalen Stammzellen in Deutschland ermöglicht worden sei, ohne den Schutz menschlicher Embryonen einzuschränken. Die im Berichtszeitraum genehmigten 5 Anträge auf Einfuhr und Verwendung humaner embryonaler Stammzellen zu Forschungszwecken zeigten, dass die durch das Stammzellgesetz eröffneten Möglichkeiten wahrgenommen würden. Die verfügbaren Stammzellen, die vor dem Stichtag 1. Januar 2002 erzeugt sein mussten, seien für die derzeitige Grundlagenforschung ausreichend geeignet.[56]

So weit, so gut – oder doch nicht? Die im Bundestag vertretenen Parteien hatten im Frühling 2002 immerhin nach intensiver, in keiner Weise dem üblichen Fraktionszwang unterliegender und durchaus von hohem ethischem Problembewusstsein getragener Diskussion einen Kompromiss erarbeitet, der zunächst tatsächlich zu einer gewissen, mindestens vorläufigen Beruhigung der biopolitischen Auseinandersetzungen führte. Was wäre daran zu kritisieren?

Kardinal Meisner misstraute in seinem hellsichtigen Gastkommentar gerade jenem politischen *Appeasement*, das soeben skizziert wurde. Aus christlicher, genauer gesagt aus katholisch-kirchlicher Sicht, blickte er skeptisch hinter die freundliche Kulisse: „Unser demokratisches Gemeinwesen akzeptiert [...] die Stimme der Kirche auch im politischen Raum. Freilich liebt man kirchliche Äußerungen vor allem bei Feierstunden, wenn sie prinzipiell, allgemein und so ausgewogen sind, dass sie die Harmonie nicht irritieren. Man wünscht sich die Kirche als Nachdenk-

---

55 Der erste Tätigkeitsbericht der ZES für den Zeitraum vom 22.7.2002 bis zum 30.9.2003 wurde 2004 vorgelegt. http://www.rki.de/DE/Content/Kommissionen/ZES/Taetigkeitsberichte/1-taetigkeitsbericht.pdf?__blob=publicationFile (Stand: 24.4.2016).

56 Erster Erfahrungbericht der Bundesregierung über die Durchführung des Stammzellgesetzes (Erster Stammzellbericht), S. 14. Der Bericht wurde am 28.7.2004 veröffentlicht. http://www.bmg.bund.de/fileadmin/redaktion/pdf_misc/Stammzellforschung_Erster-Erfahrungsbericht-Stammzellforschung.pdf (Stand: 24.4.2016).

lichkeitslieferant. Aber stören soll sie nicht. […] Das ist allerdings mit der Kirche Christi nicht gut zu machen."[57] Das Christentum, so Meisner weiter, sei nicht nur prinzipiell, sondern auch sehr real, nicht nur allgemein, sondern auch sehr konkret, und ausgewogen sei es ebenfalls nicht, denn es vertrete eine bestimmte Anschauung vom Menschen. Ein christlicher Bischof habe deswegen sein Amt verfehlt, wenn er angesichts der Entwürdigung alter Menschen, der Tötung von kleinen Menschen, der Selektion von behinderten Menschen, der „Verwertung" von getöteten Menschen zum Nutzen von kranken Menschen nicht eindeutig und klar die Stimme erhöbe.[58]

Damit hatte der Kölner Erzbischof genau jene Themen angesprochen, um die in der bioethischen, biopolitischen und rechtspolitischen Debatte seit einigen Jahren heftig gerungen wurde, nämlich 1. das Problem der medizinischen und pflegerischen Betreuung schwer kranker, vorwiegend alter Menschen, das sich hinter wohklingenden Begriffen wie *Therapiebegrenzung*, *Therapieabbruch* oder *Sterbehilfe* verbirgt, 2. die Herstellung menschlicher embryonaler Stammzellen aus frühen Embryonen mit dem Ziel ihrer Erforschung und der daraus erhofften Entwicklung von Therapien gegen schwere Krankheiten und 3. die Präimplantationsdiagnostik als ein Verfahren zur „Qualitätsprüfung" von durch künstliche Befruchtung erzeugten Embryonen im Hinblick auf deren „Lebenswert".

Einen gemeinsamen Nenner haben diese drei Themen nicht nur in christlich-moraltheologischer Perspektive, sondern ebenso unter (gesundheits)politischen Gesichtspunkten. Und dieser Aspekt ist zunächst ein finanzieller. Die im Jahre 2004 geführten Debatten um „Bürgerversicherung" *versus* „Gesundheitsprämie" spiegelten das dahinter stehende Dilemma nur unzureichend wider. Denn in der Medizin der Zukunft wird ohne eine Erhöhung der Einnahmen nicht mehr alles, was im Prinzip gut und wünschenswert wäre, durch das Solidarsystem der gesetzlichen Krankenversicherung bezahlt werden können. Hier werden Bürger ebenso wie Politiker Lebenswichtiges von bloß Wünschenswertem besser unterscheiden müssen.

Man muss aber auch die normative Gegenfrage stellen: Ist in der Medizin tatsächlich alles, was im Prinzip bezahlbar ist, auch gut und wünschenswert? Wie weit kann die Medizin gehen, bevor sie an Grenzen stößt, die aus moralischen Gründen auf keinen Fall überschritten werden dürfen? Diese Frage ist für alle am Gesundheitswesen beteiligten *Player*, wie man heute die mehr oder minder freiwilligen „Mitspieler" der Medizin zu nennen pflegt, noch prekärer als die finanzielle Problematik. Denn hier können wir nicht die anonymen Kräfte eines fehlgesteuerten Marktes für Mängel verantwortlich machen, sondern wir selbst sind als Denkende

57 Meisner (2002), S. 1.

58 Meisner (2002), S. 1-2.

und Handelnde gefordert: Wohin und mit welchen Gründen wollen wir die weitere Entwicklung der Medizin lenken, wie hoch darf der moralische Preis sein, den wir für die Heilung oder Linderung von Krankheiten zahlen müssen?

„Aller Dinge Maß ist der Mensch, der seienden, dass sie sind, der nicht seienden, dass sie nicht sind."[59] Dieses geflügelte Wort stammt von dem griechischen Philosophen Protagoras (485-415 v. Chr.) aus dem 5. Jahrhundert vor Christus. Protagoras sah den Menschen inmitten einer Welt, in der dieser sich nicht mehr an den absoluten Maßstäben unsichtbarer Götter orientieren konnte, sondern nur noch an seiner eigenen, relativistischen Werteskala. In der Ära der Biowissenschaften und der Biopolitik sehen wir uns erneut mit dieser Aussage konfrontiert. Der Mensch muss am Beginn des 21. Jahrhunderts entscheiden, ob er sich entweder weiterhin als ein Geschöpf betrachten will, das von einem personalen Gott beziehungsweise von einer unpersönlichen, evolutionären Natur geschaffen und gestaltet werden soll, oder ob er die biologische Fortentwicklung seiner Art als Designer in die eigenen Hände nehmen möchte. In einer nicht mehr homogen christlichen, sondern wertepluralen Kultur- und Wissensgesellschaft, wie sie die westliche Welt heute darstellt, scheint die Antwort auf der Hand zu liegen: Da in solchen Gesellschaften nicht mehr Gott beziehungsweise die sich auf ihn berufenden Religionsgemeinschaften den Menschen allgemein bindende Vorschriften geben und da die evolutionäre Natur keinen moralischen Wert an sich darstellt, werden sich die Menschen selbst zum Maß aller Dinge machen und dann vermutlich all das realisieren, wozu sie technisch in der Lage sind.

In der Zeit von Immanuel Kant (1724-1804) waren die technischen Möglichkeiten der Biologie noch sehr bescheiden. So konnte der Philosoph im Jahre 1798 schreiben: „Wer den NatururSachen nachgrübelt […] muss dabey gestehen: dass er in diesem Spiel seiner Vorstellungen bloßer Zuschauer sey und die Natur machen lassen muss […] mithin alles theoretische Vernünfteln hierüber reiner Verlust ist."[60] Kant sah die biologische Forschung als ein ziemlich nutzloses Unterfangen an. Für ihn kam es stattdessen auf die „pragmatische" Menschenkenntnis an, das heißt auf Erziehung und Bildung, auf die Erforschung dessen, was der Mensch als „freyhandelndes Wesen, aus sich selber macht, oder machen kann und soll."[61]

Wir wissen heute, dass Kants Analyse zur Leistungsfähigkeit der Biowissenschaften jedenfalls auf lange Sicht gesehen ganz falsch war. Der technische Fortschritt in diesen Disziplinen stellt uns unausweichlich vor die Frage, wie wir künftig unsere

59 Protagoras, zitiert nach Diels/Kranz (1960), S. 263 (Fragment 1). Vgl. zum Folgenden auch Bauer (1984) und Bauer (2001a).

60 Kant (1798), S. IV-V.

61 Kant (1798), S. IV.

Werte und Normen politisch gestalten wollen, wenn sie nicht mehr von einer religiösen oder philosophischen Instanz vorgegeben sind. Ist der Mensch im Zeitalter der Genom- und Proteomforschung wirklich noch mehr als die Summe seiner Gene? Dürfen wir durch genetische Manipulationen bestimmte Entwicklungen gezielt fördern und andere gezielt hemmen, ohne die in den Artikeln 1 Absatz 1 und 79 Absatz 3 des Grundgesetzes doppelt verankerte Unantastbarkeit der Würde des Menschen zu beschädigen? Die historische Erfahrung dazu ist mehr als bedrückend:

Gegen Ende des 19. Jahrhunderts wurden die sozialdarwinistischen Lehren der *Eugenik* und der *Rassenhygiene* propagiert, zwei Begriffe, die von dem britischen Naturforscher Francis Galton (1822-1911) und dem deutschen Mediziner Alfred Ploetz (1860-1940) geprägt wurden. Mithilfe der Eugenik sollten „unerwünschte" genetische Eigenschaften weggezüchtet (*negative Eugenik*) und „erwünschte" Eigenschaften herangezüchtet werden (*positive Eugenik*). Dabei ging es um eine angeblich notwendige und mögliche Optimierung der Rasse beziehungsweise der Bevölkerung, die durch Auslese der „Besten" erfolgen sollte. Die entsprechenden eugenisch-biologistischen Ideen geisterten während der Weimarer Republik quer durch die politischen Lager, sie fanden Rückhalt in konservativen wie in sozialdemokratischen Ärztekreisen. Es grassierte eine panische Angst vor angeblicher „Entartung" des Volkes durch „Degeneration". Die Nationalsozialisten griffen diese diffusen Ängste in den 1930er Jahren auf und ließen die fatale Entwicklung seit 1934 durch die Zwangssterilisation von etwa 400.000 Menschen und schließlich seit 1939 durch die „Euthanasie", also die Ermordung von mehr als 70.000 geistig Behinderten auf monströse Weise eskalieren. Die vorgebliche „Verbesserung" der Rasse wurde in Form der *negativen Eugenik* durch die Tötung derjenigen in Szene gesetzt, die man nicht für lebenswert erachtete.

Die heutigen technischen Möglichkeiten der genetischen Diagnostik und der Reproduktionsmedizin haben mit den Methoden der 1930er Jahre so viel oder so wenig gemeinsam wie ein moderner Personalcomputer mit dem Rechenschieber oder der Schreibmaschine. Die Ziele einer neuen *negativen Eugenik* würden heute nicht vom Staat vorgeschrieben, sie würden vielmehr von den einzelnen Bürgern angestrebt, und dies geschähe unter ansprechend klingenden Begriffen aus dem Vokabular des politischen Liberalismus wie „Recht auf Gesundheit" oder „reproduktive Freiheit". Nicht mehr angeblich „lebensunwerte" Menschen würden von Staats wegen ermordet, sondern es würden „lediglich" unerwünschte Embryonen nach einer Präimplantationsdiagnostik (PID), also nach einer genetischen Untersuchung der befruchteten und sich bereits mehrfach teilenden Eizelle, nicht in die Gebärmutter der Frau übertragen. Auch hier aber läge der Preis für eine Bekämpfung von Krankheit und Behinderung in der Tötung kranken und behinderten menschlichen Lebens, wenngleich in einem sehr frühen Stadium. Kann daraus ein fiktives Recht auf ein „gesundes“ Kind entstehen? Werden Kinder, die mit einer genetischen Erkrankung oder anderweitig behindert zur Welt kommen, bei uns demnächst als medizinische „Betriebsunfälle“ eingestuft? Das ist eine Frage, die nicht nur von angehenden Eltern, von Gynäkologen oder Humangenetikern nach individuellem Belieben beantwortet werden darf.

Richten wir unsere Aufmerksamkeit von der *negativen* zur *positiven Eugenik*, die künftig eine größere Rolle spielen dürfte. Bei der *positiven Eugenik* ginge es nicht mehr darum, lediglich die Geburt von Trägern bestimmter „unerwünschter“ Eigenschaften zu verhindern, wie dies mithilfe der erwähnten Präimplantationsdiagnostik möglich wäre und wie dies zum Beispiel in Belgien oder Großbritannien bereits erlaubt ist. Das Ziel der *positiven Eugenik* bestünde vielmehr darin, Menschen mit im Voraus genau bestimmten Wunscheigenschaften zu züchten. Der Mensch wäre dann nicht länger mehr ein natürliches Geschöpf, sondern Biodesigner und Designerprodukt zugleich.

Einen ersten Eindruck von dem, was da auf uns zukommen könnte, vermittelte seit 1997 die Debatte um das *reproduktive Klonen*. Beim Klonen nach der „Dolly-Methode“, bei der ein fremder Körperzellkern in eine entkernte Eizelle übertragen wird, können Lebewesen entstehen, deren genetische Ausstattung derjenigen ihres Urbildes gleicht wie ein in der Zeit versetzter eineiiger Zwilling. Könnte man Menschen reproduktiv klonen, dann wüsste man jedenfalls, dass sie die gleiche genetische Information besäßen wie ein anderer Mensch vor ihnen. Weit verbreitet ist die Wunschvorstellung, aber ebenso auch die Schreckensvision, beim reproduktiven Klonen eines Menschen würden nicht nur die Gene, sondern die ganze Persönlichkeit kopiert. Das ist natürlich falsch, denn die Persönlichkeit bildet sich ja erst durch eine hochkomplexe Wechselwirkung der aktivierten Gene mit der physikalischen und der sozialen Umwelt. Jede Person ist individuell und einmalig, auch ein geklonter Mensch wäre nicht einfach ein „Duplikat“ oder gar eine „Reinkarnation“.

Dessen ungeachtet wird diese Tatsache oft ignoriert. Der Wunsch, ein menschliches Lebewesen klonen zu wollen, schließt aus der Perspektive der potenziellen Interessenten offenbar die Erwartung mit ein, dass der entstehende neue Mensch nicht nur über die gleichen biologischen, sondern auch über die gleichen geistig-seelischen Eigenschaften verfügen werde wie sein „Urbild“. Berechenbarkeit und Kontrolle des Schicksals scheinen damit in greifbare Nähe zu rücken. Im Jahre 2001 äußerte sich der Wiener Gynäkologe Wilfried Feichtinger (*1950), damals Präsident eines weltweiten Zusammenschlusses privater Reproduktionskliniken, im Magazin *Der Spiegel* folgendermaßen: „Ich habe sieben gesunde Kinder. Wenn einem davon was passieren würde, dann käme Klonen schon in Frage, um es ins Leben zurückzuholen."[62]

Was für eine abenteuerliche Illusion! Das Ergebnis des als technisch waghalsiges Menschenexperiment keinesfalls zu gestattenden reproduktiven Klonens von Menschen wären Babys, die zu ganz „regulären", mit allen Grundrechten auszustattenden Staatsbürgern heranwachsen würden. Wenn in diesem Zusammenhang von dem evangelischen Theologen Hartmut Kreß (*1954) im *Trierischen Volksfreund* die Befürchtung artikuliert wurde, solche Kinder könnten womöglich als medizinische „Ersatzteillager" oder als willfährige Anhänger von Sekten dienen[63], dann muss man dem entgegenhalten: Auch ein widerrechtlich geklontes Kind wäre Träger der unantastbaren Würde des Menschen, begabt mit der vollen Freiheit seines Willens. Die Würde des Menschen ist unantastbar, also auch die Würde eines durch Klonen entstandenen Kindes. Ethische Bedenken und moralische Ablehnung können sich zwar gegen das Klonen als einer reproduktiven Technik richten, nicht jedoch gegen den durch Klonen entstandenen Menschen selbst.

Während sich die Politiker praktisch aller Parteien einig sind, was die Ablehnung des reproduktiven Klonens angeht, das technisch ohnehin noch in weiter Ferne läge, so endet diese wohlfeile Eintracht sehr schnell, sobald es um die Produktion und den Verbrauch menschlicher Embryonen zu Forschungs- und Therapiezwecken geht. Bei der verbrauchenden Embryonenforschung zur Erzeugung embryonaler Stammzellen wird aber – anders als beim reproduktiven Klonen – menschliches Leben im frühen Stadium der sogenannten *Blastozyste* vernichtet. Dieser Embryonenverbrauch geschieht zu einem im Prinzip rationalen medizinischen Zweck, denn mit dem Thema embryonale Stammzellen verbinden sich gewisse Hoffnungen im Kampf gegen schwere Krankheiten wie Krebs, Alzheimer oder Morbus Parkinson. Aus diesen noch nicht endgültig auf bestimmte Funktionen spezialisierten Zellen lässt sich durch gezielte gentechnische Eingriffe möglicherweise gesundes Gewebe züchten.

Stammzellen entwickeln sich vor allem in der frühen Embryonalphase; aber auch in den Organen Erwachsener sind sie zu finden. Stammzellen sind noch nicht endgültig zu einem der mehr als 200 verschiedenen Zelltypen des Organismus ausdifferenziert. Man unterscheidet *adulte* und *embryonale* Stammzellen. Die *adulten* Stammzellen finden sich im Körper geborener Menschen sowie im Nabelschnurblut. Bislang wurden sie in rund 20 Organen entdeckt. Adulte Stammzellen, die aus dem Knochenmark gewonnen werden, setzt man heute schon klinisch bei

---

62 Vgl. Blech et al. (2001), S. 209.

63 Vgl. dazu das Interview „Anschlag auf die Würde" von Dagmar Schommer mit dem Bonner Theologen Prof. Dr. Hartmut Kreß im *Trierischen Volksfreund* vom 8.8.2001.

der Bekämpfung von Blutkrebs und einigen anderen Krankheiten ein. Man kann auch Hautzellen aus ihnen heranziehen, die als Ersatzgewebe zur Deckung von großen Verbrennungswunden dienen. Unklar ist, ob die adulten Stammzellen ebenso flexibel und vermehrungsfähig sind wie die embryonalen Stammzellen, oder ob der Differenzierungsprozess in ihnen so weit fortgeschritten ist, dass sie sich zwar noch in einige, aber nicht mehr in alle Zelltypen umwandeln lassen. Letztlich sind jedoch viele Aspekte der Grundlagenforschung ungeklärt.

Je weniger weit eine Zelle spezialisiert ist, also je „potenter" sie sich verhält, desto größer ist natürlich ihre Flexibilität, aber auch andererseits das Risiko, dass sie entarten und einen Tumor bilden kann. Die geringe Spezialisierung von Zellen ist also für den Biologen zwar ein faszinierender, für den Mediziner jedoch stets ein ambivalenter Zustand.

Embryonale Stammzellen können sich in sämtliche Zelltypen des Körpers einschließlich der Keimzellen verwandeln, sie sind also zellbiologisch *pluripotent* oder sogar *omnipotent*. Das macht sie für die Forschung besonders interessant. Es bieten sich vor allem drei Möglichkeiten an, embryonale Stammzellen zu gewinnen: Entweder werden sie aus den Vorläufern der Geschlechtszellen abgetriebener Embryonen isoliert und dann kultiviert. Die zweite Möglichkeit besteht darin, sie aus bei der künstlichen Befruchtung übrig gebliebenen oder aus eigens für Forschungszwecke produzierten Embryonen zu gewinnen. Die Embryonen werden dabei vernichtet. Zum Zeitpunkt der Stammzellengewinnung sind sie etwa 4 bis 5 Tage alt und bestehen aus etwa 100 bis 200 Zellen. Ein dritter Weg wäre die Herstellung von Forschungsembryonen durch Klonen nach der „Dolly-Methode". Dabei wird einer entkernten Eizelle das Erbgut einer erwachsenen Körperzelle eingefügt und anschließend das Wachstum stimuliert. Es entsteht dann im günstigen Falle ein Embryo, dem wiederum embryonale Stammzellen entnommen werden können. Diese durch Klonen erzeugten embryonalen Stammzellen wären genetisch identisch mit dem Erbmaterial aus der ursprünglichen Körperzelle des Spenders, könnten also zu keiner Gewebeabstoßung führen, falls man sie dem Spender transplantieren würde. Diese Form des Klonens bezeichnet man im Gegensatz zum *reproduktiven Klonen* als *therapeutisches Klonen*, korrekter jedoch als *Forschungsklonen*, da die Entwicklung von Therapien bislang reines Wunschdenken ist.

Im August 2004 gab die zuständige britische Behörde erstmalig in Europa einem Antrag von Forschern des *Centre for Life* an der Universität Newcastle auf Forschungsklonen am Menschen statt, zunächst befristet auf ein Jahr. Ziel der Wissenschaftler war es, Grundlagenforschung über das Klonen menschlicher Zellen zu betreiben, um einer späteren Zucht von Ersatzgewebe den Weg zu bereiten. Die für die Klonversuche notwendigen Eizellen sollten von Patientinnen aus der Klinik für künstliche Befruchtung des Zentrums kommen.[64]

Prof. Spiros Simitis (*1934), der damalige Vorsitzende des *Nationalen Ethikrates*, sprach schon 2002 die Warnung aus, Forschung dürfe sich nicht nach Moden richten. Embryonale Stammzellen seien aber gerade schwer in Mode. Auf die Kritiker der Stammzellforschung werde erheblicher Zeitdruck ausgeübt, weil die Forscher in einem nie da gewesenen Ausmaß darauf bedacht seien, Patente zu bekommen. Forschung jedoch, die sich am maximalen Gewinn orientiere, sei denaturierte Forschung. Zu der vom damaligen Bundeskanzler Gerhard Schröder (*1944) in die Debatte gebrachten „Ethik des Heilens" sagte Simitis: „Wer auf therapeutische Erfolge setzt, enttäuscht Hoffnungen, und wer nur auf Patente erpicht ist, pervertiert die Forschung. Schließlich muss er nach außen hin ständig den Eindruck erwecken, wir stünden unmittelbar vor der großen Entdeckung, die wirtschaftlich große Erfolge verspricht, obgleich er wissen muss, dass das nicht der Fall ist."[65]

In der Geschichte der Medizin gibt es wesentlich mehr Beispiele für gescheiterte Forschungsansätze und für voreilige Versprechungen als für substanzielle therapeutische „Wunder". Allein mit dem Verweis auf „Chancen" und „Hoffnungen" kann insbesondere eine ethisch bedenkliche Forschungsrichtung nicht gerechtfertigt werden, durch die zwei höchstrangige Rechtsgüter, nämlich das Recht auf Leben und die Würde des Menschen in Gefahr geraten. Bei der Forschung an menschlichen embryonalen Stammzellen ist aber genau dies der Fall, denn die embryonalen Stammzellen werden aus jungen Embryonen gewonnen, die erst über etwa 100 bis 200 Zellen verfügen. Nach der Entnahme der Stammzellen können die Embryonen nicht weiterleben, sie gehen zugrunde. Die Embryonen entwickeln sich und sie sterben also ausschließlich im Dienst der biologischen Forschung, das heißt zu Zwecken, die gänzlich außerhalb ihrer eigenen Existenz liegen. Darin muss man eine Verletzung der Würde des Menschen sehen, und zwar nicht nur eine Verletzung der individuellen Würde des Embryos, sondern eine objektive Verletzung der Würde der Menschheit, das heißt unser aller Würde. Aus dem Recht auf Leben und körperliche Unversehrtheit in Artikel 2 Absatz 2 des Grundgesetzes ergibt sich keine Verpflichtung des Staates, Rahmenbedingungen zur Entwicklung einer ganz bestimmten Therapie bereitzustellen. Weder die Eignung der „überzähligen" Embryonen zu Forschungszwecken noch der erhoffte therapeutische Nutzen stehen mit der Lebensgefährdung kranker Menschen durch ihre Krankheit in einem ursächlichen

64 „Britische Forscher dürfen geklonte Embryonen erzeugen". Frankfurter Allgemeine Zeitung Nr. 186 vom 12.8.2004, S. 1-2.

65 Blech/Traufetter (2002), S. 144 und S. 146.

Zusammenhang.[66] Aus der fehlenden Lebensperspektive „überzähliger" Embryonen folgt wegen der gleichwohl fortbestehenden Würde des Menschen keineswegs eine Erlaubnis zu deren Verbrauch für die biologische Grundlagenforschung.

Im Jahre 2004 wurde die Verwendung embryonaler Stammzellen als Ersatzgewebe in der Therapie von Autoimmunerkrankungen wie Multipler Sklerose, Schuppenflechte oder Rheumatoider Arthritis diskutiert. Eine klinische Umsetzbarkeit ließ sich jedoch damals noch nicht erkennen. Allein durch den Einbau neuer Zellen könnte der autoimmunologische Zerstörungsprozess nicht ursächlich unterbrochen werden, es würde ihm vielmehr auch das Ersatzgewebe vermutlich rasch zum Opfer fallen. Auch müsste geklärt werden, inwieweit die Gefahr besteht, dass nach Transplantation von Stammzellen mit unbeschränktem Wachstumspotenzial Tumoren entstehen können.[67] Die bis dahin durchgeführten tierexperimentellen Untersuchungen stellten zudem ein sehr problematisches Tiermodell für die menschliche Multiple Sklerose dar.[68] Weiterhin garantiert die neuroanatomische Beobachtung eingewachsenen Gewebes nicht schon dessen neurophysiologisch ordnungsgemäße Funktion. Tierexperimentell waren somit keine ausreichenden Grundlagen geschaffen, die eine Behandlungsaussicht beim Menschen als wahrscheinlich erscheinen ließen.[69] In medizinethischer Perspektive bedeutete dies, dass zugunsten der von einigen Wissenschaftlern gewünschten rechtsethischen Grenzverschiebungen (im Sinne einer „großzügigeren" Erlaubnis verbrauchender Embryonenforschung) keine außergewöhnlichen Therapieaussichten geltend gemacht werden konnten. Dadurch wurde das moralische Gewicht der „Behandlungsaussicht" innerhalb einer Güterabwägung zwischen dem Lebensrecht der zu verbrauchenden Embryonen und dem Lebensrecht zukünftiger Patienten deutlich gemindert.

Insbesondere eine auf christlichen Fundamenten ruhende Politik wird künftig noch deutlicher als bisher kritisch nachfragen müssen. Sie darf sich nicht von äußerst vagen Heil(ung)sversprechungen den Blick auf die Wirklichkeit verstellen lassen. Sofern der Embryo ethisch und rechtlich mehr gelten soll als ein gestaltloser „Zellhaufen", darf man ihn nicht wie ein synthetisches biochemisches Reaktionsprodukt zu Zwecken instrumentalisieren, die in Gänze außerhalb sei-

---

66 Vgl. das Minderheitsvotum des Nationalen Ethikrates (2002) in seiner Stellungnahme zum Import menschlicher embryonaler Stammzellen, erschienen im Dezember 2001, hier Punkt 5.2.2 b, S. 37-38.

67 Kabelitz/Hermeler (2003); Tumorrisiko (2003).

68 Learish et al. (1999).

69 Vgl. Bauer (2001a) und Ewig (2003). Demgegenüber glaubt der Molekularbiologe Irving L. Weissman (*1939) an eine bevorstehende biotechnologische Revolution durch den Einsatz von embryonalen Stammzellen (vgl. *Economist* vom 6.-12.9.2003, S. 31-32).

ner selbst liegen. Spräche man dem Embryo aber das Lebensrecht oder sogar die Menschenwürde bis zu einem passenden Zeitpunkt ab, wie dies im Jahre 2003 die damalige Bundesjustizministerin Brigitte Zypries (*1953) versucht hatte[70], so hätte man zwar das moralische Problem *per definitionem* aus der Welt geschafft. Eine solche „Ethik des Wegdefinierens" hätte jedoch ihrerseits Konsequenzen für unser Menschenbild (zum Beispiel auf das Ende des Lebens bezogen), die von den konsequenzialistisch argumentierenden Befürwortern der Stammzellforschung leider konsequent ausgeklammert werden.

Eine Biopolitik, die auf christlichen Fundamenten ruht, sollte sich derartiger Zusammenhänge stets bewusst sein. Sie darf insbesondere nicht zulassen, dass die Würde des Menschen angetastet wird, indem man das jeweils schützenswerte menschliche Leben nach den gerade aktuellen Erfordernissen der Biowissenschaften fortlaufend neu definiert.[71] Die Versuchung dazu ist groß, denn die Vertreter mächtiger gesellschaftlicher Kräfte wirken auf die Biopolitik ein. Darunter befinden sich aktive Forscher, Medizinische Fakultäten und Fakultäten für Biologie, Universitätsleitungen und nationale Gremien der Forschungsförderung. Ferner werden juristische und ökonomische Argumente vorgetragen, die in der Regel dem Umfeld des organisierten politischen Liberalismus entstammen. Und wer möchte in einer zumindest deklamatorisch von Freiheits- und Autonomie-Rhetorik geradezu überschäumenden Zeit schon als „illiberal" gelten? Dieses vergiftete Etikett bezwingt moralische Skrupel gegenwärtig nur allzu leicht. Schließlich wird – gelegentlich sogar von protestantischer Seite – eine vorgebliche „Ethik des Heilens" bemüht, in deren Rahmen ganze Heerscharen künftiger Patientinnen und Patienten in moralisierender Attitüde gegen die winzigen Embryonen in der Petri-Schale mobilisiert werden.

So versuchte der als evangelischer Pastor ausgebildete Bundestagsabgeordnete Peter Hintze (*1950), ehemals Generalsekretär der CDU, im Jahre 2001 die nach seiner Auffassung mindere ethischen Schutzwürdigkeit von Embryonen dadurch zu beweisen, dass er rhetorisch fragte, wen man wohl im Zweifelsfall bei einem Brand in der Kinderklinik eher retten würde: die Kinder oder die embryonalen Zellkulturen im Kühlschrank? Mit einem solchen konstruierten Beispiel lässt sich natürlich nichts anderes belegen als unsere jeweilige vorreflexive moralische Intuition, die auf ihre Berechtigung zu hinterfragen ja gerade eine wesentliche Aufgabe der normativen Ethik wäre. Dafür, dass uns Kinder spontan näher stehen als Embryonen, gibt es sogar eine relativ einfache evolutionäre Erklärung, die wenig gefühlvoll und schon gar nicht christlich ist: In Kinder, die schon einige Zeit auf der Welt sind, haben die

70 Vgl. die Rede von Zypries (2003).

71 Bauer et al. (2004).

Erwachsenen bereits viel mehr Zeit und Mühe, ja auch mehr materielle Ressourcen „investiert" als in einen kleinen Embryo. Die evolutionären Selektionsmechanismen haben uns im Laufe der Jahrmillionen dahin gehend ausgewählt, dass wir spontan zunächst dasjenige Wesen zu bewahren suchen, das uns im wörtlichen Sinne als das „Wertvollere" erscheint. Auf diese Weise werden knappe Ressourcen optimal eingesetzt. Die persönliche und emotionale Bindung an Kinder spiegelt diesen Mechanismus auf der Seite des subjektiven Erlebens wider.

Doch wie würde Peter Hintzes realitätsfernes Beispiel ausgehen, wenn wir es durch eine Komplikation noch etwas realitätsferner gestalten? Angenommen, wir wüssten, dass der kleine Junge, den wir da retten könnten, der spätere Diktator Adolf Hitler wäre, und der winzige Embryo, den wir als Mensch noch nicht erkennen, der zukünftige Wolfgang Amadeus Mozart. Wen von beiden würden wir *dann* zuerst retten? Ich vermute, die meisten von uns würden sich jetzt spontan für Mozart entscheiden und gegen Hitler, obwohl dieser im Gedankenexperiment schon geboren und jener noch so winzig wäre. Wir lernen daraus: Der Appell an vorintellektuelle moralische Intuitionen ist stets prekär und ethisch gefährlich. Zumindest scheint aber selbst nach unserer Intuition nicht ausnahmslos jeder Embryo von minderem moralischem Rang gegenüber jedem Geborenen zu sein. Diese Erkenntnis sollte auch die Advokaten der „Ethik des Heilens" immerhin nachdenklich stimmen.

Die Rolle des Christlichen in der Biopolitik zu bestimmen ist gegenwärtig in unserer pluralistischen Gesellschaft gewiss nicht einfach, und diese Schwierigkeit zeigt sich in allen politischen Lagern. Nicht „Links" und „Rechts" heißen auf diesem Felde die Antagonisten, wie dies sonst eine ebenso bequeme wie nicht selten falsche Richtungslehre nahelegt. Der Gegenpol zu einer christlich fundierten Biopolitik ist überraschender Weise eher auf der Seite des individualistischen und wirtschaftlichen Liberalismus zu erkennen, der „Werte" vornehmlich in Euro und Cent ausdrückt. Hieraus könnten sich eines Tages noch unerwartete Konsequenzen für die traditionelle politische Farbenlehre von Rot-Grün und Schwarz-Gelb ergeben. Denn das christliche Element in der Politik besteht nicht im Konservieren und Zementieren materieller Besitzstände, sondern in der Wahrung humaner Wertmaßstäbe, die über den Menschen hinaus weisen und ihn dadurch seine moralischen Grenzen zumindest erahnen lassen.

4 Beratung zum Lebensschutz? Die Arbeit im Deutschen Ethikrat[72]

Konstituierung und Aufgaben des Deutschen Ethikrates

Der *Deutsche Ethikrat* wurde im Jahre 2007 als Nachfolgegremium des 2001 vom damaligen Bundeskanzler Gerhard Schröder etablierten *Nationalen Ethikrates* konzipiert. Anders als der Nationale Ethikrat arbeitet der Deutsche Ethikrat auf einer gesetzlichen Grundlage, dem *Gesetz zur Einrichtung des Deutschen Ethikrats* (Ethikratgesetz - EthRG) vom 16. Juli 2007 (BGBl. I S. 1385), das am 1. August 2007 in Kraft trat.

Das Ethikratgesetz beschreibt sämtliche für die Arbeitsweise des neuen Beratungsgremiums wesentlichen Rahmenbedingungen. Demnach verfolgt der Deutsche Ethikrat „die ethischen, gesellschaftlichen, naturwissenschaftlichen, medizinischen und rechtlichen Fragen sowie die voraussichtlichen Folgen für Individuum und Gesellschaft, die sich im Zusammenhang mit der Forschung und den Entwicklungen insbesondere auf dem Gebiet der Lebenswissenschaften und ihrer Anwendung auf den Menschen ergeben" (§ 2 Absatz 1 EthRG). Zu seinen Aufgaben gehören insbesondere 1. die Information der Öffentlichkeit und Förderung der Diskussion in der Gesellschaft unter Einbeziehung der verschiedenen gesellschaftlichen Gruppen, 2. die Erarbeitung von Stellungnahmen sowie von Empfehlungen für politisches und gesetzgeberisches Handeln und 3. die Zusammenarbeit mit nationalen Ethikräten und vergleichbaren Einrichtungen anderer Staaten und internationaler Organisationen.

Ferner führt der Deutsche Ethikrat jedes Jahr mindestens eine öffentliche Veranstaltung zu ethischen Fragen, insbesondere im Bereich der Lebenswissenschaften durch. Darüber hinaus kann er weitere öffentliche Veranstaltungen, Anhörungen und öffentliche Sitzungen abhalten (§ 2 Absatz 2 EthRG). Bis zum Beginn des Jahres 2010 wurden von uns vor allem zwei Formate realisiert, nämlich die jeweils im Mai stattfindende ganztägige Jahrestagung sowie drei im Frühling, Sommer und Herbst durchgeführte abendliche Bioethik-Foren zu aktuellen Themen. Die erste Jahrestagung am 28. Mai 2009 trug den Titel *Der steuerbare Mensch? Über Einbli-*

---

72 Gekürzte Fassung eines Vortrags, der am 17. Januar 2010 zum Abschluss der *Akademie Lebensschutz* der Konrad-Adenauer-Stiftung im Bildungszentrum Schloss Eichholz (Wesseling) gehalten wurde. Der Verfasser war vom 11.4.2008 bis zum 10.4.2012 Mitglied des Deutschen Ethikrates, er berichtet daher aus eigener, durchaus subjektiver Anschauung über die Arbeit des Gremiums. Eine erste umfassende soziologische und politikwissenschaftliche Analyse zur Genese, zum Selbstverständnis und zur Arbeitsweise des Deutschen Ethikrates publizierte Ezazi (2016).

cke und Eingriffe in unser Gehirn. Die zweite Jahrestagung, die am 20. Mai 2010 stattfand und deren organisatorische Leitung im Juli 2009 dem Verfasser dieses Buches übertragen wurde, befasste sich mit *Migration und Gesundheit*. Bei den ersten vier Bioethik-Foren ging es um die Problemkreise *Trägt der Staat Verantwortung für eine gesunde Ernährung?* (26. November 2008), *Rechtliche und ethische Aspekte der Präventivmedizin* (25. Februar 2009), *Möglichkeiten und Grenzen der Individualisierung von Diagnose und Therapie* (24. Juni 2009) sowie *Tierklonierung und Fleischproduktion* (21. Oktober 2009).

Der Deutsche Ethikrat erarbeitet seine schriftlichen Stellungnahmen auf Grund eigenen Entschlusses, im Auftrag des Deutschen Bundestags oder im Auftrag der Bundesregierung (§ 2 Absatz 3 EthRG). Bis Anfang 2010 wurden dem Gremium keine Aufträge von Regierung oder Parlament erteilt, womit sich nicht zuletzt eine längere Phase der initialen Themenfindung durch die Mitglieder im Frühjahr 2008 erklären lässt. Der Deutsche Ethikrat ist in seiner Tätigkeit unabhängig und nur an den durch dieses Gesetz begründeten Auftrag gebunden. Seine Mitglieder üben ihr Amt persönlich und unabhängig aus (§ 3 EthRG).

Die Mitglieder des Deutschen Ethikrates sollen naturwissenschaftliche, medizinische, theologische, philosophische, ethische, soziale, ökonomische und rechtliche Belange in besonderer Weise repräsentieren. Zu den 26 Mitgliedern des Rates gehören deshalb Wissenschaftlerinnen und Wissenschaftler aus den genannten Wissenschaftsgebieten. Darüber hinaus gehören ihm anerkannte Personen an, die in besonderer Weise mit ethischen Fragen der Lebenswissenschaften vertraut sind (§ 4 Absatz 1 EthRG). Dabei sollen unterschiedliche ethische Ansätze und ein pluralistisches Meinungsspektrum vertreten sein (§ 4 Absatz 2 EthRG).

Der Präsident des Deutschen Bundestages beruft die Mitglieder je zur Hälfte auf Vorschlag des Bundestages und der Bundesregierung, und zwar für die Dauer von vier Jahren. Eine Wiederberufung ist einmal möglich, die maximale Amtszeit eines Mitglieds beträgt demnach acht Jahre. Die Mitglieder können jederzeit schriftlich gegenüber dem Präsidenten des Deutschen Bundestages ihr Ausscheiden aus dem Deutschen Ethikrat erklären. Scheidet ein Mitglied vorzeitig aus, so wird ein neues Mitglied für die Dauer von vier Jahren berufen. In diesem Fall erfolgt die Berufung des neuen Mitglieds auf Vorschlag desjenigen Organs, das den Vorschlag für das ausgeschiedene Mitglied unterbreitet hatte (§ 5 EthRG). Diese Konstellation trat im Jahre 2010 erstmalig ein, weil eines der 13 von der Bundesregierung benannten Mitglieder zum 1. März 2010 auf eigenen Wunsch aus dem Gremium ausschied.

Dem erstmaligen Zusammentreten des neuen Gremiums am 11. April 2008 im Berliner Reichstagsgebäude ging eine mehrmonatige Phase voraus, in der die Bundesregierung der Großen Koalition aus CDU, CSU und SPD einerseits, die im Deutschen Bundestag vertretenen fünf Fraktionen von CDU/CSU, SPD, FDP, Bündnis 90/Die Grünen und PDS/Linkspartei andererseits hinter verschlossenen Türen über die Auswahl jener 26 Persönlichkeiten berieten, die in den Deutschen Ethikrat entsandt werden sollten. Dabei entfielen gemäß auf die damalige Regierungskoalition aus CDU, CSU und SPD 13 Benennungen, auf die Fraktionen von CDU/CSU und SPD jeweils 5 und auf die drei Oppositionsfraktionen jeweils 1 Benennung. Von den damaligen Oppositionsparteien FDP, Bündnis 90/Die Grünen und PDS/Linkspartei wurde kritisiert, dass durch die in § 5 EthRG festgelegte Zusammensetzung des Rates in Zeiten der Großen Koalition insgesamt 23 der 26 Mitglieder von CDU, CSU oder SPD, also von den Regierungsparteien benannt würden, nur 3 Mitglieder jedoch von der parlamentarischen Opposition.

Da die Amtszeit der ersten Mitglieder am 10. April 2012 enden sollte, würde die Zusammensetzung des Deutschen Ethikrates danach von den im Frühjahr 2012 herrschenden politischen Konstellationen geprägt werden. Nach dem Stand vom Januar 2010 bedeutete dies, dass es wegen der nach der Bundestagswahl vom 27. September 2009 veränderten Mehrheitsverhältnisse in Bundestag und Bundesregierung zu einer deutlichen Verschiebung der Nominierungsrechte zugunsten der FDP und zulasten der SPD kommen würde. Dies könnte für die biopolitischen Kräfteverhältnisse innerhalb des Gremiums bedeutsam werden. Eine Stärkung der Position des Lebensschutzes im Deutschen Ethikrat war für die zweite Amtsperiode (April 2012 bis April 2016) jedenfalls nicht zu erwarten.

Mitglieder des Deutschen Ethikrates und Vorstand des Gremiums in den Jahren 2008-2012

Am 13. Februar 2008 wählte der Deutsche Bundestag die 13 von den Fraktionen benannten Mitglieder des Deutschen Ethikrates. Gleichzeitig gab die Bundesregierung die Namen der von ihr bestimmten 13 Mitglieder bekannt. 14 der 26 Mitglieder gehörten bereits dem Nationalen Ethikrat an, wodurch eine gewisse Kontinuität des Gremiums gewährleistet werden konnte. 12 Mitglieder kamen neu hinzu, überwiegend die vom Deutschen Bundestag ernannten Persönlichkeiten. Auch die Geschäftsstelle in der Berlin-Brandenburgischen Akademie der Wissenschaften (BBAW) am Berliner Gendarmenmarkt und die Adresse der Homepage http://www.ethikrat.org samt dem Logo mit den drei versetzten Linien in Schwarz, Rot und Gelb wurden vom Deutschen Ethikrat übernommen.

Die Bundesregierung benannte im Februar 2008 die folgenden 13 Mitglieder:

- Hermann Barth (*1945), evangelischer Theologe, Präsident des Kirchenamts der Evangelischen Kirche in Deutschland (EKD), Hannover
- Wolf-Michael Catenhusen (*1945), Historiker und Staatssekretär a. D., Berlin
- Regine Kollek (*1950), Professorin für Technikfolgenabschätzung, Universität Hamburg
- Weyma Lübbe (*1961), Professorin für Philosophie, Universität Regensburg
- Eckhard Nagel (*1960), Transplantationsmediziner am Klinikum Augsburg und Professor für Medizinmanagement und Gesundheitswissenschaften, Universität Bayreuth
- Peter Radtke (*1943), Autor und Schauspieler, Arbeitsgemeinschaft Behinderung und Medien, München
- Jens Reich (*1939), Professor für Bioinformatik, Humboldt-Universität zu Berlin
- Jürgen Schmude (*1936), ehemaliger Bundesminister für Bildung und Wissenschaft und ehemaliger Präses der Synode der EKD
- Eberhard Schockenhoff (*1953), Professor für katholische Moraltheologie, Universität Freiburg im Breisgau
- Bettina Schöne-Seifert (*1956), Professorin für Medizinethik, Universität Münster
- Erwin Teufel (*1939), ehemaliger Ministerpräsident von Baden-Württemberg
- Kristiane Weber-Hassemer (*1939), Juristin, Staatssekretärin a. D., ehemalige Vorsitzende des Nationalen Ethikrates, Frankfurt am Main
- Christiane Woopen (*1962), Professorin für Medizinethik, Universität zu Köln

Die CDU/CSU-Bundestagsfraktion benannte 5 Mitglieder:

- Axel W. Bauer (*1955), Professor für Geschichte, Theorie und Ethik der Medizin, Medizinische Fakultät Mannheim der Universität Heidelberg
- Stefanie Dimmeler (*1967), Professorin für Kardiovaskuläre Regeneration, Universität Frankfurt am Main
- Hildegund Holzheid (*1936), ehemalige Präsidentin des Bayerischen Verfassungsgerichtshofs
- Christoph Kähler (*1944), Landesbischof der Evangelisch-Lutherischen Kirche in Thüringen und stellvertretender Vorsitzender des Rates der EKD, Eisenach
- Anton Losinger (*1957), Weihbischof im Bistum Augsburg

Die SPD-Bundestagsfraktion benannte 5 Mitglieder:

- Alfons Bora (*1957), Professor für Technikforschung, Universität Bielefeld
- Volker Gerhardt (*1944), Professor für Philosophie, Humboldt-Universität zu Berlin

- Spiros Simitis (*1934), Professor für Arbeitsrecht, ehemaliger Vorsitzender des Nationalen Ethikrates, Universität Frankfurt am Main
- Jochen Taupitz (*1953), Professor für Medizinrecht, Universität Mannheim
- Michael Wunder (*1952), Diplom-Psychologe, Hamburg

Die FDP-Bundestagsfraktion benannte 1 Mitglied:

- Edzard Schmidt-Jortzig (*1941), ehemaliger Bundesminister der Justiz, Professor für Öffentliches Recht, Universität Kiel

Die Bundestagsfraktion von Bündnis 90/Die Grünen benannte 1 Mitglied:

- Ulrike Riedel (*1948), Juristin und Staatssekretärin a. D., Berlin

Die Bundestagsfraktion der Linken benannte 1 Mitglied:

- Frank Emmrich (*1949), Professor für Immunologie, Universität Leipzig

In der konstituierenden Sitzung am 11. April 2008, die unter der Leitung von Bundestagspräsident Norbert Lammert (*1948) stattfand, wählten die Mitglieder den Vorsitzenden und die beiden stellvertretenden Vorsitzenden für die Dauer von vier Jahren. Vorsitzender wurde Prof. Edzard Schmidt-Jortzig (*1941), das einzige von der FDP-Bundestagsfraktion nominierte Mitglied. Stellvertretende Vorsitzende wurden die Kölner Medizinethikerin Prof. Christiane Woopen (*1962) und der Freiburger Moraltheologe Prof. Eberhard Schockenhoff (*1953). Während Schockenhoff zweifellos dem Thema *Lebensschutz* eng verbunden ist, sind sowohl Schmidt-Jortzig als auch Woopen dem biopolitisch eher „liberalen" Flügel des Ethikrates zuzurechnen.

Anders als in vielen Gebieten der Politik gilt in der Bioethik nicht das bekannte und teilweise kaum noch treffsichere „Rechts-Links-Lagerdenken". Vielmehr spannt sich der ideologische Bogen auf diesem Feld zwischen den beiden Polen *christlich-konservativ* einerseits und *liberal* andererseits. Konservative Positionen („Pro Life") finden sich überwiegend innerhalb der katholischen Kirche, in Teilen der CDU und CSU sowie bei manchen Vertretern der Grünen, auch bei einigen Sozialdemokraten – die dann nicht selten katholisch sind. Liberale Positionen („Pro Choice") dominieren innerhalb der FDP, der SPD, der Linkspartei, dem Wirtschaftsflügel von CDU und CSU sowie in der evangelischen Kirche. Mag diese etwas grobe Einteilung auch im Einzelfall nicht vollkommen zutreffen, so bildet sie doch in ihren wesentlichen Zügen die Realität ab. Wir haben es daher auch im Deutschen Ethikrat mit einer relativ unübersichtlichen Gemengelage des Meinungsspektrums seiner Mitglieder zu tun.

Arbeitsweise und Themen des Deutschen Ethikrates von 2008 bis 2010

Angesichts des Umstandes, dass bis Anfang 2010 weder die Bundesregierung noch das Parlament dem Deutschen Ethikrat eine konkrete Aufgabe zur Bearbeitung übergeben hatten, wählte sich das Gremium im Frühsommer 2008 und erneut Ende 2009 seine Themen selbst. Nach § 2 Absatz 1 EthRG sollen die „ethischen, gesellschaftlichen, naturwissenschaftlichen, medizinischen und rechtlichen Fragen sowie die voraussichtlichen Folgen für Individuum und Gesellschaft, die sich im Zusammenhang mit der Forschung und den Entwicklungen insbesondere auf dem Gebiet der Lebenswissenschaften und ihrer Anwendung auf den Menschen ergeben", in den Blick genommen werden. Das Wort *insbesondere* im Gesetzestext lässt zwar die Interpretation zu, dass sich der Deutsche Ethikrat auch mit Fragen außerhalb der Lebenswissenschaften beschäftigen könnte, etwa mit Problemen der Wirtschaftsethik oder mit ethischen Aspekten der medizinischen Versorgung in Ländern der Dritten Welt, doch haben wir uns nach längerer und intensiver Diskussion dazu entschlossen, primär die „klassischen" medizin- und bioethischen Problemzonen zu bearbeiten, wie dies bereits der Nationale Ethikrat getan hatte. Schließlich entsprach die personelle Zusammensetzung des neuen Gremiums im Hinblick auf die fachlichen Kompetenzen der Mitglieder am ehesten dieser Erwartung.

Die einzelnen Themen werden in der Regel von einer Arbeitsgruppe (AG) vorbereitet, der die am jeweiligen Thema interessierten Mitglieder angehören. Dies können mitunter nur 5, aber bisweilen auch 10 oder noch mehr Mitglieder sein. Die Arbeitsgruppen können auch externe Fachleute zu Anhörungen einladen oder diese schriftlich befragen. Hat eine Arbeitsgruppe den Entwurf für eine Stellungnahme ausgearbeitet, so stellt sie diesen dem Plenum vor, das einmal im Monat tagt. In einer oder in mehreren Plenarsitzungen wird das Dokument dann weiter bearbeitet, an die AG zurückverwiesen, dort erneut beraten und so weiter. Auf diese Weise besteht eine enge und fortlaufende Rückkopplung zwischen der Arbeitsgruppe und dem Plenum, was die inhaltliche Arbeit ungemein fördert, die Geschwindigkeit der Fertigstellung von Stellungnahmen aber verlangsamt.

Diese Vorgehensweise war ursächlich dafür, dass der Deutsche Ethikrat erstmals am 26. November 2009, also 19 Monate nach seiner Einsetzung, die erste Stellungnahme mit dem Titel *Das Problem der anonymen Kindesabgabe* veröffentlichen konnte. Stand der Rat bis dahin wegen der vermeintlichen Ineffektivität seiner Arbeit in der medialen Kritik, so wurde seither der Inhalt jener Stellungnahme im politischen Raum vehement kritisiert. Es sei an dieser Stelle das geflügelte Wort des Düsseldorfer Philosophen Dieter Birnbacher (*1946) zitiert, der einmal sinngemäß gesagt hat, ein Ethiker brauche nicht nur gute Argumente, sondern auch gute Nerven. Mit dieser Bemerkung hat er den Nagel auf den Kopf getroffen.

Die ersten Arbeitsgruppen, die in den Jahren 2008 und 2009 gebildet wurden, betrafen folgende Themenkomplexe:

1. Anonyme Geburt / Babyklappe
2. Biobanken
3. Chimären und Hybride (Mischwesen)
4. Ressourcenallokation im Gesundheitswesen
5. Fortpflanzungsmedizin und humane embryonale Stammzellen beziehungsweise iPS-Zellen
6. Umgang mit Demenz

Der Lebensschutz spielte im Hintergrund vor allem bei den vier Themen Anonyme Kindesabgabe, Mischwesen, Fortpflanzungsmedizin und Demenz eine zentrale Rolle. Während es beim Thema Demenz vor allem um den Schutz des menschlichen Lebens an seinem Ende ging, hatten die drei erstgenannten Themen ihren Fokus am Lebensbeginn. Hier wäre dann noch einmal weiter zu differenzieren zwischen dem Schutz des menschlichen Embryos (Themen Mischwesen und Fortpflanzungsmedizin) einerseits und dem Schutz des Neugeborenen (Thema Anonyme Kindesabgabe) andererseits.

Beim Thema Biobanken war in erster Linie der Datenschutz von Probanden in der biomedizinischen Forschung betroffen, und beim Thema Ressourcenallokation ging es vorrangig um den normativen Stellenwert, den Kosten-Nutzen-Kalküle bei der Zuteilung begrenzter Mittel im Gesundheitswesen spielen dürfen. Zur Debatte standen dabei unter anderem die umstrittene Messung qualitätsadjustierter Lebensjahre (QALYs), die seitens des Mainstreams der internationalen Gesundheitsökonomie derzeit favorisiert, in Deutschland aber vom zuständigen *Institut für Qualität und Wirtschaftlichkeit im Gesundheitswesen* (IQWiG) als Indikationen übergreifendes Bewertungsmaß abgelehnt werden.

Welchen Stellenwert hat die Würde des Menschen?

Wir werden in näherer Zukunft die bewährten rechtsethischen Grundwerte nicht weniger, sondern mehr als bisher beachten müssen, denn die zunehmenden technischen Möglichkeiten stellen erhebliche soziale wie ethische Risiken dar, die ohne eine Bindung an allgemein anerkannte Moralvorstellungen nicht auf humane Weise bewältigt werden können. Ein relativierender Wertepluralismus stünde hier nicht etwa für Liberalität und Fortschritt, sondern er dokumentierte vielmehr eine resignative Prinzipienlosigkeit, die zu unkontrollierbarer Willkür im Umgang mit dem menschlichen Leben führen müsste.

Der oberste Leitwert unserer Verfassung und zugleich Richtschnur für das staatliche Handeln muss auch weiterhin die jeder Gesetzgebung vorausliegende Würde des Menschen bleiben, wie sie durch Artikel 1 Absatz 1 des Grundgesetzes angesprochen und geschützt wird. Sie repräsentiert den rechtlichen Ausdruck des von uns geforderten Respekts vor der zu jedem Zeitpunkt konstanten Gesamtheit aus Potenzialität und realisierter Wirklichkeit eines menschlichen Lebens. Diese Gesamtheit ist von der Zeugung bis zum Tod unveränderlich. Daher ist der Mensch stets auch Träger von Würde.

Alle Versuche, näher zu bestimmen, worin die Menschenwürde konkret besteht, hätten die Folge, dass Menschen, denen die dann benannten Eigenschaften fehlen oder die sie nur unzulänglich verwirklichen könnten, an den Rand gedrängt oder von der Teilhabe an den Ansprüchen, die durch die Menschenwürde begründet werden sollen, ausgeschlossen würden. Um den Sinn der Menschenwürde nicht zu verfehlen, erscheint es deshalb durchaus überzeugend, diese Würde einem Menschen allein schon aufgrund der minimalen empirischen Bedingung seiner Zugehörigkeit zur biologischen Spezies *Homo sapiens* zuzusprechen. Eine angebliche Geringschätzung der Tiere, wie dies der Philosoph Peter Singer (*1946) durch seinen polemischen, in der Sache aber fehlleitenden Begriff des *Speziesismus* suggeriert, ist damit logisch zwingend jedenfalls nicht verknüpft.

Moralische Leitlinien der Medizin im historischen Wandel

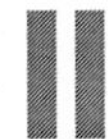

5 Der Hippokratische Eid – Entstehungsgeschichte und heutige Bedeutung[73]

Der Arzt soll sagen, was vorher war, erkennen, was gegenwärtig ist, voraussagen, was zukünftig sein wird. Diese Kunst muss er üben. Auf zweierlei kommt es bei der Behandlung der Krankheiten an: zu nützen oder wenigstens nicht zu schaden. Unsere Kunst umfasst dreierlei: die Krankheit, den Kranken und den Arzt. Der Arzt ist der Diener der Kunst. Der Kranke muss gemeinsam mit dem Arzt der Krankheit widerstehen.[74]

Im 11. Kapitel des ersten Buches der *Epidemien* des Hippokrates von Kos (460-377 v. Chr.), das um das Jahr 410 vor Christus entstanden sein dürfte, finden wir die eben zitierten Leitlinien des Hippokratischen Arztes, deren therapeutischer Kernsatz ὠφελεῖν ἢ μὴ βλάπτειν (*ophelein è mè bláptein),* „Nützen oder wenigstens nicht schaden", sich als rhetorischer Topos bis in die Medizin der Gegenwart erhalten hat. Es soll im Folgenden versucht werden, diese Sätze einmal nicht primär als Dokument des ärztlichen Ethos zu deuten, sondern sie als Spiegelbild der beruflichen und sozialen Situation des griechischen Arztes zu betrachten.[75]

Der Arzt soll sagen, was vorher war, erkennen, was gegenwärtig ist, voraussagen, was zukünftig sein wird. Diese Kunst muss er üben.

73 Dieses Kapitel basiert auf einem Vortrag, der am 1. März 1998 vor der Deutsch-Griechischen Akademikergesellschaft in Schwetzingen gehalten wurde.

74 Hippokrates, Epidemien I, 11 in der Übersetzung von Diller(1962), S. 21.

75 Siehe zum Folgenden insbesondere Bauer (1986). Zur Sorgfaltspflicht der Ärzte von Kos siehe Preiser (1970), zur Rolle von Arzt und Patient in der Antike siehe Koelbing (1977).

Bei oberflächlicher Betrachtung dieser dreifachen Aufgabe des Arztes fallen uns zunächst die in der modernen klinischen Medizin gebräuchlichen Begriffe Anamnese, Diagnose und Prognose ein, die hier scheinbar angesprochen werden. Doch führt die genaue Analyse des ersten Teils der Formulierung des Hippokrates zu einem anderen Resultat: Der *Arzt* sollte sagen, was vorher war, nicht der *Patient*! Die Situation der Anamnese stellte sich also mit – aus anachronistischer Sicht – vertauschten Rollen dar: Der Arzt berichtete dem Patienten über die Entwicklung der Krankheitszeichen bis zu dieser Stunde; der Kranke hörte aufmerksam zu und bestätigte oder korrigierte die Schilderung.

Es ging dem Arzt bei diesem ersten Arbeitsschritt demnach weniger um eine vollständige Sammlung klinischer Daten, sondern eher darum, durch die möglichst präzise Rekonstruktion und Nacherzählung des Vorausgegangenen das Vertrauen des Kranken zu gewinnen. Nur wenn ihm dies gelang, durfte er hoffen, dass der potenzielle Klient in eine Behandlung einwilligte. Insofern wurde die korrekte Schilderung der Vorgeschichte vor allem für den *Arzt* wichtig, der im Regelfall nicht als beamteter Stadtarzt (*Iatrós demósios*), sondern als Wanderarzt (*Periodeútes*) praktizierte. Der Periodeut sah sich gezwungen, nach marktwirtschaftlichen Prinzipien auf Erfolgsbasis zu wirken, eine Arbeitsplatzgarantie hatte er nämlich nicht. In dieser Lage befand sich auch der etwa 50-jährige Hippokrates, als er um 410 vor Christus auf der Insel Thasos in der nördlichen Ägäis das dritte und das erste Buch der *Epidemien* niederschrieb.[76]

Um die jeweils vorherrschenden Krankheiten richtig einschätzen zu können, bedurfte der Hippokratische Arzt einer Fülle von Vorausinformationen, die er vor allem aus der Umwelt gewann. Besonderes Gewicht legte er dabei auf die Kenntnis von Klima, Jahreszeit und Witterung seines Wirkungsortes, allesamt exogene Faktoren, die Art und Verlauf der Erkrankungen zu bestimmen oder doch wenigstens zu modifizieren schienen. Während des ersten Frühlings auf Thasos registrierte Hippokrates viele akute Infektionskrankheiten, speziell Mumps; im Sommer herrschte „Schwindsucht" (*phthísis*) vor, im Herbst Fieber und im Winter erneut „Schwindsucht". Der Ablauf der Krankheiten unter der jeweiligen Jahreszeit und Wetterlage wurde sorgfältig notiert; Hippokrates fasste zusammen: „Von allen [...] beschriebenen Krankheiten liefen allein die Erkrankungen an Schwindsucht tödlich aus; alle andern Krankheiten waren gutartig, und Todesfälle kamen bei den übrigen Fiebern nicht vor."[77]

Erst nach diesem epidemiologischen Vorspann berichtete der Autor über 14 einzelne Krankengeschichten; die Kasuistik konkretisierte und illustrierte so die

76 Lichtenthaeler (1989); Baader/Winau (1989).

77 Epidemien I, 3 a in der Übersetzung von Diller (1962), S. 17.

Allgemeine Krankheitslehre, indem nun der individuelle Verlauf dem generellen Krankheitstypus gegenübergestellt wurde. Die Kenntnis der länger- und mittelfristigen makrokosmischen Konstellationen sollte den Arzt in die Lage versetzen, die Vorgeschichte seines aktuellen Patienten unter Berücksichtigung der pathologischen Symptome hinreichend sicher zu rekonstruieren. Mit der Korrektheit oder der Ungenauigkeit dieser Aussage stieg oder fiel nämlich das Vertrauen des Kranken in die Befähigung seines künftigen Therapeuten.

Jetzt konnte sich der Arzt auf die Analyse des gegenwärtigen Zustandes konzentrieren, was in der koïschen Medizin mehr bedeutete als das Festlegen einer bloßen Nominaldiagnose wie zum Beispiel *Typhus* oder *Brennfieber*. Weniger die nosologische Typisierung und die krankheitsorientierte Abstraktion, wie dies den konkurrierenden Ärzten in Knidos nachgesagt wurde, als vielmehr der individuelle gegenwärtige Zustand des einzelnen Kranken bildete den Mittelpunkt der Aufmerksamkeit des Hippokratikers.[78] *Erkennen, was gegenwärtig ist* meinte also nicht eine diagnostische Etikettierung, die dem Patienten mitzuteilen wäre, sondern bedeutete Orientierung des Arztes über den aktuellen Zustand seines Klienten. In diesem Augenblick musste der Fachmann (*Technítes*) Chancen und Risiken einer Behandlung abwägen, deren Konsequenzen ihm ja später angelastet würden, falls der Kranke nicht wieder gesund werden sollte.

Voraussagen, was zukünftig sein wird, das war nun der dritte Schritt des Gesprächs mit dem Kranken, der über sein weiteres Schicksal informiert werden musste. Präzision und Nüchternheit waren hier gefragt, unbegründeter Optimismus hingegen zu vermeiden. Fiel das Behandlungsergebnis nämlich ungünstiger aus, als die Prognose erhoffen ließ, so traf den Arzt die volle Verantwortung für sein Scheitern. Eine gewisse Aggravierung der Voraussage konnte deshalb aus taktischen Gründen bisweilen vorteilhaft sein, denn der hernach relativ glänzende Heilerfolg festigte die Reputation des Arztes und steigerte seinen Ruhm (*dóxa*). Nicht zuletzt die Höhe des Honorars (*misthós*) wurde schließlich nach der medizinischen Leistung bemessen, die der Patient nach seiner Genesung subjektiv beurteilen konnte.

Diese Kunst muss er üben. So bekräftigte Hippokrates seine Richtlinien für junge Ärzte, welche die Kunst des richtigen Umgangs mit dem Patienten noch zu lernen hatten. Sehr offen und pragmatisch klärte er seine Schüler im ersten Kapitel der wenige Jahre nach *Epidemien III* und *Epidemien I* entstandenen Schrift *Prognostikón* über den Wert der Prognose auf:

> „Für den Arzt ist es nach meiner Ansicht sehr wichtig, dass er die Kunst der Voraussicht übt. Denn wenn er im Beisein der Kranken von sich aus das Gegenwärtige, das

78 Bauer (1994), S. 79-81.

Vergangene und das Zukünftige vorauserkennt und vorhersagt und wenn er genauer ausführt, was die Kranken in ihren Aussagen übergehen, dann wird man umso mehr darauf vertrauen, dass er den Zustand der Kranken erkennt, und so werden die Menschen wagen, sich dem Arzt anzuvertrauen. Auch die Behandlung wird er am besten durchführen, wenn er aus den gegenwärtigen Leiden die zukünftigen vorhersieht. Denn alle Kranken gesund zu machen ist unmöglich. Das wäre natürlich noch besser, als das Zukünftige vorher zu erkennen. Aber die Menschen sterben nun einmal oft genug, noch bevor der Arzt mit seiner Kunst den Kampf gegen die Krankheit aufnehmen konnte. [...] Daher muss man die Natur derartiger Krankheiten erkennen und wissen, wie sehr sie der Kraft der Körper überlegen sind, außerdem aber auch, ob etwas Göttliches in den Krankheiten wirksam ist, und ihre Prognose gründlich lernen. So wird man mit Recht bewundert werden und ein guter Arzt sein. Denn man kann auch diejenigen, die die Krankheit überleben können, noch besser bewahren, wenn man sich von langer Hand alles, was kommen kann, überlegt, und man wird, wenn man vorher erkennt und voraussagt, wer sterben und wer am Leben bleiben wird, von der Verantwortung frei."[79]

Mit Recht bewundert zu werden von allen Menschen und für alle Zeit, so lautete das ideelle Ziel jedes griechischen *Technítes*, ein Ziel, das auch – wie wir gleich sehen werden – in den Hippokratischen Eid Eingang gefunden hat: „Wenn ich diesen meinen Eid erfülle und ihn nicht antaste, so möge ich mein Leben und meine Kunst genießen, gerühmt bei allen Menschen für alle Zeiten; wenn ich ihn aber übertrete und meineidig werde, dann soll das Gegenteil davon geschehen".

Mit den beiden Polen Honorar *(misthós)* und Ruhm *(dóxa)* haben wir zwei wesentliche Triebkräfte des griechischen Arztes im Altertum freigelegt. Es wäre nun zu zeigen, wie eng die berufstaktischen Motive des Hippokratikers mit seinem ärztlichen Ethos verflochten waren. Hierzu folgen wir dem zweiten Teil der Leitlinien aus Epidemien I, 11:

Auf zweierlei kommt es bei der Behandlung der Krankheiten an: zu nützen oder wenigstens nicht zu schaden.

Die Ambivalenz von Nutzen und Noxen moderner Behandlungsmethoden in der Transplantationschirurgie, auf der Intensivstation oder in der Reproduktionsmedizin macht den Sinn dieser fast zweieinhalb Jahrtausende alten Empfehlung nur allzu deutlich, zumindest in ihren Folgen für den Patienten. Das vergleichsweise bescheidene Arsenal diätetischer, pharmakologischer und chirurgischer Maßnahmen, das dem Hippokratischen Arzt zur Verfügung stand, bedurfte indessen einer solchen Einschränkung in vielleicht noch höherem Maße, denn die potenziellen

79 Prognostikón, Kapitel 1 in der Übersetzung von Diller (1962), S. 64.

Schädigungen des Kranken durch Abführen, Aderlass oder Brennen waren zweifellos beträchtlich, während der Nutzen zumeist fraglich blieb.

Der berufsstrategische Aspekt dieser gern zitierten Maxime des Hippokrates verdient jedoch ebenfalls eine entsprechende Würdigung bei ihrer adäquaten Interpretation: Im Falle eines Kunstfehlers drohte dem Arzt der Verlust seines Ansehens und seiner Stellung weit über die eigene *Pólis* hinaus. Der schlechte Ruf eilte dem Periodeuten voraus und diskreditierte ihn unter Umständen so sehr, dass er seinen Beruf überhaupt nicht mehr ausüben konnte. Noch der schon bei seinen Zeitgenossen als Prominenten-Arzt, Experimenteller Physiologe und wissenschaftlicher Autor berühmte Galen von Pergamon (129-199 n. Chr.) schilderte den Fall eines jungen ehrgeizigen Arztes, der in Alexandria bei dem Hippokratiker Metrodoros eine gute Ausbildung genossen hatte, der aber dann vergeblich und unter erheblichen Nebenwirkungen versuchte, die Frau eines reichen Bürgers der Stadt Pergamon von ihrer Kinderlosigkeit zu heilen. Der Arzt verließ daraufhin ohne Honorar die Stadt und wurde Wanderarzt. Doch alles Bemühen um eine neue Existenz blieb zum Scheitern verurteilt, so berichtete Galen, denn trotz seiner unbestrittenen Fähigkeiten begleitete die böse Fama den Unglücklichen und verhinderte sein berufliches Fortkommen.[80]

Das ständige Abwägen von Nutzen und Schaden seines Tuns beschäftigte den Hippokratischen Arzt während seiner gesamten Laufbahn. Es handelte sich also keineswegs um einen Zufall, wenn die Bestimmung, die diätetischen Maßnahmen nach Kräften zum Nutzen der Kranken einzusetzen, Schädigung und Unrecht aber auszuschließen, an prominenter Stelle des Hippokratischen Eides, direkt im Anschluss an den Lehrvertrag, genannt wurde; vielmehr signalisierte diese Platzierung die elementare Bedeutung jenes Prinzips sowohl für den Arzt wie für seine Patienten.

> *Unsere Kunst umfasst dreierlei: die Krankheit, den Kranken und den Arzt. Der Arzt ist der Diener der Kunst. Der Kranke muss gemeinsam mit dem Arzt der Krankheit widerstehen.*

Krankheit, Kranker, Arzt – in dieser Reihenfolge konstituierte sich die Hippokratische Medizin. Der Arzt erschien erst an dritter Stelle der Aufzählung, er war lediglich der *Hyperétes* (Ruderknecht) der Kunst. Der Ruderknecht eines Schiffes konnte weder den Wind verordnen noch die Richtung bestimmen, in die er steuern sollte; seine Tätigkeit blieb letztlich subaltern und dem Willen des Kapitäns unterworfen. Die Übertragung dieser Metapher auf die Funktion des Arztes durch

80 Krug (1985), S. 192.

Hippokrates sollte unsere Aufmerksamkeit wecken, denn die so bekundete Bescheidenheit entsprach im Grunde nicht dem Selbstverständnis eines *Technítes* als des Experten für ein bestimmtes Fachgebiet. Man darf also noch andere Motive hinter dem vermeintlichen Understatement vermuten, worauf der nächste Satz denn auch hinweist: „Der Kranke muss gemeinsam mit dem Arzt der Krankheit widerstehen."

Die Klinische Pharmakologie hat diesen elementaren Sachverhalt erst im letzten Viertel des 20. Jahrhundert wieder neu entdeckt und ihn seither unter dem Terminus *Compliance* popularisiert, der in etwa „Kooperationsbereitschaft" bedeuten soll.[81] Auf den Kern reduziert heißt das, der Patient trägt Mitverantwortung für Erfolg oder Misserfolg jeder Therapie. Schon im 1. Aphorismus aus der Spruchsammlung des *Corpus Hippocraticum* wurde indessen um 400 vor Christus angemerkt, der Arzt müsse nicht nur selbst bereit sein, das Erforderliche zu tun, sondern auch der Kranke, die Gehilfen und die Umstände müssten dazu beitragen.[82]

Vor dem Hintergrund dieser zweifellos sinnvollen Empfehlung sehen wir die berufsstrategische Seite der Hippokratischen Bescheidenheit in einem etwas anderen Licht: Sie erwies sich für den Arzt der Antike als wichtiges apologetisches Element im Fall eines therapeutischen Misserfolgs. Der vom Patienten, dessen Angehörigen oder Freunden in argumentative Bedrängnis gebrachte Arzt konnte notfalls Mitschuldige benennen, die an dem medizinischen Desaster Anteil hatten: den Kranken, die Gehilfen, die Umstände. Die Rolle eines „Halbgottes in Weiß" wurde also von Hippokrates aus wohl erwogenen Gründen gar nicht erst angestrebt, denn er erkannte die für ihn darin verborgene Gefahr der unbeschränkten Haftung für Kunstfehler, eine Gefahr, die er im Interesse seiner beruflichen Existenz auf jeden Fall minimieren musste.

Der griechische Arzt zur Zeit des Hippokrates von Kos, also um 400 vor Christus, befand sich als Wanderarzt in einer sozial schwierigen, labilen Position. Seine berufliche Existenz hing von seinem therapeutischen Erfolg und seinem guten Ruf ab. Sein wesentliches immaterielles Ziel bestand entsprechend dem zeittypischen Ideal darin, „Ruhm für alle Zeit" zu erwerben. Sowohl seine materiellen als auch seine ideellen Orientierungspunkte veranlassten ihn, sich nach rationalen, normierten Leitlinien zu verhalten. Als oberste Prinzipien galten dabei 1. die rasche und korrekte Erfassung der Lage des Patienten, um dessen Vertrauen zu gewinnen, 2. die Freihaltung der Therapie von schädigenden Wirkungen und 3. die Mitverantwortlichkeit des Kranken für seine Genesung.

Das rationale Kalkül der Hippokratischen Leitlinien beruhte auf der Tatsache, dass in ihnen zumindest theoretisch ärztlicher Eigennutz und ärztliches Ethos

81 Bauer (1983).

82 Diller (1962), S. 159.

in harmonischer Weise zusammentrafen. Denn das, was wir soeben aus der berufsstrategischen Perspektive des Hippokratikers analysiert haben, gilt ja in der traditionellen Sicht der Medizingeschichte und der Medizinischen Ethik vor allem als ein Dokument vorbildlichen, patientenorientierten ärztlichen Verhaltens. Die Funktionalität der Hippokratischen Leitlinien resultierte gerade nicht aus einer idealisierenden Überhöhung des Arztes, sondern aus der nüchternen, realistischen Einschätzung und Abwägung der tatsächlichen Interessenlage von Arzt und Patient.

Vor diesem historischen Szenario wollen wir nun – unter partieller Rekapitulation der bisherigen Argumente – den Hippokratischen Eid betrachten:

Ich schwöre bei Apollon dem Arzt und bei Asklepios, Hygieia und Panakeia sowie unter Anrufung aller Götter und Göttinnen als Zeugen, dass ich nach Kräften und gemäß meinem Urteil diesen Eid und diesen Vertrag erfüllen werde:

Denjenigen, der mich diese Kunst gelehrt hat, werde ich meinen Eltern gleichstellen und das Leben mit ihm teilen; falls es nötig ist, werde ich ihn mitversorgen. Seine männlichen Nachkommen werde ich wie meine Brüder achten und sie ohne Honorar und ohne Vertrag diese Kunst lehren, wenn sie sie erlernen wollen. Mit Unterricht, Vorlesungen und allen übrigen Aspekten der Ausbildung werde ich meine eigenen Söhne, die Söhne meines Lehrers und diejenigen Schüler versorgen, die nach ärztlichem Brauch den Vertrag unterschrieben und den Eid abgelegt haben, aber sonst niemanden.

Die diätetischen Maßnahmen werde ich nach Kräften und gemäß meinem Urteil zum Nutzen der Kranken einsetzen, Schädigung und Unrecht aber ausschließen. Ich werde niemandem, nicht einmal auf ausdrückliches Verlangen, ein tödliches Medikament geben, und ich werde auch keinen entsprechenden Rat erteilen; ebenso werde ich keiner Frau ein Abtreibungsmittel aushändigen. Lauter und gewissenhaft werde ich mein Leben und meine Kunst bewahren. Auf keinen Fall werde ich Blasensteinkranke operieren, sondern ich werde hier den Handwerkschirurgen Platz machen, die darin erfahren sind. In wieviele Häuser ich auch kommen werde, zum Nutzen der Kranken will ich eintreten und mich von jedem vorsätzlichen Unrecht und jeder anderen Sittenlosigkeit fernhalten, auch von sexuellen Handlungen mit Frauen und Männern, sowohl Freien als auch Sklaven. Über alles, was ich während oder außerhalb der Behandlung im Leben der Menschen sehe oder höre und das man nicht nach draußen tragen darf, werde ich schweigen und es geheimhalten.

Wenn ich diesen meinen Eid erfülle und ihn nicht antaste, so möge ich mein Leben und meine Kunst genießen, gerühmt bei allen Menschen für alle Zeiten;

> *wenn ich ihn aber übertrete und meineidig werde, dann soll das Gegenteil davon geschehen.*[83]

Der Hippokratische Eid ist ein zeitgebundenes medizinhistorisches Dokument, das etwa um 400 vor Christus entstanden sein dürfte. Hippokrates von Kos ist vermutlich nicht selbst der Autor des Eides, doch kommt sein Text der bereits geschilderten Geisteshaltung des Verfassers der drei authentischen Schriften *Epidemien III*, *Epidemien I* und *Prognostikón* durchaus nahe.[84] Der Eid bot normierende, rational und pragmatisch motivierte Leitlinien für die Medizinerausbildung, das Arzt-Patient-Verhältnis, den ärztlichen Beruf und dessen Handlungsstrategie an. Solche Leitlinien benötigte der Arzt der griechischen Antike, um medizinisch erfolgreich wirken und ökonomisch überleben zu können.

Die Tatsache, dass die technischen Möglichkeiten der Medizin sehr begrenzt waren, hatte wesentliche Konsequenzen für das ärztliche Denken und Handeln: Die Hippokratiker betrieben keine diagnostische Medizin, sondern eine prognostisch orientierte Heilkunde, die vor allem auf der korrekten Deutung körperlicher Zeichen, also auf medizinischer Semiotik basierte.[85] Eigene Beobachtung und langjährige Erfahrung waren hierzu notwendig. Wer Arzt werden wollte, ging zunächst bei einem anerkannten Meister in die Lehre, der den jungen Mann theoretisch und praktisch ausbildete. Daher enthielt der Hippokratische Eid nach der Anrufung der (Heil-)Götter zunächst einen Vertrag (*Syngraphé*), der die Rechtsbeziehung zwischen Lehrer und Schüler regelte. Sowohl das Honorar und die Altersversorgung des Lehrers als auch ein *Numerus clausus* für den Arztberuf wurden in diesem Vertrag vorgesehen. Daraus folgt übrigens auch, dass der Eid vor Beginn der Ausbildung abgelegt wurde und nicht erst nach deren Abschluss.

Die Vorschriften, die sich auf das Arzt-Patient-Verhältnis und die optimale Berufsstrategie bezogen (*Hórkos*), wurden erst im zweiten Teil des Textes behandelt. Für den Hippokratischen Arzt kam es eben nicht nur aus medizinethischen Gründen darauf an, jedweden vermeidbaren Schaden von seinen Patienten abzuwenden, denn es ging dabei auch um die eigene berufliche Existenz. Angesichts der beschränkten therapeutischen Möglichkeiten konnte es in vielen Fällen klüger sein, gar nichts zu tun und damit zusätzliches Unheil für den Kranken zu vermeiden, als durch eine falsche Behandlung dessen Leiden womöglich zu verschlimmern. Für das Ansehen des Arztes, der sich als Fachmann zur Erhaltung des gefährdeten Lebens

---

83 Bauer (1993a); Bauer (1993b); Geschwandtner-Andreß (1993).

84 Deichgräber (1983). Eine gegenteilige Auffassung über die angebliche Nähe des Hippokratischen Eides zu den Pythagoräern vertrat Edelstein (1969).

85 Bauer (1994).

verstand, wäre die Beihilfe zur Selbsttötung oder gar zur Tötung eines Menschen äußerst abträglich gewesen. Sie wurde deshalb im Eid ebenso abgelehnt wie die aktive Ausführung einer Abtreibung. Die Ablehnung der damals wegen der nicht beherrschbaren Infektionsgefahr lebensgefährlichen Blasensteinoperation mit dem Verweis auf die hierfür zuständigen, risikofreudigeren „Spezialisten" war in ähnlicher Weise Teil der Hippokratischen Strategie der Risikominimierung.

Kaum etwas ist in seiner Entstehungszeit ganz selbstverständlich, wenn es in einem Eid ausdrücklich versprochen werden muss; denn verstünde sich das betreffende Gebot oder Verbot von selbst, so fände es wohl kaum Erwähnung in einem promissorischen, also einem auf das zukünftige Verhalten des Schwörenden gerichteten Eid. Diese Erkenntnis lässt sich auch auf die restriktiven Vorschriften über den Hausbesuch und dessen vom Hippokratischen Arzt geforderte Rahmenbedingungen anwenden. Dazu zählte ebenso die Einhaltung der Schweigepflicht zum Schutz der Patienten und ihrer Familie. Nicht zuletzt das gesellschaftliche Ansehen des Arztes konnte unter einer im Dienst begangenen sexuellen Verfehlung oder unter seiner mangelnden Verschwiegenheit leiden.

Der letzte Passus des Eides benannte schließlich die Sanktionen, die dem Arzt drohen sollten, sofern er die zuvor gegebenen Versprechen nicht einhielt. Dabei wurden die beiden Triebkräfte besonders herausgestellt, die ihn wohl am ehesten zu motivieren vermochten, nämlich der materielle Erfolg im Leben und im Beruf sowie der dauerhafte Nachruhm bei allen Menschen für alle Zeiten. Wenn der Arzt seinen Eid brach, dann würde er freilich erfolglos bleiben und der Vergessenheit anheimfallen.

Der Hippokratische Eid konnte in der Praxis überhaupt nur dann sinnvoll und wirksam sein, wenn er die ethischen Maximen nicht in Widerspruch zu jenen praktischen Erfordernissen brachte, die der Arzt im wohlverstandenen Eigeninteresse berücksichtigen musste. Die sittlichen Verpflichtungen konnten nur dann eingehalten werden, wenn die berechtigten Ansprüche aller Beteiligten (Lehrer, Schüler, Arzt, Patient, Gesellschaft) in ein faires, pragmatisch begründbares Gleichgewicht gebracht wurden. Diese zumindest in der Theorie gelungene Balance erscheint heute als die eigentliche, historisch bemerkenswerte Leistung des Hippokratischen Eides.

Ob der Eid in der Antike selbst allerdings jemals unmittelbare Gültigkeit beanspruchen konnte, ist fraglich. Der Hippokratische Eid wurde überhaupt erstmals von dem römischen Arzt Scribonius Largus im 1. Jahrhundert nach Christus erwähnt. In der medizinhistorischen Überlieferung erschien der Hippokratische Eid zwar stets als Auftakt zu den Hippokratischen Schriften, und er wirkte damit gleichsam wie die Essenz der Hippokratischen Medizin. Doch die lange übliche Praxis, den Eid als Schlüsseldokument der ärztlichen Ethik der Antike und zugleich als Maßstab für die besten Seiten der Hippokratischen Medizin zu benutzen, entspricht nicht mehr dem heutigen Forschungsstand. Die rätselhafte Vieldeutigkeit des Textes, die auch seine adäquate Übersetzung so schwer macht, erleichterte freilich in der christlichen Spätantike sowie im arabischen und im lateinischen Mittelalter sowohl die Rezeption als auch die Akzeptanz des Eides. Seit der Renaissance wurde der Hippokratische Eid dann immer wieder als das vermeintlich zeitlose „Grundgesetz" ärztlicher Ethik aufgefasst. Jede spätere Epoche hat die eigenen Idealvorstellungen in einen „Hippokratischen" Mantel gehüllt. Der Verweis auf Tradition und vorgebliche Autorität gehörte lange Zeit zum ärztlichen Selbstverständnis.

Im 20. Jahrhundert wurde der Hippokratische Eid durch das im Jahre 1948 verfasste *Genfer Gelöbnis* erneut als historisches Vorbild für das ärztliche Selbstbild in den Mittelpunkt gerückt, diesmal mit einem weltweiten Geltungsanspruch. Das Genfer Gelöbnis wurde zu einem Zeitpunkt geschaffen, als der unmittelbar vorausgegangene Nürnberger Ärzteprozess (1946/47) gegen deutsche NS-Kriegsverbrecher erwiesen hatte, dass der Hippokratische Eid selbst als Maßstab der ärztlichen Ethik im 20. Jahrhundert nicht mehr geeignet war. Der Text des Genfer Gelöbnisses wurde 1948 von einem Gremium des Weltärztebundes verfasst, der 1946 in London gegründet worden war. Der Originaltext liegt in englischer und französischer Sprache vor. Seine deutsche Fassung, die eine ungefähre, aber keine genaue Übersetzung des Originals darstellt, steht unter dem Titel *Gelöbnis* am Beginn der Präambel der Berufsordnung für die in Deutschland tätigen Ärztinnen und Ärzte. Dieses Gelöbnis lautet folgendermaßen:

> *Bei meiner Aufnahme in den ärztlichen Berufsstand gelobe ich, mein Leben in den Dienst der Menschlichkeit zu stellen. Ich werde meinen Beruf mit Gewissenhaftigkeit und Würde ausüben. Die Erhaltung und Wiederherstellung der Gesundheit meiner Patientinnen und Patienten soll oberstes Gebot meines Handelns sein. Ich werde alle mir anvertrauten Geheimnisse auch über den Tod der Patientin oder des Patienten hinaus wahren. Ich werde mit allen meinen Kräften die Ehre und die edle Überlieferung des ärztlichen Berufes aufrechterhalten und bei der Ausübung meiner ärztlichen Pflichten keinen Unterschied machen weder aufgrund einer etwaigen Behinderung noch nach Religion, Nationalität, Rasse noch nach Parteizugehörigkeit oder sozialer Stellung. Ich werde jedem Menschenleben von der Empfängnis an Ehrfurcht entgegenbringen und selbst unter Bedrohung meine ärztliche Kunst nicht in Widerspruch zu den Geboten der Menschlichkeit anwenden. Ich werde mei-*

nen Lehrerinnen und Lehrern sowie Kolleginnen und Kollegen die schuldige Achtung erweisen. Dies alles verspreche ich auf meine Ehre.[86]

Doch was bedeutet ein solches, im Vergleich zu dem stets konkret formulierenden Hippokratischen Eid eher blasses, in mehreren entscheidenden Punkten vages und sehr allgemein gehaltenes Gelöbnis tatsächlich angesichts der Wirklichkeit unserer Rechtsordnung? Wird es nicht durch die übergeordneten staatlichen Gesetze zunehmend ausgehöhlt oder gar korrumpiert? Betrachten wir dazu einige besorgniserregende Beispiele aus dem Jahre 1998, in dem dieses Kapitel entstanden ist: Die im Zuge des sogenannten „Großen Lauschangriffs" damals geplanten, von Bundestag und Bundesrat im Prinzip bereits akzeptierten Einschränkungen von Artikel 13 GG (Unverletzlichkeit der Wohnung) sollten nach Meinung konservativer Innen- und Rechtspolitiker aller etablierten Parteien künftig auch die ärztliche Schweigepflicht unterlaufen. Der Widerstand der deutschen Ärzteschaft gegen solche Abhörpraktiken im Sprechzimmer war überraschend zaghaft, ging es doch hier gerade um zivilen Widerstand gegen eben jene Politiker, die sonst eher als Fürsprecher von ökonomischen Interessen der Kassenärzte aufzutreten pflegten. Immerhin bat der damalige Präsident der Bundesärztekammer, Dr. Karsten Vilmar (*1930), am 22. Januar 1998 den damaligen Präsidenten des Bundesrates, den Niedersächsischen Ministerpräsidenten Gerhard Schröder (*1944), sowie die übrigen Ministerpräsidenten, „dafür Sorge zu tragen, dass auch das Arzt-Patienten-Verhältnis den gebotenen verfassungsrechtlichen Schutz erhält."[87] Das Arztgeheimnis verdiene ebenso wie das Beichtgeheimnis und die Vertraulichkeit des Wortes der Abgeordneten verfassungsrechtlichen Schutz. Das vom Bundestag vorgesehene Verwertungsverbot sei keine Kompensation für den Eingriff in das Arztgeheimnis und die Verletzung des Patientenrechtes.

Dieses Verwertungsverbot ist juristisch in der Tat äußerst biegsam formuliert, ja es ist ein echter „Gummiparagraph". Danach könnten abgehörte Arzt-Patienten-Gespräche verwertet werden, „wenn dies unter Berücksichtigung der Bedeutung des zugrunde liegenden Vertrauensverhältnisses nicht außer Verhältnis zum Interesse an der Erforschung des Sachverhalts oder der Ermittlung des Aufenthaltsortes des Täters steht". Doch wer wollte im Ernstfall wirklich den neugierigen Staatsor-

---

86 Präambel der (Muster-)Berufsordnung für die in Deutschland tätigen Ärztinnen und Ärzte – MBO-Ä 1997 – in der Fassung der Beschlüsse des 114. Deutschen Ärztetages 2011 in Kiel, S. 4. http://www.bundesaerztekammer.de/fileadmin/user_upload/downloads/MBO_08_2011.pdf (Stand: 24.4.2016). Zum historischen Kontext des Genfer Gelöbnisses siehe die Darstellung von Leven (1998).

87 Jachertz (1998a).

ganen entgegentreten, wenn diese ein starkes Interesse an der Erforschung eines Sachverhalts bekunden?

Unterdessen hatte beim „Politischen Aschermittwoch" der FDP im niederbayerischen Ort Bayerbach der damalige Parteivorsitzende der Liberalen Wolfgang Gerhardt (*1943) am 25. Februar 1998 den Vertrauensschutz von Arzt und Patient als ein „besonders hohes Gut" bezeichnet. Diese Äußerung wurde als ein Kompromisssignal an die Adresse der SPD interpretiert, mit dem indessen harte Töne von seiten des CDU-Fraktionsvorsitzenden Wolfgang Schäuble (*1942) sowie vom damaligen Bundesinnenminister Manfred Kanther (*1939) kontrastierten. Auch der Baden-Württembergische Ministerpräsident Erwin Teufel (*1939) sprach sich für die komplette Streichung der Ausnahmeregelungen für bestimmte Berufsgruppen beim „Großen Lauschangriff" aus.[88] In Köln protestierten hingegen am 26. Februar 1998 rund 20.000 Bürger mit ihren Unterschriften gegen Abhöraktionen in Arztpraxen. So waren es am Ende des 20. Jahrhunderts offenbar nicht mehr die Ärzte, sondern die Patienten, die sich für den Erhalt der ärztlichen Schweigepflicht einsetzten, jenem standesrechtlichen Gebot, für das der Hippokratische Eid tatsächlich – im Gegensatz zu vielen anderen ihm zugeschriebenen Eigenschaften – das historische *Copyright* besitzt.

Etwas anders sieht es im Fall des Schwangerschaftsabbruchs hinsichtlich der politischen Kräfteverhältnisse aus; hier ist es vorwiegend – allerdings nicht ausschließlich – das „linke" Lager, das für eine Erosion der bisherigen ethischen Balance verantwortlich zeichnet: Nach der seit dem 1. Oktober 1995 geltenden Fassung des § 218a Absatz 2 StGB ist ein Schwangerschaftsabbruch bis zum Beginn der Geburtswehen bei Vorliegen einer medizinischen Indikation nicht mehr rechtswidrig, sofern nämlich „der Abbruch der Schwangerschaft unter Berücksichtigung der gegenwärtigen und zukünftigen Lebensverhältnisse der Schwangeren nach ärztlicher Erkenntnis angezeigt ist, um eine Gefahr für das Leben oder die Gefahr einer schwerwiegenden Beeinträchtigung des körperlichen oder seelischen Gesundheitszustandes der Schwangeren abzuwenden, und die Gefahr nicht auf eine andere für sie zumutbare Weise abgewendet werden kann". So lautet die bis heute gültige strafrechtliche Regelung für den Umgang mit dem werdenden menschlichen Leben in demselben Rechtsstaat, in dem man das Landratsamt um Erlaubnis fragen muss, wenn man einen Baum im Garten umsägen möchte.[89] So formulierte es 1994 jedenfalls sehr plastisch die Schauspielerin Barbara Wussow (*1961).

Wird ein „unerwünschtes" Kind dennoch geboren, etwa nach fehlgeschlagener Sterilisation oder fehlerhafter genetischer Beratung, so ist es nach einem

88 Teufel (1998).

89 Ragg (1994).

Beschluss des Ersten Senats des Bundesverfassungsgerichtes vom 12. November 1997 durchaus mit der Menschenwürde nach Artikel 1 Absatz 1 GG vereinbar, wenn im anschließenden Zivilprozess der Eltern gegen den Arzt das Kind als Begründung für einen materiellen Schadensfall herhalten muss.[90] Der Gerichtsbeschluss löste nicht nur in juristischen Fachkreisen erhebliche Betroffenheit aus. In ihm zeigte sich ein offener Dissens zwischen dem Ersten und dem Zweiten Senat des Bundesverfassungsgerichts.[91]

Der Beschluss betraf zwei recht unterschiedliche Fälle, die gleichwohl zu einer gemeinsamen Entscheidung verbunden wurden. Im ersten Fall ging es um einen Urologen, der eine Sterilisation vornahm; doch diese misslang offenbar. Jedenfalls bekam die Ehefrau des Patienten, der vom Arzt nicht über den fehlgeschlagenen Eingriff aufgeklärt worden war, ein Kind. Das Landgericht und später das Oberlandesgericht München verurteilten den Arzt zu Unterhalt für das Kind und zu Schmerzensgeld für die Mutter.

Der zweite Fall betraf die Eltern zweier behinderter Kinder. Diese hatten sich nach der Geburt des ersten Kindes und vor dem Entschluss zu einem weiteren Kind humangenetisch beraten lassen. Der Humangenetiker hatte ihnen versichert, eine vererbbare Störung sei „äußerst unwahrscheinlich". Gleichwohl wurde auch das zweite Kind mit den gleichen Behinderungen geboren wie das erste. Das Oberlandesgericht Stuttgart hatte den Arzt zu Unterhalt für das Kind und zu Schmerzensgeld für die Mutter verurteilt.

Die beiden Ärzte erhoben nun unabhängig voneinander gegen die Urteile Verfassungsbeschwerde. Der Erste Senat des Bundesverfassungsgerichts setzte sich daraufhin vor allem mit einer möglichen Verletzung von Artikel 1 Absatz 1 GG (Menschenwürde) auseinander und verneinte diese. Er bewertete die angegriffene Zivilrechtsprechung als „Konsequenz des langjährig entwickelten Arzthaftungsrechts". Die Menschenwürde verbiete gewiss, den Menschen zum bloßen Objekt zu machen. Doch „auch wenn ein Schadensersatzanspruch unmittelbar an die Existenz eines Menschen anknüpft, wird dieser nicht zum Objekt". Die Unterhaltspflicht in den zu beurteilenden Fällen stelle auch keine Kommerzialisierung dar. Die personale Anerkennung eines Kindes beruhe nicht auf der Übernahme von Unterhaltspflichten. Der Erste Senat hielt es zudem für plausibel, dass die zivilrechtliche Haftung des Arztes für Schlechterfüllung der übernommenen vertraglichen Verpflichtungen „die Akzeptanz der Eltern für die dennoch geborenen und in die Familie aufgenommenen Kinder erhöhen" könne.

---

90 Aktenzeichen: 1 BvR 479/92 sowie 1 BvR 307/94.

91 Jachertz (1998b).

Der Zweite Senat des Bundesverfassungsgerichts war in einem entscheidenden Punkt anderer Auffassung als der Erste. Nach seiner Rechtsansicht – festgehalten im Urteil zum § 218 StGB vom 28. Mai 1993 – sei es von Verfassungs wegen nicht gestattet, die Unterhaltspflicht für ein Kind als Schaden zu begreifen. Der Zweite Senat wies die Richterkollegen vom Ersten Senat vor deren Urteilsformulierung auf diese seiner Meinung nach tragende Rechtsauffassung hin und verlangte eine Erörterung im Plenum der Verfassungsrichter. Der Erste Senat hielt die Erörterung im Plenum nicht für nötig und fertigte das Urteil aus, sodass seither zwei kontradiktorische Rechtsauffassungen aus Karlsruhe zu diesem Problemkreis existierten.

Man mag nun über die angeführten verfassungsrechtlichen, strafrechtlichen oder zivilrechtlichen Fragestellungen durchaus unterschiedlicher Meinung sein, doch ändert dies nichts daran, dass wir feststellen müssen: Ein wesentlicher Teil dessen, was im Hippokratischen Eid oder im Genfer Gelöbnis als Essenz des jeweiligen ärztlichen Ethos aufgefasst wurde, unterliegt im pluralistischen, säkularen Rechtsstaat einer juristischen Beurteilung, die den Entscheidungsspielraum des einzelnen Arztes nicht unerheblich einschränkt. Und wo ein solcher Spielraum noch besteht, da wird er im gegenwärtigen bioethischen Diskurs von einigen weniger klugen als prominenten Wissenschaftlern systematisch in eine ganz bestimmte Richtung gedrängt, nämlich in Richtung auf eine Erleichterung solcher Handlungen, die dem Arzt jedenfalls nach dem traditionellen, sich wie diffus auch immer auf das Hippokratische Erbe berufenden medizinischen Ethos eindeutig untersagt waren.

Wie steht es etwa mit dem sehr grundsätzlichen Tötungsverbot des Hippokratischen Eides: Hat es in der heutigen, auf Effizienzsteigerung und Kosten-Nutzen-Analysen bedachten High-Tech-Medizin noch seinen Platz? Der Rechtsphilosoph Norbert Hoerster (*1937) schrieb dazu bereits 1989:

> „Natürlich gibt es so etwas wie ‚lebensunwertes' Leben. Ich vermag keineswegs notwendig etwas Inhumanes oder Verwerfliches darin zu erblicken, über das Leben eines bestimmten Menschen zu sagen, es sei ‚nicht lebenswert'. […] Ob ein bestimmtes Leben lebenswert ist oder nicht, kann nur vom Wertungsstandpunkt jenes Menschen entschieden werden, dem dieses Leben gehört! Ebenso wie es Leben gibt, die für ihre Träger in hohem Maße lebenswert sind, kann es Leben geben, die für ihre Träger in hohem Maße lebensunwert sind. Dass der Wert eines Lebens stets auf der subjektiven Wertungsbasis seines Trägers zu ermitteln ist, bedeutet freilich nicht, dass es nicht gewisse Lebensaspekte oder gewisse Lebenskomponenten gäbe, die nach einer allgemein geteilten, das heißt nach einer intersubjektiven Einschätzung den Lebenswert in hohem Maße zumindest mitbestimmen. […] Es lässt sich […] sehr gut rechtfertigen, gerade für die Fallgruppe ‚lebensunwertes Leben wegen unheilbarer

Krankheit' im Interesse des Individuums eine Ausnahme von dem allgemeinen Tötungsverbot zuzulassen."[92]

Hoerster forderte daher eine Reform des § 216 StGB (bisher: *Tötung auf Verlangen*, künftig: *Tötung mit Einwilligung*), nach der eine Tötung dann nicht rechtswidrig sein sollte, wenn „wegen einer unheilbaren Krankheit des Betroffenen ein Weiterleben seinem Interesse widerspricht" und wenn „die Tötung von einem Arzt vorgenommen" würde.

Die weitergehende Frage, was dann wohl mit denjenigen Menschen geschehen sollte, die aufgrund geistiger Behinderungen gar keine „Interessen" geltend machen können, beantwortete der präferenzutilitaristisch argumentierende australische Bioethiker Peter Singer 1994 so: „Wir bezweifeln nicht, dass es richtig ist, ein schwerverletztes oder krankes Tier zu erschießen, wenn es Schmerzen hat und seine Chance auf Genesung gering ist. *Der Natur ihren Lauf lassen*, ihm eine Behandlung vorzuenthalten, aber sich zu weigern, es zu töten, wäre offensichtlich unrecht. Nur unser unangebrachter Respekt vor der Lehre von der Heiligkeit des menschlichen Lebens hindert uns daran, zu erkennen, dass das, was bei einem Pferd offensichtlich unrecht ist, ebenso unrecht ist, wenn wir es mit einem behinderten Säugling zu tun haben."[93]

Nun wäre es indessen verfehlt, lediglich voller Empörung auf Rechtsphilosophen wie Norbert Hoerster oder Bioethiker wie Peter Singer zu deuten, in der irrigen Meinung, diese äußerten ganz abwegige und niemals mehrheitsfähige Thesen. So ist es nämlich nicht. Hoerster und Singer sprechen lediglich das aus, was viele Bürgerinnen und Bürger auch in Deutschland bereits heute denken. Während etwa die Zahl der im Rahmen des *Human Genome Projects* entschlüsselten menschlichen Gene wächst, schwindet die bisherige Ergebenheit in die schicksalhaften Gesetze der Vererbung, und es verstärkt sich die Neigung, „unerwünschte" Erbanlagen auszuschalten. Wie weit dieser Wunsch schon bald ging, offenbarte eine Umfrage unter Schwangeren, die im Jahre 1995 durchgeführt wurde: 18 Prozent der interviewten Frauen, so das Ergebnis dieser medizinpsychologischen Studie der Universität Münster, würden sich von einer Leibesfrucht mit hypothetischem „Fettsucht-Gen" bedenkenlos durch Abtreibung trennen.

Der soziale Konsens im Hinblick auf moralische Werte ruht in unserer Gesellschaft und in unserer Zeit ohnehin auf sehr dünnem Eis, wie eine Umfrage des Magazins *Der Spiegel* im Dezember 1997 zutage förderte. Es handelt sich um einen minimalistischen Konsens. Auf die Frage „Wen halten Sie bei der Vermittlung von

92 Hoerster (1989).

93 Singer (1994), S. 271.

Werten für wichtig?" antworteten 37 Prozent der Bundesbürger mit *die Kirchen*, 38 Prozent mit *Greenpeace*, und immerhin 43 Prozent trauten den *politischen Parteien* eine wichtige Rolle zu. Doch mit 51 Prozent lag die *Polizei* unschlagbar an der Spitze der Skala möglicher Wertevermittler. Moralische Werte werden demnach, so muss man folgern, von einer Mehrheit der deutschen Bevölkerung mit der Überwachung der Einhaltung beziehungsweise mit der Bestrafung von Übertretungen staatlicher Gesetze und Verordnungen identifiziert. Dies ist ein für die Polizei zwar sehr ehrenvolles und vermutlich hoch verdientes Ergebnis, es ist jedoch zugleich für unsere Gesellschaft als Ganzes ein bedenkliches Indiz.

Moralische Tatsachen sind, wie bereits betont wurde, keine objektiven physischen oder metaphysischen Realitäten. Sie sind aber auch nicht bloß subjektive psychische Phänomene, die andere Personen allenfalls zur Nachempfindung oder zur Nachahmung anregen könnten. Moralische Tatsachen müssen vielmehr als von Menschen etablierte soziale Institutionen angesehen werden, die innerhalb einer Sprach-, Kultur-, Glaubens- oder Rechtsgemeinschaft nach bestimmten Regeln intersubjektiv konstituiert, stabilisiert, tradiert und modifiziert werden. Diese Regeln folgen der Struktur *A gilt als B im Kontext der Gemeinschaft C*. Institutionelle Tatsachen sind auf eine bestimmte Art und Weise interpretierte natürliche Tatsachen, in ihnen gehen Lebenswelt und Sprachwelt eine normative Verbindung ein, die indessen weder starr noch unveränderlich ist.

Moralische Werte werden von Menschen zu bestimmten Zeiten für bestimmte Zwecke geschaffen, und sie werden von Menschen in konkreten Situationen interpretiert. Werte sind labil und veränderbar, sie bedürfen zu ihrer Gültigkeit eines gesellschaftlichen Konsenses. Ein solcher Konsens aber entsteht im Laufe eines historischen Prozesses, und das heißt im Rahmen eines öffentlichen Diskurses. Jeder einzelne Bürger hat durch sein Tun oder Lassen einen gewissen Einfluss auf die Gestaltung künftiger Werte und Normen in seiner Gesellschaft. Dass dieses Faktum nicht allen am Thema Ethik Interessierten und Beteiligten gefällt, sollte uns nicht davon abhalten, es zur Kenntnis zu nehmen.

Natürlich müssen wir auch die Konsequenzen bedenken, die sich aus dieser Situation für die Möglichkeit einer zeitgemäßen Medizin- und Bioethik ergeben. Unter den Rahmenbedingungen eines modernen Rechtsstaates, der jedenfalls im Prinzip auf der demokratischen Teilhabe aller Bürgerinnen und Bürger aufbaut, kann auch das Ethos in der Medizin nicht mehr als eine standesrechtlich kodifizierte gegenseitige Selbstverpflichtung von Ärzten konzipiert werden, die lediglich deklamatorischen oder emblematischen Wert hat. Medizin- und Bioethik sind Themen, die einer breiten öffentlichen Diskussion sowie größtmöglicher Transparenz bedürfen. Doch machen wir uns keine Illusionen: Bei allen Bemühungen um einen maximalen sozialen Konsens im Hinblick auf die ethischen und zunehmend auch auf die bedrängenden ökonomischen Dilemmata der High-Tech-Medizin gilt auch heute noch unverändert die ein wenig resignativ stimmende, aber gleichwohl treffende Weisheit des ersten Hippokratischen Aphorismus aus der Zeit um 400 vor Christus: „Das Leben ist kurz, die Kunst ist weit, der günstige Augenblick flüchtig, der Versuch trügerisch, die Entscheidung schwierig."[94]

6 Körperbild und Leibverständnis in Geschichte und Gegenwart[95]

Gesundheit und Krankheit als normative Größen der medizinischen Anthropologie

Im Jahre 1822 formulierte der Badische Hofrat und kurzzeitige Heidelberger Hegel-Nachfolger Joseph Hillebrand (1788-1871) in seinem Buch *Anthropologie als Wissenschaft* die These, dass der Mensch eben nur durch das beständige Beziehen aller Erkenntnisse auf sein Selbst dieses seinem wahren Begriffe gemäß allein vollständig zu entwickeln und zu fördern vermöge. Endlich sei ja auch der Mensch das alleinige Subjekt seines Erkennens. Wie würde er daher nur überhaupt etwas wirklich zu erkennen im Stande sein, wenn er nicht überall diese seine Subjektivität gewahrte als den einen und letzten Haltungspunkt aller Vorstellungen und gewonnenen Resultate?[96]

Die Anthropologie, und hier speziell die medizinische Anthropologie, hat sich in den letzten gut fünfhundert Jahren, seit sie als Disziplin eben diesen anspruchsvollen Namen führt, zur Beantwortung ihrer Grundfrage „Was ist der Mensch?" immer wieder mit großem Interesse auf das Themenfeld Gesundheit und Krankheit bezogen. In einer Zeit, in der insbesondere religiöse Bedürfnisse des Menschen mehr oder minder offen im Namen der aufgeklärten Wissenschaft und des demokratischen Pluralismus negiert werden, ist die Gesundheit zum zentralen Dreh- und Angelpunkt der medizinischen Anthropologie geworden. Noch niemals zuvor wurde auch so viel Geld für das sogenannte „höchste Gut" eingesetzt wie

94 Hippokrates, Aphorismen I, 1 in der Übersetzung von Diller(1962), S. 159. Siehe auch Diller (1973).

95 Überarbeitete Version des Eröffnungsvortrags zur Tagung *Was ist der Mensch? Wie der medizinische Fortschritt das Menschenbild verändert* der Evangelischen Akademie Baden in Bad Herrenalb vom 11. November 2011.

96 Hillebrand (1822), S. 2-3.

heute. So gab im Jahre 2014 allein die Gesetzliche Krankenversicherung (GKV) in Deutschland 206 Milliarden Euro aus. Angesichts eines Bruttoinlandsprodukts von 2,9 Billionen Euro entspricht diese Summe 7 Prozent der Wirtschaftsleistung. Der Gesundheitsmarkt boomt, er ist eine „Wachstumsbranche" geworden. Gesundheit ist ja auch in aller Munde. Auf Geburtstagskarten wird die Gesundheit fast schon stereotyp thematisiert, doch mit steigendem Alter werden die entsprechenden Wünsche inflationär und zum Teil illusionär.

Wann ist jemand eigentlich gesund? Der Begriff, die Definition und das Verständnis von Gesundheit sind unter Fachleuten wie unter Laien strittig. In erster Linie wird die Medizin als diejenige Disziplin angesehen, die sich mit der Gesundheit auskennen sollte. In Wirklichkeit ist die Medizin vollauf mit der Erkennung und Behandlung von Krankheiten beschäftigt. Da Gesundheit und Krankheit aber als einander kontradiktorisch, wenn nicht sogar konträr[97] gegenüberstehende Begriffe aufgefasst werden, kann ein Blick auf den Krankheitsbegriff doch wichtige Informationen über den Gesundheitsbegriff zu Tage fördern. Fragen wir also zunächst: Was ist Krankheit?[98]

Gängige Definitionen von Krankheit, wie man sie in einem Klinischen Wörterbuch findet, zeichnen sich durch ihre intellektuelle Schlichtheit aus, die nicht selten auf logischen Zirkelschlüssen beruht. So wird Krankheit einmal abstrakt als Störung der Lebensvorgänge in Organen oder im gesamten Organismus mit der Folge von subjektiv empfundenen beziehungsweise objektiv feststellbaren körperlichen, geistigen beziehungsweise seelischen Veränderungen beschrieben, ohne dass die ebenfalls erklärungsbedürftigen Ausdrücke *Störung* und *Veränderung* ihrerseits definiert würden. Auch die in der Rechtsprechung des Bundessozialgerichts entwickelte Formel, wonach Krankheit ein „Zustand von Regelwidrigkeit im Ablauf der Lebensvorgänge" ist, der Krankenpflege und Therapie erfordert und aus dem eine „berufsspezifische erhebliche Arbeits- beziehungsweise Erwerbsunfähigkeit" resultiert, mag in der juristischen Praxis zwar durchaus von Nutzen sein, erliegt aber ebenso der logischen Zirkularität, da sie den gleichermaßen unklaren normativen Begriff der Regelwidrigkeit zur Definition der Krankheit benutzt.[99]

Die Vermutung, dass bei der Beschreibung von Krankheit(en) nicht die bloße Feststellung zeitunabhängiger physikalischer Tatsachen, sondern vielmehr die Erzeugung und Aushandlung historisch gewachsener sozialer Tatsachen vor sich geht,

---

97 Von zwei kontradiktorischen Begriffen trifft stets *genau einer* auf einen Sachverhalt zu (z. B. *schön – nicht schön*), während von zwei konträren Begriffen *höchstens einer* einen Sachverhalt korrekt beschreibt (z. B. *schön – hässlich*).

98 Vgl. Bauer (2009b).

99 Diese Krankheitsdefinitionen finden sich in Pschyrembel (1994), S. 824.

ist durch eine Fülle an medizinhistorischer Evidenz empirisch belegt. Diese sozialen oder institutionellen Tatsachen repräsentieren zwar keine objektiven materiellen Realitäten der Außenwelt, sie sind aber auch nicht bloß subjektive Empfindungen einzelner Individuen. Soziale Tatsachen müssen vielmehr als von Menschen geschaffene Institutionen angesehen werden, die innerhalb einer Sprach- oder Kulturgemeinschaft nach bestimmten Regeln intersubjektiv konstituiert, stabilisiert und modifiziert werden. Diese Regeln folgen der Struktur: *A gilt als B im Kontext der Gemeinschaft C*. Soziale Tatsachen sind also auf eine bestimmte Art und Weise interpretierte Tatsachen der physikalischen Welt. In ihnen gehen Lebenswelt und Sprachwelt eine konkrete, wertbezogene Verbindung ein, die indessen flexibel und im historischen Verlauf fragil ist.

Eine bestimmte Konstellation von körperlichen beziehungsweise seelischen Symptomen gilt demnach als krankhaft im Kontext einer zeitlich und räumlich zu definierenden sozialen Gemeinschaft. Die negative Normativität, die besagt, dass etwas nicht so ist oder sich nicht so verhält wie es sein sollte oder wie es sich verhalten sollte, repräsentiert den größten gemeinsamen Nenner des Krankheitsbegriffs. Die Beobachtung, dass bestimmte körperliche, seelische oder soziale Phänomene über einen historisch gesehen sehr langen Zeitraum hinweg kontinuierlich als krankhaft gegolten haben oder noch immer als krankhaft gelten, ändert nichts daran, dass die Verknüpfung der entsprechenden Phänomene mit dem Etikett *krankhaft* eine prinzipiell labile beziehungsweise jederzeit revidierbare Verbindung zwischen Lebenswelt und Sprachwelt darstellt.

Was der englische Philosoph Richard M. Hare (1919-2002) schon 1952 über die Sprache der Moral schrieb, gilt für die Sprache der Krankheit nicht minder: Krankheitsbegriffe können nicht bloß Tatsachenfeststellungen sein, und wenn sie das wären, würden sie nicht die Funktionen erfüllen, die sie erfüllen, oder sie hätten nicht die logischen Merkmale, die sie haben. Entweder müssen wir das unreduzierbar vorschreibende Element im Krankheitsbegriff anerkennen, oder aber wir müssten gestatten, dass ein lediglich als beschreibend aufgefasster Krankheitsbegriff ärztliche Handlungen nicht mehr in der Weise anleiten würde, wie er es nach gewöhnlichem Verständnis offensichtlich tut.[100]

Die gemeinsame Basis zwischen einer das Leben bedrohenden Krankheit (zum Beispiel einem Magenkarzinom) und einer lediglich schmerzhaften beziehungsweise einer die körperlichen Funktionen oder das seelische Erleben störenden Erkrankung (zum Beispiel einem wiederholten Migränekopfschmerz, einer klinisch relevanten Depression oder einer Humerusfraktur) besteht nicht in einer biologischen Gemeinsamkeit, sondern vielmehr darin, dass diese Zustände

100 Vgl. Hare (1983), S. 241 sowie Bauer (2007a).

1. von der betroffenen Person und/oder deren sozialem Umfeld als störend empfunden werden,
2. als im Körper der betroffenen Person lokalisiert angesehen werden,
3. einer am Körper der betroffenen Person ansetzenden Behandlung zugeführt werden sollten.

Nur der Mensch, nicht aber „die Natur" hat einen Begriff für Krankheit entwickelt. „Die Natur" präsentiert uns lediglich – ganz wertneutral – bestimmte physikalische und biologische Abläufe. Ob die betroffenen Menschen jene Abläufe schätzen oder sich vor ihnen fürchten, ist für „die Natur" ohne Belang. Der Ausdruck *Krankheit* bezeichnet also ein kulturelles Konstrukt und keine biologische Entität.

Was bedeutet diese Erkenntnis für den Gesundheitsbegriff? Die Verfassung der Weltgesundheitsorganisation (WHO) aus dem Jahre 1946 definierte die Gesundheit in ihrer Präambel so: „Die Gesundheit ist ein Zustand des vollständigen körperlichen, geistigen und sozialen Wohlergehens und nicht nur das Fehlen von Krankheit oder Gebrechen."[101] Aus den bisherigen Überlegungen zum Krankheitsbegriff folgt indessen, dass es sich auch bei der Gesundheit um ein wertbezogenes Konstrukt und damit um eine historisch relativ flexible soziale Tatsache handelt. Wie die WHO-Definition zudem nahelegt, verhält sich Gesundheit konträr zur Krankheit. Gesundheit und Krankheit werden als einander nicht berührende Extreme definiert, zwischen denen sich ein mehr oder minder breites „Niemandsland" erstreckt.

Die Individualnorm der Gesundheit in der Vier-Säfte-Lehre der Antike

An dieser Stelle ist der Medizinhistoriker angesprochen, der an die zentrale Aufgabe des Arztes in der griechisch-römischen Antike und im europäischen Mittelalter erinnern darf: Gemäß der traditionellen medizinischen Vier-Säfte-Lehre, der Humoralpathologie, oblag es dem Arzt, gerade den Zwischenraum (*Neutralitas*) zwischen Krankheit (*Aegritudo*) und Gesundheit (*Sanitas*) durch die diätetische Regelung der Lebensführung (*Perfectio vitae*) zu erhalten. Die *Neutralitas* repräsentierte eben jenes „Niemandsland" (*ne-utrum*), das zwar keiner der beiden

101 Verfassung der Weltgesundheitsorganisation. Unterzeichnet in New York am 22. Juli 1946. Ratifikationsurkunde von der Schweiz hinterlegt am 29. März 1947. Von der Bundesversammlung genehmigt am 19. Dezember 1946. Für die Schweiz in Kraft getreten am 7. April 1948. Stand am 8. Mai 2014. http://www.admin.ch/ch/d/sr/0_810_1/ (Stand: 24.4.2016).

Extremzustände *krank* und *gesund* zuzuordnen war, innerhalb dessen sich aber der normale Lebensalltag des Menschen in aller Regel abspielte.

Häufig lässt man medizinhistorische Darstellungen mit Hippokrates von Kos (460-377 v. Chr.) beginnen, dem berühmten, meist aber ungenau zitierten und fehlerhaft interpretierten „Ahnherrn" der griechischen Heilkunde und der abendländischen Medizin.[102] Hippokrates lebte in der zweiten Hälfte des 5. Jahrhunderts vor Christus, und er war ein sehr bekannter Arzt, der sogar in den Dialogen Platons (427-347 v. Chr.) als medizinische Autorität genannt wird. Doch vermutlich sind höchstens drei der rund siebzig Bücher der Schriftensammlung *Corpus Hippocraticum* von ihm selbst verfasst worden. Die übrigen Texte, darunter auch der Hippokratische Eid, stammen von Autoren aus dem Schülerkreis des Hippokrates. Es finden sich sogar Bücher darunter, die gar nicht von Ärzten, sondern von Philosophen oder Rednern geschrieben worden sind. Der größte Teil der Hippokratischen Abhandlungen entstand zwischen etwa 430 und 350 vor Christus.[103]

Die Schriften spiegeln den Geist eines naturalistischen Denkens wider. Nach der Lehre des vorsokratischen Philosophen Empedokles von Agrigent (490-430 v. Chr.) bestand der gesamte Kosmos aus nur vier Elementen, nämlich aus Luft, Feuer, Erde und Wasser. Um die Wende vom 5. zum 4. Jahrhundert wurde diese physikalische Kosmologie in eine engere Korrespondenz zur Physiologie des Menschen gesetzt, als ein Hippokratischer Autor, nämlich Polybos, der Schwiegersohn des Hippokrates, in der Schrift über die *Natur des Menschen* erstmals behauptete, der menschliche Körper bestehe aus einer Mischung von vier den Elementen der Physik analogen Säften, und zwar aus Blut, gelber Galle, schwarzer Galle und Schleim.[104] Das war die Geburtsstunde der Vier-Säfte-Lehre, die bis ins 17. Jahrhundert das wissenschaftliche Rückgrat der Medizin des Abendlandes bildete.

Die Hippokratischen Ärzte machten die individuelle Säftekonstellation für Gesundheit und Krankheit des Menschen verantwortlich. Dabei kam es ihnen nicht auf eine statisch normierte Säftemischung an, vielmehr schwankte diese Komposition um einen nur individuell bestimmbaren Wert, der unter anderem als geschlechts-, alters- und jahreszeitenabhängig galt. Man könnte sagen: Jeder Mensch hat seine persönliche, unverwechselbare Gesundheit. Krank wird er dann, wenn er von dieser, ihm gewohnten Lage abweicht. Die auf den ersten Blick kaum sichtbar wertende Komponente der Vier-Säfte-Lehre und ihres Gesundheitsbegriffs bestand darin, dass als krank jede größere Abweichung von der individuell gewohnten körperlichen Verfassung angesehen wurde. Als gesund galt demgegenüber jener

102 Zum Folgenden siehe auch Bauer (1998d), Bauer (2001c) und Bauer (2005).

103 Vgl. das Nachwort von Hans Dilller in Diller (1962), S. 263-272.

104 Diller (1962), S. 165-173.

ausbalancierte Zustand, der die biologische Kontinuität anzeigt. Gesundheit galt demnach in der antiken Medizin als etwas zu Bewahrendes, als ein konservativer Wert im wörtlichen Sinne.

Die professionelle Aufmerksamkeit des griechischen Arztes richtete sich auf die Wiederherstellung der gewöhnlichen biologischen Funktionen – oder aber auf die Erkenntnis einer schlechten Prognose. Die medizinische Theorie der Hippokratiker hatte eine Vorliebe für mechanische Wirkungszusammenhänge. Selbst die Epilepsie, ein Leiden mit psychischen Symptomen, wurde als Folge übermäßiger Schleimproduktion im Gehirn bei gleichzeitiger Verstopfung des Schleimabflusses interpretiert.[105] Die Sicht der Hippokratischen Ärzte auf den Menschen stellte sich als ein sachlicher Blick von außen dar, wobei der Körper des Patienten als eine unerschöpfliche Quelle von Zeichen betrachtet wurde, deren Informationsgehalt es rasch und professionell zu entschlüsseln galt.[106] Die subjektive Erlebniswelt ihrer Patienten hingegen blieb den Ärzten fremd, oder sagen wir vorsichtiger: Man findet in den überlieferten Texten nur wenig über Motive, Gefühle oder Lebensziele der Kranken.

Der Beginn der medizinischen Anthropologie im 16. Jahrhundert

Die gehäufte Verwendung des Substantivsuffixes *-logia* zur Benennung einer wissenschaftlichen Disziplin ist eine sprachliche Innovation des abendländischen Humanismus im frühen 16. Jahrhundert. Termini wie *psychologia*, *philologia*, *theologia*, *astrologia* oder *ontologia* entstammen in ihrer heute geläufigen Bedeutung der Zeit nach 1500 und nicht etwa der griechischen Antike. Auch die beiden ersten Nachweise für den Begriff der *Anthropologie* als der *Lehre vom Menschen* fallen in den Beginn und das Ende des 16. Jahrhunderts. *Antropologium de hominis dignitate, natura et proprietatibus, de elementis, partibus et membris humani corporis. De iuvamentis nocumentis, accidentibus, vitiis, remediis, et physionomia ipsorum […] De anima humana et ipsius appendiciis*, so lautet der ausführliche programmatische Titel eines 1501 in Leipzig erschienenen Werkes des Philosophen, Arztes und Theologen Magnus Hundt (1449-1519).[107] Der Mensch wurde damit zum Objekt wissenschaftlicher Untersuchung gerade in jenen Eigentümlichkeiten, die ihn aus

105 So dargestellt in der Abhandlung „Die Heilige Krankheit“ in der Übersetzung von Diller (1962), S. 131-149.

106 Zu den semiotischen Aspekten der Hippokratischen Medizin siehe Bauer (1995a).

107 Hundt (1501).

der übrigen Schöpfung herausheben. Im Zentrum des Interesses stand zunächst die Anatomie des menschlichen Körpers, seine Zusammensetzung aus Elementen und Teilen. Heilmittel und Schadstoffe, Ausscheidungen und Absonderungen, also Physiologie und Pathologie, wurden ebenso berücksichtigt wie die menschliche Seele.

Damit konzipierte Hundt einerseits ein sehr weitgespanntes Fachgebiet, das andererseits durch die prominente Stellung der gerade im Aufblühen befindlichen medizinischen Grundlagendisziplin Anatomie darin bereits ein für spätere Werke dieses Genres konstitutives Merkmal aufwies: Rezeption und Reflexion des jeweils in expansiver Entwicklung befindlichen medizinischen Faches wurden zu Grundpfeilern der medizinischen Anthropologie einer Epoche. Dabei versuchte die sich *Anthropologie* nennende Disziplin stets, über jene Einzelwissenschaften hinaus Aussagen vom Menschen als einem Ganzen zu machen. Dieses Ziel wurde im Lauf der Geschichte jedoch umso schwerer erreichbar, je spezieller und detaillierter sich die jeweiligen Basisfächer (Anatomie, Physiologie, Immunologie, Hirnforschung, Psychologie, Psychoanalyse und so weiter) bereits inhaltlich ausdifferenziert hatten.

Am Ende des 16. Jahrhunderts, nämlich 1594, verfasste der Astronom, Physiker und Theologe Otho Casmann (1562-1607) eine *Psychologia anthropologica sive animae humanae doctrina*, die er zwei Jahre später fortsetzte als *Secunda pars anthropologiae: hoc est; fabrica humani corporis*. Casmann führte damit Psychologie und Anatomie als die beiden Säulen einer Anthropologie für das kommende 17. Jahrhundert ein. Der Autor betonte die zwillingsartige Doppelnatur des Menschen aus geistigem und körperlichem Prinzip: Durch das Eintauchen des göttlichen Geistes in den aus Erde geformten Körper sei der lebendige Mensch entstanden. Eine körperlose Seele oder ein seelenloser Körper verdienten nicht den Namen *Mensch*.[108]

Der Wandel des Begriffsinhalts der medizinischen Anthropologie hat sich seit dem 16. Jahrhundert in aller Regel korrespondierend zur Entwicklung der jeweils expandierenden medizinischen Fächer vollzogen. Dabei reagierte die Anthropologie prinzipiell in dreierlei sehr unterschiedlicher Weise auf den wissenschaftlichen Fortschritt:

1. Die medizinische Anthropologie nahm das von den Naturwissenschaften entwickelte Gedankengut auf und verstärkte seine Wirksamkeit durch Bestätigung. Diese Vorgehensweise entspräche dem *affirmativen Typus* medizinischer Anthropologien.
2. Die medizinische Anthropologie verwarf das von den Naturwissenschaften entwickelte Gedankengut, indem sie ein konträres Modell des Menschen als

108 Casmann (1594), S. 1-2. Vgl. auch Bauer (1984), S. 36-37.

eines geistigen Wesens entwarf. Diese Vorgehensweise entspräche dem *kompensatorischen Typus* medizinischer Anthropologien.

3. Die medizinische Anthropologie nahm das von den Naturwissenschaften entwickelte Gedankengut zwar auf, versuchte aber, es in einen umfassenderen Kontext einzubauen. Diese Vorgehensweise entspräche dem *integrativen Typus* medizinischer Anthropologien.[109]

Medizinische Anthropologie, Mechanismus und Vitalismus im 17. und 18. Jahrhundert

Die wissenschaftliche Krise der aus der Antike überlieferten Vier-Säfte-Lehre begann im Zeitalter des Barock. Das 17. Jahrhundert war eine Periode des Umbruchs in der Medizin und den Naturwissenschaften. Die Heilkunde fing an, sich aus dem dogmatisch erstarrenden, traditionellen System wie aus einem nicht mehr passenden Korsett zu befreien. Dabei forderte die neue, mechanistische Denkweise von Ärzten, die den menschlichen Körper als eine physikalisch-chemische Maschine betrachteten, mehr und mehr Beachtung. Die von dem französischen Philosophen René Descartes (1596-1650) zur Zeit des Dreißigjährigen Krieges formulierte Trennung des Leibes in *Res extensa* und *Res cogitans* wirkte auch auf die Medizin ein, die ihr Interesse jetzt auf die Erforschung des nach physikalischen Gesetzen arbeitenden Körpers konzentrierte. Ein wichtiger Zwischenschritt auf diesem Weg war 1628 die Beschreibung des Blutkreislaufs durch den englischen Arzt William Harvey (1578-1657). Bereits um 1612 hatte der italienische Mediziner Santorio Santorio (1561-1636) in Padua erstmals Fieber mit einem Thermometer gemessen, und in den 1660er Jahren stellte der in Hanau geborene, später aber im niederländischen Leiden wirkende Arzt Francisus Sylvius (1614-1672) eine chemische Theorie der Verdauung auf.[110]

Der Faszination durch das neue dualistische Weltbild konnten sich auch die Verfasser medizinischer Anthropologien nicht entziehen. Deutlich trat dabei aber eine Reduktion der Inhalte auf Anatomie und Iatrophysik zutage.[111] Wegen ihres affirmativen Charakters verstärkten diese Werke den materialistischen Ansatz der Naturwissenschaften im Sinne einer positiven Rückkopplung. 1732 identifizierte das Zedlersche Universal-Lexikon die Anthropologie sogar mit der *Anthropometrie*, also der quantifizierenden Vermessung des Menschen, und definierte sie

109 Bauer (1984), S. 38.

110 Bauer (1985), S. 440-441.

111 Zum Konzept der frühneuzeitlichen Iatrophysik siehe Rothschuh (1978).

als dasjenige Spezialgebiet der Physik, „in welchem die natürliche Beschaffenheit und der gesunde Zustand des Menschen, sonderlich was seine physicalischen und natürlichen Eigenschafften betrifft, abgehandelt und erklähret wird." Zwar gehöre eigentlich auch die „moralische Beschaffenheit" des Menschen hierher, „weil aber hieraus ein ungeheurer Cörper erwachsen würde, so hat man die moralische Betrachtung des Menschen in die Ethic und die Untersuchung des menschlichen Verstandes in die Logic lociret."[112]

Das praktische Versagen der neuen physikalisch-chemischen Medizintheorie in der ärztlichen Therapie ließ sich jedoch nicht auf Dauer ignorieren. Gegen Ende des 17. Jahrhunderts entstand in Deutschland gleichzeitig eine von Pietisten initiierte Strömung gegen alles, was wie wissenschaftliche Autorität anmutete. Diese Bewegung, die an der 1695 gegründeten Universität Halle ihr Zentrum fand, richtete ihre Angriffe zugleich gegen die herrschende Theologie und Medizin, wobei der aus Ansbach stammende Professor Georg Ernst Stahl (1659-1734) der führende Aktivist im Bereich der Heilkunde war. Sein Reformversuch der Medizin leitete sich von einem auf subjektive Erfahrung gegründeten Wahrheitsanspruch ab; diese Erfahrung war für Stahl die entscheidende Methode, um wahre Erkenntnisse zu ermitteln.[113]

Es existieren historisch betrachtet nur sehr wenige konsequent durchdachte Systeme, in denen die menschliche Seele zur maßgeblichen Ursache von Gesundheit und Krankheit erhoben wurde. Georg Ernst Stahl unterzog sich diesem Wagnis vornehmlich in seinem 1708 in Halle publizierten Hauptwerk *Theoria medica vera*. Der Körper ist nach Stahls Auffassung kein bloßer Mechanismus, die Materie in ihrer Lebendigkeit vielmehr ein organisches Ganzes. Geist und Materie lebten in ihrer Vereinigung, und dies bedeute Wahrnehmung, Gefühl und Erkenntnis in der körperlichen und seelischen Einheit des Subjekts: „Alle vitalen, animalen und rationalen Vorgänge haben ihren Grund in der schönsten Harmonie und in ihrem unlöslichen Zusammenhang mit einer Kraft. Mit Recht schließt man, dass es die Seele ist, die alle diese Bewegungen unmittelbar bewirkt, seien sie geordnet oder ungeordnet, vitaler oder animaler Art, ob sie zur Erhaltung des Körpers beitragen oder zu seiner Zerstörung."[114]

Der Körper werde von der Seele (*Anima*) dirigiert und geleitet. Eine besondere Rolle komme dabei dem Blutkreislauf als Bindeglied zu. Nach Stahl tritt das Blut direkt aus dem arteriellen in den venösen Schenkel des Kreislaufs über, indem es

---

112 Zedler (1732), Sp. 522.

113 Vgl. zum Folgenden insbesondere Bauer (1991) und Bauer (2000d).

114 Georg Ernst Stahl: De passionibus animi (Halle 1695), nach der deutschen Übersetzung von Gottlieb (1961), S. 23-37, hier S. 25.

hypothetische Poren im Gewebe passiert. Die Größe dieser Poren werde durch einen geheimnisvollen Spannungszustand reguliert, den Stahl als *Motus tonicus vitalis* bezeichnete. Diesen Tonus bestimme die Seele je nach der gerade herrschenden Notwendigkeit. Alle leiblichen Vorgänge würden von der Seele gesteuert, die den Körper bis ins letzte Detail kenne und beherrsche. Der Arzt brauche daher keine anatomischen oder physiologischen Details zu studieren, sondern könne sich mit der reinen Erfahrung begnügen.

Stahl ging von der Selbstheilungsfähigkeit des Körpers aus; der Arzt solle mit der nötigen Vorsicht als Mitarbeiter der Natur die Heilwege von Hindernissen befreien. Dramatische Eingriffe in den natürlichen Heilungsprozess wurden von Stahl nicht erwogen, vielmehr vertrat er eine schonende und abwartende Behandlungsweise. Eine wichtige Rolle spielten dabei hygienische Maßnahmen, aber auch Aderlass und Schröpfen wurden empfohlen, um Blutüberschuss oder Verunreinigungen der Körpersäfte beseitigen zu können. Diese Anknüpfung an die Hippokratischen Schriften verband sich mit Stahls Pietismus zu einer eigentümlichen Mischung: In der pietistischen Vertiefung, in der Erlangung der besonderen Gnade Gottes erwerbe der Arzt den richtigen, sicheren, intuitiven Blick und könne nicht mehr irren. Deswegen bezeichne die *Theoria medica vera* die Vollendung der Heilkunst, denn es bleibe dem Arzt nur noch, die Theorie richtig zu interpretieren und anzuwenden.[115]

Die Rolle der Lebenskraft in der Homöopathie während des frühen 19. Jahrhunderts

Georg Ernst Stahl, der heute als ein Vorläufer der psychosomatischen Medizin angesehen wird, vertrat zwar das Programm einer Minderheit unter den Ärzten seiner Zeit, doch geriet seine Lehre nicht in Vergessenheit. Noch im Jahre 1810 dachte der Schöpfer der Lehre von der *Homöopathie*, der Arzt Samuel Hahnemann (1755-1843), in den Kategorien Stahls, als er die auch für sein Heilverfahren zentrale *Lebenskraft* postulierte: In seinem *Organon der Heilkunst* schrieb er: „Im gesunden Zustand des Menschen waltet die geistartige, […] den materiellen Organismus belebende Lebenskraft unumschränkt. In bewundernswürdig harmonischem Lebensgang hält sie alle seine Teile, seine Gefühle und Tätigkeiten aufrecht, sodass der in uns wohnende vernünftige Geist sich dieses lebendigen und gesunden Werkzeugs frei zum höheren Zwecke unseres Daseins bedienen kann. […] Der materielle Organismus – ohne Lebenskraft gedacht – ist keiner Empfindung, keiner Tätigkeit und keiner Selbsterhaltung fähig; er ist tot und, wenn er bloß der physischen Außen-

115 Vgl. Bauer (1991), S. 198-199.

welt unterworfen ist, fault er und wird wieder in seine chemischen Bestandteile aufgelöst. Nur das immaterielle, den materiellen Organismus im gesunden und kranken Zustand belebende Lebensprinzip, die Lebenskraft, verleiht ihm alle seine Empfindung und bewirkt seine Lebensverrichtungen."[116]

Was machte nun gerade die Homöopathie schon nach kurzer Zeit trotz heftigster Kritik von Seiten der Hochschulmediziner für ein großes Publikum attraktiv? Hahnemann hatte 1796 einen Aufsatz mit dem Titel *Versuch über ein neues Princip zur Auffindung der Heilkräfte der Arzneisubstanzen, nebst einigen Blicken auf die bisherigen* publiziert. Aus seinem bis heute umstrittenen Selbstversuch[117] mit Chinarinde, den er bereits 1790 unternommen hatte, zog Hahnemann in dieser Abhandlung sehr weit reichende spekulative Schlüsse: „Jedes wirksame Arzneimittel erregt im menschlichen Körper eine Art von eigner Krankheit. Man [...] wende in der zu heilenden (vorzüglich chronischen Krankheit) dasjenige Arzneimittel an, welches eine andere, möglichst ähnliche künstliche Krankheit zu erregen imstande ist und jene wird geheilet werden; *Similia similibus.*"[118]

In seinem 1810 erschienenen Hauptwerk *Organon der Heilkunst* führte Hahnemann diesen Gedanken, den er jetzt bereits als „Naturheilgesetz" bezeichnete, noch präziser aus, wobei er sich auf die „reine Erfahrung" als Beweismittel berief: „Nun lehrt aber das einzige und untrügliche Orakel der Heilkunst, die reine Erfahrung, in allen sorgfältigen Versuchen, dass wirklich diejenige Arznei, welche in ihrer Einwirkung auf gesunde menschliche Körper die meisten Symptome in Aehnlichkeit erzeugen zu können bewiesen hat, welche an dem zu heilenden Krankheitsfalle zu finden sind, in gehörig potenzirten und verkleinerten Gaben auch die Gesammtheit der Symptome dieses Krankheitszustandes, das ist [...], die ganze gegenwärtige Krankheit schnell, gründlich und dauerhaft aufhebe und in Gesundheit verwandle, und dass alle Arzneien die ihnen an ähnlichen Symptomen möglichst nahe kommenden Krankheiten, ohne Ausnahme heilen und keine derselben ungeheilt lassen."[119]

Hahnemanns Heilsystem hat bis in die Gegenwart trotz seiner mangelhaften wissenschaftlichen Plausibilität und seiner nicht bewiesenen Wirksamkeit die Herzen zahlloser Patienten erobert und damit die Sehnsucht vieler Menschen nach einfachen Erklärungen für komplexe Zusammenhänge deutlich werden lassen. Dies bleibt ein beachtenswerter Punkt auch für alle modernen Theorien über Gesundheit und Krankheit: Wesentlich für die Akzeptanz eines wissenschaftlichen Konzepts ist

116 Hahnemann (1978), S. 38 (§§ 9-10). Siehe auch Bauer (1997c).

117 Bayr (1989).

118 Hahnemann (1921), S. XLII und Lambert/Brittan (1991), S. 91-142.

119 Hahnemann (1978), S. 43-44 (§ 25).

immer auch die Frage, ob es den Wünschen und den durch die Medien vermittelten Vorlieben des Publikums entgegenkommt, oder ob es dem Zeitgeist zuwiderläuft und dann kaum Chancen auf Popularität hat.

Medizin als angewandte Physik nach 1850: Der Mensch als Maschine

Um das Jahr 1850 kam es zu einem erneuten und diesmal nachhaltigen Umbruch in der medizinischen Wissenschaft: Spekulationen über die Existenz der Lebenskraft waren jetzt nicht mehr gefragt. Neue Leitwissenschaften der Medizin wurden Physiologie und Pathologische Anatomie, zwei Fächer, deren Protagonisten sich dem physikalischen Denken verpflichtet sahen. So schrieb 1848 der junge Berliner Physiologe Emil Du Bois-Reymond (1818-1896):

> „[Es] erscheint die Lehre von der Lebenskraft [...] als ein solches Gewebe der willkürlichsten Behauptungen, sie häuft auf ein Phantasiegebilde solche Summe unmöglicher Attribute und undenkbarer Tätigkeiten, dass es schwer hält, sie ernst zu nehmen, und in ihrer offenkundigen Abgeschmacktheit nicht einfach mit dem verdienten Spotte zu begegnen. [...] Vor unserem Denken, das vor keiner Folgerung zurückscheut, löst sich das Weltganze daher auf in bewegte Materie, deren Wesen zu begreifen wir nicht für möglich halten. Nicht die *Ursachen* der Bewegungen, ihre *Gesetze* zu erkennen, erscheint uns als wahre Aufgabe unseres Strebens. Nun kann das Wort *Kraft* für uns keine andere Bedeutung haben, als die, in welcher es der analytischen Mechanik gute Dienste geleistet hat. Die Kraft ist uns das *Maß*, nicht die *Ursache* der Bewegung. Mathematisch ausgedrückt, sie ist die zweite Ableitung des Weges des in veränderlicher Bewegung begriffenen Körperlichen nach der Zeit."[120]

In der Mitte des 19. Jahrhunderts begann die bis heute andauernde Ära des materialistischen Reduktionismus, durch den die Medizin zu einer angewandten Naturwissenschaft wurde. Das Leben ist nach dieser Theorie ausschließlich den Gesetzen der Physik unterworfen. Alle Prozesse verlaufen gemäß dieser Vorstellung nach dem Prinzip von Ursache und Wirkung in einer regelhaften Weise, die mit Hilfe von Naturgesetzen mathematisch beschrieben wird. Sämtliche Vorgänge müssen im Experiment überprüft werden können.[121] Der junge Pathologe Rudolf Virchow (1821-1902) schrieb 1849: „Die naturwissenschaftliche Frage ist die logische Hypothese, welche von einem bekannten Gesetz durch Analogie und Induction

120 Du Bois-Reymond (1912), S. 11 und S. 15.

121 Vgl. Bauer (1997a), S. 302-303.

weiterschreitet; die Antwort darauf giebt das Experiment, welches in der Frage [...] vorgeschrieben liegt."[122]

Die naturwissenschaftliche Methode war und ist dort besonders erfolgreich, wo es solche physiologischen oder pathologischen Prozesse aufzudecken gilt, denen physikalische oder chemische Gesetzmäßigkeiten zu Grunde liegen. Sobald jedoch prinzipiell nicht wiederholbare, singuläre Vorgänge ins Spiel kommen, tauchen erhebliche Schwierigkeiten bei der wissenschaftlichen Analyse auf, die sich mithilfe allgemeiner Naturgesetze praktisch nicht lösen lassen. Solche historischen, insbesondere biographischen Ereignisketten aber gibt es im menschlichen Leben in großer Zahl.

Psychoanalyse und Psychosomatik als anthropologische Disziplinen

Die Krise der naturwissenschaftlichen Medizin wurde um die Wende vom 19. zum 20. Jahrhundert mehr und mehr empfunden und kam in wissenschaftlichen Abhandlungen zum Ausdruck. So diskutierte man damals die Frage nach der korrekten Gewichtung von Kausalität und Konditionalität, also von Ursachen und Bedingungen.[123] Überwiegend blieben diese Debatten jedoch innerhalb des von der mechanistischen Theorie vorgegebenen Rahmens. So kam noch 1898 der damalige Leiter der Medizinischen Poliklinik in Jena, der Internist Ludolf Krehl (1861-1937), zu dem Schluss, die Beurteilung des Krankheitszustandes habe sich an den Methoden und Grundsätzen der Biologie zu orientieren, „und diese sind ja [...] keine anderen als die der exacten Naturwissenschaft; auf deren Boden müssen wir fest stehen."[124] Doch bereits 1906 gab Krehl, mittlerweile Direktor der Medizinischen Klinik in Straßburg, zu bedenken: „Die pathologischen Symptome äussern sich am kranken Menschen als Individuum und durch die Art seiner Persönlichkeit außerordentlich verschieden."[125]

Was hier nur angedeutet wurde, beschrieb ein bekannter Wiener Arzt um dieselbe Zeit sehr präzise. Auch er hatte seine Laufbahn im letzten Viertel des 19. Jahrhunderts in der naturwissenschaftlichen Hochschulmedizin begonnen, nämlich in der Nervenheilkunde. Und selbst als Sigmund Freud (1856-1939), von dem hier die Rede ist, schon längst durch die Ausarbeitung der Psychoanalyse

122 Virchow (1849), S. 7.

123 v. Engelhardt (1985).

124 Krehl (1898), S. III.

125 Krehl (1906), S. VI.

bekannt geworden war, konnte er nicht verleugnen, dass er nach wie vor in den soliden Bahnen des mechanistischen Menschenbildes zu denken vermochte, das er als Student in sich aufgenommen hatte. In seiner Wiener Vorlesung während des Ersten Weltkriegs warnte Freud im Jahre 1915 die Medizinstudenten gleichwohl vor einer Unterschätzung psychologischer Aspekte in der Arzt-Patient-Beziehung, wie sie die traditionelle Ausbildung mit sich brachte:

> „Sie sind darin geschult worden, die Funktionen des Organismus und ihre Störungen anatomisch zu begründen, chemisch und physikalisch zu erklären und biologisch zu erfassen, aber kein Anteil Ihres Interesses ist auf das psychische Leben gelenkt worden, in dem doch die Leistung dieses wunderbar komplizierten Organismus gipfelt. Darum ist Ihnen eine psychologische Denkweise fremd geblieben, und Sie haben sich daran gewöhnt, eine solche misstrauisch zu betrachten, ihr den Charakter der Wissenschaftlichkeit abzusprechen und sie den Laien, Dichtern, Naturphilosophen und Mystikern zu überlassen. Diese Einschränkung ist gewiss ein Schaden für Ihre ärztliche Tätigkeit, denn der Kranke wird Ihnen, wie es bei allen menschlichen Beziehungen die Regel ist, zunächst seine seelische Fassade entgegenbringen, und ich fürchte, Sie werden zur Strafe genötigt sein, einen Anteil des therapeutischen Einflusses, den Sie anstreben, den von Ihnen so verachteten Laienärzten, Naturheilkünstlern und Mystikern zu überlassen."[126]

Mehr als ein halbes Jahrhundert später, nämlich 1966, beschrieb der zunächst in Heidelberg, seit 1960 dann in Frankfurt am Main lehrende Psychosomatiker, Psychoanalytiker und Sozialpsychologe Alexander Mitscherlich (1908-1982) das Dilemma von biologischer und psychologischer Ursachenforschung so: „Geforscht wird unter [der] naturwissenschaftlichen Prämisse quantitativ, das heißt, es wird gemessen. Erlebt werden aber von uns Qualitäten. Es ist deutlich, dass hier zwei Phänomene vorliegen, die man gar nicht auseinander hervorgehen lassen kann; wir können nur die Voraussetzungen, die Konditionen zu ermitteln versuchen, unter denen das eine Moment dem anderen die fortschreitende Verwirklichung gestattet. […] Im Alltag bleibt Seelisches von Leiblichem getrennt."[127]

Der Mensch als Objekt von prädiktiver Medizin und „Enhancement"

Seit diesen Überlegungen von Alexander Mitscherlich ist erneut ein halbes Jahrhundert vergangen. In jüngerer Zeit wurde nicht zuletzt durch die Arbeiten des

126 Freud (1982), S. 45.

127 Mitscherlich (1966), S. 63-64.

Heidelberger Physiologen Johann Caspar Rüegg (*1930) deutlich, dass das Gehirn mit seinen neuronalen Netzwerken die Gesundheit des übrigen Körpers beeinflusst, so die Immunabwehr, aber auch die Funktionen von Herz, Kreislauf, Atmung und Verdauung. Auslöser psychosomatischer Erkrankungen sind biographische Traumen, durch welche die Verbindungsstärken innerhalb der neuronalen Netzwerke langfristig verändert werden. Damit liegt ein Modell für die Speicherung von Erfahrungsinhalten und für die Bereitschaft vor, entsprechend diesen Erfahrungen zu reagieren. Bewusstsein und Intentionalität gelten aus dieser Perspektive als verbindende Eigenschaften zwischen Biologie und Kultur.[128]

Durch Beobachten, durch Messen und Zählen, durch graphische Aufzeichnungen und durch visualisierbare Befunde und schließlich durch eine ganze Palette von statistisch ermittelten Normwerten sind Gesundheit und Krankheit heute dem Anschein nach quantitativ nachprüfbar geworden. Gesundheit und Krankheit scheinen nicht mehr durch wertbezogene Hintergrundkonzepte definiert zu werden, sondern durch objektive Fakten: Wer einen Blutdruck von 145/90 mm Hg hat, gilt heute als nicht mehr gesund, wer einen Nüchternblutzucker von mehr als 126 mg/dl aufweist, erhält die Diagnose *Diabetes mellitus*, und wessen Serum-Cholesterinwert 290 mg/dl beträgt, der bekommt vielleicht schon bald einen Schlaganfall. Gesundheit und Krankheit wurden damit der Bestimmung durch den Betroffenen entzogen und gerieten in die alleinige Verfügbarkeit medizinischer Experten, die je nach den erhobenen Befunden ein subjekt- unabhängiges Urteil fällen.

Diese Veränderung der Diagnostik beziehungsweise der Zuschreibung von Diagnosen hat eine wichtige Konsequenz nach sich gezogen: Mithilfe der technischen Analyseverfahren der Laboratoriumsmedizin und neuerdings auch der Humangenetik ist es nicht mehr nur möglich, Gesundheit und Krankheit quantitativ gegen einander abzugrenzen, sondern man kann sogar Menschen, die subjektiv und physiologisch vollkommen unbeeinträchtigt leben, auf eine neuartige Weise als krankheitsgefährdet und damit als zumindest nicht mehr ganz gesund markieren. Was in den 1960er Jahren scheinbar harmlos mit dem internistischen Konzept der Risikofaktoren wie Blutdruck-, Blutzucker-, Cholesterin- oder Harnsäurewerten begann, heißt heute genetische Krankheitsdisposition oder gar (populär aber falsch) Krankheits-Gen. Der Versuch, Gesundheit und Krankheit an der linearen Abfolge der DNA fest zu machen, hat einen neuen Zweig der ärztlichen Prognostik hervor gebracht, der in den kommenden Jahren vermutlich weiter boomen dürfte: die *prädiktive Medizin*, die unser zukünftiges Krankheitsschicksal in Form eines individuellen statistischen Risikoprofils angibt.

128 Bauer (1997b); Rüegg/Rudolf (1998); Rüegg (2011).

Die Medizin der Zukunft wird sich nicht mehr nur mit denjenigen Menschen beschäftigen, die als Patienten – also als Leidende – zum Arzt kommen, sondern auch mit jenen potenziell Kranken, deren Genom eine oder mehrere Krankheits-Anlagen enthält. Mit anderen Worten: Im Sinne der prädiktiven Medizin dürfte es keinen Bürger mehr geben, der noch als gesund wird gelten können. Jeder Untersuchte wird zu einem potenziellen Patienten, der womöglich seinerseits nach maximaler präventiver Therapie verlangt. Dabei bemächtigt sich die prädiktive Medizin aber nicht nur der Erwachsenen und der Kinder, und sie liefert nicht nur Informationen über solche Menschen, die freiwillig zum Arzt gehen. Vielmehr können genetische Variationen oder Defekte auch schon bei Embryonen und Feten entdeckt werden, was nicht selten deren vorzeitigen Tod zur Folge hat: In Form der seit den 1970er Jahren praktizierten Pränataldiagnostik (PND) und neuerdings in Gestalt der seit dem Jahre 2011 auch in Deutschland im Prinzip erlaubten Präimplantationsdiagnostik (PID) hat sich eine Art genetischer „Qualitätskontrolle" etabliert, die zu einer eugenischen Selektion „von unten" führen wird, das heißt zu einer nicht vom Staat verordneten, sondern scheinbar individuell betriebenen Bekämpfung von Krankheit durch die medizinisch assistierte Tötung ungeborener Kranker, Behinderter, potenziell Kranker oder potenziell Behinderter.[129]

Der Gesundheitsbegriff innerhalb eines Medizinsystems, in dem Patienten zu anspruchsvollen Kunden, Ärzte zu eifrigen Dienstleistern und Krankenhäuser zu Profit-Centern werden, ändert sich auf nachhaltige Weise. Nicht mehr die individuellen Normen der Hippokratischen Ärzte und ihrer Patienten sind heute für die Vorstellung einer perfekten Gesundheit maßgebend, sondern die Erreichung eines optimierten Zustandes, der besser sein soll als der jeweils vorgefundene biologische Status. *Enhancement* heißt hier das aktuelle Schlagwort, das solche medizinischen Interventionen charakterisiert, die jenseits des klassischen Therapiespektrums angesiedelt sind. Dazu gehören chirurgische Eingriffe zur Verwirklichung kultureller oder individueller Schönheitsideale, pharmakologische Manipulationen zur Herstellung größerer Leistungsfähigkeit oder höherer Angepasstheit in Schule und Beruf, und vielleicht eben eines Tages gentechnische Interventionen zur Erzeugung bestimmter psychischer oder körperlicher Merkmale, die den Betroffenen näher an ein kulturell vermitteltes Idealbild heranführen.

Auch am Lebensende zeigt sich ein neues, furchterregendes Bild vom Menschen, das unter dem Stichwort *Humanität* geradezu deren Gegenteil zu fördern scheint. Nicht nur in Deutschland beobachten wir eine Tendenz, der zufolge das Selbstbestimmungsrecht von Patientinnen und Patienten in medizinethischen Debatten mit immer größerer Ausschließlichkeit gerade beim Sterben in den Vordergrund

129 Bauer (2002d).

rückt. Wenn die immer wieder eingeforderte „Autonomie" des Patienten zunehmend an die Stelle der Würde des Menschen zu treten scheint und schließlich zum alleinigen Maßstab ärztlichen Handelns wird, dann hat dies nichts mehr mit einem partnerschaftlich verstandenen Heilauftrag des Arztes zu tun, sondern vielmehr mit der leichtfertigen Preisgabe der zentralen Fürsorgepflicht für das Leben kranker Menschen.[130] Man gewinnt den Eindruck, dass Selbstbestimmung in der Medizin zu identifizieren sei mit einem moralischen Recht auf den selbst bestimmten Todeszeitpunkt. Eine solche Verkürzung der Selbstbestimmung auf Therapieabbruch, ärztliche Suizidassistenz oder gar eine legalisierte Tötung auf Verlangen käme jedoch einer Pervertierung dieses Begriffs gleich.

Bei aller Kritik an derartigen Entwicklungen muss uns jedoch klar sein, dass der Gesundheitsbegriff seiner Natur nach normativ ist, weshalb er im Lauf der Geschichte auf veränderte Wertvorstellungen flexibel reagierte und seine jeweiligen konkreten Bedeutungen wandelte. Gesundheit ist tatsächlich keine starre biologische, sondern eine im historischen Kontext sich verändernde soziale Kategorie, die auf gesellschaftliche Einflüsse sehr empfindlich reagiert.

Was ist der Mensch? Aporien der medizinischen Anthropologie

Die biowissenschaftlich fundierte Medizin der Gegenwart ist nicht gesundheitsorientiert, sondern sie agiert krankheitsbezogen, wobei die zunehmenden Möglichkeiten der Erkennung genetischer Krankheitsdispositionen dazu führen, dass sich immer mehr Menschen ängstigen und ärztlichen Beistand suchen, obwohl sie noch gar nicht von Symptomen betroffen sind.[131] Gleichzeitig wandelt sich die Medizin von einer karitativen sozialen Institution zu einer profitorientierten Wachstumsbranche, die Konsum fördernd und angeblich am Kunden, in Wirklichkeit am Profit orientiert arbeitet. Gesundheitliches *Enhancement* einschließlich chirurgischer Psychotherapie (etwa im Falle der operativen Behandlung von Transsexualität) soll die Berufs-, Liebes- und Lebenschancen der Menschen verbessern. Körperdesign ist ein Teil der Alltagskultur geworden. Und wo die Kunst der biologischen Körperverjüngung endgültig versagt, da ist möglichst rasches, als „autonom" deklariertes Sterben erwünscht.

130 Vgl. Geitner (2011).

131 Die prozedural bedingte epistemische Neukonstruktion des menschlichen Körpers in der klinischen Medizin beschreibt zum Beispiel Hirschauer (1996) am Beispiel einer Narkoseeinleitung durch den Anästhesisten.

„Gesundheit ist ein hohes Gut, aber sie ist keine Ware – Ärzte sind keine Anbieter, Patienten keine Kunden. Die medizinische Versorgung darf nicht auf eine Dienstleistung reduziert werden". Mit diesen eindringlichen Worten mahnte am 18. Mai 2004 der am Ende seiner Amtszeit stehende damalige Bundespräsident Johannes Rau (1931-2006) in der Eröffnungsrede zum 107. Deutschen Ärztetag in Bremen.[132] Gegenwärtig sieht es allerdings nicht so aus, als ob dem gesundheitspolitischen Vermächtnis des ehemaligen Staatsoberhauptes Gehör geschenkt würde. Im Rahmen einer Wirtschaftsordnung, die den freien Markt kritiklos favorisiert, ist es logisch konsequent, dass auch die normativen Konzepte von Gesundheit und Krankheit dem Kräftespiel von Angebot und Nachfrage angepasst werden. Die medizinische Anthropologie hat sich auf das Bild vom *Homo oeconomicus* reduziert. Es wäre eigentlich eine genuine Aufgabe gerade der beiden großen christlichen Konfessionen, in diesen Chor aus kommerziell gespeisten Interessen, die bisweilen unter der Maske der Menschenfreundlichkeit auftreten, nicht mit einzustimmen, sondern einen unüberhörbaren Kontrapunkt gegen sie zu setzen.

7 Möglichkeiten, Perspektiven und ethische Probleme der „High-Tech-Medizin"[133]

Zunächst einmal soll definiert werden, was im Folgenden mit *High-Tech-Medizin* gemeint ist. Es geht dabei um eine Medizin, die zunehmend von technischen Entwicklungen durchdrungen und beherrscht wird. Wer die moderne Medizin verstehen will, muss ihre Geräte kennen. High-Tech-Geräte verfügen über ein implementiertes Wissen, für das nicht allein Ärzte, sondern auch Informatiker, Ingenieure, Naturwissenschaftler und Repräsentanten der entsprechenden Industrieunternehmen verantwortlich zeichnen. Dabei sind es vor allem drei Schlüsseltechnologien, die hier wichtig werden: 1. die Biophysik einschließlich der Experimentellen Chirurgie, 2. die Molekularbiologie und 3. die Informatik. Den beiden zuerst genannten Bereichen soll im Folgenden unsere besondere Aufmerksamkeit gelten.

Die zunehmende Bedeutung der Biophysik und der Experimentellen Chirurgie für die Medizin des 20. und 21. Jahrhunderts lässt sich vom einfachen Röntgenge-

132 Rede von Bundespräsident Johannes Rau beim 107. Deutschen Ärztetag am 18. Mai 2004 in Bremen. http://www.bundespraesident.de/SharedDocs/Reden/DE/Johannes-Rau/Reden/2004/05/20040518_Rede.html (Stand: 24.4.2016).

133 Diesem Kapitel liegt ein Impulsreferat zur Podiumsdiskussion *Bioethik* in der Heidelberger Akademie für Ältere am 26. Juni 1995 zu Grunde.

rät und dem EKG über den Ultraschall und die Computertomographie bis hin zur modernen Positronen-Emissions-Tomographie (PET) im Bereich der Diagnostik beziehungsweise bis zur urologischen Laserbehandlung, der Titan-Hüft-Endoprothetik oder der Lebertransplantation im Bereich der Therapie eindrucksvoll dokumentieren. Die mit diesen und anderen Verfahren hinzugewonnenen Möglichkeiten liegen einerseits in einer präziseren Diagnostik, andererseits in einer zielgenaueren Therapie. Verglichen mit herkömmlichen Behandlungsmethoden entstehen allerdings – und hier beginnt bereits ein erhebliches medizinethisches Problem – zum Teil enorme Kosten: Im Jahre 1995 arbeiteten in der Bundesrepublik beispielsweise 12 Zentren, die einen Positronen-Emissions-Tomographen inklusive Radiopharmazie-Labor betrieben. Der Anschaffungspreis pro Einheit betrug rund 5 Millionen Euro. Ein Kunstherz kostete zu diesem Zeitpunkt etwa 150.000 Euro, eine Herztransplantation immerhin 50.000 Euro. Wer aber soll bestimmen, wann welche der begrenzten finanziellen Ressourcen wofür ausgegeben werden?

Noch wesentlich invasiver und in seinen langfristigen Folgen schwieriger einzuschätzen ist der Zugriff von Molekularbiologie und Gentechnologie auf den menschlichen Körper und dessen materielle wie seelische Integrität. Als paradigmatische Anwendungsfelder seien genannt einerseits die segensreiche gentechnologische Massenproduktion therapeutisch wichtiger Eiweißstoffe wie im Falle des Peptidhormons Insulin, andererseits die ethisch eher problembeladenen Themen Entschlüsselung des menschlichen Genoms, somatische Gentherapie und Keimbahntherapie. Das Ziel, bis zum Jahr 2000 das gesamte menschliche Erbmaterial zu sequenzieren, schien 1995 erreichbar. Damit – so glaubte man – würden gentherapeutische Eingriffe bei schweren Erbkrankheiten ebenso möglich wie eine umfassende vorgeburtliche genetische Untersuchung, durch die man sämtliche vererbten „Risikofaktoren" eines Menschen schon beim Embryo diagnostizieren könnte. Man sah schon zu diesem Zeitpunkt eine realistische Wahrscheinlichkeit dafür, dass Kinder mit „unerwünschten" Genen im 21. Jahrhundert gar nicht mehr zur Welt kommen würden.

Am Beispiel der *Chorea Huntington* soll dieses Problem nun illustriert werden. Diese schwere Nervenerkrankung bricht meist zwischen dem 30. und 50. Lebensjahr aus und endet nach einigen Jahren tödlich; vererbt wird sie autosomal-dominant durch eine Unregelmäßigkeit auf dem Chromosom Nr. 4. Wer das veränderte Gen hat, wird später mit praktisch absoluter Sicherheit auch krank. Wenn ein Elternteil die entsprechende Erbanlage aufweist, so beträgt das Erkrankungsrisiko eines Kindes 50 Prozent. Schon seit 1993 ließ sich durch einen Gentest lange vor Ausbruch der Erkrankung zweifelsfrei ermitteln, ob jemand Träger des erblichen Defekts ist oder nicht. Würde man erreichen, dass sämtliche Merkmalsträger auf

Nachkommen verzichten, so wäre diese Krankheit innerhalb einer einzigen Generation vollständig und vermutlich für immer verschwunden.

Es gibt Molekularbiologen, aber auch Laien, die solche Vorschläge ernsthaft diskutieren, obwohl ja die meisten späteren Patienten in der Regel zunächst mindestens 30 Jahre lang beschwerdefrei leben, länger als Millionen hungernder Menschen in Afrika, Asien oder Lateinamerika. Wird man ihr Dasein künftig als „nicht lebenswert“ einstufen, ähnlich wie es während des Nationalsozialismus schon einmal geschehen ist? Und wird man derartige Überlegungen nur bei so relativ seltenen Erbkrankheiten anstellen? Werden wir nicht eher alle damit rechnen müssen, dass unter unseren vielen Tausend Genen jeweils mehrere gefunden werden, die ein erhöhtes Risiko für Arteriosklerose, Rheuma oder Krebs darstellen? Es ist anzunehmen, dass es dahin kommen wird. Erneut könnte sich dann jene während des Nationalsozialismus verwirklichte Dystopie anbahnen, welche die Ausrottung von Krankheiten durch die Ausrottung kranker Menschen erreichen wollte. Hierzu wäre nicht einmal ein diktatorisches oder anderweitig autoritäres Staatssystem erforderlich, es genügte schon die westliche Ideologie des marktwirtschaftlichen Utilitarismus und das Streben nach maximaler Effizienz bei gleichzeitiger Kostenminimierung. In diesem von ökonomischen Interessen gesteuerten Denken taucht der einzelne Mensch hauptsächlich noch als „Humankapital“ auf, das es ertragreich anzulegen gilt. Wenn die molekularen Krankheitsfaktoren aufgeklärt sind – so hoffen die Befürworter – dann eröffnet sich der Weg in neue Strategien mit weitreichenden Möglichkeiten für die Vorbeugung, Erkennung und Behandlung von Krankheiten.

Doch auch hier bleibt Nüchternheit das Gebot der Stunde: Eine im April 1995 in Berlin abgehaltene Tagung geriet zur selbstkritischen Bestandsaufnahme der Genmediziner. Längst verflogen war damals unter den Experten die Hoffnung auf schnelle Erfolge im Kampf gegen Krebs, Morbus Alzheimer oder Erbkrankheiten. Kaum eine neue Technologie, so meinte der amerikanische Experte Inder Verma (*1947) aus San Diego (Kalifornien), habe bei so vielen Menschen „unrealistische Erwartungen erzeugt“ wie die Gentherapie. Speziell die Technik der Genübertragung in die Körperzellen von Patienten war noch nicht befriedigend entwickelt. Andererseits gab es die Überzeugung, dass um 2030 ein großer Prozentsatz gentherapeutischer Medikamente eingesetzt werden würde. Schon 1995 konnte eine amerikanische Arbeitsgruppe um Jeffrey Leiden (*1955) an der University of Chicago im Tierversuch mithilfe genmanipulierter Viren das krankhafte Wuchern von Gefäßmuskelzellen stoppen und auf diese Weise die Arteriosklerose bremsen. Dennoch stellte der deutsche Pharmakologe Detlev Ganten (*1941) schon zu diesem Zeitpunkt fest: „Die Gentherapie ist immer noch eine enttäuschend wenig wirksame Form der Behandlung“. Bislang sei kein Mensch geheilt worden. Das *Deutsche Ärz-*

teblatt vermutete in seiner Ausgabe vom 16. Juni 1995 handfeste finanzielle Motive hinter der großen Zahl von Studien zur Gentherapie: Fast alle der führenden Köpfe des Feldes arbeiteten mehr oder weniger offen mit Biotechnologie-Unternehmen zusammen oder besäßen sogar deren Aktien.[134]

Die bisher genannten Verfahren betreffen lediglich die Manipulation von Körperzellen eines einzelnen Individuums; die neu erzeugten Eigenschaften würden dabei jedoch nicht vererbt. Hereditäre Veränderungen des menschlichen Erbmaterials würden nur möglich durch direkte Eingriffe in die menschlichen Ei- beziehungsweise Samenzelle. Artikel 16 der Bioethik-Konvention des Europarats verbietet solche Manipulationen der Keimbahn zwar ausdrücklich, doch wird in der entsprechenden Erläuterung bereits angemerkt, dass dieses Verbot im Licht neuer wissenschaftlicher Erkenntnisse später einmal gelockert werden könnte. Keimbahneingriffe bedeuten im Extremfall eine evolutionäre Veränderung der menschlichen Spezies.

Hier muss die Frage gestellt werden, wer hier mit welchen Zielen welche Veränderungen vornehmen will. Wird man sich mit der vorgeblich menschenfreundlichen Korrektur erblicher „Krankheitsgene" begnügen, oder werden vielleicht gänzlich neue Eigenschaften herangezüchtet werden, die im Interesse der sicher zahlungskräftigen Auftraggeber liegen, wie zum Beispiel eine erhöhte Widerstandskraft gegen Umweltgifte bei bestimmten Arbeitnehmern oder ein erwünschtes psychisches Verhaltensmuster wie etwa Aggressionshemmung? Solche Szenarien erscheinen keineswegs als utopisch. Man muss vielmehr die Frage stellen, wie unsere Gesellschaft auf derartige Entwicklungen beizeiten politisch reagieren soll. Lediglich moralische Entrüstung zu zeigen, wird hier niemandem etwas nützen.

Schon am Ende des 19. Jahrhunderts gab es in der Medizin riskante Menschenversuche: Als der Entdecker des Tuberkelbakteriums, Robert Koch (1843-1910), im Jahre 1890 die Entdeckung von Substanzen bekanntgab, die angeblich „das Wachsthum der Tuberkelbacillen aufzuhalten im Stande" seien, wurde diese Mitteilung von der Presse weltweit zu der Sensationsmeldung hochgespielt, Koch habe endlich ein wirksames Behandlungsverfahren gegen die Tuberkulose gefunden. Scharen von Patienten strömten in den folgenden Monaten nach Berlin, um sich von den Ärzten das vermeintliche Wundermittel spritzen zu lassen. Was Koch aber in Wahrheit entwickelt hatte, war das *Tuberkulin*, eine Substanz, die später zwar als Diagnostikum, nicht jedoch als Heilmittel berühmt wurde. Die auf jene anfängliche Euphorie alsbald folgende Ernüchterung und Enttäuschung führte im Mai 1891 sogar im Preußischen Abgeordnetenhaus zu einer Debatte über das Tuberkulin. Gleichwohl genehmigte das Parlament damals die Finanzmittel für das neue Institut für Infektionskrankheiten, dessen Direktor Robert Koch wurde.

134 Koch (1995), S. A1752.

Weniger glücklich endete kurz darauf der Fall des Ärztlichen Direktors der Breslauer Hautklinik, Albert Neisser (1855-1916), der 1892 eine angebliche Schutzimpfung gegen die Syphilis an 8 gesunden jungen Mädchen getestet hatte. Wider Erwarten erkrankten in der Folge 4 Mädchen an Syphilis, von einem Impfschutz konnte also keine Rede sein. Neissers Versuche wurden zweimal im Preußischen Abgeordnetenhaus erörtert, sie bildeten außerdem den Anlass für ein Ermittlungsverfahren gegen den Klinikdirektor, das allerdings 1899 wegen Verjährung eingestellt werden musste. Im anschließenden Disziplinarverfahren erhielt Neisser einen Verweis und musste eine Geldbuße entrichten, weil er seine Versuche ohne die Zustimmung der Patientinnen durchgeführt hatte.

Sowohl im Fall des Koch'schen Tuberkulins als auch im Fall Neisser waren Zwischenergebnisse der Grundlagenforschung voreilig in klinische Anwendungen überführt worden; erst Menschenversuche hatten die Unrichtigkeit der wissenschaftlichen Annahmen bewiesen. Übersteigerter Ehrgeiz der beteiligten Wissenschaftler sowie der von Politikern und Öffentlichkeit angeheizte Erfolgsdruck, der messbare praktische Leistungen der teuren Forschung notwendig erscheinen ließ, brachten durch solche Fehlschläge schon damals pauschal die naturwissenschaftliche Medizin in Verruf.[135]

Knapp fünfzig Jahre später waren es dann hochrangige Ärzte der SS, die während des Nationalsozialismus in deutschen Konzentrationslagern an wehrlosen Häftlingen grausame Humanexperimente durchführten, die als „kriegswichtige Forschung" galten: Die Unterdruck- und Unterkühlungsversuche, Versuche zur Trinkbarmachung von Meerwasser, Fleckfieber-Impfstoff-Versuche, Knochentransplantationsversuche und Experimente mit bakteriellen Keimen gehören ohne Zweifel zu den schlimmsten Verbrechen, die von Ärzten jemals begangen worden sind.

Die Chancen, aber auch die Gefahren der heutigen und der künftigen biotechnischen Medizin sind indes unvergleichlich größer als vor 75 oder gar vor 125 Jahren, und sie werden mit hoher Wahrscheinlichkeit zum Einsatz kommen, weil dies in der Logik der Wissenschaft und gewinnorientierter ökonomischer Interessen liegt. Entscheidend werden hier der gesellschaftliche Konsens und die jeweils dominanten politischen Ziele sein.

Wir haben uns inzwischen weit von jenem beschaulich-individualistischen Bild der Medizin entfernt, das der griechische Arzt Hippokrates (460-377 v. Chr.) vor 2400 Jahren noch vor Augen hatte, als er schrieb: „Unsere Kunst umfasst dreierlei: die Krankheit, den Kranken und den Arzt. Der Arzt ist der Diener der Kunst. Der Kranke muss gemeinsam mit dem Arzt der Krankheit widerstehen" (Epidemien I, 11). Die Kunst, griechisch *Téchne*, hat in Form der hier beschriebenen Technolo-

135 Bauer (1989a).

gien inzwischen gigantische Dimensionen angenommen, und der Arzt steht heute in der Gefahr, tatsächlich zum Diener der Technik zu werden, auf einem Schiff, dessen Kurs für ihn und die meisten von uns im Dunkeln liegt.

8 Stecken wir in einer Globalisierungsfalle? Medizinischer Fortschritt, Bioethik und Biopolitik im europäischen Kontext[136]

Konrad Adenauer und die Idee einer europäischen Union

Die folgenden Überlegungen zur Bioethik und Biopolitik in der globalisierten Welt sollen mit einem Exkurs in die Frühgeschichte der bundesdeutschen Außenpolitik beginnen. Es geht dabei um den ersten Zusammenschluss europäischer Staaten zu einer ständigen politischen Institution, nämlich den Europarat. Am 3. August 1949 waren die von zehn europäischen Staaten – Belgien, Dänemark, Frankreich, Großbritannien, Irland, Italien, Luxemburg, Niederlande, Norwegen und Schweden – unterzeichneten Statuten des Europarates in Kraft getreten. Sie nannten als Ziel die Erreichung einer größeren politischen Einheit zur Verwirklichung der Ideale und Grundsätze des gemeinsamen europäischen Erbes und die Förderung des wirtschaftlichen und sozialen Fortschritts.[137]

Bereits im Frühsommer 1950 setzte sich Bundeskanzler Konrad Adenauer (1876-1967) für einen Beitritt der Bundesrepublik Deutschland in den Europarat ein. Am 13. Juni 1950 gab Adenauer vor dem Deutschen Bundestag eine Regierungserklärung ab, der eine Debatte und eine Abstimmung folgten.[138] Die SPD hatte auf ihrem Hamburger Parteitag im Mai 1950 eine ablehnende Haltung zum Beitritt der Bundesrepublik in den Europarat signalisiert. Dem Bundeskanzler lag aber daran, auch die SPD-Fraktion für eine Zustimmung zum Antrag der Bundesregierung zu gewinnen.[139] Adenauer konnte sich sogar auf den belgischen Sozialisten Paul Henri Spaak (1899-1972) berufen, der von 1947 bis 1949 Ministerpräsident seines Landes

---

136 Bei diesem Kapitel handelt es sich um die aktualisierte Version eines Vortrags, der im Rahmen der Bildungsreise *Nationale Identität im Zeitalter der Globalisierung* des Bildungswerks Mainz der Konrad-Adenauer-Stiftung am 6. Juni 2002 in Cadenabbia am Comer See gehalten wurde.

137 Adenauer (1965), S. 317.

138 Adenauer (1965), S. 337.

139 Adenauer (1965), S. 339.

gewesen war und der nun den Internationalen Rat der Europäischen Bewegung leitete. Am 11. Juni 1950, also zwei Tage vor Adenauers Regierungserklärung, hatte Spaak in Dortmund auf einer Großkundgebung gesagt, Europa habe seit Jahren von der Wohltätigkeit Amerikas gelebt. Damit aber könne man keine europäische Politik treiben. Europa gehe auf lange Sicht gesehen dem Untergang entgegen, wenn es nicht die Chance der europäischen Zusammenarbeit ergreife. Deutschland müsse eine Rolle in diesem „europäischen Konzert“ spielen. Es wäre, so Spaak weiter, ein schwerer Schlag für den Europagedanken, wenn Deutschland dem Europarat nicht beiträte. An die deutschen Sozialdemokraten stellte der belgische Sozialist die Frage: „Wie wollt ihr denn das Europaproblem und vor allem die Frage des Deutschen Ostens lösen, wenn ihr außerhalb Europas steht?“ Ein deutscher Beitritt bedeute weder den Verzicht auf das Saarland noch auf die Gebiete östlich von Oder und Neiße.[140] Das aber waren tatsächlich die Befürchtungen der SPD.

Am Schluss seiner Regierungserklärung wies Konrad Adenauer eindringlich auf die Bedeutung der anstehenden Bundestagsentscheidung hin: Das Ziel der Bundesregierung auf außenpolitischem Gebiet sei von Anfang an gewesen, Deutschland gleich berechtigt und gleich verpflichtet in die Gemeinschaft der Völker einzuführen. Dieser Weg sei deshalb besonders schwer, weil es in Folge der Spannungen zwischen den beiden großen Mächtegruppen bis dato noch nicht zu einer Friedensregelung kommen konnte. Es sei trotzdem gelungen, wesentliche Etappen auf diesem Wege zu erreichen. Der Europarat sei ein erster Versuch, Westeuropa zu einer Föderation zusammenzufassen. Alle seien sich darüber klar, dass der Versuch, eine europäische Föderation herbeizuführen, gescheitert sei, wenn sich die Bundesrepublik nicht am Europarat beteilige. Eine Zusammenfassung der europäischen Länder sei absolut notwendig. Nur so werde Westeuropa befähigt, dem „Druck vom Osten her“ Widerstand zu leisten.[141] Am 15. Juni 1950 erfolgte die Abstimmung über das Gesetz zum Beitritt der Bundesrepublik Deutschland in den Europarat. Die Abgeordneten der CDU/CSU, der FDP und der DP stimmten mit Ja. Die Abgeordneten der SPD und der KPD stimmten mit Nein. Das Gesetz wurde mit 220 gegen 152 Stimmen angenommen.[142]

Konrad Adenauer war bekanntlich ein nüchterner, nicht zu pathetischer Schwärmerei neigender Realpolitiker. Auch die Frage des Beitritts der Bundesrepublik zum Europarat hatte für ihn zunächst einen realpolitischen Aspekt im Hinblick auf die Außenpolitik. Die strikte Westintegration der jungen und noch keineswegs

140 Kölnische Rundschau vom 12.6.1950 sowie Meldungen von AP, dpa und UPI, zitiert nach Adenauer (1965), S. 339-340.

141 Adenauer (1965), S. 340.

142 Adenauer (1965), S. 340.

stabilen deutschen Nachkriegsdemokratie sollte die Bundesrepublik zum verlässlichen Partner einer starken internationalen Gemeinschaft machen, die sich gegen den sowjetischen Kommunismus abzugrenzen wusste. Zugleich stand aber für den Bundeskanzler hinter dem Europagedanken von Anfang an mehr als nur die pragmatische Zielvorstellung, die Bundesrepublik müsse sich in der Westintegration bewähren, um auf diese Weise allmählich wieder in den Kreis der souveränen Nationen als ein gleichberechtigtes Mitglied eintreten zu dürfen. Der von Adenauer erhoffte politische Widerstand gegen den „Druck vom Osten" konnte sich dauerhaft und nachhaltig nur dann entfalten, wenn es gelingen würde, den demokratischen Westen Europas als eine geistige und moralische Einheit zu präsentieren, die über genügend intellektuelle Strahlkraft und emotionale Integrationsfähigkeit verfügen musste, um der kollektivistischen Ideologie des Kommunismus eine freiheitliche Alternative gegenüberstellen zu können, in welcher der Staatsbürger als menschliches Individuum die zentrale Rolle spielen sollte.

Dieses doppelte Ziel der Europapolitik beschrieb Adenauer am 8. April 1953 während seiner ersten Reise in die USA bei einem ihm zu Ehren gegebenen Frühstück im Washingtoner *National Press Club*. Hier legte der Bundeskanzler vor den Vertretern der amerikanischen Presse seine Gedanken über die Lage der Bundesrepublik Deutschland und über die allgemeine Weltsituation dar. Mit Blick auf die europäische Einigung sagte er dabei wörtlich: „Die Entwicklung hin zu einer europäischen Union ist nicht nur wegen der aus dem Osten drohenden Gefahr notwendig, ich halte die europäische Union auch deswegen für gut und wünschenswert, weil sie neue schöpferische Kräfte, die noch durch unser Erbe an Furcht und Mißtrauen gehemmt sind, freimachen wird. Die europäische Union wird den Weg ebnen zu einer produktiven kulturellen Entwicklung, zu einem sozialen Wohlergehen für alle und für eine dauernde Gewähr von Frieden und Freiheit."[143]

Auch heute sind diese Worte des ersten Bundeskanzlers noch immer richtig, wenngleich sie einer adäquaten Fortschreibung für die Gegenwart bedürfen. Seit dem wirtschaftlichen und politischen Zusammenbruch des Kommunismus am Ende der 1980er Jahre und der dadurch erst möglich gewordenen Vollendung der deutschen Einheit im Herbst 1990 steht aus dem von Adenauer so bezeichneten „Osten" derzeit keine politische Bedrohung zu befürchten. Umso mehr wäre jetzt eigentlich die Zeit gekommen, um die von ihm angesprochenen „schöpferischen Kräfte" in und für Europa freizusetzen. Doch gerade angesichts der nunmehr fehlenden kommunistischen Drohkulisse scheinen diese kreativen Impulse eher zu erlahmen anstatt sich zu entfalten. Die europäische Einigung wird inzwischen von nicht wenigen Bürgerinnen und Bürgern eher als eine lästige Pflicht denn

143 Adenauer (1965), S. 582 und S. 584.

als eine politische Herzensangelegenheit empfunden. Nicht selten wird sogar die Befürchtung artikuliert, unser Land könnte – gleichsam als unerwünschte Nebenfolge einer verstärkten europäischen Integration im Verbund mit einer weltweit vernetzten Ökonomie – in eine Art „Globalisierungsfalle" geraten, wobei jedwede landesspezifische Besonderheit nivelliert und durch eine von Brüssel oder Straßburg aus gelenkte „Eurokratie" ersetzt werden würde. Auch im Bereich der Bioethik und der neuerdings sogenannten Biopolitik wird immer öfter die Frage aufgeworfen, ob es im Zeitalter der Globalisierung denn überhaupt noch möglich sein werde, nationale Identität und kulturelle Spezifität im Hinblick auf die Konzeption moralischer Normen zu bewahren. Anschauliche Beispiele für diese Zweifel lieferten mehrere biopolitische Streitfragen zu Beginn der 2000er Jahre in ausreichender Zahl. Es seien vier Themenkomplexe genannt, die im Jahre 2002 eine Rolle spielten:

1. Der Disput über das Menschenrechtsübereinkommen des Europarates zur Biomedizin (MRB) einschließlich des Entwurfs eines Zusatzprotokolls über biomedizinische Forschung.
2. Die damals nicht erfolgte Umsetzung der EU-Biopatentrichtlinie in deutsches Recht.
3. Die ethische und rechtliche Diskussion über Herstellung und Import menschlicher embryonaler Stammzellen sowie über das sogenannte therapeutische Klonen.
4. Der Streit um die ethische und verfassungsrechtliche Vertretbarkeit der Präimplantationsdiagnostik (PID).

Im Folgenden sollen die hier aufgezählten Problemkreise im Einzelnen erläutert werden, wobei die Leitfrage nach den Bedingungen der Möglichkeit nationaler Identität in der Ära biopolitischer Globalisierung zu bedenken ist.

Das Menschenrechtsübereinkommen des Europarates zur Biomedizin (MRB)

Betrachten wir zunächst das Menschenrechtsübereinkommen des Europarates zur Biomedizin (MRB), das am 26. September 1996 von der Parlamentarischen Versammlung des Europarates mit großer Mehrheit gebilligt und am 19. November 1996 vom Ministerkomitee des Europarates einmütig verabschiedet worden war.[144] Am

144 Deutsche Übersetzung: *Übereinkommen zum Schutz der Menschenrechte und der Menschenwürde im Hinblick auf die Anwendung von Biologie und Medizin*. Offizieller englischer Titel: *Convention for the Protection of Human Rights and Dignity of the*

4. April 1997 wurde der Text im spanischen Oviedo zur Unterschrift aufgelegt. Bis Juni 2002 hatten 30 der 43 Mitgliedsstaaten des Europarates das MRB unterzeichnet, darunter 10 der 15 Staaten der Europäischen Gemeinschaft. Die Bundesrepublik Deutschland gehörte nicht zu den Unterzeichnerinnen.[145] Das MRB war nämlich in Deutschland zunächst heftig umstritten, und die in dieser Kontroverse zum Ausdruck kommenden Unterschiede in seiner Bewertung konnten nicht aufgelöst werden. Vor allem befürchteten die Gegner eines deutschen Beitritts zum MRB, dass dieser Schritt für das deutsche Recht erhebliche Rückschritte im Schutz von Patienten und Probanden bei medizinischen Versuchen zur Folge haben würde.

Bei näherem Zusehen zeigt sich allerdings, dass diese Befürchtungen weitgehend unbegründet waren. Man kann sogar eher die gegenteilige Auffassung vertreten: Durch den Beitritt zum Übereinkommen hätte sich die rechtliche Situation in Deutschland zum Teil sogar verbessert.[146] Das MRB sollte schließlich nur einen rechtlichen Mindestschutz gewährleisten. Die Mitgliedsstaaten des Europarates werden nicht daran gehindert, das Schutzniveau für ihren nationalen Bereich höher als im Übereinkommen anzusetzen. Die Vertragsstaaten dürfen nach Artikel 27 ausdrücklich einen über das MRB hinausgehenden Schutz gewähren. Damit eine Sogwirkung nicht möglich ist, enthält Artikel 27 einen Auslegungsimperativ. Danach darf das Übereinkommen nicht so interpretiert werden, als beschränke oder beeinträchtige es die Möglichkeit einer Vertragspartei, einen weiter gehenden Schutz zu gewähren.

Im Übrigen festigt das MRB durch verschiedene Vorschriften deutlich jenes Schutzniveau, das durch andere Regelwerke begründet wird. Nach Artikel 4 muss zum Beispiel jede Intervention im Gesundheitsbereich einschließlich der Forschung nach den einschlägigen Rechtsvorschriften, Berufspflichten und Verhaltensregeln erfolgen. Damit wird auf konkurrierende Regeln des nationalen und internationalen Berufs- und Standesrechts einschließlich berufsethischer Regeln verwiesen. Es wird ihnen faktisch immer dann der Vorrang vor dem Übereinkommen eingeräumt, wenn sie einen weiter gehenden Schutz der Patienten beziehungsweise Probanden gewähren. Damit werden zum Beispiel auch die internationalen Deklarationen des Weltärztebundes zum Bestandteil des Mindestschutzniveaus gemacht, sofern sie nicht hinter dem Schutz zurückbleiben, den das Übereinkommen selbst gewährt.

Es ist viel kritisiert worden, das MRB lasse zu viele Fragen ungeregelt und bleibe bei den geregelten Fragen zu unbestimmt. Dazu ist aber auf die unterschiedliche

---

Human Being with regard to the Application of Biology and Medicine: Convention on Human Rights and Biomedicine. Siehe dazu Council of Europe (1997).

145 Taupitz (2002), S. 1.

146 Taupitz (1998).

Gesetzgebungstechnik in den einzelnen Ländern hinzuweisen. Vor allem im englischen Recht wird traditionell nicht umfassend und abstrakt kodifiziert, sondern punktuell, auf den Einzelfall bezogen und fragmentarisch. Demgegenüber ist das kontinentaleuropäische Recht stärker vom Bedürfnis nach Vollständigkeit und abstrakter Regelbildung geprägt. Ein internationales Übereinkommen musste diesen Unterschieden Rechnung tragen. Erhebliche Teile der Unbestimmtheit des Abkommens sind zudem durch die Technik der Rahmenkonvention mit Zusatzprotokollen bedingt. Diese Technik ist völkerrechtlich üblich. Man beschränkt sich zunächst auf relativ abstrakt gefasste Dachnormen, die erst später durch separat zu ratifizierende Protokolle mit festen Regeln präzisiert werden. In diesen Zusatzprotokollen fallen dann häufig erst die eigentlich wichtigen Entscheidungen. Ein Staat kann ein solches Zusatzprotokoll aber nur dann unterzeichnen, wenn er zuvor auch das Übereinkommen selbst unterschrieben und ratifiziert hat.

Deshalb konnte Deutschland auch dem bereits vereinbarten Zusatzprotokoll über das Verbot des Klonens von menschlichen Lebewesen nicht beitreten. Am 12. Januar 1998 beschloss der Europarat nämlich in Paris ein Verbot des reproduktiven Klonens von Menschen. 19 der 40 Mitgliedsländer unterzeichneten an diesem Tag ein Protokoll, das als erstes international verbindliches Rechtsdokument jede Intervention untersagte, die darauf abzielt, ein menschliches Wesen zu schaffen, das mit einem anderen menschlichen Wesen, sei es lebendig oder tot, genetisch identisch ist.[147] Das Protokoll verpflichtet die Unterzeichnerstaaten, ein Klonverbot in ihre nationale Gesetzgebung aufzunehmen. Die Instrumentalisierung durch die gezielte Schaffung genetisch identischer Menschen sei der Menschenwürde entgegengesetzt und bedeute somit einen Missbrauch von Biologie und Medizin. Außerdem gelte es, die ernsthaften Schwierigkeiten medizinischer, psychologischer und sozialer Art zu bedenken, die eine solche gezielte biomedizinische Praxis für alle betroffenen Individuen bedeuten könnte.[148] Die Bundesrepublik Deutschland, Österreich und die Schweiz konnten den Text jedoch nicht unterzeichnen, weil sie das MRB, das durch das Protokoll ergänzt wurde, nicht unterschrieben hatten.[149] Der damalige französische Staatspräsident Jacques Chirac (*1932) unterstrich die Notwendigkeit, bei ethischen Fragen weltweit zusammenzuarbeiten: „Es nützt nichts,

147 Additional Protocol, Article 1, 1. Council of Europe (1998).

148 Additional Protocol, Einleitung: "Considering however that the instrumentalisation of human beings through the deliberate creation of genetically identical human beings is contrary to human dignity and thus constitutes a misuse of biology and medicine; considering also the serious difficulties of a medical, psychological and social nature that such a deliberate biomedical practice might imply for all the individuals involved". Council of Europe (1998).

149 Zur Problematik des gesamten Abkommens vgl. Taupitz (1998).

bestimmte Praktiken in einem Land zu verbieten, wenn die Forscher und Mediziner sie anderswo weiter entwickeln können", sagte er zur Eröffnung der Konferenz der nationalen Ethik-Komitees der Länder des Europarates in der französischen Hauptstadt.[150] Chirac bezog sich dabei auf den amerikanischen Physiker Richard Seed (*1928), der kurz zuvor angekündigt hatte, Menschen reproduktiv klonen zu wollen. Heute – mehr als anderthalb Jahrzehnte später – weiß man, dass Seed nur ein Glücksritter auf dem medialen Schlachtfeld der Eitelkeiten war.

Zu den umstrittensten Regelungen des MRB gehörten die Bestimmungen zum Schutz nicht einwilligungsfähiger Patienten und Probanden bei wissenschaftlicher Forschung (Artikel 6 und 17). Das MRB lässt unter Einhaltung strenger Schutzbestimmungen die Einbeziehung nicht einwilligungsfähiger Personen auch in Forschungsvorhaben zu, die für den Betroffenen keinen unmittelbaren Vorteil erwarten lassen, wenn sich ein Vorteil für andere Personen gleichen Alters oder mit gleicher Krankheit erwarten lässt („fremdnützige" Forschung). Nicht richtig ist die Argumentation, das Schutzniveau des Übereinkommens bezüglich der Forschung mit Nicht-Einwilligungsfähigen liege in jeder Hinsicht unter dem deutschen Standard. Denn nach dem deutschen Arzneimittelgesetz und nach dem Medizinproduktegesetz ist (abgesehen von Heilversuchen) unter bestimmten Voraussetzungen auch klinische Forschung an gesunden Minderjährigen zulässig, soweit es um die Prüfung von Diagnostika und Prophylaktika geht.

Das Schutzniveau im deutschen Recht war hier in mehrfacher Hinsicht niedriger: Eine mit Artikel 17 Absatz 2 Unterpunkt ii MRB vergleichbare Beschränkung auf Forschungsuntersuchungen mit „minimalem Risiko und minimaler Belastung" für den Probanden fand sich in den deutschen Vorschriften nicht. Das deutsche Recht verlangte 2002 auch keine „wesentliche Erweiterung des wissenschaftlichen Verständnisses", sondern begnügte sich vielmehr mit einer „vertretbaren Risiko-Nutzen-Abwägung."[151] Der Wille eines Minderjährigen wurde im deutschen Recht nur dann berücksichtigt, wenn dieser in der Lage war, Wesen, Bedeutung und Tragweite der klinischen Prüfung einzusehen und seinen Willen hiernach zu bestimmen; (nur) in einem solchen Fall wäre auch seine schriftliche Einwilligung erforderlich. Demgegenüber wäre nach Artikel 17 Absatz 1 Unterpunkt v MRB eine Ablehnung der betroffenen Person stets zu beachten.

---

150 Das Zusatzprotokoll zur Europäischen Bioethik-Konvention über das Verbot des Klonens menschlicher Lebewesen trat am 1.3.2001 völkerrechtlich in Kraft, nachdem es von 24 Ländern unterzeichnet und von 5 Länderparlamenten (Spanien, Griechenland, Georgien, Slowenien, Slowakei) ratifiziert worden war.

151 Artikel 17 Absatz 2 Unterpunkt i MRB. Council of Europe (1997).

Hinzu kommt, dass in Deutschland nicht jedes Forschungsvorhaben am Menschen spezialgesetzlichen Schutzbestimmungen unterliegt. Klinische Forschung wird auch außerhalb des Anwendungsbereichs des Arzneimittelgesetzes und des Medizinproduktegesetzes vorgenommen. Die rechtliche Beurteilung derartiger Forschung ist nach wie vor unklar und in höchstem Maße umstritten. Gerade hier hätte deshalb das Übereinkommen dazu beitragen können, auch in Deutschland klare Schutzstandards zu schaffen. Wie stimulierend dabei schon die Diskussion über das Abkommen wirkte, ergibt sich daraus, dass vonseiten der Zentralen Ethikkommission bei der Bundesärztekammer (ZEKO) am 11. April 1997, nur eine Woche nach der Unterzeichnung des Menschenrechtsübereinkommens in Oviedo, erstmals für Deutschland allgemeine Mindestschutzregeln speziell zur Forschung an Nicht-Einwilligungsfähigen formuliert und im *Deutschen Ärzteblatt* veröffentlicht wurden.[152] Diese Regeln stimmten in den wesentlichen Punkten mit den Regeln des MRB überein.

Auch in anderen Bereichen würde die Konvention eine Anpassung des deutschen Rechts im Sinne einer Präzisierung und Anhebung des Schutzniveaus erfordern. Eine im Vergleich zum deutschen Recht schärfere Regelung enthält zum Beispiel Artikel 22 MRB: „Wird bei einer Intervention ein Teil des menschlichen Körpers entnommen, so darf er nur zu dem Zweck aufbewahrt und verwendet werden, zu dem er entnommen worden ist; jede andere Verwendung setzt angemessene Informations- und Einwilligungsverfahren voraus." Eine derartige Regel fehlte im deutschen Recht. Die von Artikel 22 geregelte Problematik wurde von den deutschen Körperverletzungstatbeständen des Straf- und Zivilrechts lediglich dann erfasst, wenn die Einwilligung zur Entnahme erschlichen würde. Ein der Entnahme folgender Entschluss, die Substanz nun doch noch anderweitig zu verwenden, wirkte auf die Entnahme der Substanz und die dazu gegebene Einwilligung dagegen nicht zurück.[153] Unter diesem Blickwinkel hätte Artikel 22 MRB in Deutschland für größere Klarheit gesorgt.

In § 17 des Transplantationsgesetzes (TPG) vom 5. November 1997 hatte sich der deutsche Gesetzgeber erstmals ausdrücklich mit der Frage befasst, ob der menschliche Körper und seine Teile als solche zur Erzielung eines finanziellen Gewinns verwendet werden dürfen. Nach § 17 TPG ist es verboten, mit Organen, die einer Heilbehandlung zu dienen bestimmt sind, Handel zu treiben. Über den relativ engen Anwendungsbereich des Transplantationsgesetzes hinaus verbietet Artikel 21 MRB generell, den menschlichen Körper und seine Teile zur Erzielung

152 Vgl. die Stellungnahme der Zentralen Ethikkommission bei der Bundesärztekammer (1997).

153 Taupitz (1998).

eines finanziellen Gewinns zu verwenden. Das Abkommen führt damit über das deutsche Recht hinaus.

Am 18. Juli 2001 hatte der Lenkungsausschuss für Bioethik des Europarates den Entwurf eines weiteren Zusatzprotokolls zum MRB über biomedizinische Forschung erstellt und zusammen mit dem Entwurf eines erläuternden Berichts mit Datum vom 31. August 2001 zur öffentlichen Diskussion in den Mitgliedsstaaten frei gegeben.[154] Auch dieses Zusatzprotokoll konnte von der Bundesrepublik nicht unterzeichnet werden. Immerhin ließ das Bundesministerium für Bildung und Forschung (BMBF) durch den Mannheimer Juristen Jochen Taupitz (*1953) ein ausführliches Gutachten erstellen, das den Entwurf des Forschungsprotokolls einer kritischen Würdigung hinsichtlich seiner Vereinbarkeit mit dem deutschen und europäischen Recht sowie mit dem Völkerrecht unterzog. Wenngleich der Gutachter zu dem Ergebnis kam, dass der Entwurf in mehrfacher Hinsicht modifizierungsbedürftig sei, so wurde dennoch auch die deutsche Binnendiskussion über die adäquaten rechtsethischen Rahmenbedingungen für medizinische Forschung durch die Auseinandersetzung mit dem vorgeschlagenen internationalen Regelwerk in wünschenswertem Sinne angeregt.

Die Biopatentrichtlinie der EU und das deutsche Biopatentgesetz

Ein weiteres Thema wurde seit dem Jahr 2000 in Deutschland kontrovers diskutiert, nämlich die Umsetzung der EU-Biopatentrichtlinie 98/44/EG vom 6. Juli 1998 in ein deutsches Gesetz. Die Bemühungen, die Patentierung von biologischen Stoffen und biowissenschaftlichen Erkenntnissen gesetzlich zu regeln, scheiterten damals an Unstimmigkeiten innerhalb der rot-grünen Bundesregierung. Das Thema war besonders bei den Wählern der Grünen sehr unpopulär.[155] Vertreter der Biotechnologie-Unternehmen forderten hingegen, die zugrunde liegende EU-Richtlinie rasch in deutsches Recht umzusetzen, um deutschen Forschern und Unternehmen Rechtssicherheit zu geben und die umfassende und einheitliche Patentierung biologischer Stoffe und wissenschaftlicher Erkenntnisse zu gewährleisten. Die damalige Bundesjustizministerin Herta Däubler-Gmelin (*1943) galt als Fürsprecherin einer raschen Umsetzung. Allerdings gab es auch Kritik vonseiten der Wirtschaft und der Wissenschaft an der EU-Richtlinie und dem geplanten deutschen Biopatentgesetz. So wurde bemängelt, dass der Patentschutz zu weit gehe, sobald ein Forscher eine

154 Taupitz (2002), S. 2.

155 Vgl. hier und im Folgenden Biopatentgesetz (2002).

einzelne Genfunktion entdeckt hätte. Das Patent würde sich nämlich nicht nur auf die konkrete Erfindung beziehen, sondern auf alle Genfunktionen, die später noch entdeckt werden. Darin könnte eine unzulässige Monopolisierung der genetischen Information liegen.[156]

Die Schwierigkeiten mit der Umsetzung der EU-Biopatentrichtlinie in nationales Recht beschränkten sich aber nicht auf Deutschland. Auch in Frankreich gab es dieses Problem. Dort hatte die sozialistische Regierung grundsätzliche Bedenken gegen die Biopatentierung und gegen einen umfassenden Stoffschutz geltend gemacht. Der beim damaligen Präsidenten Jacques Chirac angesiedelte Nationale Ethikrat setzte sich ebenfalls kritisch mit der EU-Richtlinie auseinander. Trotz dieser in Deutschland wie Frankreich weiter offenen bioethischen Debatte gewährte jedoch das Europäische Patentamt in München Patentschutz. Das Amt entschied nämlich auf der Grundlage der EU-Richtlinie, da es nicht an nationale Gesetze gebunden war. So bestand tatsächlich die Gefahr, dass über das Europäische Patentamt länderspezifische Standards in der Bioethik ausgehöhlt und zur Makulatur gemacht würden. Der populäre Satz, in der globalisierten Gesellschaft werde die Ethik von der „Monetik" dominiert, erhielt auf diese Weise eine gewisse Plausibilität.

Menschliche embryonale Stammzellen und „therapeutisches" Klonen

Im Jahr 2001 wurde in Deutschland eine heftige Debatte um die ethische und rechtliche Vertretbarkeit des Imports von menschlichen embryonalen Stammzellen nach Deutschland zu Forschungszwecken geführt, die schließlich am 30. Januar 2002 ihren parlamentarischen Höhepunkt in einer Bundestagsdebatte fand. Am 25. April 2002 verabschiedete der Deutsche Bundestag schließlich in Dritter Lesung das von einer interfraktionellen Arbeitsgruppe um die Abgeordneten Maria Böhmer (CDU), Andrea Fischer (Bündnis 90/Die Grünen) und Margot von Renesse (SPD) eingebrachte Stammzellgesetz (StZG), das die Einfuhr von humanen embryonalen Stammzellen zu Forschungszwecken nur in wenigen Ausnahmefällen gestattete. Die menschlichen embryonalen Stammzellen mussten demnach in Übereinstimmung mit der Rechtslage im Herkunftsland dort vor dem 1. Januar 2002 aus solchen Embryonen gewonnen worden sein, die im Wege der medizinisch unterstützten extrakorporalen Befruchtung zum Zwecke der Herbeiführung einer Schwangerschaft erzeugt worden waren, die aber endgültig nicht mehr für diesen

156 Das deutsche Biopatentgesetz (BioPatG) wurde erst am 21. Januar 2005 mit vierjähriger Verspätung erlassen. Siehe dazu Wernscheid (2012), S. 265.

Zweck eingesetzt wurden. Es durften dabei keine Anhaltspunkte dafür vorliegen, dass dies aus Gründen erfolgte, die in den Embryonen selbst lagen. Außerdem durfte für die Überlassung der Embryonen zur Stammzellgewinnung kein Entgelt oder sonstiger geldwerter Vorteil gewährt oder versprochen worden sein.[157]

Als Mitglied des im Juni 2001 eingesetzten Beirates *Bio- und Gentechnologie* der CDU/CSU-Bundestagsfraktion konnte der Verfasser an der intensiven ethischen und rechtlichen Diskussion teilnehmen, die seit dem Sommer 2001 zur Vorbereitung dieses Gesetzes geführt wurde. Im Kern ging es dabei stets um die Frage nach dem normativen Status, der dem frühen Embryo in ethischer wie in rechtlicher Hinsicht zukommt: Handelt es sich bei ihm bloß um einen „Zellhaufen", mit dem man nach Belieben verfahren kann, oder besitzt der Embryo konträr dazu womöglich „Personalität", was seine Verzweckung mit Sicherheit ausschlösse? Zwischen diesen beiden Polen bewegte und bewegt sich die entsprechende Kontroverse in Deutschland, in Europa, ja weltweit. Eine einheitliche Auffassung dazu gibt es in keiner politischen Partei und in keinem Land. Gleichwohl musste eine rechtlich akzeptable Lösung für das von den Forschern als dringlich dargestellte Problem gefunden werden. Bei der Bundestagsdebatte am 30. Januar 2002 wurde die Frage diskutiert, ob in bestimmten Ausnahmefällen der Import solcher menschlicher embryonaler Stammzellen aus dem Ausland erlaubt werden sollte, die bereits vor einem bestimmten, in der Vergangenheit liegenden Stichtag existierten. Diese Zelllinien wurden aus Embryonen gewonnen, deren Tod bereits irreversibel in der Vergangenheit erfolgte, der also nicht mehr rückgängig gemacht werden könnte. Der damalige US-Präsident George W. Bush (*1946) hatte schon am 9. August 2001 eine entsprechende Entscheidung im Hinblick auf die staatliche Förderung der Stammzellforschung in den Vereinigten Staaten getroffen. Das deutsche Stammzellgesetz griff diese Lösung auf und modifizierte sie durch den Stichtag des 1. Januar 2002.

Eng mit der Forschung an menschlichen embryonalen Stammzellen verbunden ist das sogenannte „therapeutische" Klonen, dessen Bezeichnung jedoch in die Irre führt: Der Begriff *therapeutisch*, der grundsätzlich positiv besetzt und entsprechend moralisch aufgeladen ist, soll von vornherein für eine hohe Akzeptanz des Verfahrens sorgen, die sicherlich nicht einträte, wenn man die Dinge nüchtern so beschriebe, wie sie tatsächlich sind und nicht so, wie man sie gerne hätte: In Wirklichkeit geht es um das Klonen nach der „Dolly-Methode", also um die Erzeugung von Embryonen aus einer Körperzelle und der entkernten Eizelle

157 Gesetz zur Sicherstellung des Embryonenschutzes im Zusammenhang mit Einfuhr und Verwendung menschlicher embryonaler Stammzellen (Stammzellgesetz – StZG), § 4 Absatz 2 Ziffer 1.

einer Eizellspenderin, an denen sodann „verbrauchende“ Forschung betrieben wird. Um diesen harten Tatbestand sprachlich zu bemänteln, wird das „therapeutische“ Klonen auch als „Forschungsklonen“ oder im Vorgriff auf eine völlig ungewisse Zukunft als „Kerntransplantationstherapie“ bezeichnet.[158]

Sollten embryonale Stammzellen tatsächlich eines Tages zu medizinischen Anwendungen beim Menschen führen, so bliebe bekanntlich – jedenfalls für alle Regionen außerhalb des Gehirns – das gravierende immunologische Problem der Abstoßung des fremden Zelltransplantats zu lösen. Diese Abstoßung könnte nur durch die Verwendung von Zellen umgangen werden, die vom Patienten selbst abstammen. Solche Zellen aber soll das „therapeutische“ Klonen liefern. In den USA wurde mit Versuchen an immunkranken Mäusen gezeigt, dass das „therapeutische“ Klonen jedenfalls technisch im Prinzip möglich ist.[159]

Kann sich ein vom Export hochwertiger Technologien abhängiges Land wie die Bundesrepublik Deutschland in solchen Fragen der globalisierten biomedizinischen Forschung heute noch eine ethische und rechtliche Position leisten, die höhere Schutzstandards für das werdende menschliche Leben einfordert, als dies andere Industrieländer in der Nachbarschaft tun, oder ist eine selbstbewusste nationale Ethikdebatte im Zeitalter ökonomischer und wissenschaftlicher *Global Player* ein romantischer Anachronismus? So hatte die französische Nationalversammlung am 22. Januar 2002 beschlossen, die Forschung an menschlichen embryonalen Stammzellen aus sogenannten „überzähligen“ Embryonen nach künstlicher Befruchtung zuzulassen. In Großbritannien war die Embryonenforschung seit den 1990er Jahren erlaubt, seit 2001 auch das „therapeutische“ Klonen, sofern es dem Ziel diente, mehr über die Entwicklung des Embryos oder über die Therapie schwerer Krankheiten zu erfahren. Lizenzen für Forschungsvorhaben erteilte seither die *Human Fertilization and Embryology Authority* (HFEA).[160]

Die liberalste Gesetzgebung in der Embryonenforschung hatte Schweden. Bereits seit 1991 erlaubte ein Gesetz die Herstellung von Embryonen zu Forschungszwecken. 14 Tage nach ihrer Herstellung mussten die Embryonen vernichtet werden. Schweden war daher neben Großbritannien zu Beginn der 2000er Jahre das europäische „Paradies“ für Stammzellforscher. Ethische Richtlinien orientierten sich nicht an einem Absolutwert wie der Würde des Menschen, sondern in utilitaristischer Weise am versprochenen Nutzen. Folglich fanden großzügige Forschungsmittel aus den USA ihren Weg in das skandinavische Land. Nun hatte Schweden das Menschenrechtsübereinkommen zur Biomedizin des Europarates – im Gegensatz

158 Schwägerl (2002a).

159 Müller-Jung (2002).

160 Ingold (2002), S. 21-22.

zu Deutschland – unterzeichnet. Nach Artikel 18 Absatz 2 des MRB war jedoch die Erzeugung menschlicher Embryonen zu Forschungszwecken verboten. Im April 2002 schlug Bengt Westerberg (*1943), der damalige Präsidiumsvorsitzende des Schwedischen Wissenschaftsrates, deshalb den radikalen Schritt vor, die Ratifizierung des MRB zu unterlassen, falls Schweden keine Ausnahmeregelung in dieser Frage zugestanden werden sollte. Die Schwedische Regierung wollte zwar die Ratifizierung nicht aussetzen, aber immerhin eine Vorbehaltsklausel einbringen beziehungsweise in einer Zusatzdirektive eine „schwedische Interpretation" des Artikels 18 Absatz 2 MRB vereinbaren.[161]

In der Schweiz war der Embryonenschutz ähnlich streng wie in Deutschland. So waren auch dort das Klonen und die Erzeugung von Embryonen zu Forschungszwecken ausdrücklich verboten. Weil aber die Einfuhr embryonaler Stammzellen nicht explizit untersagt war, genehmigte der Schweizer Nationalfonds im Herbst 2001 das entsprechende Gesuch einer Genfer Forschergruppe. Diese Genehmigung rief Kritik hervor, und die Schweizer Regierung entschloss sich daher, möglichst rasch ein Spezialgesetz zur Embryonenforschung zu schaffen. Nach Auffassung der damaligen Gesundheitsministerin Ruth Dreifuss (*1940) war die Stichtagsregelung im deutschen Stammzellgesetz „heuchlerisch". Frau Dreifuss wollte sich stattdessen am französischen Modell orientieren. Danach sollten Embryonen zwar nicht zu Forschungszwecken erzeugt werden dürfen, wohl aber sogenannte „überzählige" Embryonen aus der künstlichen Befruchtung verwendet werden. Die Pharmaindustrie, zweitgrößte Exportbranche der Schweiz, hatte sich bereits auf eine gesetzliche Regelung eingestellt, die weniger strikt sein sollte als die in Deutschland. Der Baseler Novartis-Konzern, damals sechstgrößter Medikamentenhersteller der Welt, hatte schon interne Richtlinien erlassen, die sich mit der geplanten staatlichen Regelung decken sollten. Außerdem gründete Novartis unter Leitung des Zürcher Philosophen Hans-Peter Schreiber (*1936) einen Ethikrat, der überprüfen sollte, dass in der Forschung tatsächlich Stammzellen aus überzähligen Embryonen verwendet würden. Die Novartis-Forscher lehnten zwar das „therapeutische" Klonen ab, sie sahen aber in der Gewebezucht aus Stammzellen ein profitables Geschäft.[162] Eine intensive Diskussion zur Frage der Gewinnung von embryonalen Stammzellen aus „überzähligen" Embryonen fand im Frühsommer 2002 in der *Neuen Zürcher Zeitung* statt, die in Interdisziplinarität und Niveau durchaus mit der im Jahre 2001 in der *Frankfurter Allgemeinen Zeitung* geführten Debatte vergleichbar war.[163]

161 Neugierembryo (2002).

162 Mrusek (2002).

163 Vgl. die Ausführungen des St. Gallener Europarechtlers Rainer J. Schweizer (*1943) in Schweizer (2002). Das Stammzellenforschungsgesetz (StFG) vom 19. Dezember

Wie kompliziert sich im Detail das Zusammenspiel nationaler und europäischer Gesetzgebung im Bereich der Biomedizin gestaltet, zeigt das Problem der Stammzellforschung zur Genüge. So sollte ungeachtet der einzelstaatlichen Gesetze – wie etwa des deutschen Stammzellgesetzes – ab dem Jahre 2003 in Europa die Forschung an menschlichen embryonalen Stammzellen ohne strenge Auflagen mit EU-Mitteln gefördert werden. Dies sah das sechste Forschungsrahmenprogramm der EU vor, das vom Europaparlament in Straßburg am 15. Mai 2002 verabschiedet wurde. 17,5 Milliarden Euro sollten bis 2006 für die Forschungsförderung von der EU bereitgestellt werden, davon etwa 2 Milliarden Euro für die Biotechnologie.[164] Damit konnten auch Forscher gefördert werden, die aus „überzähligen" menschlichen Embryonen weitere Stammzelllinien gewinnen. Im Ausschuss der Ständigen Vertreter der Länder plädierten lediglich Deutschland, Österreich und Italien dafür, die Förderung auf Projekte an bestehenden Stammzelllinien zu beschränken. Mehrheitlich wurde aber schließlich nur eine Einhaltung des MRB durchgesetzt, dessen Artikel 18 Absatz 2 die Erzeugung menschlicher Embryonen speziell zu Forschungszwecken verbietet.

Der Streit um die Präimplantationsdiagnostik

Nach dem zumindest vorläufigen Abschluss der Stammzelldebatte wandten sich Bioethik und Biopolitik im Jahre 2002 vermehrt einer neuen Herausforderung zu, nämlich der Embryonenauswahl durch Präimplantationsdiagnostik (PID) im Rahmen einer künstlichen Befruchtung. Die PID verspricht Familien, in denen eine Erbkrankheit aufgetreten ist, die Chance auf Kinder, die ohne eine entsprechende genetische Belastung zur Welt kommen. Der moralische Preis, der dafür zu zahlen wäre, ist aber die Tötung derjenigen Embryonen, die nicht zur Weiterentwicklung in der mütterlichen Gebärmutter ausgewählt wurden. Die PID ist ein Verfahren zur bewussten Selektion zwischen „erwünschtem" und „unerwünschtem" menschlichem Leben.[165] Das Verfahren erlaubt es, im Rahmen der In-vitro-Fertilisation

---

2003 trat schließlich zum 1. März 2005 in Kraft. Zuvor hatte im November 2004 eine Referendumsabstimmung stattgefunden, bei der sich 64,4 Prozent der Stimmberechtigten für das Gesetz aussprachen. Das StFG erlaubt die Gewinnung von Stammzellen aus „überzähligen" Embryonen und die Forschung an isolierten Stammzellen und Stammzelllinien unter strengen Auflagen. Der Text des Schweizerischen StFG ist unter der URL https://www.admin.ch/opc/de/classified-compilation/20022165/200503010000/810.31.pdf (Stand: 24.4.2016) abrufbar. Siehe dazu auch die Dokumentation von Interpharma (2012).

164 Richter (2002).

165 Bauer (2001b), S. 116-118.

Embryonen gezielt nach genetischen Kriterien auszuwählen. Einem aus kaum mehr als 8 Zellen bestehenden Embryo in der Petrischale wird eine Zelle entnommen und diese sodann genetisch untersucht. Unter mehreren Embryonen kann dann einer selektiert werden, der eine dabei festgestellte „unerwünschte" Erbanlage nicht trägt.

Weltweit waren im Frühsommer 2002 bereits mehrere hundert Kinder nach Anwendung der PID geboren worden. In Deutschland blieb die Embryonenselektion durch das Embryonenschutzgesetz bis ins Jahr 2011 verboten.[166] So sahen es jedenfalls die meisten Experten des Medizinrechts und führende Verfassungsrechtler. In zahlreichen anderen Ländern, darunter in Frankreich, Großbritannien, Belgien und Schweden, war die PID dagegen mehr oder weniger extensiv erlaubt. Etliche fortpflanzungswillige deutsche Ehepaare hatten aus diesem Grunde bereits eine Reise nach Belgien angetreten, vor allem nach Brüssel. Besonders verbreitet war die PID in den USA. Dort wurden auch solche Krankheiten erfasst, die erst spät im Leben oder nur mit einer gewissen Wahrscheinlichkeit zum Ausbruch kommen, wie etwa familiärer Brustkrebs und eine bestimmte Form der Alzheimer-Erkrankung.

In dem am 14. Mai 2002 an den damaligen Bundestagspräsidenten Wolfgang Thierse (*1943) übergebenen Abschlussbericht der Enquete-Kommission des Deutschen Bundestages *Recht und Ethik der modernen Medizin* waren rund 180 von mehr als 500 Seiten der PID gewidmet. Eine deutliche Mehrheit des Gremiums (nur 3 Gegenstimmen bei 26 Mitgliedern) sprach sich für eine Beibehaltung des zu diesem Zeitpunkt noch relativ strengen deutschen Embryonenschutzes aus. Die Kommissionsmehrheit forderte den Deutschen Bundestag auf, in der folgenden 15. Legislaturperiode das Verbot der PID in einem geplanten Fortpflanzungsmedizingesetz zu bekräftigen und zu präzisieren. Im Vordergrund dieser Argumentation stand der Schutz des Embryos als Mensch, der eine „Zeugung auf Probe" verbiete. Es gebe kein verbürgtes Recht auf ein gesundes Kind. Zudem sei eine Beschränkung der PID auf bestimmte Krankheiten kaum möglich, vielmehr sei eine allmähliche Ausweitung auf jedes beliebige testbare Merkmal zu befürchten.[167]

Universalismus oder Kommunitarismus in Bioethik und Biopolitik?

Angesichts der dargestellten zahlreichen Dilemmata und Aporien stellt sich die Frage, wieviel nationale Spezifität im Rahmen europäischer Biopolitik in absehbarer

---

166 § 1 Abs. 1 Ziffer 2, § 1 Abs. 2 Ziffern 1 und 2, § 2 Abs. 1, § 6 Abs. 1 in Verbindung mit § 8 Abs. 1 ESchG.

167 Schwägerl (2002b).

Zukunft noch zum Ausdruck kommen kann. Bei der im Frühjahr 2002 abgehaltenen 6. Deutsch-Niederländischen Konferenz in Potsdam, die unter dem Titel *Beginn und Ende des menschlichen Lebens* stand, konnte man hierzu zwei konträre Meinungen vernehmen, die zum einen vom damaligen deutschen, zum anderen vom damaligen niederländischen Außenminister vertreten wurden. Joschka Fischer (*1948) forderte für den Bereich der Gen- und Biotechnologie möglichst universal verbindliche Regeln, denn die Debatten rührten an die Wurzeln unserer Zivilisation. Demgegenüber betonte sein niederländischer Kollege Jozias van Aartsen (*1947), dass jede Gesellschaft das unbekannte Terrain für sich zu sondieren habe. Ethische Diskussionen müssten auf nationaler Ebene geführt werden. Den Auffassungen in anderen Ländern gelte es zwar Beachtung zu schenken, doch gerade in den ethischen, kulturell geprägten Antworten äußere sich die europäische Vielfalt.[168] So sehr man die Besorgnis verstehen kann, die sich in der Auffassung des deutschen Außenministers artikulierte, so wenig realistisch erscheint doch seine Position in einer pluralistischen Welt. Spezifische moralische Werte und Normen werden sich künftig – wie es am ehesten einer kommunitaristischen Sichtweise in der Ethik entspricht – allenfalls noch im nationalen Rahmen bewahren lassen, während internationale Abkommen wie das MRB lediglich gewisse Minimalstandards absichern können, die in allen betroffenen Ländern beachtet werden müssen.

Das kommunitaristische Modell in der Ethik betont das Gewicht kleinerer Gemeinschaften, das heißt ihre kulturellen Besonderheiten, ihren Wert für die Integrität einer Person, für die Bildung der Moral und eines „Wir-Gefühls". Der Kommunitarismus zweifelt an der Möglichkeit einer geschichts- und kulturunabhängigen Begründung von Moral, die transzendentalphilosophisch argumentierende Ethiker für möglich und erstrebenswert halten. Der Kommunitarismus stellt angesichts von Uniformisierungstendenzen in der Globalisierung ein Gegengewicht dar, das sich für die gewachsenen Lebensformen kleinerer Einheiten, für die in ihnen gestifteten Bindungen, für Gemeinsamkeiten der Geschichte, Religion und politischen Hoffnung einsetzt. Gegen die Entwicklung einer die Einzelstaaten übergreifenden „Weltrepublik" ist der Kommunitarismus äußerst skeptisch.[169]

Wesentliche Bedingung für die Anwendung des kommunitaristischen Modells auf eine staatliche Gemeinschaft wie etwa die Bundesrepublik Deutschland wäre allerdings das Vorhandensein eines gewissen moralischen Grundkonsenses der Staatsbürger. Wie die geschilderten biopolitischen Diskurse jedoch zeigen, ist ein solcher Binnenkonsens selbst in einem einzelnen Land nur mit größter Mühe und

168 Bahnen (2002).

169 Walzer (1992); Walzer (1996); Höffe (1997), S. 156-157; Bauer (2002b); Nothelle-Wildfeuer (2002).

allenfalls mit dem Zwangsmittel des Rechts herzustellen. Das heißt aber nicht, dass sich diese Mühe nicht dennoch lohnt. Der Rechtswissenschaftler Stephan Rixen (*1967) schrieb schon 1999, dass in Deutschland heute die „Ethik des Grundgesetzes" eine Art „Minimalmoral" für den sozialen Kontakt zwischen Individuum und Individuum sowie zwischen Individuum und Staat darstelle. Der Umfang der Garantien dieser „basalen Grundrechtsethik" würde demnach in einem Prozess selbstreflexiv aneinander anschließender Interpretationsakte ermittelt, die ihrerseits auf die Impulse der richtungweisenden Rechtsprechung des Bundesverfassungsgerichts zurückgriffen, ergänzt durch bewährte Argumentationsmuster der Grundrechtslehre.[170] Der Interpretationsprozess bekäme damit Form und einen gewissen Halt diesseits relativistischer Beliebigkeit.

Bioethik und Biopolitik sollten sich durch den – manchmal nur vermeintlichen – medizinischen Fortschritt weder im europäischen noch im weltweiten Kontext in eine Globalisierungsfalle hineinmanövrieren lassen. Nationale Identität und Globalisierung sind keine kontradiktorischen Gegensätze, vielmehr erscheint jene als ein wichtiges Fundament für das Gelingen dieser. Das Ziel einer globalisierten Welt kann nicht in einer künstlichen Nivellierung kultureller und ethischer Differenzen bestehen, sondern vielmehr in der offenen und öffentlichen Diskussion auch moralischer Pluralität. Eine derartige Pluralität trägt nicht zuletzt zu einem internationalen Wettbewerb der Ideen und der geistigen Werte bei, den die freie Welt mehr denn je benötigen wird, wenn sie kreativ bleiben und wenn sie, um mit Konrad Adenauers Worten vom 8. April 1953 zu schließen, „neue schöpferische Kräfte" freimachen will.[171]

170 Rixen (1999), S. 351.

171 Adenauer (1965), S. 584.

Heilen durch Töten? Ethische Probleme der Stammzellforschung

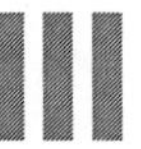

9 „Die sind doch noch so klein!" Forschung an humanen embryonalen Stammzellen und die Würde des Menschen[172]

Der Bochumer Philosoph Hans-Martin Sass (*1935) betrieb seit Mitte der 1990er Jahre über längere Zeit hinweg im damals noch jungen Internet eine Diskussionsliste namens *Medethik*, an der sich auch der Verfasser dieses Buches beteiligte. Im Frühjahr 2001 lief dort eine kontroverse Debatte über Embryonenschutz, „therapeutisches" Klonen und Forschung an menschlichen embryonalen Stammzellen. Es äußerte sich dazu auch eine damals etwa 40-jährige Dame, die unter einem *Morbus Parkinson* litt und die auch bereits als Gast in der sonntäglichen Talkrunde von Sabine Christiansen (*1957) zu sehen gewesen war. Nachdem sich die – ansonsten überwiegend männlichen – Protagonisten des Diskurses philosophisch aneinander abgearbeitet hatten, griff jene Dame eines Tages beherzt in den Streit ein: Das sei ja alles ganz schön und gut mit der Moral, so meinte sie, aber es gebe ja doch schließlich Wichtigeres, nämlich die Heilung von Patienten mit schweren chronischen Erkrankungen. Das müssten die Ethiker doch einsehen und sich folglich ein bisschen mehr aus solchen Fragen heraushalten. Und auch der Lebensschutz von Embryonen sei an sich eine sehr gute Sache, aber doch bitte nicht, wenn diese noch so klein seien!

Man kann aus diesem Einwurf zweierlei über populäre Moralvorstellungen lernen. Erstens: Moral ist zwar eine gute Sache, aber nur, solange sie nicht die eigenen Interessen tangiert. Zweitens: Ob ein Lebewesen ein „richtiger" Mensch

172 Dieses Kapitel enthält Gedanken eines Kurzvortrags, der am 21. Juni 2001 im Rahmen des Interdisziplinären Diskussionsforums *Baukasten Mensch? Chancen und Gefahren der (Stamm-)Zelltherapie* im Hörsaal 10 der Neuen Universität in Heidelberg gehalten wurde.

ist, dem Menschenwürde zukommt, der bestimmte Rechte hat und demgegenüber uns bestimmte Pflichten erwachsen, hängt nicht zuletzt von seiner Größe ab. Wenn man ihn auch unter dem Mikroskop der äußeren Form nach noch nicht als Mensch erkennen kann, dann ist er keiner.

Solche anthropomorphen Vorstellungen finden sich auch bei professionellen Moralphilosophen. So gibt es für den präferenzutilitaristisch argumentierenden Ethiker Peter Singer, der an der Princeton University in New Jersey lehrt, zunächst einmal keine unveräußerlichen Rechte, sondern nur abwägbare Interessen, die nach Möglichkeit zu berücksichtigen sind. Der zuletzt an der University of California in Davis lehrende Medizinethiker Erich H. Loewy (1927-2011) wiederum, der 2001 ebenfalls ein aktiver Teilnehmer der virtuellen *Medethik*-Debatten war, bezeichnete Embryonen dort als „Zellhaufen", die kein eigenständiges Recht auf Leben hätten; der in der deutschen Debatte häufig gebrauchte Begriff der Menschenwürde war für Loewy nur ein Wort ohne klaren Sinn.[173]

Die Würde des Menschen in Artikel 1 Absatz 1 des Grundgesetzes für die Bundesrepublik Deutschland repräsentiert den rechtlichen Ausdruck des Respekts vor der zu jedem Zeitpunkt konstanten Gesamtheit aus Potenzialität und realisierter Wirklichkeit eines menschlichen Lebens. Diese Gesamtheit ist von der Zeugung bis zum Tod unveränderlich. Daher ist der Mensch stets auch Träger von Würde. So möchte der Verfasser in einer nicht-theologischen Ausdrucksweise sein persönliches Verständnis für das säkulare Fundament der Würde des Menschen beschreiben. Doch damit ist allenfalls die Zielrichtung, nicht jedoch der Begriffsumfang der Würde des Menschen erfasst, mit dem ihre Kritiker, und deren sind nicht wenige, so große Schwierigkeiten haben. „Definieren Sie doch endlich mal die Menschenwürde!", so wird man oft von diesen Gegnern aufgefordert.

Die korrekte Antwort lautet, dass die Würde des Menschen abschließend gar nicht definiert werden kann, weil sie ein normativer, multipel realisierbarer, also supervenienter Begriff ist: Zweifellos folgt aus der Würde des Menschen, dass man ihn nicht quälen und foltern darf, aber es wäre zu kurz gegriffen, wollte man daraus den Umkehrschluss ziehen, die Würde des Menschen garantiere lediglich die Freiheit von Folter und Qual. Niemand würde hoffentlich leugnen, dass es sicher zu den Konsequenzen der Würde des Menschen gehört, keinem älteren Herrn auf Grund seines Alters das Lebensrecht zu entziehen, aber es wäre gleichwohl falsch zu behaupten, die Würde des Menschen erfordere nur, dass man auch alte Leute am Leben lassen muss. Als supervenienter normativer Begriff überragt die Würde des Menschen sämtliche ihrer Partialbeschreibungen. Sie kann gar nicht abschließend

173 Über diese Frage gerieten Loewy und der Verfasser dieses Buches bei *Medethik* einige Male in Streit.

definiert, sondern nur im Einzelfall erläutert werden. Deshalb definiert auch das Grundgesetz die Würde des Menschen nicht.

Hat ein Embryo, haben von ihm abgeleitete embryonale Stammzellen Anteil an der Menschenwürde? Diejenigen, die dies in Abrede stellen, nutzen drei unterschiedliche Strategien: Die erste und am weitesten gehende Strategie wurde bereits genannt: Es wird bestritten, dass es die Würde des Menschen überhaupt gebe, da man sie nicht definieren könne. Sie sei daher eine inhaltsleere Worthülse. Hiergegen haben wir bereits auf die multiple Realisierbarkeit als wesentliches Charakteristikum einer normativen, institutionellen Tatsache hingewiesen, die eben keine materielle natürliche Tatsache ist: Die Farbe *Grün* ist zwar eine intrinsische physikalische Eigenschaft des Grases, aber die *Würde des Menschen* ist – unbeschadet ihrer jedenfalls für den Verfasser durchaus wahrscheinlichen transzendenten Realität – epistemologisch betrachtet ein intersubjektives Attribut, das dem Menschen durch unser Grundgesetz (Artikel 1 Absatz 1 in Verbindung mit Artikel 79 Absatz 3 GG) als ebenso unverfügbare wie unzerstörbare soziale Institution zugeschrieben wird.

Die zweite argumentative Strategie gegen die Existenz der Würde des Menschen findet sich bei dem Philosophen Peter Singer: Für ihn ist die Würde des Menschen ein „speziesistisches" Konstrukt, weil es die Tiere – insbesondere die Primaten – von der Würde ausschließe. Speziesismus aber sei genau so schlimm wie Sexismus oder Rassismus, so Singer. Auch dieser Einwand trägt jedoch nicht: Die Würde des Menschen als Verfassungsbegriff richtet sich keineswegs gegen die Tiere, vielmehr garantiert Artikel 1 Absatz 1 GG ausdrücklich allen Menschen wenigstens ihre Würde als unverlierbares Attribut. Der Sinn der Verfassungsnorm ist – schon aus ihrer Entstehungsgeschichte in der Zeit nach 1945 heraus – eindeutig ein inkludierender und nicht ein exkludierender: Niemand soll ausgegrenzt werden, vielmehr sind möglichst viele, nämlich alle Menschen, in den Schutzbereich der Würde aufgenommen. Gegen die möglichen Rechte von Tieren ist damit keinerlei Vorentscheidung getroffen worden.

Die dritte Abwehrstrategie gegen die Menschenwürde postuliert, der Embryo sei noch kein Mensch, sondern ein gestaltloser „Zellhaufen", ein winziges Gebilde, das noch nicht aussehe wie ein Mensch und das weder über Bewusstsein, noch über Selbstbewusstsein oder gar über „Interessen" verfüge. Der Embryo sei so wenig ein Mensch wie der britische Kronprinz Charles (*1948) der aktuelle Souverän des Vereinigten Königreichs. Diese Kritiker schlagen in der Regel als Grenze für die Zuerkennung des rechtlichen Menschseins entweder – wie der deutsche Rechtsphilosoph Norbert Hoerster (*1937) – den Zeitpunkt der Geburt oder gar einen noch späteren Zeitpunkt vor, nämlich eine Phase, in der Bewusstsein beziehungsweise messbare „Interessen" aufträten, so Peter Singer.

Diese dritte Abwehrstrategie ist ohne die Zuhilfenahme eines theologischen Interpretationsrahmens beziehungsweise ohne eine naturrechtliche Grundposition nicht zu widerlegen, denn ab welchem Zeitpunkt seiner biologischen Entwicklung wir einem menschlichen Lebewesen die institutionelle Tatsache der Würde zuerkennen wollen, liegt prinzipiell in unserer Hand. Die Biologie selbst nimmt uns diese ethische und rechtliche Entscheidung nicht ab. Das deutsche Verfassungsrecht jedoch hat auch hier eine möglichst weite Interpretation gefordert, durch die kein menschliches Lebewesen von der Teilhabe an der Würde ausgeschlossen werden soll. In seinem zweiten Urteil zur Neuregelung des Schwangerschaftsabbruchs vom 28. Mai 1993 hat sich das Bundesverfassungsgericht für den Schutz auch schon des ungeborenen menschlichen Lebens ausgesprochen. Im ersten Leitsatz dieses Urteils heißt es: „Das Grundgesetz verpflichtet den Staat, menschliches Leben, auch das ungeborene, zu schützen. Diese Schutzpflicht hat ihren Grund in Art. 1 I GG; ihr Gegenstand und – von ihm her – ihr Maß werden durch Art. 2 II GG näher bestimmt. Menschenwürde kommt schon dem ungeborenen menschlichen Leben zu. Die Rechtsordnung muss die rechtlichen Voraussetzungen seiner Entfaltung im Sinne eines eigenen Lebensrechts des Ungeborenen gewährleisten. Dieses Lebensrecht wird nicht erst durch die Annahme seitens der Mutter begründet.“[174]

Wohl bezog sich dieses Urteil nicht auf den Status der befruchteten Eizelle und der Blastozyste, sondern auf den Embryo nach dem Zeitpunkt der Nidation. Der für die Embryonenforschung maßgebliche Zeitraum zwischen Zeugung und Einnistung blieb also gerade ausgespart. Es ist aber eindeutig, dass in der Feststellung des Gerichts, „jedenfalls“ in der mit der Nidation beginnenden Zeit der Schwangerschaft handele es sich „bei dem Ungeborenen um individuelles [...] Leben, das im Prozeß des Wachsens und Sich-Entfaltens sich nicht erst *zum* Menschen, sondern *als* Mensch entwickelt“, nicht etwa die negative Aussage mit eingeschlossen war, vor der Nidation scheide der Schutz der Artikel 1 Absatz 1 und 2 Absatz 2 GG aus.[175] Ausdrücklich entschieden werden musste diese Frage damals nicht, und nur deshalb wurde sie auch nicht ausdrücklich entschieden. Nach Ansicht des ehemaligen Präsidenten des Bundesverfassungsgerichts, Prof. Ernst Benda (1925-2009), liegt es deshalb in der Logik der Entscheidung des Bundesverfassungsgerichts, die dort enthaltene Einbeziehung des ungeborenen menschlichen Lebens in den Schutz der Artikel 1 Absatz 1 und 2 Absatz 2 GG auch für den präimplantiven Embryo anzunehmen. Natürlich ist damit keine sichere Prognose darüber verbunden, wie

174 Neuregelung des Schwangerschaftsabbruchs. Urteil vom 28.5.1993 – 2 BvF 2/90, 2 BvF 4/92, 2 BvF 5/92. Neue Juristische Wochenschrift *46* (1993), S. 1751-1779, hier S. 1751.

175 BVerfGE 39, 1 [41]; 88, 203 [252].

das Bundesverfassungsgericht in einem künftigen Fall, der diese Frage aufwürfe, tatsächlich entschiede.

Nun wird von Stammzellforschern gerne vorgetragen, dass embryonale Stammzellen ja meist „nur" aus übrig gebliebenen Blastozysten von Fortpflanzungskliniken gewonnen würden. Wenn man einmal eine bestimmte Zelllinie etabliert habe, dann teilten sich diese Zellen in der Regel unendlich. Es handele sich also nicht um eine immer wieder neue Embryonen verbrauchende Forschung. Abgesehen davon, dass auch für diese wenigen „übrig gebliebenen" Embryonen, von denen es in Deutschland im Jahre 2001 angeblich nur zwischen 70 und knapp 200 jenseits des Vorkernstadiums gab, das aus der menschlichen Würde folgende Instrumentalisierungsverbot gälte, kam aus mehreren Labors, besonders aus solchen in Australien, die Nachricht, menschliche Stammzelllinien seien wesentlich instabiler als die von Mäusen. Es wird also sehr wohl ein ständiger „Nachschub" an neuen Linien für die Forschung gebraucht werden.

Diffus blieben die Antworten auf die Frage, weshalb bei dem im Jahre 2001 aktuellen Stand der Forschung überhaupt menschliche embryonale Stammzellen verwendet werden mussten. Einerseits wurde behauptet, dass das große Potenzial der Stammzellen aus Tierversuchen eindeutig abzuleiten sei. Andererseits hieß es dann jedoch wieder, dass sich menschliche Zellen in ihrer Entwicklung so erheblich von tierischen Zellen unterschieden, dass nun unbedingt rasch an humanen embryonalen Stammzellen geforscht werden müsse. Diese Argumentation war jedoch inkonsistent. Der Bonner Neuropathologe Oliver Brüstle gestand denn auch in einem Interview am 13. Juni 2001 unumwunden ein: „An erster Stelle müssen für uns als Ärzte die Patienten stehen. Daher halte ich es für ein Unding, mit den Hoffnungen der Patienten zu argumentieren, die jetzt an diesen Erkrankungen leiden, um das Projekt politisch durchzusetzen. Die Zeitschiene ist eine lange. Es wird meiner Meinung nach mindestens fünf bis zehn Jahre dauern, bis man überhaupt abschätzen kann, in welchen Bereichen die Stammzellforschung klinisch zum Einsatz kommen kann. […] Daher ist es unseriös und utopisch, für die nächsten zwei, drei Jahre Stammzelltherapien für so komplexe Erkrankungen wie Parkinson oder Multiple Sklerose anzukündigen. Utopisch ist auch die Vorstellung, aus embryonalen Stammzellen ganze Organe zu züchten."[176]

Das Bundesverfassungsgericht hat eine hohe Hürde für diejenigen errichtet, die menschliches Leben verfügbar und zum Objekt, zum bloßen Mittel, zur vertretbaren Größe machen wollen – zu welchem hypothetisch guten Zweck auch immer. Das Magazin *Der Spiegel* beschrieb diesen Sachverhalt bereits im ersten Heft des Jahrgangs 2001 mit der ihm eigenen süffisanten Prägnanz: Es sei ein

176 Brüstle/Wiestler (2001).

bemerkenswertes Phänomen der jüngeren Zeitgeschichte, dass sich Wissenschaftler immer dann der Kranken und Gebrechlichen dieser Welt erinnerten, wenn es darum gehe, Zukunftstechnologien konsensfähig zu machen.[177] Im Kontext der Forschung an embryonalen Stammzellen werden wir auch die Frage nach ethischen Grenzen für die Bereitstellung von medizinischen Therapiemöglichkeiten ernsthaft beantworten müssen. Jede Therapie hat ihren Preis. Es könnte einen Preis geben, der zu hoch erscheint.

10 Forschung an menschlichen embryonalen Stammzellen: Das ethische Dilemma nach der Debatte im Deutschen Bundestag vom 30. Januar 2002[178]

Mit dem Thema *Stammzellen* verbinden Forscher wie Laien seit Jahren große Hoffnungen im Kampf gegen Krankheiten wie Krebs, Alzheimer oder Parkinson. Denn aus jenen noch nicht endgültig auf bestimmte Funktionen spezialisierten Zellen lassen sich durch gezielte gentechnische Eingriffe gesunde Gewebe und Organe züchten. Stammzellen entwickeln sich vor allem in der frühen Embryonalphase, aber auch in den Organen bereits geborener Menschen sind sie zu finden. Stammzellen sind noch nicht zu einem der mehr als 200 verschiedenen Zelltypen des Organismus ausdifferenziert. Man nennt sie daher *pluripotent*, also „vielbefähigt". Vor allem werden *adulte* und *embryonale* Stammzellen unterschieden.

Die sogenannten *adulten* Stammzellen finden sich im Körper bereits geborener Menschen. Jeder Erwachsene trägt solche adulten Stammzellen in sich. Bislang wurden sie in rund 20 Organen des Körpers sowie beispielsweise im Nabelschnurblut entdeckt. Adulte Stammzellen, die aus dem Knochenmark gewonnen werden, werden schon seit 1985 klinisch bei der Bekämpfung von Blutkrebs und anderen hämatologischen Systemerkrankungen eingesetzt.[179] Man kann auch Hautzellen

---

177 Bethge (2001), S. 142.

178 Dieses Kapitel enthält die Bearbeitung eines Vortrags, der am 2. Februar 2002 im Rahmen des Seminars *Gene Targeting* im Biochemie-Zentrum Heidelberg (BZH) gehalten wurde. Für diesen Beitrag wurde bewusst der Forschungshorizont zu Beginn des Jahres 2002 beibehalten. Auch im Jahre 2016 speist sich der Glaube an die Sinnhaftigkeit der Forschung mit menschlichen embryonalen Stammzellen überwiegend aus Hoffnungen und zum großen Teil illusionären Wünschen.

179 Die weltweit erste, dauerhaft erfolgreiche klinische Transplantation peripherer Blustammzellen wurde 1985 bei einem damals 38 Jahre alten Patienten mit Burkitt-

aus ihnen heranziehen, die als Ersatzgewebe zur Deckung von großen Verbrennungswunden dienen. Unklar ist, ob die adulten Stammzellen ebenso flexibel und vermehrungsfähig sind wie die embryonalen Stammzellen, oder ob der Differenzierungsprozess in ihnen so weit fortgeschritten ist, dass sie sich zwar noch in einige, aber nicht mehr in alle Zelltypen umwandeln lassen. Sie wären dann nicht mehr *pluripotent*, sondern nur noch *multipotent*. Multipotente Stammzellen verfügen zumindest über die Fähigkeit, durch asymmetrische Teilung mehr als einen bestimmten Zelltyp hervorbringen zu können. Letztlich sind jedoch viele Aspekte der Grundlagenforschung ungeklärt. Dies gilt insbesondere für mögliche Zwischenstufen, für die Funktionszusammenhänge und für die Frage, ob Zellen so reprogrammiert beziehungsweise umprogrammiert werden können, dass sie ein potenteres Stadium erreichen (iPS-Zellen) beziehungsweise dass sie einer anderen Differenzierungslinie entsprechen. Je weniger eine Zelle spezialisiert ist, also je „potenter" sie sich verhält, desto größer ist natürlich ihre Flexibilität, aber auch andererseits das Risiko, dass sie entarten und einen Tumor bilden kann. Die geringe Spezialisierung von Zellen ist also für den Biologen zwar ein faszinierendes, für den Mediziner jedoch stets ein ambivalentes Phänomen.

Embryonale Stammzellen können sich vermutlich in alle Zelltypen des Körpers verwandeln, sie sind also omnipotent, zumindest jedoch pluripotent.[180] Das macht sie für die Forscher besonders interessant. Es existieren vor allem drei Möglichkeiten, embryonale Stammzellen zu gewinnen: Entweder werden sie aus den Vorläufern der Geschlechtszellen abgetriebener Embryonen isoliert und dann kultiviert. Die zweite Möglichkeit besteht darin, sie aus bei der künstlichen Befruchtung übrig gebliebenen oder aus eigens für Forschungszwecke produzierten Embryonen zu gewinnen. Die Embryonen werden dabei vernichtet. Zum Zeitpunkt der Stammzellengewinnung sind sie etwa 4 bis 5 Tage alt und bestehen aus etwa 100 bis 200 Zellen. Ein dritter Weg wäre die Herstellung von Forschungsembryonen durch Klonen nach der „Dolly-Methode". Dabei wird einer entkernten Eizelle das Erbgut einer erwachsenen Körperzelle – zum Beispiel aus der Haut – eingefügt und anschließend das Wachstum stimuliert. Es entsteht dann im günstigen Falle ein Embryo, dem wiederum Stammzellen entnommen werden können. Diese em-

---

Lymphom in der damaligen Medizinischen Universitäts-Poliklinik Heidelberg durchgeführt. Noch im Jahre 2016 erfreut sich der mittlerweile 69-jährige Patient bester Gesundheit. Siehe dazu Körbling et al. (1986) sowie Bauer/Ho (2016), S. 84-85.

180 Der hier verwendete Begriff *omnipotent* geht auf den Essener Entwicklungsbiologen Hans-Werner Denker (*1941) zurück. Im Gegensatz zu einer *totipotenten* Zelle ist eine bloß *omnipotente* Zelle nicht in der Lage, ein ganzes Lebewesen durch Selbstorganisation auszubilden. Vgl. dazu Denker (2006), S. 253.

bryonalen Stammzellen wären genetisch identisch mit dem Erbmaterial aus der ursprünglichen Körperzelle des Spenders.

Den embryonalen Stammzellen wird derzeit für die medizinische Gewebezüchtung ein großes Potenzial zugeschrieben. Mit ihnen könnten in Zukunft – vielleicht – Patienten mit Herzmuskelschäden, Diabetes mellitus, der Parkinson'schen Krankheit, der Multiplen Sklerose und vielen weiteren Leiden effektiver behandelt werden. Diese Aussichten propagieren jedenfalls seit Jahren die Forscher. Ein realistisches Nahziel ist dies alles jedoch gegenwärtig nicht. So war es dem Bonner Stammzellforscher Oliver Brüstle und seinen Kollegen im Jahre 1999 in einem neuroanatomischen Experiment gelungen, aus embryonalen Stammzellen erzeugte Vorläuferzellen in die Gehirne von Rattenembryonen zu transplantieren, die unter der sogenannten Pelizäus-Merzbacher-Krankheit litten.[181] Diese über das X-Chromosom vererbbare, extrem seltene Nervenkrankheit, die beim Menschen bisher überhaupt nur rund 150-mal beschrieben wurde, führt zu einer verlangsamten körperlichen und seelischen Entwicklung mit einer Reihe von neurologischen Symptomen; sie endet im zweiten oder dritten Lebensjahrzehnt tödlich.

Die Frage, wie sich embryonale Stammzellen im Gehirn erwachsener Tiere, die unter einer häufigen menschlichen Erkrankung wie der Multiplen Sklerose oder dem Morbus Parkinson litten, neurophysiologisch verhalten würden, war damit aber noch längst nicht beantwortet. Ob also das neu gebildete Nervengewebe tatsächlich auch richtig funktionieren würde, konnte im Tierversuch nicht bestätigt werden. Ein im Dezember 2001 publiziertes neuroanatomisches Experiment, wonach sich aus menschlichen embryonalen Stammzellen abgeleitete neuronale Vorläuferzellen, die man in das Gehirn einer neugeborenen Maus transplantiert hatte, in verschiedenen Regionen des jungen Mäusegehirns sowohl zu Nervenzellen als auch zu Astrozyten entwickelten, lieferte erneut keine Antwort auf diese entscheidende Frage.[182] Dennoch wollten 2001 auch deutsche Forscher unmittelbar an importierten menschlichen embryonalen Stammzellen in Laboratorien deutscher Universitäten forschen.

Prof. Spiros Simitis (*1934), der erste Vorsitzende des 2001 vom damaligen Bundeskanzler Gerhard Schröder (*1944) nicht zuletzt mit Blick auf die Stammzellforschung gegründeten Nationalen Ethikrates, sprach im Januar 2002 die Warnung aus, Forschung dürfe sich nicht nach irgendwelchen Moden richten. Embryonale Stammzellen seien aber gerade „schwer in Mode." Auf die Kritiker der Stammzellforschung werde erheblicher Zeitdruck ausgeübt, weil die Forscher in einem nie da gewesenen Ausmaß darauf bedacht seien, Patente zu bekommen.

181 Learish et al. (1999).

182 Zhang et al. (2001).

Forschung jedoch, die sich am maximalen Gewinn orientiere, sei denaturierte Forschung. Zu der von Bundeskanzler Schröder in die Debatte gebrachten „Ethik des Heilens" sagte Simitis: „Ich hüte mich generell vor geflügelten Worten. Ich sage nur: Wer auf therapeutische Erfolge setzt, enttäuscht Hoffnungen, und wer nur auf Patente erpicht ist, pervertiert die Forschung. Schließlich muss er nach außen hin ständig den Eindruck erwecken, wir stünden unmittelbar vor der großen Entdeckung, die wirtschaftlich große Erfolge verspricht, obgleich er wissen muss, dass das nicht der Fall ist."[183]

Tatsächlich besteht eines der kaum diskutierten ethischen Probleme im Zusammenhang mit der Forschung an menschlichen embryonalen Stammzellen darin, dass sich keiner ihrer Protagonisten Gedanken darüber macht, wer eigentlich in moralischer Hinsicht dafür haften wird, wenn sich die derzeit bei Patientinnen und Patienten erweckten Hoffnungen auf Heilung nicht erfüllen. In der Geschichte der Medizin gibt es wesentlich mehr Beispiele für gescheiterte Forschungsansätze und für voreilige Versprechungen als für substanzielle therapeutische „Wunder". Allein mit dem Verweis auf „Chancen" und „Hoffnungen" kann insbesondere eine ethisch bedenkliche Forschungsrichtung nicht gerechtfertigt werden, durch die zwei höchstrangige Rechtsgüter, nämlich das Recht auf Leben und die Würde des Menschen in Gefahr geraten. Bei der Forschung an menschlichen embryonalen Stammzellen ist aber genau dies der Fall. Denn die embryonalen Stammzellen werden aus Embryonen gewonnen, die aus etwa 100 bis 200 Zellen bestehen. Nach der Entnahme der Stammzellen können die Embryonen nicht weiter leben, sie gehen zugrunde. Die Embryonen entwickeln sich und sterben also ausschließlich im Dienst der biologischen Grundlagenforschung. Aus diesem Umstand erwächst ein ethisches und rechtliches Dilemma, das in einem größeren Kontext betrachten werden muss.

In seinem 1993 ergangenen zweiten Urteil zur Neuregelung des Schwangerschaftsabbruchs sprach sich das Bundesverfassungsgericht für den Schutz auch schon des ungeborenen menschlichen Lebens aus. Im ersten Leitsatz dieses Urteils hieß es: „Menschenwürde kommt schon dem ungeborenen menschlichen Leben zu. Die Rechtsordnung muss die rechtlichen Voraussetzungen seiner Entfaltung im Sinne eines eigenen Lebensrechts des Ungeborenen gewährleisten."[184] In der 1975 vorausgegangenen ersten Entscheidung zum Schwangerschaftsabbruch hieß es: „Wo menschliches Leben existiert, kommt ihm Würde zu; es ist nicht entscheidend, ob der Träger sich dieser Würde bewußt ist und sie selbst zu wahren weiß. Die von Anfang an im menschlichen Sein angelegten potentiellen Fähigkeiten genügen,

183 Blech/Traufetter (2002), S. 144 und 146.

184 Neuregelung des Schwangerschaftsabbruchs. Urteil vom 28.5.1993 – 2 BvF 2/90, 2 BvF 4/92, 2 BvF 5/92. Neue Juristische Wochenschrift *46* (1993), S. 1751-1779, hier S. 1751.

um die Menschenwürde zu begründen."[185] Natürlich ist damit keine Sicherheit darüber gegeben, wie das Bundesverfassungsgericht in der Zukunft tatsächlich über die Zulässigkeit der Embryonenforschung urteilen würde. Bliebe das Gericht aber in der Kontinuität seiner bisherigen Rechtsprechung, so würde es das, was es für den Status des Embryos während der Schwangerschaft zugestanden hat, dem noch nicht implantierten Embryo kaum verweigern können.

Bei der verbrauchenden Embryonenforschung zur Erzeugung embryonaler Stammzelllinien würde menschliches Leben in einem sehr frühen Stadium beendet. Dieser Embryonenverbrauch geschähe zwar nicht aus Gründen der negativ-eugenischen Selektion von mit humangenetisch erkennbaren Krankheitsanlagen behafteten Embryonen, wie dies bei der Präimplantationsdiagnostik der Fall wäre, sondern er diente einem im Prinzip lobenswerten medizinischen Ziel, nämlich der Entwicklung besserer Therapiemöglichkeiten für schwere und lebensbedrohliche Erkrankungen. Gerade deshalb aber wird das grundsätzliche ethische Problem der damit verbundenen Tötung menschlicher Embryonen häufig heruntergespielt beziehungsweise fälschlich als ein angebliches Abwägungsdilemma zwischen Lebensrecht (Artikel 2 Absatz 2 GG) und Forschungsfreiheit (Artikel 5 Absatz 3 GG) oder gar zwischen dem Leben des Embryos und dem Leben Tausender schwer kranker Patienten rekonstruiert. Eine Abwägung zulasten des Lebens eines Embryos käme aber nur dann in Betracht, wenn tatsächlich das konkrete Leben eines Patienten durch das konkrete Leben eines Embryos gefährdet würde. Eine solche Situation ist jedoch prinzipiell unvorstellbar. Auch der Hinweis auf die Straflosigkeit eines Schwangerschaftsabbruchs nach Beratung (§ 218a Absatz 1 StGB) verfängt nicht: Zum einen ist ein solcher Schwangerschaftsabbruch nach wie vor jedenfalls rechtswidrig, wengleich wegen der vom Gesetzgeber postulierten „Nichtverwirklichung" des Tatbestands durch die vorausgehende Beratung straflos, und zum anderen läge bei der Gewinnung embryonaler Stammzellen kein individueller Schwangerschaftskonflikt zwischen Mutter und Kind vor, erst recht dann nicht, wenn es sich um sogenannte „überzählige" Embryonen handelte, die ursprünglich im Rahmen einer künstlichen Befruchtung (IVF) erzeugt, schließlich aber nicht implantiert wurden.

Auch die Frage nach der etwaigen späteren Zulassung von womöglich im Ausland entwickelten Heilverfahren muss von der Frage des Imports embryonaler Stammzellen getrennt betrachtet werden. Derzeit ist eine solche rein hypothetische Frage fernab jeder Realität, ihre Beantwortung trägt daher zur Lösung des Streits um den Import embryonaler Stammzellen nichts bei. Die möglicherweise in einer ungewissen Zukunft einmal notwendig werdende Zulassung bestimmter

185 BVerfGE 39, 1 [41].

Heilverfahren kann argumentativ nicht dafür in Anspruch genommen werden, die dazu erforderliche Grundlagenforschung heute in Deutschland zu gestatten, sofern diese gegen höchstrangige verfassungsrechtliche Normen verstößt. Aus dem Recht auf körperliche Unversehrtheit ergibt sich jedenfalls keine Verpflichtung des Staates, Rahmenbedingungen zur Entwicklung einer ganz bestimmten Therapie bereitzustellen. Weder die Eignung der „überzähligen" Embryonen zu Forschungszwecken noch der erhoffte therapeutische Nutzen stehen mit der Lebensgefährdung kranker Menschen durch ihre Krankheit in einem ursächlichen Zusammenhang.[186] Aus der fehlenden Lebensperspektive „überzähliger" Embryonen folgt wegen der gleichwohl bestehenden unantastbaren Würde des Menschen keineswegs eine Erlaubnis zu deren forschungsbedingtem Verbrauch.

Die Politik wird künftig noch deutlicher als bisher kritisch nachfragen müssen; sie darf sich nicht von äußerst vagen Heil(ung)sversprechungen den Blick auf die Wirklichkeit verstellen lassen. Das konkrete Leben eines menschlichen Embryos im Hier und Jetzt kann grundrechtlich nicht gegen die vollkommen abstrakten Heilungschancen künftiger Patienten „abgewogen" werden. Sofern der Embryo ethisch und rechtlich mehr gelten soll als ein gestaltloser „Zellhaufen", darf man ihn nicht zu Zwecken instrumentalisieren, die in Gänze außerhalb seiner selbst liegen. Spräche man dem Embryo deshalb Lebensrecht und Menschenwürde bis zu einem passenden Zeitpunkt ab, so hätte man zwar das moralische Problem *per definitionem* aus der Welt geschafft. Eine solche „Ethik des Wegdefinierens" hätte jedoch ihrerseits Konsequenzen für unser Menschenbild, die von den Befürwortern der Stammzellforschung leider konsequent ausgeklammert werden.

Untrennbar mit der Forschung an embryonalen Stammzellen verbunden, sobald diese in die Nähe klinischer Anwendungen führen würde, wäre ferner das sogenannte „therapeutische" Klonen, dessen Bezeichnung uns bereits in die Irre führt: Der Begriff *therapeutisch*, der grundsätzlich positiv besetzt und entsprechend moralisch aufgeladen ist, soll von vorn herein für eine hohe Akzeptanz des Verfahrens sorgen, die sicherlich nicht einträte, wenn man die Dinge nüchtern so beschriebe, wie sie tatsächlich sind und nicht so, wie man sie gerne hätte: In Wirklichkeit geht es um das Klonen nach der „Dolly-Methode", also um die Erzeugung von Embryonen aus der Körperzelle eines Patienten und der entkernten Eizelle einer Eizellspenderin, an denen sodann verbrauchende Forschung betrieben werden soll. Zur Frage des Klonens hatte sich die Deutsche Forschungsgemeinschaft (DFG) in ihren am 3. Mai 2001 herausgegebenen *Empfehlungen zur Forschung mit*

186 Vgl. das Minderheitsvotum des Nationalen Ethikrates (2002) in seiner Stellungnahme zum Import menschlicher embryonaler Stammzellen, erschienen im Dezember 2001, hier Punkt 5.2.2 b, S. 37-38.

menschlichen Stammzellen auf den ersten Blick zwar eindeutig ablehnend geäußert: „Die DFG ist der Ansicht, dass sowohl das reproduktive als auch das therapeutische Klonen über Kerntransplantation in entkernte menschliche Eizellen weder naturwissenschaftlich zu begründen noch ethisch zu verantworten sind und daher nicht stattfinden können.“[187] Unumstritten war diese Festlegung jedoch selbst innerhalb der DFG nicht. So betont der Heidelberger Humangenetiker Claus R. Bartram (*1952), dass das „therapeutische“ Klonen erlaubt werden sollte.[188] Bartram schrieb in der *Frankfurter Allgemeinen Zeitung*: „Die Erzeugung von Embryonen für Forschungszwecke mit Ei- und Samenzellen erscheint mir nicht akzeptabel, der Weg des therapeutischen Klonens schon.“[189]

Sollten embryonale Stammzellen tatsächlich eines Tages zu therapeutischen Anwendungen beim Menschen führen, so bliebe – jedenfalls für alle Regionen außerhalb des Gehirns – das Problem der immunologischen Abstoßung des fremden Zelltransplantats zu lösen. Diese Abstoßung könnte nur durch die Verwendung von Zellen umgangen werden, die vom Patienten selbst abstammen. Solche Zellen soll das „therapeutische“ Klonen liefern. Der Baden-Württembergische Ministerpräsident Erwin Teufel (*1939) warnte am 11. Januar 2002, es bestehe die Gefahr, dass der Import von embryonalen Stammzellen nur der Einstieg in einen Embryonenverbrauch von weit größerer Dimension sein werde. So gebe es Hochrechnungen, nach denen später rund eine Million Embryonen verbraucht werden müssten, um den therapeutischen Bedarf an Zellkulturen zu decken.[190] Woher sollten künftig die Spenderinnen oder Lieferantinnen für jene unendlich vielen Eizellen kommen, die man für das „therapeutische“ Klonen benötigen und die man dabei durch die erforderliche hormonelle (Über-)Stimulierung unkalkulierbaren gesundheitlichen Risiken aussetzen würde? Insbesondere die Frage nach der Menschenwürde dieser Frauen müsste hier sehr intensiv diskutiert werden. Erwin Teufel plädierte deshalb dafür, sich auf die ethisch sichere Seite zu begeben und zunächst alle Forschungswege zu beschreiten, für die kein Verbrauch menschlicher Embryonen nötig sei. Das Land Baden-Württemberg legte darum 2002 ein Förderprogramm in Höhe von 7,5 Millionen Euro auf, das der Forschung an adulten Stammzellen sowie an embryonalen Stammzellen von Tieren zugutekommen sollte.

---

187 Deutsche Forschungsgemeinschaft (2001), Punkt 4.

188 So äußerte sich Prof. Dr. Claus Bartram im Rahmen des Interdisziplinären Diskussionsforums *Baukasten Mensch? Chancen und Gefahren der (Stamm-)Zelltherapie* im Hörsaal 10 der Neuen Universität in Heidelberg am 21. Juni 2001.

189 Bartram (2001).

190 Vgl. Den Artikel *Teufel lehnt Stammzellimport ab* in der Frankfurter Allgemeinen Zeitung Nr. 10 vom 12. Januar 2002, S. 5.

Die Tötung menschlicher Embryonen für Forschungs- oder auch für Therapiezwecke kann im Rahmen unserer Verfassungsordnung kein legitimes Unterfangen sein. Zu Recht stellt das 1990 erlassene Embryonenschutzgesetz solche Handlungen unter Strafe. Das Bundesverfassungsgericht hat darüber hinaus festgestellt, dass Menschenwürde nicht nur die individuelle Würde einer Person ist, sondern zugleich die Würde des Menschen als Gattungswesen. Jeder besitzt sie, ohne Rücksicht auf seine Eigenschaften, seine Leistungen und seinen sozialen Status. Sie ist auch dem eigen, der aufgrund seines körperlichen oder geistigen Zustands nicht sinnhaft handeln kann.[191] Es kommt demnach zusätzlich auf die objektiv-rechtlichen Konsequenzen an, die sich aus dem obersten Axiom der Verfassung ergeben, die Würde des Menschen sei vom Staat zu achten und zu schützen. Es geht nicht allein um die Frage, ob dem Embryo, der zugunsten einer verbrauchenden Forschung geopfert werden soll, ein Abwehrrecht im Sinne eines Grundrechts zusteht, sondern darüber hinaus um die sehr viel weiter reichende Frage, ob es in einem Gemeinwesen, das die Achtung und den Schutz der Würde des Menschen zum obersten Leitprinzip allen Handelns gemacht hat, erlaubt sein kann, mit menschlichem Leben so wie mit einem beliebigen anderen Gut zu verfahren.[192]

Die Grundlagenforschung kann derzeit mit Stammzellen anderer Herkunft (embryonale Stammzellen oder kurz ES-Zellen von Primaten, menschliche Stammzellen aus Nabelschnurblut und menschliche adulte Stammzellen) in ausreichendem Maß verfolgt werden. In den Jahren 2000 und 2001 hatten mindestens 13 Arbeitsgruppen in anerkannten Zeitschriften über die erstaunlichen Entwicklungspotenziale adulter menschlicher Stammzellen berichtet: Neuronen konnten in Blutzellen, Blutzellen in Leberzellen, Hautzellen in Nervenzellen umgewandelt werden. Der damalige Baden-Württembergische Staatsrat Prof. Konrad Beyreuther (*1941), zugleich Direktor des Zentrums für Molekulare Biologie der Universität Heidelberg (ZMBH), schrieb im November 2001 in der *Frankfurter Allgemeinen Zeitung*, es sei noch unklar, ob embryonale Stammzellen jemals eine klinische Relevanz gewinnen werden, während adulte Stammzellen teilweise schon in der Klinik eingesetzt würden.[193]

Darüber hinaus wurde zur Jahreswende 2001/02 im politischen Raum jedoch die Frage diskutiert, ob in bestimmten Ausnahmefällen wenigstens der Import solcher

191 BverfGE 87, 209 (228).

192 Vgl. die Darlegung von Prof. Ernst Benda (1925-2009) im *Diskussionspapier zur Präimplantationsdiagnostik – PID* (Stand: Januar 2002, S. 6), das die Arbeitsgruppe und der Wissenschaftliche Beirat *Bio- und Gentechnologie* der CDU/CSU-Bundestagsfraktion erarbeitet haben. Der Verfasser war von 2001 bis 2005 Mitglied dieses Wissenschaftlichen Beirats.

193 Beyreuther und Ho (2001).

menschlicher embryonaler Stammzelllinien aus dem Ausland erlaubt werden sollte, die bereits zu diesem Zeitpunkt existierten. Diese Zelllinien wurden aus Embryonen gewonnen, deren Tod bereits irreversibel in der Vergangenheit erfolgte, der also nicht mehr rückgängig gemacht werden könnte. Der amerikanische Präsident George W. Bush hatte am 9. August 2001 eine entsprechende Entscheidung im Hinblick auf die staatliche Förderung der Stammzellforschung in den Vereinigten Staaten getroffen. Die Mehrheit des Nationalen Ethikrates des Bundeskanzlers hielt in ihrem am 20. Dezember 2001 veröffentlichten Votum die bestehenden zirka 72 Stammzelllinien allerdings für nicht auf Dauer ausreichend: „Eine Beschränkung der importierbaren Stammzellen auf Linien, die vor einem bestimmten Stichtag entstanden sind, halten die Befürworter des Imports nicht für sinnvoll. [...] Eine solche Eingrenzung wird zudem die Herstellung weiterer Stammzelllinien im Ausland wegen der dort bestehenden eigenen Forschungsinteressen, etwa an der Verbesserung von Kulturbedingungen unter Vermeidung von Substanzen anderer Spezies oder an der Vergleichbarkeit genetisch unterschiedlicher embryonaler Stammzellen, nicht beeinflussen. Forschern in Deutschland würde damit schließlich eine mögliche Nutzung von im Ausland erzielten Fortschritten verwehrt werden."[194]

Auch wenn man diese Argumentation nicht begrüßt, muss man sie dennoch sehr ernst nehmen, denn die Befürworter der Stammzellenforschung werden diese argumentative Linie im Sinne einer „Salamitaktik" in der Zukunft weiter vertiefen. Das bedeutet: Mit der – wenn auch nur sehr eingeschränkten – Erlaubnis des Imports embryonaler Stammzellen wird ein Bedarf geweckt, der nicht mehr einzudämmen sein dürfte. Man kann nicht davon ausgehen, dass sich die Forscher auf Dauer mit dem Import solcher Stammzellen zufrieden geben werden, die vor einem bestimmten Stichtag erzeugt worden sind. Die nach dem Embryonenschutzgesetz verbotene und nach den allgemeinen herrschenden Wertvorstellungen zumindest dubiose Art und Weise der Gewinnung dieser Stammzellen wird andererseits auch nicht schon dadurch neutralisiert, dass die entsprechenden Handlungen bereits in der Vergangenheit unumkehrbar erfolgt sind. Hier können ethische und verfassungsrechtliche Bedenken nicht ausgeräumt werden.

Gleichwohl entschied sich der Deutsche Bundestag am Ende seiner umfassenden Debatte zur Frage des Imports embryonaler Stammzellen am 30. Januar 2002 schließlich mit 340 von 617 abgegebenen Stimmen für eine solche, zunächst eng umgrenzte Importerlaubnis. Eine Tötung von Embryonen zu Forschungszwecken sollte demnach zwar weiterhin verboten bleiben. Es sollte sichergestellt werden, dass der Import von humanen ES-Zellen nach Deutschland keine Tötung weiterer Em-

194 Nationaler Ethikrat: Stellungnahme zum Import menschlicher embryonaler Stammzellen vom 20. Dezember 2001. Vgl. Nationaler Ethikrat (2002), hier S. 51.

bryonen zur Stammzellgewinnung veranlasst. Zugleich stellte der Bundestag klar, dass die Zulassung des Imports von bestehenden humanen embryonalen Stammzellen keine rückwirkende Billigung der Tötung von Embryonen zu Forschungszwecken bedeute. Der Import sollte für öffentlich wie privat finanzierte Vorhaben grundsätzlich verboten bleiben und nur ausnahmsweise für Forschungsvorhaben unter den folgenden sechs Voraussetzungen zulässig sein:

1. Alternativen wären für die angestrebte Zielsetzung des geplanten Forschungsvorhabens nicht in vergleichbarer Weise erfolgversprechend.
2. Der Import humaner embryonaler Stammzellen würde auf bestehende (weltweit damals zirka 72) Stammzelllinien beschränkt, die zu einem bestimmten Stichtag – spätestens am 30. Januar 2002 – etabliert wurden.
3. Das Einverständnis der Eltern zur Gewinnung von Stammzellen aus einem Embryo müsse vorliegen. Dabei dürfe es sich nur um solche Embryonen handeln, die zur Herbeiführung einer Schwangerschaft gezeugt, aber aus Gründen, die nicht in ihnen selbst lagen, nicht mehr implantiert wurden. Das Einverständnis der Eltern müsse unter Ausschluss finanzieller Zuwendungen erklärt worden sein.
4. Die Hochrangigkeit des Forschungsvorhabens müsse nachgewiesen werden.
5. Die ethische Vertretbarkeit müsse durch eine hochrangige und interdisziplinär besetzte Zentrale Ethikkommission geprüft werden.
6. Die Erfüllung der genannten Voraussetzungen solle eine transparent arbeitende, gesetzlich legitimierte Kontrollbehörde sicherstellen, deren Genehmigung Bedingung für den Import sein würde.[195]

Bei dieser Entscheidung des Deutschen Bundestages handelte es sich aus damaliger Sicht um ein äußerstes Entgegenkommen des Gesetzgebers gegenüber den Interessen der Forscher, durch das sowohl das Recht auf Freiheit der Forschung (Artikel 5 Absatz 3 GG) gewährleistet als auch die – in jedem Falle vorrangige – Würde des Menschen (Artikel 1 Absatz 1 GG) geschützt werden sollte. Es blieb gleichwohl eine Option hart „am Ufer des Rubikon", die extrem sorgfältig gegen das zu erwartende Hochwasser abgesichert werden musste.[196] Ob dies gelingen würde, erschien dem Verfasser bereits im Februar 2002 als sehr fraglich. Inwieweit beispielsweise auch nur die Bundesregierung bereit sein würde, sich dem Votum des Parlaments

195 „Eine Tötung von Embryonen zu Forschungszwecken muß verboten werden". Antrag der Abgeordneten Dr. Maria Böhmer, Margot von Renesse, Andrea Fischer, Horst Seehofer, Hildegard Wester, Werner Lensing, Wolf-Michael Catenhusen, Dr. Martin Mayer. Frankfurter Allgemeine Zeitung Nr. 26 vom 31. Januar 2002, S. 3.

196 Bauer (2001a).

tatsächlich zu beugen, musste ihr Entwurf eines entsprechenden Importgesetzes für die Einfuhr menschlicher embryonaler Stammzellen erst noch zeigen. Man würde in den folgenden Monaten bis zum Sommer 2002 auch die weiteren Äußerungen und (Nach-)Forderungen der Wissenschaftler als einen Prüfstein für deren bisherige und künftige argumentative Glaubwürdigkeit sorgfältig zu registrieren haben. Nun waren die Forscher am Zug: Sie mussten unter Beweis stellen, dass sie die ihnen vom Grundgesetz garantierte Freiheit der Forschung verantwortungsvoll einzusetzen wussten.

11 Human Embryonic Stem Cell Research – The Ethical Problems[197]

Biopolitically speaking, the issue of stem cell research is discussed too one-sidedly and uncritically from the perspective of medical progress. In turn, medical progress as it is addressed in this context is equated with the development of new, and most of all, more effective, therapies for serious chronic diseases, this constituting a similarly inadequate, because short-sighted view. The result of this doubly reductionist perspective is that basic research on embryonic stem cells in particular is fundamentally associated with the introduction of innovative therapies and is thus compelled to derive its ethical justification from them. The discourse on scientific policies presents itself as a perpetual act of playing with human beings' hopes for healing which is invested with a quasi-religious, emotionally charged dimension through the suggestive catchword "ethics of healing." This catchword, which hardly does justice to the matter in question, can be used to deliver moral blows – but blows in two directions:

For one, those who speak out against research on embryonic stem cells on the grounds that it entails destroying embryos are depicted as representatives of what would seem to be inhumane moral standards – and "double moral standards" at that – because they are purportedly willing to risk the lives of millions of severely ill persons for the sake of preserving those of so-called "surplus" embryos by rejecting the development of what are hailed as the only viable life-saving therapies for such patients. On the other hand, stem cell researchers also find themselves put under extreme moral pressure by the "ethics of healing," for the legitimation

197 This chapter is based on a biopolitical lecture which was held at the meeting *Stem Cells, Cloning – Science, Bioethics, Politics* in Thörl-Palbersdorf (Austria) on September 8, 2007.

of their scientific endeavours is completely dependent upon whether they succeed in fulfilling the utopian promises to heal which they themselves as well as their allies from the realms of jurisprudence and bioethics make, or believe they are expected to make, in public.

One frequently neglected ethical issue which arises in connection with research on human embryonic stem cells consists in the circumstance that none of its protagonists puts any thought to who will have to take moral or legal responsibility if the hopes of healing which are raised in patients do not fulfill themselves. The history of medicine is full of premature promises for healing; the incidence of therapeutic miracles is considerably less spectacular. An ethically questionable line of research cannot be justified by merely invoking hopes and opportunities if the two highest-ranking legal goods, namely the dignity of the human being and the right to life, are endangered by it. Research on human embryonic stem cells constitutes just such an endangerment, however, for the embryonic stem cells are derived from several-day-old embryos which cannot survive after extraction of the stem cells. The embryos are destroyed in the service of biomedical research. To be sure, they are enlisted in the interests of a high-ranking goal, namely the development of better therapies for serious diseases, but prospects for new therapies are directed towards an uncertain future with an uncertain outcome.

In this context, the ethical and legal problems connected with the destruction of human embryos are erroneously presented as entailing the dilemma of having to weigh the *right to life* (Article 2 Paragraph 2 of German Basic Law against the *right of freedom of science* (Article 5 Paragraph 3 Basic Law) or even between the life of an embryo against those of countless seriously ill patients. And yet, thousands of embryos would surely have to die before it is possible – perhaps – for even a single patient to be treated with derivatives from embryonic stem cells. Furthermore, recognition of a fundamental right to life does not obligate the state to provide the conditions for developing any specific form of therapy, if, first of all, this form of therapy only exists in the figments of some researchers' imaginations and secondly, if substantial ethical and constitutional boundaries would have to be crossed in doing so.

What does the scientific reality behind announcements with such public appeal look like? In his written statement for the public hearing of the *Standing Committee for Education, Research and Technical Impact Assessment* of the German National Parliament on the topic of *Stem Cell Research* from May 9, 2007, haemato-oncologist Anthony D. Ho (*1948) from Heidelberg elucidates just how far from reality the claims made by stem cell researchers currently are: "As yet, we understand much too little about the basic control mechanisms of stem cell features, which is to say, those mechanisms which control self-renewal and maturation. Pioneering researchers were fascinated by the possiblity that one type could be transformed into another, but they neglected to conduct any exacting investigations into the fundamental mechanisms behind such conversion and maturation processes. As we have learned from blood stem cell research, it takes years to decades to move from the phase of therapeutic experimentation using animals to human applications."[198]

This sobering assessment made by an experienced medical clinician contrasts strongly with frivolous scientific claims like those made by the veterinarian and stem cell researcher Miodrag Stojković (*1964), who appeared on the television show *Menschen bei Maischberger* on June 6, 2006, announcing that stem cell research would enable paraplegics to walk again within three-years time.[199] Clinical realisation of such promises lies beyond the horizon. Due to their pluripotence, cells derived from embryonic stem cells are particularly susceptible to growth of malignant tumours after transplantation, and it is extremely important not to lose sight of this risk. Moreover, anatomic observation of implanted tissues does not suffice to ensure proper long-term physiological functionality.

In addition, concepts for curing serious chronic diseases through the use of cell products derived from embryonic stem cells are based on a series of questionable, because extremely simplistic, pathophysiological premises. From a medical perspective, the successful treatment of diseases is much more complicated than it appears to be in the light of the stem cell debate; it does not suffice simply to implant new cells in places where a patient's own cells have been destroyed as a result of pathological, and in some cases, autoimmunological processes. Treating a disease whose causes and pathogenesis have not, as yet, been fully understood through quantitative exogenous cell replacement can, at best, relieve symptoms; this has no effect on its causes nor does it guarantee any long-term cure. In fact, the reverse is the case: once one has gained scientific insights into the pathological processes of destruction which accompany certain diseases, at least midterm prospects for intervening in such processes therapeutically and for healing such diseases without the use of exogenous cell replacement should open up.

At present, there are no indications that animal experimentation provides sufficient foundations for developing any near-future prospects for treatment on human beings using products deriving from embryonic stem cells. Even if one were to adopt the stance of Anglo-Saxon utilitarianism and consider it ethically sound to weigh the "good" constituted by the lives of spent embryos against those of future patients, no exceptional therapeutic prospects exist today which would

198 Ho (2007), p. 1.

199 Taken from the Wikipedia article on Miodrag Stojković at http://de.wikipedia.org/wiki/Miodrag_Stojkovi%C4%87 (May 7, 2007).

justify a shift of moral boundaries in the direction of more tolerance for consuming embryonic research.

During the now historical debate of January 2002 in the German national parliament which addressed the issue of limiting permission for importation of human embryonic stem cell lines, the question was raised as to whether it should be permitted to import ones from foreign countries which were produced before January 1, 2002, the line of reasoning being that these cell lines were derived from embryos whose death had occurred irreversibly in the past. The Stem Cell Act which was passed on June 28, 2002, was designed to guarantee the basic right of freedom of science (Article 5 Paragraph 3 Basic Law) as well as to protect the unquestionably overriding dignity of the human being (Article 1 Paragraph 1 Basic Law). In this way, basic biological research, but *not* medical therapeutic research, was provided with a certain degree of – consciously limited – free license.

In 2007, more than five years later, the liberal party FDP and researchers, jurists, politicians and Protestant theologians who supported the "new" biopolitical agenda wanted to rob the Stem Cell Act of its ethical substance, making it ineffective for all intensive purposes. Its ethical substance consisted, for one, in the cut-off date – January 1, 2002 – which was laid down as a *terminus ante quem* as well as in the application of general penal regulations for punishability to crimes commited in foreign states or to crimes with a significant connecting factor to a foreign state (Section 9 Paragraph 2 of the Criminal Code (StGB)) which relate to stem cell research. The elimination of the words "before 1 January 2002" in Section 4 Paragraph 2 No. 1 a of the Stem Cell Act and the insertion of a new Paragraph 3 in Section 13 Stem Cell Act, which states that Section 9 Paragraph 2 Sentence 2 Criminal Code should no longer be applied to punishability in accordance with the Stem Cell Act, both of which initially appear to be harmless amendments, would in fact remove the keystone of a complex legal edifice, thus letting loose a cascade of additional juridical consequences which would probably lead to a collapse of the Embryo Protection Act (*Embryonenschutzgesetz*) passed in 1990 within a short period of time.

In moving the original cut-off date once or in establishing a new cut-off date with a certain grace period, which is to say, in introducing a flexible cut-off date, legislators would inevitably signalise to researchers that the regulations laid down in 2002 – restrictions on importation of embryonic stem cells for use in basic research – were no longer to be taken seriously. After all, the supply of stem cell lines available in Germany in 2007 was large enough to cover the needs for basic biological research. And so far, a total of 22 research applications had been approved, with the last permit for importation of stem cell lines being granted to the research group led by Prof. Hans Schöler (*1953) at the Max-Planck Institute for Molecular

Biomedicine in Münster on August 1, 2007.[200] Otherwise, researchers would have to admit to having spent taxpayers' money on useless research projects.

The reason for defining January 1, 2002, as the cut-off date as well as for applying general penal regulations concerning the punishability of crimes committed in foreign states or crimes with a significant connecting factor to a foreign state to stem cell research, was to prevent the destruction of embryos in foreign countries for the purpose of extracting human embryonic stem cells at the instigation of Germany from the year 2002 on. One can no longer rule out the instigation of such acts, however, if the potential producers of stem cells can count on German researchers being able to import the cells they produce in the not-too-far future. In this case the next step in the cascade would be the appearance of the legitimate question as to what ethical justification there is for leaving the destruction of embryos up to scientists in other countries while importing the stem cells which are extracted from these embryos to Germany for research purposes without having the burden of moral scruples.

Then an ethically untenable situation would indeed occur which could only be rectified by massive intervention into the Embryo Protection Act. If German legislators hold research on human embryonic stem cells to be principally purposeful and worthy of promotion despite the fact that embryos must be destroyed beforehand, then the logical step – if they want to avoid moral duplicity – would be to permit production of such cells in Germany. But in this case, Section 2 of the Embryo Protection Act, which as yet prohibits disposing of, handing over, acquiring or using for a purpose not serving its preservation, a human embryo produced outside the body (Section 2 Paragraph 1 Embryo Protection Act) or causing a human embryo to develop further outside the body for any purpose other than the bringing about of a pregnancy (Section 2 Paragraph 2 Embryo Protection Act) would be subject to renegotiation.

The next step would entail creating the conditions under which enough "surplus" embryos from in-vitro fertilisation could be supplied for the production of embryonic stem cell lines. This would require at least three depenalisations in Section 1 of the German Embryo Protection Act, which would have to be carried out for the sake of juridico-ethical consistency and coherency. Until 2007, the following actions were subject to penalisation:

200 As of August 1, 2007, these research projects had been entered into the registry administered by the Robert-Koch-Institute in Berlin in accordance with art. 11 Stem Cell Act (StZG).

1. attempts to fertilise artificially an egg cell for any purpose other than bringing about a pregnancy of the woman from whom the egg cell originated (Section 1 Paragraph 1 No. 2 Embryo Protection Act);
2. attempts to fertilise more egg cells from a woman than may be transferred to her within one treatment cycle (Section 1 Paragraph 1 No. 5 Embryo Protection Act);
3. bringing about artificially the penetration of a human egg cell by a human sperm cell or transferring a human sperm cell into a human egg cell artificially without intending to bring about a pregnancy in the woman from whom the egg cell originated (Section 1 Paragraph 2 No. 1 and No. 2 Embryo Protection Act).

In the future, all three proscriptions might cease to apply. Due to this substantial, but logically consistent intervention into the Embryo Protection Act, precisely those penal obstacles which have impeded legalisation of preimplantation genetic diagnosis (PGD) until now, would be eliminated.

Thus the demand for liberalization of the German Stem Cell Act entailed much more than merely shifting an arbitrary date; what was at stake was the ultimate collapse of the Embryo Protection Act. It might take another three to five years for the scenario described here to become a legal reality. But it would hardly be possible to check this domino effect, least of all on sound ethical grounds, for after the revision of the Stem Cell Act as described above, such substantial ethical arguments could no longer be applied. In particular, those politicians who had taken a neutral or mediatorial position on biopolitics in the past should consider the far-reaching consequences of such developments. Critics as well as protagonists of research on human embryonic stem cells, which is only possible through embryo consumption, already take such consequences in stride.

At the beginning I criticised those doubly reductionist views which argue that basic biological research constitutes nothing more than medical research and that in turn, medical research constitutes nothing more than therapeutic research. Such an erroneous perspective yields false conclusions for scientific research as well as for the areas of law and ethics. It is important to avoid drawing such false conclusions. On the one hand, the state must guarantee freedom of science (Article 5 Paragraph 3 Basic Law), but on the other hand it must put restrictions on developments in science if such restrictions are required to protect the highest-ranking legal goods such as the dignity of the human being (Article 1 Paragraph 1 Basic Law) and the right to life (Article 2 Paragraph 2 Basic Law).

What initially appears to be an impossible feat is in fact nothing utopian as long as one sets the right priorities, and in terms of stem cell research this means if one sets this innovative branch of science aright in terms of its defining premises. This would entail taking the following four steps – systematically and in the proper order:

- *First step:* Basic biological research is extremely valuable, indispensable and worthy of promotion in itself due to the intrinsic insights which can be gained from it. Researchers who conduct basic research on embryonic stem cells must adopt an open and honest position as follows. The scientific goal of stem cell research does not consist in destroying embryos but rather in studying and understanding fundamental cellular and developmental biological processes in detail. This is an absolutely legitimate goal that can be achieved by research using the embryonic stem cells of animals which should be funded to a more extensive degree than it has been in the past. It would be important for researchers to be able to refrain from making constant references to therapies for human diseases which are allegedly ready for application in the near future in order to acquire sufficient funding for their research. Stereotypical references to therapeutic prospects corrupt basic biological research endeavours to the detriment of research itself as well as undermining ethical principles.
- *Second step:* After in-depth insights into biological foundations have been gained, and only then, pathological processes can be studied in animal experiments and illuminated etiologically and pathogenetically. No objections should be made to attempts to perform therapeutic interventions in animal experiments with the help of stem cell derivatives. The long-term anatomical, physiological and clinical success of such therapies must be proven on the basis of sound and scientifically testable methods, however. Particular attention should be paid to undesirable side-effects.
- *Third step*: Insofar as therapeutic research conducted within the framework of the second step as described above intends to transfer courses of treatment analogously to human beings later on, suitable procedures must be developed in animal experiments first which allow scientists to dispense with the destruction of animal embryos for purposes of extracting stem cell derivatives. Scientists must have a mastery of such techniques and these must be biologically effective. Precision has priority over speed.
- *Fourth step:* It is necessary to complete the first three steps before plans are made to develop corresponding therapeutic strategies for human beings. When this stage has been reached, procedures must have been developed and successfully tested in animal experiments which do not require destruction of embryos. Then no more human embryos will have to be destroyed for research or therapeutic purposes in the first place.

The procedure sketched out here ensures compatibility of truly sound biological research with the ethical and legal requirements of our social order as it is laid down in the German Basic Law. This does not require any amendment of the Stem Cell

Act; what is needed is a strategic reorientation not only of the German stem cell researchers. The aim here is to break down encrusted ways of thinking.

Research on human embryonic stem cells has acquired a symbolic significance in science, politics and ethics. It is not merely a matter of acquiring fundamental – and extremely valuable – insights into biological foundations, for this does not entail destroying human embryos. What is at stake is a fundamental decision as to what moral price we want to pay for medical treatment. If we must kill to heal, the price is too high.

It all comes down to whether we accept this view or attempt to minimize the moral price we pay for certain practices through use of bioethical rhetoric. The dignity of the human being must not be violated by constantly redefining what kind of human life is to be viewed as worthy of protection in accordance with the changing demands of the life sciences.

12 Freie Fahrt für freie Forscher? Wie das deutsche Stammzellgesetz zur Farce wurde[201]

Am 11. April 2008 entschied der Deutsche Bundestag mit einer Mehrheit von fast 60 Prozent der abgegebenen Stimmen (346 Ja, 228 Nein, 6 Enthaltungen) über das künftige Schicksal des Stammzellgesetzes (StZG): Durch die nach beinahe anderthalbjähriger Diskussion beschlossene Verschiebung des im Jahre 2002 festgelegten Stichtags für diejenigen menschlichen embryonalen Stammzelllinien, die aus dem Ausland nach Deutschland eingeführt werden dürfen, vom 1. Januar 2002 auf den 1. Mai 2007 (§ 4 StZG) sowie durch die Reichweitenbeschränkung auf im Inland befindliche embryonale Stammzellen (§§ 2, 13 StZG) wurde dem Stammzellgesetz in ethischer Hinsicht das Genick gebrochen. Das geänderte Gesetz verhält sich zur vorherigen Fassung ähnlich wie ein Schaukelpferd zu einem Pferd: Es sieht zwar so aus wie ein Pferd, aber es ist keines. Was auf den ersten Blick wie eine kalendarische Marginalie erscheinen mochte, denn es ging lediglich um eine Differenz von 64 Monaten in der Vergangenheit, bedeutete in Wahrheit wesentlich mehr – Deutschland stand mitten in einem biopolitischen Kurswechsel mit erheblichen Folgen für den Schutz des frühen menschlichen Lebens.

Die Verschiebung des ursprünglichen Stichtages durfte von den Forschern als ein deutliches Signal dafür gewertet werden, dass der Gesetzgeber seine eigenen

201 Der Text zu diesem Kapitel wurde ursprünglich im April 2008 unmittelbar nach der Änderung des Stammzellgesetzes (StZG) als kritischer Kommentar verfasst.

Vorgaben aus dem Jahre 2002 nicht mehr ernst nahm. Der Zweck des Stichtages 1. Januar 2002 lag nämlich darin, dass eine von Deutschland ausgehende Veranlassung der Embryonenzerstörung im Ausland zur Gewinnung menschlicher embryonaler Stammzellen vom Jahre 2002 an vermieden werden sollte. Eine solche Veranlassung kann jedoch nicht mehr ausgeschlossen werden, wenn der potenzielle Exporteur von Stammzellen damit rechnen darf, dass die von ihm gewonnenen Zellen eines nicht allzu fernen Tages durch deutsche Forscher eingeführt werden können. Denn kein Politiker kann die Hand dafür ins Feuer legen, dass es bei der Einmaligkeit einer Stichtagsverschiebung bleiben wird. Hier von endgültigen Garantien zu sprechen, hielt deshalb auch Bundesforschungsministerin Annette Schavan (*1955) schon in einem Interview vom 27. Dezember 2007 für „nicht seriös und für falsch". Die Zeitung *Welt am Sonntag* zitierte die Ministerin am 6. April 2008 gar mit dem Satz: „Die Frage, was in einigen Jahren auf uns zukommt, lässt sich erst beantworten, wenn sich die Herausforderung stellt."[202] Weitere Stichtagsverschiebungen waren damit bereits politisch einkalkuliert.

In ethischen Debatten wird das Argument der sogenannten „schiefen Ebene", das bisweilen auch als „Dammbruchargument" formuliert wird, nicht besonders gern gesehen. Die Verwirklichung einer solchen schiefen Ebene sei nicht zwingend, so sagen die Kritiker des Arguments, schließlich könne man an jedem Punkt des abschüssigen Weges anhalten. Der Diskurs um eine Verschiebung des Stichtages für den Import menschlicher embryonaler Stammzellen kann allerdings als ein Lehrbuchbeispiel für die tatsächliche Relevanz schiefer Ebenen betrachtet werden. Denn da der Bundestag die Forschung an menschlichen embryonalen Stammzellen trotz der ihr im Ausland vorausgegangenen Zerstörung von Embryonen um der Förderung der biologischen und medizinischen Forschung willen offenbar für wichtig und förderungswürdig hält, wird er konsequenter Weise in nicht allzu ferner Zukunft die Erlaubnis dazu erteilen müssen, dass solche Zellen auch in Deutschland selbst hergestellt werden; die völlige Stichtagsabschaffung als Vorstufe dazu forderten bereits 2008 die Deutsche Forschungsgemeinschaft (DFG) sowie die Deutsche Gesellschaft für Innere Medizin (DGIM). Unter ethischen Erwägungen kann man auf längere Sicht keinesfalls jene Doppelmoral rechtfertigen, die dadurch offenkundig wird, dass in Deutschland zwar hochkarätige Forschung an möglichst frischen embryonalen Stammzellen stattfinden soll, während man die dafür erforderliche Zerstörung embryonalen menschlichen Lebens dauerhaft ins Ausland verlagert.

Damit stünde aber § 2 des 1990 erlassenen Embryonenschutzgesetzes (ESchG) zur Disposition, wonach es bislang verboten ist, einen menschlichen Embryo zu

202 Deißner (2008).

einem nicht seiner Erhaltung dienenden Zweck abzugeben, zu erwerben oder zu verwenden oder diesen sich außerhalb des Körpers weiter entwickeln zu lassen. Weiterhin müssten die Voraussetzungen dafür geschaffen werden, dass in der Praxis genügend Embryonen aus der In-vitro-Fertilisation für die Herstellung embryonaler Stammzelllinien zur Verfügung stünden. Dies würde an mehreren Stellen eine Aufhebung der Strafbarkeit in § 1 ESchG erfordern. Bislang sind nämlich folgende Handlungen mit Strafe bedroht: eine Eizelle zu einem anderen Zweck künstlich zu befruchten, als demjenigen, eine Schwangerschaft der Frau herbei zu führen, von der die Eizelle stammt; mehr Eizellen einer Frau zu befruchten, als dieser innerhalb eines Zyklus übertragen werden sollen, nämlich maximal drei; künstlich zu bewirken, dass eine menschliche Samenzelle in eine menschliche Eizelle eindringt, oder eine menschliche Samenzelle in eine menschliche Eizelle künstlich zu verbringen, ohne eine Schwangerschaft der Frau herbei führen zu wollen, von der die Eizelle stammt. Diese Verbote könnten innerhalb der nächsten Jahre abgeschafft werden.

Durch die tatbestandliche Begrenzung des geänderten Stammzellgesetzes auf im Inland befindliche embryonale Stammzellen wird sowohl eine Strafbarkeit wegen Teilnahme als auch wegen mittäterschaftlicher Mitwirkung an der Forschung von im Ausland befindlichen Stammzellen ausgeschlossen. Insbesondere scheidet auch aus, dass dem im Ausland Handelnden eine ausländische Handlung als eigene zugerechnet wird, wie dies nach der Rechtsprechung bei mittäterschaftlichem Handeln grundsätzlich möglich wäre. Zudem kommt auch eine strafrechtliche Verantwortlichkeit des im Ausland handelnden Amtsträgers oder für den öffentlichen Dienst besonders Verpflichteten nicht mehr in Betracht. Für deutsche Wissenschaftler, die im Ausland mit dortigen Kollegen in der embryonalen Stammzellforschung kooperieren, gelten also die üblichen Regeln des deutschen Strafrechts nicht mehr. Sie können sich seit 2008 im Ausland an Forschungsprojekten auch mit solchen menschlichen embryonalen Stammzellen beteiligen, die nach dem 1. Mai 2007 erzeugt worden sind. Damit wurde das nur noch auf dem Territorium der Bundesrepublik Deutschland geltende Stammzellgesetz zur Farce.

Es ging bei der Verschiebung des Stichtags im Stammzellgesetz in Wahrheit um einen Dammbruch beim Embryonenschutz. Die Protagonisten der Forschung an menschlichen embryonalen Stammzellen hatten diese Folgewirkungen einkalkuliert und stellten sogleich weitere Forderungen nach gesetzlichen Lockerungen. Es hätte zur Ehrlichkeit und Seriosität der ethischen und politischen Argumentation gehört, die für jeden Kenner der Materie absehbaren Konsequenzen einer keineswegs „einmaligen" Stichtagsverschiebung zu benennen, anstatt sie mit dem – in diesem Falle deutlich zu kurzen – Mantel scheinbarer christlicher Nächstenliebe zu verhüllen. Dessen ungeachtet verteidigte noch Mitte Februar 2008 der damalige Ratsvorsitzende der Evangelischen Kirche in Deutschland (EKD), der Berliner Bischof Wolfgang Huber (*1942), die von ihm selbst bereits seit November 2006 aktiv propagierte Stichtagsverschiebung mit einem paradoxen Argument: Er fürchte, dass eine „zu starre Haltung" einer viel weitergehenden Liberalisierung Vorschub leisten werde. Bedenken der Forschungsgegner, eine Stichtagsverlegung ziehe die nächste nach sich, hielt er entgegen, von einem Automatismus könne keine Rede sein. Die EKD-Synode habe klargestellt, dass es nur um eine einmalige Verschiebung gehen könne. Hier muss man allerdings bedenken, dass die evangelische Kirche wohl kaum eine künftige Entscheidung des Deutschen Bundestages unterbinden kann.

Die Befürworter der Stichtagsverschiebung hielten die Ausweitung des Stammzellimports vor allem aus drei Gründen für geboten: Seit 2002 seien die importfähigen embryonalen Stammzelllinien knapp geworden. Zudem seien sie inzwischen durch tierische Nährmedien verunreinigt und somit nur noch bedingt brauchbar. Vor allem aber, so das zentrale Argument, seien die Erkenntnisse aus der Grundlagenforschung an embryonalen Stammzellen langfristig unverzichtbar für die Nutzbarmachung der ethisch unbedenklichen und klinisch seit Jahrzehnten erfolgreich eingesetzten adulten Stammzellen.

Doch keiner der drei Gründe traf zu: So war im April 2002 nach Auskunft des amerikanischen Stammzellregisters nur eine einzige Zelllinie für den Versand verfügbar, während im Frühjahr 2008 im Prinzip 21 Zelllinien nach Deutschland eingeführt werden konnten. Dass diese Zelllinien für die biologische Grundlagenforschung – und nur um diese ging und geht es in Wirklichkeit – nicht mehr gut brauchbar seien, erscheint vor dem Hintergrund kaum glaubhaft, dass allein seit Januar 2008 das beim Robert Koch-Institut (RKI) in Berlin geführte Register der Forschungsvorhaben mit menschlichen embryonalen Stammzellen in Deutschland sechs neue Genehmigungen erteilt hatte, zuletzt am 11. April 2008 die 29. Genehmigung an einen Wissenschaftler des Universitätsklinikums Düsseldorf. Da die erste Genehmigung am 20. Dezember 2002 erteilt worden war, bedeutet dies, dass auf die letzten 5 Prozent der zwischen Dezember 2002 und April 2008 abgelaufenen Zeit 20 Prozent aller Genehmigungen entfielen.

Weshalb schließlich die seit 1985 erfolgreich in der Therapie eingesetzte medizinische Behandlung mit den ethisch unbedenklichen adulten Stammzellen auf Erkenntnisse aus der erst seit dem Ende der 1990er Jahre durchgeführten Forschung an menschlichen embryonalen Stammzellen angewiesen sein sollte, war eine allein schon wissenschaftstheoretisch abenteuerliche Behauptung, die weder logisch einleuchtete noch durch empirische Belege gestützt werden konnte.

Das Thema Stammzellforschung wird insgesamt viel zu unkritisch unter dem Aspekt des medizinischen Fortschritts diskutiert. Der medizinische Fortschritt wiederum wird in diesem Kontext – in ebenfalls inadäquater Verkürzung – mit der Entwicklung neuer und vor allem wirksamerer Therapien gegen schwere chronische Erkrankungen des Menschen gleichgesetzt. Diese zweifach reduktionistische Perspektive hat dazu geführt, dass speziell die Grundlagenforschung an embryonalen Stammzellen grundsätzlich mit der – angeblich jeweils bald bevorstehenden – Einführung innovativer Behandlungskonzepte verknüpft wird und durch diese ethisch gerechtfertigt werden muss. Der wissenschaftspolitische Diskurs um die embryonalen Stammzellen stellt sich auf diese Weise als ein fortwährendes Spiel mit den Hoffnungen von Menschen auf Heilung dar, das unter dem suggestiven Schlagwort „Ethik des Heilens" eine quasireligiöse und emotional aufgeladene Dimension erhalten hat. Mit diesem der Sache keineswegs angemessenen Schlagwort kann man tatsächlich moralische Schläge austeilen, allerdings in zweierlei Richtung:

Zum einen werden diejenigen, die sich wegen der damit verbundenen Zerstörung von Embryonen argumentativ gegen die Forschung an menschlichen embryonalen Stammzellen wenden, als Vertreter einer tendenziell inhumanen, noch dazu „doppelten" Moral dargestellt, da sie für die – letztlich sogar ineffektive – Erhaltung des Lebens sogenannter „überzähliger" Embryonen angeblich das Leben von Millionen schwer kranker Menschen aufs Spiel setzen, indem sie die Entwicklung – selbstverständlich „alternativloser" – lebensrettender Therapien für solche Patienten verweigern wollten. Zum anderen aber sehen sich ebenso auch die Stammzellforscher durch die „Ethik des Heilens" unter starken moralischen Druck gesetzt, denn die Legitimation ihrer wissenschaftlichen Arbeit steht und fällt mit der möglichst raschen Einlösung jener utopischen Heil(s)versprechen, die sie selbst und ihre Verbündeten aus Rechtswissenschaft und Medizinethik öffentlich verbreiten oder glauben verbreiten zu müssen.

Die Konzepte über eine mögliche Heilung schwerer chronischer Krankheiten durch aus embryonalen Stammzellen abgeleitete Zellprodukte enthalten fragwürdige, weil extrem simplifizierende pathophysiologische Prämissen. Die erfolgreiche Behandlung von Krankheiten ist aus medizinischer Sicht wesentlich komplizierter, als dies im Licht der Stammzelldebatte gemeinhin erscheint: Es genügt eben nicht, einfach dort neue Zellen einzubringen, wo zuvor körpereigene Zellen durch einen pathologischen, möglicherweise autoimmunologischen Prozess zerstört worden sind. Eine Krankheit, deren Ursachen und deren Pathogenese man unzureichend verstanden hat, kann man durch exogen eingebrachten, quantitativen Zellersatz allenfalls symptomatisch behandeln, aber nicht kausal und auf Dauer heilen. Umgekehrt gilt: Sofern man den pathologischen Zerstörungsprozess einer Krankheit erst einmal wissenschaftlich verstanden hat, sollte es zumindest auf mittlere Sicht möglich sein, ihn therapeutisch zu unterbrechen und dadurch eine Heilung ohne externen Zellersatz herbeizuführen.

Tierexperimentell sind derzeit keine ausreichenden Grundlagen geschaffen, die eine Behandlungsaussicht beim Menschen durch Produkte aus embryonalen

Stammzellen als in absehbarer Zeit realisierbar erkennen ließen. Selbst wenn man im Sinne des angelsächsischen Utilitarismus eine ethische Güterabwägung zwischen dem Leben der verbrauchten Embryonen und dem Leben zukünftiger Patienten für statthaft hielte, könnten heute keine außergewöhnlichen Therapieaussichten zugunsten moralischer Grenzverschiebungen – im Sinne einer „großzügigeren" Erlaubnis verbrauchender Embryonenforschung – geltend gemacht werden.

Zu kritisieren ist – wie bereits erwähnt – jene zweifach reduktionistische Sichtweise, wonach biologische Grundlagenforschung nichts Anderes als medizinische Forschung und medizinische Forschung nichts Anderes als Therapieforschung bedeute. Aus dieser fehlleitenden Perspektive ergeben sich falsche Schlussfolgerungen sowohl für die naturwissenschaftliche Forschung als auch für Recht und Ethik. Der Staat muss zwar einerseits die Freiheit der Forschung gewährleisten (Artikel 5 Absatz 3 GG), er muss aber andererseits dann einschränkende Vorgaben für Entwicklungen innerhalb der Wissenschaft machen, wenn diese Einschränkungen zum Schutz höchstwertiger Rechtsgüter wie dem Recht auf Leben (Artikel 2 Absatz 2 GG) und der Würde des Menschen (Artikel 1 Absatz 1 GG) erforderlich sind.

Was nur auf den ersten Blick wie eine Quadratur des Kreises anmutet, wäre in Wahrheit keineswegs utopisch, sofern man die Prioritäten richtig setzen würde, und das heißt in Bezug auf die Stammzellforschung, sofern man diesen innovativen Wissenschaftszweig ideologisch endlich einmal vom Kopf auf die Füße stellte. Es ergäben sich dann die folgenden vier Schritte, die systematisch nacheinander und in der richtigen Reihenfolge zu gehen wären:

- *Erster Schritt:* Biologische Grundlagenforschung ist als solche schon wegen des reinen Erkenntnisgewinns äußerst wertvoll, unerlässlich und förderungswürdig. Die Grundlagenforscher im Bereich der embryonalen Stammzellforschung müssen eine offene und ehrliche Position beziehen, die folgendermaßen aussieht: Das wissenschaftliche Ziel der Stammzellforschung besteht nicht darin, Embryonen zu zerstören, sondern darin, grundlegende zell- und entwicklungsbiologische Prozesse im Detail zu studieren und zu verstehen. Dieses Ziel ist absolut legitim, es kann durch Untersuchungen an tierischen embryonalen Stammzellen erreicht werden, die finanziell großzügiger als bisher gefördert werden sollten. Es wäre wichtig, dass sich die Forscher hierbei nicht ständig auf angeblich bald bevorstehende Therapien menschlicher Erkrankungen beziehen müssten, um ausreichende Forschungsmittel einwerben zu können. Der stereotyp vorgebrachte Therapiebezug korrumpiert die biologische Grundlagenforschung, zum Schaden der Forschung und zum Schaden der Ethik.
- *Zweiter Schritt:* Nach gründlicher Erforschung der biologischen Grundlagen könnte daran gedacht werden, anhand von Tiermodellen auch pathologische

Prozesse zu studieren und diese ätiologisch wie pathogenetisch aufzuklären. Gegen den Versuch einer therapeutischen Intervention am Tiermodell mithilfe von Stammzellderivaten bestünden dann, wenn sich dies als notwendig und nützlich erweisen sollte, keine Einwände. Der dauerhafte anatomische, physiologische und klinische Erfolg derartiger Therapien müsste auf wissenschaftlich seriöse und überprüfbare Weise belegt werden. Besonders wäre dabei auf unerwünschte Nebenwirkungen zu achten.

- *Dritter Schritt*: Sofern im Rahmen der im zweiten Schritt genannten Therapieforschungen die Absicht bestünde, analoge Behandlungswege später auf den Menschen zu übertragen, müssten zunächst geeignete Verfahren im Tiermodell entwickelt werden, die eine Zerstörung tierischer Embryonen zum Zweck der Gewinnung von Stammzellderivaten nicht mehr erforderlich machen. Diese Techniken müssten sicher beherrscht werden und biologisch effektiv sein. Präzision ginge dabei vor Schnelligkeit.
- *Vierter Schritt:* Erst nach erfolgreichem Abschluss der vorgenannten drei Schritte könnte daran gedacht werden, entsprechende therapeutische Strategien für den Menschen zu entwickeln. Zu diesem Zeitpunkt müssten Verfahren, die ohne die Zerstörung von Embryonen auskommen, bereits im Tiermodell vorliegen und dort mit Erfolg erprobt worden sein. Es bräuchten dann von vorn herein für Forschungs- oder Behandlungszwecke keine menschlichen Embryonen mehr zerstört zu werden.

Es wäre keineswegs sicher, dass die genannten vier Schritte am Ende zu sensationellen therapeutischen Erfolgen bei der Behandlung menschlicher Erkrankungen führen würden. Der Erfolg von Forschung ist grundsätzlich niemals im Voraus abzusichern. Das hier skizzierte Vorgehen ermöglichte jedoch die Kompatibilität einer wirklich soliden biologischen Forschung mit den ethischen und rechtlichen Erfordernissen unserer im Grundgesetz verfassten staatlichen Ordnung. Eine Änderung des Stammzellgesetzes wäre dafür nicht erforderlich gewesen, wohl aber eine strategische Neuorientierung der Forschung an menschlichen embryonalen Stammzellen. Doch die Politik hat den Wissenschaftlern am 11. April 2008 – unter dem Druck der Deutschen Forschungsgemeinschaft und mit Rückendeckung durch die Führung der evangelischen Kirche in Deutschland – den scheinbar bequemeren und jedenfalls finanziell attraktiveren Weg geebnet.

Die Stammzellforschung ist zu einem symbolträchtigen Thema in Naturwissenschaft, Politik und Ethik geworden. Es geht dabei nicht allein um den – sehr wertvollen – Erkenntnisgewinn für die biologische Grundlagenforschung, denn dazu müsste man keine menschlichen Embryonen zerstören. Es geht auch um die Grundsatzentscheidung, welchen moralischen Preis die medizinische Behandlung von Krankheiten haben darf. Der Preis des Heilens durch Töten wäre zu hoch. Es wird darauf ankommen, ob wir diese Auffassung akzeptieren, oder ob wir uns den moralischen Preis durch filigrane bioethische Argumentationskunst kleinrechnen lassen. Die Würde des Menschen darf nicht dadurch angetastet werden, dass das jeweils schützenswerte menschliche Leben nach den aktuellen Erfordernissen der Biowissenschaften fortlaufend neu definiert wird.

Geschöpf oder Produkt? Der Mensch am Lebensanfang

IV

13 Menschen nach Maß oder Anmaßung des Menschen? Der Schutz Ungeborener und ihrer Würde[203]

Das Lebensrecht Ungeborener im Meinungsstreit

Wenn man, um das Spektrum der unterschiedlichen Meinungen einmal abzustecken, nach zwei konträren Anschauungen über das Lebensrecht ungeborener menschlicher Wesen fragt, so sieht man sich auf Papst Johannes Paul II. (1920-2005) einerseits, auf den emeritierten Mainzer Professor für Rechts- und Sozialphilosophie Norbert Hoerster andererseits verwiesen. Betrachten wir zunächst die im historischen Verlauf über viele Jahrhunderte entwickelte, mehrfach modifizierte Position der römisch-katholischen Kirche.

Ähnlich wie Aristoteles (384-322 v. Chr.) vertrat auch Thomas von Aquin (1225-1274) noch im 13. Jahrhundert die Lehre von der Beseelung des Menschen nach weitgehender Ausbildung des Körpers am 40. Tag nach der Empfängnis für männliche Embryonen und am 80. Tag nach der Empfängnis für weibliche Embryonen. Ein Schwangerschaftsabbruch vor diesem Termin galt deshalb als eine (natürlich nur relativ) geringere Sünde im Vergleich zur Abtreibung eines älteren Feten.[204] Bereits im 4. Jahrhundert nach Christus hatte sich Gregor von Nyssa (335-394) auf den Standpunkt gestellt, ein nicht geformter Embryo könne lediglich als potenzieller Mensch bezeichnet werden.[205] Diese und ähnliche Ansichten waren

---

203 Bei diesem Kapitel handelt es sich um den überarbeiteten Text eines Vortrags, der im Rahmen der Interdisziplinären Reihe *Krankheit, Tod und Gesellschaft* am 9. Juni 1998 an der damaligen Fakultät für Klinische Medizin Mannheim der Universität Heidelberg in Mannheim gehalten wurde.

204 Soane (1988); Tauer (1984).

205 Dunstan (1988), S. 44.

in der römisch-katholischen Kirche bis ins 19. Jahrhundert weit verbreitet. Erst die Enzyklika *Apostolicae Sedis* von Papst Pius IX. (1792-1878) aus dem Jahre 1869 unterschied kirchenrechtlich nicht mehr zwischen beseelten und unbeseelten Embryonen. Die 1987 unter Papst Johannes Paul II. erlassene Instruktion der Kongregation für die Glaubenslehre über die *Unantastbarkeit des menschlichen Lebens* setzte schließlich den Beginn des *Personseins* auf den Zeitpunkt der Befruchtung der Eizelle fest, womit die traditionelle Animationslehre endgültig aufgegeben wurde.[206]

Seither verteidigt die katholische Kirche den absoluten Lebensschutz von der Empfängnis an, und diese konsequente Haltung stand auch hinter dem Schreiben von Papst Johannes Paul II. an die deutschen Bischöfe vom 11. Januar 1998 zur Frage der Beratung in den katholischen Schwangerschaftsberatungsstellen, in dem es abschließend hieß: „Wenn die Kirche die unbedingte Achtung vor dem Recht auf Leben jedes unschuldigen Menschen – von der Empfängnis bis zu seinem natürlichen Tod – zu einer der Säulen erklärt, auf die sich jede bürgerliche Gesellschaft stützt, will sie lediglich einen humanen Staat fördern. Einen Staat, der die Verteidigung der Grundrechte der menschlichen Person, besonders der schwächsten, als seine vorrangige Pflicht anerkennt (Evangelium vitae, Nr. 101)."[207]

Auf der entgegengesetzten Seite des Meinungsspektrums finden wir neben dem australischen Bioethiker Peter Singer insbesondere den deutschen Rechtsphilosophen Norbert Hoerster, der im vorliegenden Kontext insbesondere durch sein 1991 erschienenes Buch *Abtreibung im säkularen Staat. Argumente gegen den § 218* bekanntgeworden ist. Das Ergebnis von Hoersters in essayistischem Stil vorgetragener Analyse resümiert der Klappentext des Werkes wie folgt: „Es wird gezeigt, dass in der Abtreibungsfrage alle Kompromisse faule Kompromisse sind: Unter *säkularen* Voraussetzungen lässt sich ein Abtreibungsverbot in *keiner* Weise rechtfertigen."[208]

Schon im Vorwort distanziert sich der Autor recht deutlich von seinen Kollegen aus der juristischen *Scientific Community*: „Nicht profitiert habe ich von der Lektüre jener zahllosen, an der Oberfläche bleibenden Veröffentlichungen deutscher Rechtswissenschaftler, die die Rechtspolitik der Abtreibung behandeln."[209] Die

---

206 Sass (1994), S. 177-178. Hier wäre differenzierend anzumerken, dass die heutige Lehre der katholischen Kirche immerhin auch schon einmal von Albertus Magnus (1200-1280), dem Lehrer Thomas von Aquins, vertreten wurde, sodass die historische Entwicklung durchaus gewisse Diskontinuitäten aufweist.

207 Die Präsenz der Kirche darf nicht vom Angebot des Scheins abhängen. Das Schreiben von Papst Johannes Paul II. an die deutschen Bischöfe vom 11.1.1998 zur Frage der Beratung in den katholischen Schwangerschaftsberatungsstellen. http://www.nomokanon.de/doku/002.htm (Stand: 24.4.2016).

208 Hoerster (1991), S. 2.

209 Hoerster (1991), S. 12.

eigenen Ausführungen Hoersters loten hingegen offenbar die volle Tiefe zeitgenössischer Naturwissenschaft aus, wenn er schreibt: „Das menschliche Wesen beginnt [...] erst irgendwann im Stadium des Kleinstkindes allmählich Person zu werden. [...] Es gibt Hinweise darauf, dass diese ersten Spuren mit Beginn des vierten Lebensmonats nach der Geburt auftreten."[210]

Diese angeblichen Hinweise bezieht Hoerster jedoch nicht aus der aktuellen neurobiologischen oder entwicklungspsychologischen Fachliteratur, vielmehr ist seine diesbezügliche, leider völlig unzureichende Quelle das 1983 erschienene Werk *Abortion and Infanticide* des an der University of Colorado in Boulder lehrenden Philosophen Michael Tooley, der seinerseits die Abtreibung und die Tötung von Neugeborenen deshalb für unbedenklich hält, weil ein Baby lediglich eine potenzielle Person sei, deren Tötung moralisch akzeptabel erscheine: „Since I do not believe human infants are persons, but only potential persons, and since I think that the destruction of potential persons is a morally neutral action, the correct conclusion seems to me to be that infanticide is in itself morally acceptable."[211] Tooley glaubt, denkt, und es scheint ihm so zu sein, und aus diesem Glauben seines amerikanischen Kollegen schöpft Norbert Hoerster, der sich ansonsten strikt gegen Theologie oder Metaphysik zur Begründung ethischer Standpunkte im säkularen Staat verwahrt, seine rechtsethischen Überzeugungen.

In einer 1997 erschienenen Publikation Hoersters zum Thema *Lebenswert, Behinderung und das Recht auf Leben* findet sich eine interessante Stilblüte, welche die logische Zirkularität in seiner Argumentation offenlegt. Es heißt dort zu dem Vorwurf einer möglichen Diskriminierung Behinderter innerhalb der Gesellschaft, die als mittelbare Folge der Abtreibung behinderter Feten auftreten könnte: „Ein Wesen, dem noch kein Recht auf Leben zusteht, kann auch noch kein schützenswertes Interesse am Überleben haben – sonst stünde ihm ja ein Recht auf Leben zu. Wer aber durch eine bestimmte Maßnahme weder in seinen Rechten noch in seinen Interessen verletzt wird, kann durch die betreffende Maßnahme auch keine Diskriminierung erfahren."[212] Hier vermischen sich offenbar Wunsch und Wirklichkeit zu einem gefährlichen Konglomerat. Es gelingt Hoerster nicht, die essenzielle erkenntnistheoretische Unterscheidung zwischen *Interesse* – einer natürlichen biologischen Tatsache – und *schützenswertem Interesse* – einer institutionellen

210 Hoerster (1991), S. 85 und S. 133, dort Anmerkung 77, bezogen auf Tooley (1983), S. 411.

211 Tooley (1983), S. 121.

212 Hoerster (1997), S. 53-54.

ethischen beziehungsweise rechtlichen Tatsache – zu treffen. Von dieser geradezu konstruktivistischen Begriffsverwirrung lebt aber sein gesamtes Argument.[213]

Die rechtsphilosophische Konsequenz Hoersters aus der angeblichen Tatsache, dass personales menschliches Leben frühestens einige Monate nach der Geburt beginne, lautet nun, dass menschliches Leben – und zwar lediglich aus rechtspragmatischen Gründen – *erst* (beziehungsweise aus Hoersters Sicht *schon*) vom Zeitpunkt der Geburt an geschützt werden müsse, dass also mithin (nur, aber immerhin) jedem geborenen Menschen ein Lebensrecht zustehe. Wer diese Auffassung nicht teilt, wird von Hoerster als Vertreter von „bloßen Emotionen" diffamiert, der Traditionen und Vorurteile völlig unkritisch übernehme: „Eine theoretisch wohlbegründete Idealnorm (wie die Norm, die das Töten von Nicht-Personen erlaubt) kann sinnvollerweise nicht wegen kontraintuitiver Konsequenzen (wie der Konsequenz der Erlaubnis der Kindstötung) zur Disposition gestellt werden. Rational gefordert ist vielmehr umgekehrt die Bereitschaft, aus einer wohlbegründeten Idealnorm – im Zusammenhang mit den relevanten empirischen Rahmenbedingungen – in unvoreingenommener Weise die sich jeweils ergebenden Praxisnormen abzuleiten."[214]

An dieser Stelle werden zwei zentrale Gefahren deutlich, die einer Wissenschaftlichkeit beanspruchenden Ethik vonseiten Hoersters und anderer in reduktionistischer Weise argumentierender Philosophen drohen: Erstens ist es der Versuch, die Menschenwürde und das Lebensrecht überhaupt an empirisch (um)definierte, jedoch bislang kaum objektivierbare Eigenschaften wie Interessen, Bewusstsein oder Selbstbewusstsein zu binden: Wer die Menschenwürde messbar machen will, der hat sie – in einer Art ethischer Unschärferelation – bereits beschädigt.[215] Zweitens entspricht die von Hoerster vorgenommene Diskreditierung von Gefühlen bei der Konstruktion von Moralsystemen offenkundig nicht den Verhältnissen in der realen Welt. Diese Antipathie gegen Emotionen teilt Hoerster allerdings mit vielen Philosophen, die Anhänger des metaethischen Kognitivismus sind, also jener Lehre, die behauptet, dass es eine ausschließlich rationale und eindeutige Begründung für ethische Normen gebe beziehungsweise geben müsse.[216]

---

213 Zur Differenzierung von natürlichen Tatsachen (brute facts) und institutionellen Tatsachen (institutional facts) siehe Searle (1994), S. 78-83 (Kapitel 2.7).

214 Hoerster (1991), S. 135-136.

215 Den Vergleich mit der Heisenbergschen Unschärferelation in der Quantenmechanik verdankt der Autor dem Wissenschaftsjournalisten Walter Sucher vom SWR-Fernsehen, der ihn bei einem gemeinsamen Mittagessen in Mannheim am 27. Mai 1998 formulierte.

216 Zur metaethischen Differenzierung von Kognitivismus, Emotivismus und Institutionalismus siehe Ferber (1999), S. 162-179 und Bauer (1998c), S. 9-14.

Die Schwierigkeit der rationalen Begründung eindeutiger moralischer Normen im Kontext des deduktiv-naturalistischen Fehlschlusses

Vor allem zwei Schwierigkeiten haben den traditionellen metaethischen Kognitivismus in der Philosophie des 20. Jahrhunderts in Misskredit gebracht: Die erste betrifft das Problem der Wahrnehmung moralischer Tatsachen. Die physiologisch bekannten Sinnesorgane des Menschen sind hierfür offenbar ungeeignet; der Kognitivist muss sich deshalb hilfsweise zur Existenz einer „höheren", metaphysischen Art der Wahrnehmung bekennen, zur Intuition. Gerade die wichtige Rolle der Intuition aber widerspricht ihrerseits dem Objektivitätsanspruch, der dem Kognitivismus zugrunde liegt. Die zweite Schwierigkeit besteht in der Ableitung normativer Regeln aus Tatsachenbehauptungen. Nach dem Gesetz von der Unableitbarkeit eines Sollens aus einem Sein, das der schottische Philosoph David Hume (1711-1776) erstmals aufgestellt hat, ist der apodiktische Schluss von einer feststellenden auf eine wertende Aussage unzulässig, weil hierbei die Schlussfolgerung über den Inhalt der Prämissen hinausginge.[217] Die Vertreter eines ethischen Kognitivismus sind allerdings ganz im Sinne dieses deduktiv-naturalistischen Fehlschlusses darauf angewiesen, aus moralischen Tatsachen verbindliche moralische Gebote beziehungsweise Verbote zu entwickeln.

Einen Ausweg aus den Aporien des Kognitivismus verspricht der Institutionalismus, wie ihn 1969 der kalifornische Sprachphilosoph John R. Searle (*1932) in seinem Buch *Sprechakte* durch den Begriff der *institutionellen Tatsache* eingeführt hat. Moralische Tatsachen sind demnach von Menschen historisch geschaffene soziale Institutionen, die innerhalb einer Kultur- und Sprachgemeinschaft nach bestimmten Regeln intersubjektiv konstituiert, stabilisiert, tradiert und modifiziert werden. Diese Regeln folgen der Struktur *A gilt als B im Kontext der Gemeinschaft C*. Institutionelle Tatsachen sind auf eine bestimmte Art und Weise interpretierte Tatsachen; in ihnen gehen Lebenswelt und Sprachwelt eine normative Verbindung ein, die indessen weder starr noch unauflöslich ist. Zu den in der Praxis wichtigsten institutionellen Tatsachen gehören die zwischen den Mitgliedern einer Gemeinschaft ausgehandelten Rechte, die von der Legislative eines Staates formuliert, von der Exekutive garantiert und von der Jurisdiktion kontrolliert werden. Institutionelle Tatsachen sind, um es in einem Schlagwort zusammenzufassen, ihrer Entstehung nach durchaus Gegenstände der Politik im weitesten begrifflichen Sinn dieses Wortes.

Nun wird auch deutlicher, weshalb die von Norbert Hoerster mit rechtspositivistischen oder von Peter Singer mit präferenzutilitaristischen Argumenten

217 Vgl. Hume (1978).

angestrebte empirische Ableitung der Menschenwürde und des Lebensrechts reduktionistisch und daher zur Erklärung der moralischen Wirklichkeit insuffizient ist: Eine institutionelle Tatsache kann nämlich nicht aus einer – ohnehin unter Biologen und Entwicklungspsychologen im Detail umstrittenen – empirischen Tatsache deduktiv gefolgert werden; das wäre nämlich ein deduktiv-naturalistischer Fehlschluss. Weiterhin ist es offenkundig nicht richtig, die Gefühle der Menschen bei der Konstruktion institutioneller Tatsachen auszuschließen: Sofern bestimmte Emotionen regelmäßig und über einen längeren Zeitraum hinweg bei einer erheblichen Zahl von Mitgliedern einer Rechtsgemeinschaft auftreten, spielen sie bei der Herstellung des ethischen Konsenses selbstverständlich eine wichtige Rolle. Dies mag kognitivistisch orientierten Philosophen ein Ärgernis sein, ein unbestreitbares historisches und empirisches Faktum ist es allemal.

Die verfassungsrechtliche und strafrechtliche Bewertung des späten Schwangerschaftsabbruchs in Deutschland und seine Handhabung in der Praxis

Die derzeitige Rechtslage in der Bundesrepublik Deutschland zur Frage der Abtreibung entspricht, wie leicht erkennbar sein dürfte, weder der restriktiven Auffassung von Papst Johannes Paul II. noch der permissiven Ansicht von Norbert Hoerster. Unsere Realität liegt irgendwo dazwischen, verfassungsrechtlich wohl näher beim Ansatz der katholischen Kirche, strafrechtlich und im tatsächlichen Handeln der Bürgerinnen und Bürger spätestens seit 1995 jedoch näher bei den Vorstellungen von Norbert Hoerster. Diese Einschätzung der Lage wird nun näher zu begründen sein.

In seinem Urteil zur Neuregelung des Schwangerschaftsabbruchs vom 28. Mai 1993 hatte sich der Zweite Senat des Bundesverfassungsgerichts eindeutig für den Schutz des ungeborenen menschlichen Lebens ausgesprochen. Dieses Urteil sollte für die im Jahre 1995 erfolgte Neuregelung der §§ 218 ff. StGB durch den Gesetzgeber bindend sein. Zur Illustration sei nochmals der erste von insgesamt 17 Leitsätzen des Urteils zitiert: „Das Grundgesetz verpflichtet den Staat, menschliches Leben, auch das ungeborene, zu schützen. Diese Schutzpflicht hat ihren Grund in Art. 1 I GG; ihr Gegenstand und – von ihm her – ihr Maß werden durch Art. 2 II GG näher bestimmt. Menschenwürde kommt schon dem ungeborenen menschlichen Leben zu. Die Rechtsordnung muss die rechtlichen Voraussetzungen seiner Entfaltung im Sinne eines eigenen Lebensrechts des Ungeborenen gewährleisten. Dieses Lebensrecht wird nicht erst durch die Annahme seitens der Mutter begründet.“[218]

218 Bundesverfassungsgericht (1993), S. 1751.

Das daraufhin am 21. August 1995 erlassene, vom Deutschen Bundestag mit Zustimmung des Bundesrates interfraktionell beschlossene *Schwangeren- und Familienhilfeänderungsgesetz* (SFHÄndG), das im Wesentlichen mit Wirkung vom 1. Oktober 1995 in Kraft trat, modifizierte jedoch vor allem den § 218a StGB in zum Teil womöglich unbeabsichtigter, aber gleichwohl folgenschwerer Weise, was im Lauf der folgenden Jahre in der Praxis immer deutlicher zutage trat.[219] In der bis zum Urteil des Bundesverfassungsgerichts vom 28. Mai 1993 gültigen Fassung hatte es nach § 218a Absatz 2 Nr. 1 StGB eine sogenannte *embryopathische* Indikation gegeben, wonach der Abbruch der Schwangerschaft durch einen Arzt nicht strafbar war, wenn nach ärztlicher Erkenntnis dringende Gründe für die Annahme sprachen, „dass das Kind infolge einer Erbanlage oder schädlicher Einflüsse vor der Geburt an einer nicht behebbaren Schädigung seines Gesundheitszustandes leiden würde, die so schwer wiegt, dass von der Schwangeren die Fortsetzung der Schwangerschaft nicht verlangt werden kann“. Nach § 218a Absatz 3 StGB durften seit der Empfängnis jedoch nicht mehr als 22 Wochen verstrichen sein.

Die seit 1. Oktober 1995 geltende Neufassung des § 218a veränderte nun aber den Gehalt des vormaligen Absatzes 2, indem die embryopathische Indikation zumindest dem Wortlaut nach dadurch verschwand, dass sie mit der *medizinischen* Indikation zusammengelegt wurde und somit in dieser „aufging“. In der entsprechenden Plenardebatte des Deutschen Bundestages wurde dies damit begründet, dass man vorgeblich einem Wunsch der Kirchen und Behindertenverbände entsprochen habe: Es müsse das Missverständnis vermieden werden, eine zu erwartende Behinderung des Kindes sei ein rechtfertigender Grund für einen Abbruch und die Rechtfertigung ergebe sich aus einer geringeren Achtung des Lebensrechtes eines geschädigten Kindes.[220] Der seit Oktober 1995 gültige Text von § 218a Absatz 2 StGB lautet nunmehr: „Der mit Einwilligung der Schwangeren von einem Arzt vorgenommene Schwangerschaftsabbruch ist nicht rechtswidrig, wenn der Abbruch der Schwangerschaft unter Berücksichtigung der gegenwärtigen und zukünftigen Lebensverhältnisse der Schwangeren nach ärztlicher Erkenntnis angezeigt ist, um eine Gefahr für das Leben oder die Gefahr einer schwerwiegenden Beeinträchtigung des körperlichen oder seelischen Gesundheitszustandes der Schwangeren abzuwenden, und die Gefahr nicht auf eine andere für sie zumutbare Weise abgewendet werden kann“.

219 Beckmann (1998).

220 Beckmann (1998), S. 155.

Damit ist erstens aus der Nicht-Strafbarkeit eine Nicht-Rechtswidrigkeit geworden, jedenfalls für die Fälle der ehemaligen embryopathischen Indikation[221], zweitens wird nunmehr die ehemalige embryopathische Indikation durch ihre gesetzeskosmetische Subsumierung als medizinische Indikation kaschiert, und drittens besteht damit auch die vorherige Obergrenze der 22. Schwangerschaftswoche nicht mehr, die zuvor für Abbrüche aus embryopathischer Indikation gegolten hatte, sodass einer Abtreibung „bis zur Geburt“ derzeit *de jure* und *de facto* kaum noch Schranken gesetzt sind.

Die britische Feministin Ann Bradley formulierte schon 1995 recht unverblümt, worum es der Frauenbewegung letztlich gehen müsse: „The current abortion law is not the kind of law that women need. We need access to abortion on request – for whatever reason *we* think is appropriate. But until we have won such a law it is important to defend the access to abortion that current legislation gives us – including access to late abortion for fetal handicap – and to celebrate rather than condemn the use of medical technology that allows women the chance to make a choice."[222] Und Claudia Gutmann vom Feministischen Frauengesundheitszentrum in Frankfurt am Main schrieb 1998 in der *Frankfurter Rundschau*: „Wichtig ist […], der Frau und allen Beteiligten einen Schwangerschaftsabbruch im 2. Trimester menschlich und medizinisch so erträglich wie möglich zu gestalten. Dies ist aber nur durch eine verbesserte Methode, durch eine Abtreibung im eigentlichen Sinne unter intrauteriner Tötung des Fötus, möglich.“[223]

Das behinderte Kind als Hindernis auf dem Weg zum biologisch makellosen Menschen des 21. Jahrhunderts

Nach Angaben des Gynäkologen Christian Albring (Hannover) überlebt der Fetus – wenigstens zunächst – in 30 Prozent der Abtreibungsfälle nach der 20. Schwangerschaftswoche.[224] Gerade die Abschaffung der embryopathischen Indikation hat sich demnach als eine juristische Todesfalle speziell für behinderte Feten entpuppt,

221 Die Nicht-Rechtswidrigkeit galt bereits zuvor für die Fälle der früheren medizinischen Indikation.

222 Bradley (1995).

223 Leserbrief in der *Frankfurter Rundschau* vom 17. April 1998. Über die vorgeburtliche Diagnostik und die Praxis des eingeleiteten Todes berichtet aus der Sicht einer Hebamme Antje Kehrbach (1998).

224 Klinkhammer (1998a).

denn der durch Pränataldiagnostik[225] geführte Nachweis einer voraussichtlichen Behinderung des Kindes kann über die ärztliche Prognose einer möglichen schweren psychischen Störung aufseiten der Schwangeren infolge dieser Behinderung ihres Kindes zur medizinischen Indikation für einen Schwangerschaftsabbruch führen. Bereits relativ kurze Zeit nach Inkrafttreten des geänderten § 218a Absatz 2 StGB berichteten Ärzte, dass die Bereitschaft, eine Behinderung beim Kind zu akzeptieren, zurückgehe. Schon 1997 entschieden sich mehr als 60 Prozent der Schwangeren für eine Abtreibung, wenn es Hinweise darauf gab, dass ihr Kind an einer Trisomie 21 leiden könnte.[226] Doch auch schon leichte und sogar behebbare Behinderungen, wie etwa eine Lippen-Kiefer-Gaumen-Spalte, lassen den Wunsch nach einer Abtreibung aufkommen. Die Medizinsoziologin Irmgard Nippert aus Münster schmuggelte Mitte der 1990er Jahre in einen Fragebogen über pränatale Gentests eine Fangfrage hinein. Sie wollte wissen, ob Frauen abtreiben würden, wenn beim Embryo eine Veranlagung zur Fettleibigkeit festgestellt werden könnte. Knapp 20 Prozent der Befragten antworteten mit „Ja".[227]

Immer mehr Ärzte glauben, dass sie schon aus zivilrechtlichen Gründen genötigt seien, die Schwangere von sich aus auf die bestehende Möglichkeit zur Abtreibung im Spätstadium der Schwangerschaft aufmerksam zu machen, sofern beim Fetus eine genetische oder phänotypische Auffälligkeit pränatal diagnostiziert wurde.[228] Diese Befürchtung findet ihre reale Grundlage in der umstrittenen Entscheidung des Ersten Senats des Bundesverfassungsgerichts vom 15. Dezember 1997 zum Arzthaftungsrecht, wonach es bei fehlgeschlagener Sterilisation und fehlerhafter genetischer Beratung nicht gegen das Grundrecht auf Menschenwürde verstoße, wenn der Arzt für den Schaden verantwortlich gemacht werde und darum Unterhalt für das Kind zahlen müsse.[229]

Insoweit mutet die im Jahre 1995 von der Kommission für Öffentlichkeitsarbeit und ethische Fragen der Deutschen Gesellschaft für Humangenetik (GfH) herausgegebene Stellungnahme zur Neufassung des § 218a StGB retrospektiv doch recht realitätsfern an. In ihr wurde nämlich die folgende Erwartung formuliert: „Gleichwohl erwächst dem Arzt aus der neuen Regelung eine schärfer umrissene Aufgabe, da er erkennen soll, ob die Gefahr einer schwerwiegenden Beeinträchtigung des Gesundheitszustandes der Schwangeren besteht oder künftig entstehen könnte.

225 Melchert (1998), S. 30-32.

226 „Die Toleranz sinkt" (1997).

227 Thews/Wagner (1996).

228 So der Münchner Pränataldiagnostiker Karl-Philipp Gloning (*1951), zitiert in der Zeitung *Die Welt* vom 16.2.1996; vgl. auch Beckmann (1998), S. 157.

229 Drama in der Kantine (1997), S. 24.

[…] Die ausschließliche Orientierung am Gesundheitszustand der Mutter bedeutet auch, dass kein Arzt einer Schwangeren wegen eines auffälligen Befundes zum Schwangerschaftsabbruch raten muss."[230] Die nunmehr zwanzigjährige Erfahrung mit dem neuen Recht lehrt jedoch, dass die Wirklichkeit ganz anders aussieht.

In diesen Kontext fügen sich auch manche problematischen Äußerungen renommierter Bioethiker im Hinblick auf die Chancen der prädiktiven Medizin für die menschliche Reproduktion im 21. Jahrhundert. So schrieb der in Düsseldorf lehrende Philosoph Dieter Birnbacher (*1946) schon im Jahre 1989: „Solange eine genetisch bedingte Krankheit oder Behinderung nicht oder nur unter großen Einbußen an Lebensqualität therapierbar ist, sollte schon ein genomanalytisch festgestelltes Risiko als guter Grund für eine Abtreibung gelten. Ist das akzeptiert, stellt sich die weitere Frage, ob in Fällen drohender schwerer Behinderungen des Kindes die Eltern zu einer Abtreibung nicht nur berechtigt, sondern eventuell sogar verpflichtet sind. […] Druckmittel wie eine Verknappung des Angebots an staatlichen Betreuungs- und Versorgungshilfen für bewusst gewollte Kinder mit erheblichen Behinderungen würden die Freiheit der Eltern […] übermäßig einengen. Vertretbar erscheint dagegen eine Gesundheitspolitik, die es den Ärzten zur Pflicht macht, in Risikofällen die Eltern auf die Möglichkeit der vorgeburtlichen Diagnose hinzuweisen."[231]

Falls sich diese und ähnliche Auffassungen mehrheitlich durchsetzen sollten – und danach sieht es derzeit aus –, dann steht unsere Gesellschaft jedenfalls vor einem einschneidenden Wertewandel. Aber wollen wir diesen Wandel tatsächlich, und wenn ja, wo liegen die wahren Motive? Weshalb sollte eine geringe subjektive Lebensqualität des betroffenen Menschen ein guter Grund für seine vorzeitige Abtreibung (Tötung) durch Dritte sein? Diese Frage verlangt nach einer klaren und ehrlichen Antwort. Die Philosophie indessen kann und wird eine solche Antwort nicht geben, denn es handelt sich nicht um eine philosophische Frage, die am Schreibtisch mit den Mitteln der Logik entscheidbar wäre. Moralische Werte und Normen werden im säkularen Staat nicht von dazu berufenen Experten in transzendenten Sphären entdeckt, sondern von wechselnden politischen Mehrheiten durch staatliche Gesetze und deren systematische Anwendung erzeugt. Man mag dies bedauern, aber man muss den Sachverhalt zur Kenntnis nehmen.

230 Kommission für Öffentlichkeitsarbeit (1995), S. 360-361.

231 Birnbacher (1994), S. 226-227.

Pränatale Diagnostik und Schwangerschaftsabbruch

Angesichts der bestehenden Rechtslage und deren praktischer Umsetzung erarbeiteten die Deutsche Gesellschaft für Gynäkologie und Geburtshilfe, die Deutsche Gesellschaft für Humangenetik, die Deutsche Gesellschaft für Perinatale Medizin, die Deutsche Gesellschaft für Neonatologie und Pädiatrische Intensivmedizin sowie Mitglieder des Wissenschaftlichen Beirates der Bundesärztekammer im Oktober 1997 das sogenannte *Schwarzenfelder Manifest*, das sich mit dem Schwangerschaftsabbruch nach einer Pränataldiagnostik beschäftigte. Die Erklärung sah vor, solche Abtreibungen jenseits der 20. Schwangerschaftswoche zu verbieten, also von jenem Zeitpunkt an, nach dem derzeit die extrauterine Lebensfähigkeit des Ungeborenen beginnt. Der vorherige Fetozid wurde in dem Manifest als „unzumutbar und mit dem ärztlichen Ethos nicht vereinbar" bezeichnet.[232]

Doch bereits im Frühjahr 1998 formierte sich auch vehemente Kritik an diesem Manifest, die ihrerseits von den Vertretern anderer Fachverbände getragen wurde, nämlich von Mitgliedern der Deutschen Gesellschaft für Ultraschall in der Medizin, der Deutschen Gesellschaft für Pränatal- und Geburtsmedizin, der Arbeitsgemeinschaft für Ultraschalldiagnostik in der Deutschen Gesellschaft für Gynäkologie und Geburtshilfe sowie der Arbeitsgemeinschaft für Dopplersonographie und materno-fetale Medizin. Es ist offenkundig, dass bei der Formulierung derartiger Stellungnahmen auch fachpolitische Ambitionen eine Rolle spielen, die plastisch illustrieren, dass die Medizinethik jedenfalls kein ausschließliches Terrain der Moralphilosophie, sondern zugleich auch eine Arena für die Austragung gesellschaftlicher und sogar berufspolitischer Interessenkonflikte ist. So argumentierte der Pränataldiagnostiker Manfred Hansmann (1936-2009) *gegen* eine Abtreibungsgrenze von 20 Wochen, weil dann gerade diejenigen Feten, die geschützt werden sollten, geopfert würden. Nach seinen Erfahrungen entschieden sich die Eltern in ergebnisoffenen Beratungen *für* den Abbruch. Jede Zeitgrenze sei eine Bedrohung für die Kinder, da Panikreaktionen dann künftig in noch größerer Zahl drohten. Nur wenige Fehlbildungen würden vor der 20. Schwangerschaftswoche erkannt, so ergänzte der Gynäkologe Eberhard Merz (*1949) diesen Einwand: Verschiedene fetale Fehlbildungen könnten erst durch eine Verlaufsbeobachtung diagnostiziert werden. Die zeitliche Begrenzung fordere Fehlentscheidungen geradezu heraus. Vermeintliche pathologische Veränderungen verleiteten die Eltern aus Angst zu voreiligen Schwangerschaftsabbrüchen.[233]

232 Klinkhammer (1998b).

233 Richter (1998).

Wie auch immer man diese divergierenden Stellungnahmen werten will, aus ihnen geht jedenfalls hervor, dass Eltern im Falle der Erwartung eines behinderten Kindes dazu neigen, einen Schwangerschaftsabbruch vornehmen zu lassen. Interessante Zahlen präsentierte im Mai 1998 der Bonner Humangenetiker Peter Propping (1942–2016). So wurden in den westlichen Bundesländern 1994 rund 65.000 zytogenetische Pränataluntersuchungen durchgeführt. Die Amniozentese war aber mit einem eingriffsbedingten Abortrisiko zwischen 0,5 und 1 Prozent behaftet, die Chorionzottenbiopsie sogar mit einem Risiko zwischen 2,5 und 3 Prozent. Die invasive Pränataldiagnostik dürfte als Komplikation demnach jährlich ungefähr 800 Aborte mit sich gebracht haben. Für 1994 gab andererseits das Statistische Jahrbuch 838 Schwangerschaftsabbrüche aus damals noch existierender embryopathischer Indikation an, sodass auf jeden Abort aus embryopathischer Indikation also etwa eine punktionsbedingte Fehlgeburt kam.[234] Propping warnte: „Es muss verhindert werden, dass schneller punktiert als überlegt wird."[235]

Die prädiktive Medizin als Wegbereiterin für die Verwirklichung eugenischer Utopien?

In seinem 1995 in deutscher Übersetzung erschienenen Buch *Die Gene der Hoffnung* betonte der Genetiker Daniel E. Cohen, dass die Möglichkeiten der Analyse und planmäßigen Veränderung des menschlichen Genoms eine ganz neue Dimension der bewussten biologischen Evolution bereitstellen würden.[236] Die Menschen könnten in Zukunft die neuen Techniken für eine Zunahme der Freiheit und Humanität nutzen. Im Lauf des 21. Jahrhunderts werde es gelingen, physische und psychische Leiden in einem bisher ungeahnten Ausmaß frühzeitig zu erkennen und zu therapieren. Man solle auch daran denken, durch gezielte Manipulation der Keimzellen „schädliche" Gene aus dem Erbgut zu entfernen und gegebenenfalls sogar gezielt solche Allele einzupflanzen, welche die Resistenz gegen bestimmte Krankheiten erhöhen, zum Beispiel gegen AIDS oder Hepatitis C. Cohen hielt die „Verbesserung" des genetischen Erbes für eine wichtige Aufgabe einer humanen Wissenschaft und hoffte, es könne auf diese Weise möglich werden, einen intelligenten Abkürzungsweg der Evolution einzuschlagen, der die „Massenvernichtung" zahlloser Individuen im Gefolge der natürlichen Selektion überflüssig machen werde. Er sah das Ende der „Diktatur der natürlichen Auslese" nahen.

---

234 Propping (1998), S. A1302.

235 Propping (1998), S. A1303.

236 Cohen (1995).

Es war der Traum aller Eugeniker seit Francis Galton (1822-1911), die Menschheit von unerwünschten, weil zu bestimmten Krankheiten disponierenden Genen zu befreien und Individuen mit dem angeblich „besten" Erbgut zu züchten. Dieser Traum wurde indessen mit der „Ausmerzungsideologie" der Nationalsozialisten in den 1930er und 1940er Jahren zu einem Albtraum. Diese Ideologie war nach unseren heutigen Maßstäben verbrecherisch und inhuman. Sie war aber auch wissenschaftlich unsinnig, denn die Vielfalt der menschlichen Genome stellt offensichtlich einen großen biologischen Vorteil dar. Dafür bieten die Gene für die Immunabwehr das am besten untersuchte Beispiel.[237] Der Versuch von Eugenikern, die genetischen Bürden aus dem Genpool einer Population zu entfernen, wäre ein Vorhaben mit völlig unabsehbaren Folgen. Es ist unklar, welche Konsequenzen die Veränderung von Allelfrequenzen zahlreicher Gene durch eugenische Maßnahmen für die Gesundheit einer Bevölkerung insgesamt hätte.[238] Das Wunschziel *Menschen nach Maß* könnte sich am Ende als eine *Anmaßung des Menschen* entpuppen, als ein wenig durchdachtes moralisches wie genetisches Desaster. Der bewusst gesteuerte Eingriff in die zufallsgegebene evolutionäre Vielfalt der Erbanlagen bleibt jedenfalls ein Vabanquespiel mit ungewissem Ausgang. Das hohe Risiko wird indessen die Menschheit mittelfristig wohl nicht daran hindern, genau dieses Spiel dennoch zu wagen.

Reproduktives Klonen beim Menschen: Kinder als Duplikate?

Die von schottischen Tierzüchtern um Ian Wilmut (*1944) am 23. Februar 1997 bekannt gegebene erstmals erfolgreich durchgeführte „Herstellung" eines Säugetiers mit dem identischen Erbgut eines anderen erwachsenen Tieres löste weltweit Erstaunen, Bewunderung, Erschrecken und Hysterie aus. Das Nachrichtenmagazin *Der Spiegel* präsentierte seinen Lesern am 3. März 1997 auf dem Titelbild die Vision einer ganzen Armee von in Reih und Glied marschierenden Hitler-, Einstein- und Claudia-Schiffer-Kopien. Seine „äußerste Besorgnis" erklärte der damalige amerikanische Präsident Bill Clinton (*1946) und beauftragte die nationale Bioethik-Kommission, die einschlägigen US-Gesetze zu überprüfen. Kirchenvertreter, so etwa die Deutsche Bischofskonferenz, brachen sofort den Stab über das durch reproduktives Klonen entstandene Schaf Dolly (1996-2003): Was bei Edinburgh geschah, sei ein „unzulässiger Eingriff in die Schöpfung" gewesen. Unterdessen

---

237 Einen guten Überblick zu diesem Thema gibt *Spektrum der Wissenschaft*, Spezial 2: Das Immunsystem (1997).

238 Näheres zur prädiktiven Medizin siehe bei Cremer (1998).

stellte ein amerikanischer Jesuitenpater und Genetiker bereits Überlegungen an, ob ein Mensch und sein Klon wohl dieselbe Seele haben könnten. Amerikanische Fernsehstationen, traditionell geneigt, jede Schreckensmeldung als unterhaltsame Show aufzubereiten, präsentierten ihre Nachrichtensprecher doppelt und vierfach auf dem Bildschirm. Redakteurinnen der in Köln erscheinenden feministischen Zeitschrift *Emma* zeigten sich angetan von dem neuen Weg zu einer männerlosen Gesellschaft.[239]

Im April 1997 erschien eine umfassende deutsche Stellungnahme zur *Klonierung beim Menschen*, die Albin Eser (*1935), Wolfgang Frühwald (*1935), Ludger Honnefelder (*1936), Hubert Markl (1938-2015), Johannes Reiter (*1944), Widmar Tanner (*1938) und Ernst-Ludwig Winnacker (*1941) für den Rat für Forschung, Technologie und Innovation beim Bundesministerium für Bildung, Wissenschaft, Forschung und Technologie verfasst hatten. In ihr wurden sowohl die biologischen Grundlagen als auch die ethisch-rechtliche Bewertung des Klonens erläutert. Demnach sei zwar nach dem Embryonenschutzgesetz (ESchG) vom 15. Dezember 1990 das Klonen durch § 6 Absatz 1 ausdrücklich unter Strafe gestellt: „Wer künstlich bewirkt, dass ein menschlicher Embryo mit der gleichen Erbinformation wie ein anderer Embryo, ein Foetus, ein Mensch oder ein Verstorbener entsteht, wird mit Freiheitsstrafe bis zu fünf Jahren oder mit Geldstrafe bestraft.“[240] Eine mögliche Regelungslücke könne sich jedoch im Fall einer Abwandlung des Klonens nach der „Austausch-Methode“ ergeben: Würde die Erbinformation durch gentechnische Methoden so sehr verändert, dass auch im Rechtssinne von „gleicher“ Erbinformation nicht mehr gesprochen werden könnte, so griffe das Verbot des § 6 Absatz 1 ESchG nicht mehr.[241]

Sind Kinder Eigentum ihrer Eltern?

Eine wichtige Frage kam bei den damals in rascher Folge veröffentlichten Überlegungen zum Klonen von Menschen zu kurz: Was eigentlich könnten die leitenden Motive beziehungsweise die impliziten Axiome potenzieller Eltern sein, ein Kind durch Klonen erzeugen zu wollen? Man klont ein Lebewesen doch offenbar in der Erwartung, dass das entstehende neue Lebewesen über die gleichen biologischen (und womöglich psychischen) Eigenschaften verfügen werde wie sein „Urbild“. Die Idee des Klonens schließt also die Planung ein, dass das neue Wesen – zumindest

239 „Jetzt wird alles machbar“ (1997).

240 Eser et al. (1997), III.1.

241 Eser et al. (1997), III.1 E.

in groben Zügen – den Lebensweg seines genetischen „Vorläufers" wiederholen möge beziehungsweise wiederholen sollte. Auf einem durch Klonen erzeugten jungen Menschen könnte gegebenenfalls ein erheblicher psychologischer Erwartungs- und sozialer Leistungsdruck lasten. Es ist jedoch offenkundig, dass solche Rechnungen niemals aufgehen werden, weil die bei der Geburt vorhandene genetische Grundausstattung des Menschen weder die konkrete spätere Konfiguration seiner neuronalen Netzwerke im Gehirn noch gar seine kontingente biografische Entwicklung deterministisch fixiert.[242] Das Ergebnis menschlichen Klonens wären also Babys, die zu ganz „gewöhnlichen", mit allen staatsbürgerlichen Rechten auszustattenden Menschen heranwüchsen. Die Vorstellung, man könne diese Personen etwa als lebende „Organbanken" verwerten, ist daher zumindest im Rahmen unserer derzeitigen staatlichen Ordnung vollkommen absurd.

Wer also sollte sich ein geklontes Kind wünschen? Eltern etwa, deren Kind an einer schweren Krankheit oder in Folge eines Unfalls verstorben ist, und die nun aus dessen Zellen einen identischen „Nachfolger" heranziehen wollen? Dies wäre eine äußerst abstruse biologistische und deterministische Vorstellung, die indessen 1997/98 ernsthaft diskutiert und als intuitive Zustimmung heischendes Argument in öffentlichen Debatten benutzt wurde. Die Aufgabe von Ärzten, Bioethikern oder Biophilosophen könnte es hier sein, solche zum Teil schon wissenschaftlich grotesken und mit Sicherheit unrealistischen Ideen durch sachliche Informationen zu korrigieren. Eltern haben für ihre Kinder eine Schutz- und Fürsorgepflicht, sie sind aber weder deren Eigentümer noch deren Designer. Wenn sie es dennoch versuchen sollten, wird es herbe Enttäuschungen geben.

Das Klonschaf Dolly sprang schon kurz nach seiner Geburt unbeschwert auf schottischen Wiesen herum, und diese Bilder suggerierten uns, das Klonen von Menschen ginge womöglich auch so einfach vonstatten. Doch mit der Geburt eines geklonten Babys allein wäre es nicht getan. Das Kind müsste erst einmal rund zwei Jahrzehnte lang heranwachsen, es käme zur Schule, es machte vielleicht sein Abitur, es studierte womöglich, es verliebte sich, kurzum: Es lebte sein eigenes Leben und würde sich wohl kaum dazu hergeben, die Biografie eines anderen Menschen zu wiederholen. Allein schon der Faktor *Zeit*, das Metier des Historikers, würde den stolzen Eltern einen dicken Strich durch ihre simple genetische Rechnung machen. Das im folgenden 14. Kapitel zu besprechende Theaterstück *Futur de luxe* des Schweizer Dramatikers und Regisseurs Igor Bauersima (*1964), das 2002 im Schauspiel Hannover uraufgeführt wurde, zeigt jene absurden Folgen auf, die sich ergeben könnten, wenn das Klonen des eigenen Nachwuchses eines Tages dennoch zu einer gesellschaftlichen Realität werden würde.

242 Spitzer (1996), S. 37-38.

Eltern sind weder die Eigentümer noch die Designer ihrer Kinder. So selbstverständlich dieser Satz klingt, so wenig ist er es, wie ein Blick in unsere Lebenswirklichkeit zeigt.[243] Eltern fühlen sich nicht selten zumindest als die Regisseure ihres Nachwuchses, warum also sollten sie nicht auch noch das Drehbuch schreiben, sofern die Technik es ihnen gestattete? In einer pluralistischen Gesellschaft werden theologische Gegenargumente, die sich auf die Gottebenbildlichkeit jedes einzelnen Menschen stützen, auf immer weniger Resonanz stoßen. Einflussreiche Bioethiker wie Peter Singer diffamieren eine solche Einstellung bereits rhetorisch geschickt und verblüffend erfolgreich als „Speziesismus" und rücken sie konnotativ in die Nähe von Rassismus oder Sexismus, obwohl dieser Vergleich logisch inkonsistent ist.[244] Der Rechtsphilosoph Norbert Hoerster ebnete und legitimierte diesen abschüssigen Weg in Deutschland mit einer Mixtur aus rechtspositivistischen und biologistischen Argumenten. Die seit 1995 bestehende gesetzliche Regelung des geltenden § 218a Absatz 2 StGB schließlich hat Fakten geschaffen, die auf absehbare Zeit politisch kaum mehr zu revidieren sein werden.

Dieses Kapitel endet offenbar relativ pessimistisch, doch fühlt sich der Verfasser verpflichtet, die Dinge so zu beschreiben, wie sie sich der bestmöglichen wissenschaftlichen Analyse darstellen. Da moralische Werte institutionelle Tatsachen sind, die zu ihrer Gültigkeit eines gesellschaftlichen Konsenses bedürfen, lässt sich folgende Prognose wagen: In wenigen Jahrzehnten dürfte sich der gesellschaftliche Konsens in der Frage der Abtreibung bis zur Geburt und im Bereich der Reproduktionsmedizin vermutlich so weit in Richtung einer (sicher vorwiegend individualistisch begründeten) „Liberalisierung" verschoben haben, dass die Menschen in der Mitte des 21. Jahrhunderts kaum noch verstehen werden, weshalb diese Analyse aus dem Beginn des Jahrhunderts von einer gewissen Melancholie gekennzeichnet war. Allenfalls einige Historiker werden sich dann wohl noch in dem Bemühen um ein diachrones Verständnis der Vergangenheit mit jenen von ethischen Bedenken geprägten Debatten der 1990er Jahre auseinandersetzen, die es damals noch hin und wieder gab. *Tempora mutantur, nos et mutamur in illis.*[245] Wer in der Frage des Schutzes der Ungeborenen und ihrer Würde jenen sich am Horizont abzeichnenden

---

243 Hier genügt ein Blick auf jene zahllosen blutigen Familiendramen, wie sie unter der Rubrik *Vermischtes* in jeder Tageszeitung nachzulesen sind.

244 Singer (1994), S. 82-90. Der Verfasser befürwortet den Gedanken, man solle auch Tieren eine eigene Würde zuerkennen. Die *Menschenwürde* (etwa in der Formulierung des deutschen Grundgesetzes) ist jedoch *per definitionem* eine Würde aller *Menschen* und nicht eine Würde anderer Lebewesen. Die von Peter Singer insinuierte Koppelung verstärkter Rechte für Tiere mit dem Entzug des Lebensrechts für behinderte menschliche Feten ist insoweit weder schlüssig noch zwangsläufig.

245 Bartels (1992), S. 175.

Wertewandel aus religiösen, rechtsethischen, sozialethischen oder emotionalen Gründen verhindern will, der muss seinen Protest dagegen unüberhörbar artikulieren, solange es in Politik und Gesellschaft noch eine gewisse Aussicht auf Resonanz gibt. Die Chancen dafür werden mit jedem Tag der Gewöhnung ein wenig geringer.

14 „Und deshalb bist Du nicht Ich, sondern Du!" Das Klonen von Menschen als medizinisches und psychologisches Experiment[246]

> „Das sind nur die Gene. Das ist nichts. Bei jeder Zellteilung entstehen Schreibfehler im genetischen Material, Veränderungen. Das kann man nicht verhindern. […] Das Leben lebt eben und macht Sachen, auf die wir keinen Einfluss haben. Und deshalb bist Du nicht ich, sondern Du und umgekehrt."[247]

Mit dieser nüchternen wissenschaftlichen Analyse versucht Professor Theo Klein, der Protagonist in Igor Bauersimas absurdem Familiendrama *Futur de luxe*, an einem schönen Sommerabend des Jahres 2020 seinen 24-jährigen Sohn Felix zu beruhigen, nachdem er diesem soeben eröffnet hat, dass er 1996 nicht als das Ergebnis eines gewöhnlichen Liebesaktes seiner Eltern zur Welt gekommen sei, sondern als das gezielt geschaffene Produkt reproduktiven Baby-Klonens. Felix sei ein Klon von Theo, und der vermeintliche Zwillingsbruder Rudi sei gar ein genetischer Ableger Adolf Hitlers.

Verständlicherweise ist der junge Maler Felix nicht bereit, auf diesen Schock so emotionslos zu reagieren wie der Mann, den er bis eben noch für seinen Vater gehalten hat, den er nun aber als seinen planenden Schöpfer *und* als seinen genetischen Vor- beziehungsweise Doppelgänger erkennen muss. Für Felix stellen sich existenzielle Fragen ganz anderer Art: „Kann mir einer sagen, warum ich verdammt nochmal so tun soll, als ob ich lebe? Ich hab kein Leben mehr. Ich habs gesehen, mein Leben. […] Nach vierundzwanzig Jahren wird mir erklärt, dass ich gar keine Mutter HABE! […] Dass ich das Resultat einer simplen Vervielfältigung bin, […] dass ich aber einen Zwillingsbruder habe, der vierzig Jahre älter ist als ich, der mich hergestellt hat, und der mich deshalb erziehen konnte wie seinen eigenen Sohn. Und dass ich ganz nebenbei mit Adolf Hitler aufgewachsen bin, weil das

246 Dieses Kapitel basiert auf einem Vortrag zu dem Drama *Futur de luxe* des Schweizer Dramatikers und Regisseurs Igor Bauersima (*1964), der am 11. Februar 2003 im Glashausfoyer des Theaters der Stadt Heidelberg gehalten wurde.

247 Bauersima (2001), S. 37.

Familienoberhaupt beweisen wollte, ja, was eigentlich? Dass Adolf ein guter Jude hätte werden können? Oder was? Ich geh jetzt und dreh durch. Aber wohin soll ich gehen? Ich komm mit wohin ich auch gehe. Ich bin todkrank."[248]

Theo, der Wissenschaftler, und Felix, der Maler, artikulieren in dieser Szene zwei diametral einander entgegengesetzte Sichtweisen, die man zu dem waghalsigen Projekt des Klonens von Menschen einnehmen kann: Dort die kühle, emotional scheinbar unbeteiligte objektive Rationalität des experimentierenden Naturforschers, hier die spontane, von Gefühlen überwältigte subjektive Betroffenheit des in seinem biografischen Selbstverständnis erschütterten Individuums. Diesen Spannungsbogen gilt es auszuhalten und im Folgenden genauer auszuloten. Sollte man Menschen zu reproduktiven oder auch zu therapeutischen Zwecken klonen dürfen?[249] Warum sollte man Menschen überhaupt klonen wollen?[250] Etwa um zu beweisen, dass wir, „wenn wir das Gute wollen, [...] wir zum Guten im Stande" sind, wie Theo Klein seinen geklonten „Söhnen" triumphierend erklärt?[251] Sind wir also nicht die Sklaven unsere Gene?

Wir sollten einmal den Motiven und Zielen der modernen Reproduktionsmedizin nachspüren. Denn wenn wir Motive und Ziele der handelnden Personen besser verstanden haben, dann sind wir vermutlich auch eher in der Lage, ein sorgfältig begründetes ethisches Urteil über das Klonen von Menschen abzugeben. Im Folgenden soll aber nicht nur über das reproduktive Baby-Klonen reflektiert werden, sondern auch über das ethisch mindestens ebenso brisante Thema des sogenannten „therapeutischen" Klonens, bei dem es um die Herstellung geklonter menschlicher embryonaler Stammellen zur Erzeugung transplantierbarer Gewebe und Organe für medizinische Heilzwecke geht.

In der Bundesrepublik Deutschland ist durch das seit dem Jahre 1991 geltende Embryonenschutzgesetz (ESchG) die künstliche Erzeugung genetisch gleicher Menschen strafrechtlich zwar verboten[252], doch steht die Deutlichkeit dieses Verbotes in einem gewissen Kontrast zu dem Mangel an Kenntnissen, die man über die möglichen Beweggründe und Ziele hat, die den Wunsch nach der Realisierung geklonter Menschen oder nach der Erzeugung toti- und pluripotenter embryonaler Zellklone motivieren beziehungsweise leiten. Mehr als fünf Jahre bevor der Arbeitsgruppe um Ian Wilmut die Kreation des legendären Schafes Dolly gelang, das am 5. Juli

248 Bauersima (2001), S. 39.

249 Bauer (2000b).

250 Benford (2001), S. 47.

251 Bauersima (2001), S. 37.

252 § 6 Absatz 1 in Verbindung mit § 8 Absatz 1 ESchG. Siehe dazu Bülow (1997).

1996 auf dem Gelände des Roslin-Instituts nahe Edinburgh geboren wurde[253], stand für den deutschen Gesetzgeber bereits fest, dass die artifizielle Erzeugung eines in der Zeit versetzten „eineiigen Zwillings" auf jeden Fall ein strafwürdiger Akt sein sollte, sei es zu „reproduktiven" oder zu „therapeutischen" Zwecken.

Zunächst soll es hier um das Baby-Klonen gehen, um das es ja auch in Igor Bauersimas Theaterstück vorrangig geht. Dabei käme es, einmal gesetzt den unwahrscheinlichen Fall, die reproduktionsmedizinische Technik funktionierte reibungslos, zur Erzeugung eines ganzen Lebewesens, das einem anderen Lebewesen genetisch vollkommen gliche.[254] Zwar sind auch hier im Tierversuch bereits wieder erste Zweifel aufgekeimt, nachdem *Cc.* („Carbon Copy"), die erste geklonte Katze der Welt, im Jahre 2002 auf ihren weichen Pfoten ins Leben trat: Texanische Forscher hatten die genetische Identität von *Cc.* mit *Rainbow*, einer anderen Katze, selbst den Gutachtern der hoch angesehenen Zeitschrift *Nature* glaubhaft machen können, womit sie sich von den Menschen-Klon-Clowns der Raelianer-Sekte positiv abhoben.[255] Doch die beiden Katzen waren sich, wie das Magazin *Wired* im Januar 2003 berichtete, kaum ähnlich: *Rainbow* habe ein weißes Fell mit braunen und goldenen Flecken, der Klon *Cc.* dagegen trage graue Streifen auf weißer Unterlage. *Rainbow* trete eher reserviert auf, *Cc.* dagegen sei neugierig und verspielt. *Rainbow* sei dick, *Cc.* gertenschlank.[256] Die Umwelt, so scheint daraus hervorzugehen, beeinflusst die Entwicklung eines Lebewesens wohl ebenso stark wie das genetische Material. Geht es also mit den beiden Katzen in der Lebenswirklichkeit am Ende tatsächlich so zu wie mit Rudi Klein und dem ihm in Aussehen und Verhalten keineswegs ähnlichen genetischen Vorbild Adolf Hitler in Igor Bauersimas Fiktion für das Jahr 2020?

Die öffentlichen Diskurse zum Baby-Klonen drehten sich indessen bis ins Jahr 2003 ganz wesentlich um die Erwartung, dass Klon und genetisches Vorbild genau gleich aussehen und sich auch genau gleich verhalten würden. Und an diese Vorstellung knüpften sich seit 1997 wahre Horrorfantasien von Wissenschaftlern, Politikern, Medien und Bürgern. Woher kam diese allgemeine Hysterie? Vielleicht hatte sie etwas mit jenen düsteren Zukunftsfantasien von der Züchtbarkeit des Menschen zu tun, wie sie etwa der britische Schriftsteller und Kulturkritiker Aldous Huxley (1894-1963) schon 1931 beschworen hatte. In Huxleys *Brave New World* lebten zufriedene Menschen, die jedoch ihre Individualität verloren hatten und für ihre Aufgabe gezüchtet worden waren. „Standardmenschen", so ließ Huxley einen Fabrikdirektor in seinem Roman begeistert ausrufen: „96 identische

253 Silver (1998), S. 137.

254 Koch (2002).

255 Beweis (2003).

256 Copycat (2003).

Zwillinge arbeiten an 96 identischen Maschinen". Womöglich dachte man auch an den 1978 unter der Regie von Franklin J. Schaffner (1920-1989) produzierten Hollywood-Thriller *The Boys from Brazil*, in dem Gregory Peck (1916-2003) in der Rolle des SS-Arztes Dr. Josef Mengele (1911-1979) Frauen auf der ganzen Welt Embryonen aus geklonten Körperzellen Adolf Hitlers austragen ließ.[257]

Auch das Magazin *Der Spiegel* konnte am 3. März 1997 der Versuchung nicht widerstehen, durch sein Titelbild mit der Unterschrift *Der Sündenfall* etliche Klone von Adolf Hitler (1889-1945), Albert Einstein (1879-1955) und Claudia Schiffer (*1970) in Reih und Glied marschieren zu lassen. So war es kein Wunder, dass Matt Litten, damals Herausgeber einer amerikanischen Online-Zeitung, ebenfalls Anfang März 1997 die Titelzeile wählte: „Roslin Institute pulls wool over morals". Im Jahr 2000, so Litten, würden die Kinder ein bekanntes Lied so abwandeln: "Mary had a little lamb, and that lamb had a clone, and it was as white as snow, for it was the perfect animal". Und bald schon könne es dem Schäfer passieren, dass er auf der anderen Straßenseite eine Widerspiegelung seiner selbst erblicken werde, denn Menschen würden als nächste geklont werden.[258] Ganz so weit ist es denn doch noch nicht gekommen. Doch völlig sicher war man sich dessen nicht mehr, nachdem die französische Biochemikerin Brigitte Boisselier (*1956) am 26. Dezember 2002 die Geburt des angeblich ersten Klon-Babys *Eve* bekanntgab.[259] Zwar handelte es sich in diesem Fall nur um einen Werbegag, den sich die Sekte der sogenannten Raelianer ausgedacht hatte, um weltweit kostenlose Reklame zu bekommen. Ob sich dies aber bei dem römischen Gynäkologen und Reproduktionsmediziner Severino Antinori (*1945) genau so verhielt, musste sich erst noch herausstellen.

Mit der Geburt des Schafes Dolly war jedenfalls die Fantasie etlicher Zeitgenossen angeregt worden: So fragte schon 1997 ein Geschwisterpaar per E-Mail im schottischen Roslin-Institut an, ob sie sich nun, weil beide ohne Nachwuchs, Hoffnungen machen dürften, vielleicht ihren Vater als Kind aufziehen zu können. Ian Wilmut jedoch fand derlei an ihn herangetragene Ansinnen wenig erbaulich: „Dies ist nicht beabsichtigt, und wir fänden es widerwärtig", so distanzierte sich der Forscher von der Idee künstlich erzeugter menschlicher Klone.[260] Es fällt auf,

257 Zur Biografie von Mengele siehe Lilienthal (1995).

258 Matt Litten: "Roslin Institute pulls wool over morals". The IUPUI Sagamore Online Newspaper, Ausgabe vom 3. März 1997.

259 Bethge et al. (2003).

260 „Jetzt wird alles machbar" (1997).

dass Wilmut seine Geste der Abscheu nicht als eine rational begründete Norm, sondern vielmehr als eine emotionale ästhetische Antipathie formulierte.[261]

Mit dieser Bemerkung zur Wortwahl Wilmuts soll keineswegs die Bedeutung von Gefühlen in ethischen Diskursen und in ethischen Entscheidungsprozessen negiert werden, vielmehr sei schon jetzt darauf hingewiesen, dass es illusionär schiene, die Gefühle der Menschen bei der Konstruktion normativer Tatsachen auszuschließen: Sofern bestimmte Emotionen regelmäßig und über einen längeren Zeitraum hinweg bei einer erheblichen Zahl von Mitgliedern einer Rechtsgemeinschaft auftreten, spielen sie bei der Herstellung des moralischen und des rechtlichen Konsenses sehr wohl eine Rolle. Dies mag für manche Theologen, Philosophen und Medizinethiker ein schwer akzeptabler Befund sein, ein empirisches Faktum ist es aber allemal.[262]

Knapp ein Jahr nach den ersten Aufregungen um Dolly, nämlich im Januar 1998, wandte sich der Philosoph und Soziologe Jürgen Habermas (*1929) gegen das reproduktive Baby-Klonen von Menschen, das ihm als „moralische Obszönität einer selbstherrlichen und selbstverliebten Verdoppelung der eigenen genetischen Ausstattung" verwerflich erschien.[263] Mochte Habermas damit zwar ein mögliches individuelles Motiv für das Baby-Klonen genannt haben, so traf er gleichwohl nicht ins Zentrum des angegriffenen Reproduktionsverfahrens. Denn selbstverständlich könnte auch, wie der Rechtsphilosoph Reinhard Merkel (*1950) konterte, „ein in seinen Ausprägungen gänzlich unbekanntes Genom, etwa das eines Embryos, geklont und einem anderen zugeteilt werden."[264] Während der Philosoph über die Frage *Warum sollte man einen Menschen klonen?* und deren sozialethische Implikationen nachgedacht hatte, befasste sich der Jurist mit dem biologischen Problem *Wie würde man einen Menschen klonen?* auf einer lediglich individualethischen Ebene, und so argumentierten die beiden Gelehrten letztlich aneinander vorbei. Für Habermas verletzte der Produzent eines menschlichen Klons „jene fundamentale Symmetriebedingung im Verhältnis erwachsener Personen untereinander, auf der bisher die Idee der gegenseitigen Achtung gleicher Freiheiten" beruhte, wohingegen Merkel eine solche Verletzung nicht zu erkennen vermochte, verdankte doch der geklonte Mensch genau jenem Akt des Klonens überhaupt seine Existenz.

---

261 In einem späteren Interview sagte Ian Wilmut: „Sie nehmen einen menschlichen Embryo. Daraus können Sie Stammzellen machen. Die können Sie genetisch modifizieren und wieder einen Embryo daraus machen. Die Dolly-Technik kann also zur Herstellung von Designermenschen benutzt werden. Im Moment ist das bloß ein Traum – ein Albtraum, wenn Sie mich fragen". Vgl. Bahnsen (1998), S. 43.

262 Bauer (1998a); Bauer (1998b); Bauer (1998c); Searle (1994), S. 78-83; Ferber (1999), S. 171-179.

263 Veröffentlicht in der *Süddeutschen Zeitung* vom 17./18.1.1998.

264 Merkel (1998).

Während sich Habermas und Merkel über Freiheit raubende Amoralität oder rechtsethische Neutralität des Klonens von Menschen stritten[265], belehrte der Molekularbiologe Jens Reich (*1939) vom Max-Delbrück-Centrum für Molekulare Medizin in Berlin-Buch die von entsprechenden Ankündigungen des Amerikaners Richard Seed verwirrte Öffentlichkeit darüber, dass Klonen bei Menschen mit Sicherheit nicht funktionieren werde und dass jeder Versuch dazu als fehlbildungsbedrohte Pfuscherei ethisch unverantwortlich und gesetzlich verboten wäre. Die Regierungen sollten ruhig das Menschen-Klonen verbieten: Das koste nichts, sei populär, bringe nichts und sei vergleichbar zielorientiert wie ein Verbot zur Einwanderung von Marsbewohnern, so Reich.[266] Immerhin begnügte sich Reich nicht mit dieser Medien- und Politikerschelte. Er fragte nämlich auch nach den tiefenpsychologischen Ursachen für die regelmäßig wiederkehrende Aufregung über geklonte Menschen. Diese Ursachen lagen für Reich ganz offen zutage: Angesichts des allgemeinen politischen und sozialen Elends in der Welt verdränge die westliche Zivilisation zum einen mit Hilfe der Klagen über „Machbarkeitswahn" und „Utopien der Menschenzüchtung" ihren kollektiven Unwillen, einzugreifen und zu handeln, wo Notwendiges tatsächlich machbar wäre. Zum anderen gaukle der eigene Klon dem Menschen die Unsterblichkeit seiner beiden DNA-Fäden vor und lasse das Individuum dennoch zugleich über seinen unausweichlichen eigenen Tod erschrecken. Der Zwillingsklon verspreche Verjüngung und raube zugleich die Illusion der Einzigartigkeit.

Im Herbst 1999, etwa eindreiviertel Jahre nach diesen aufgeregten medialen Flügelschlägen zum Thema reproduktives Klonen, war der Tross der veröffentlichten Meinung längst weiter gezogen und hatte sich anderen Sensationen zugewandt. Bereits die Meldung, dass Dr. Bo-Yon Lee und seine Kollegen von der Seoul National University in Südkorea angeblich einen menschlichen Klon nach der „Dolly-Methode" hergestellt, ihn jedoch aus moralischen Skrupeln schon nach wenigen Stunden wieder getötet hätten[267], war der *Bild-Zeitung* am 18. Dezember 1998 nur noch magere 25 Zeilen wert.[268] Es dürfte wohl kaum einen sensibleren In-

265 Zur Auseinandersetzung mit Jürgen Habermas siehe auch den in *Telepolis* am 19.1.1998 erschienenen Artikel von Florian Rötzer (*1953): „Der moralische Widerstand gegen das Klonen – Hoffnung auf Unverantwortlichkeit?", in dem der Autor feststellte: „Das Genom legt keineswegs bereits alles fest, sonst müßten eineiige Zwillinge körperlich und als Person identisch sein. Den Kritikern liegt, zu fest verbohrt in Frankensteinphantasien, ein allzu reduktionistisches Verständnis des Genoms als Bauplan zugrunde".

266 Reich (1998).

267 Baker (1999), S. 617-619; Oduncu (2001), S. 115-116.

268 Fischer (1998a).

dikator dafür geben, dass das Thema den Zenit seiner durch öffentliche Entrüstung erzeugbaren Publikumswirksamkeit zumindest fürs Erste überschritten hatte.[269]

Diese Wendung war nicht zuletzt auf eine Verschiebung des Diskussionsfokus hin zu einer möglichen therapeutischen Verwendung geklonter menschlicher Embryonen zurückzuführen. Seitdem es dem Team um den Entwicklungsbiologen James A. Thomson von der University of Wisconsin im Herbst 1998 gelungen war, aus einem menschlichen Embryo pluripotente Stammzellen zu gewinnen, die sich unbegrenzt im Labor teilten, wuchs die Hoffnung, dass sich solche embryonalen Stammzellen zur Behandlung bislang unheilbarer Krankheiten als Autotransplantate verwenden lassen könnten. „Die Front weicht allmählich auf", konstatierte das *Deutsche Ärzteblatt* am 8. Januar 1999.[270] Seitdem wurde fast drei Jahre lang kaum noch über das Klonen ganzer Menschen, sondern vielmehr über das Klonen von Zellen, Geweben und Organen zu medizinischen Zwecken debattiert.

Nach dem Ende jener ersten Medienkampagne über die in der Realität gar nicht existierenden Menschenklone in den Feuilletons der Jahre 1997 und 1998 konnte man retrospektiv den Eindruck gewinnen, dass zwar ein gewaltiges Füllhorn moralischer Appelle über den geduldigen Lesern des raschelnden deutschen Blätterwaldes ausgeschüttet worden war, während man auf eine ernsthafte Analyse der denkbaren Motive für das reproduktive Baby-Klonen kaum Wert gelegt hatte. Da diese Beweggründe von vorn herein als „egoistisch" und „verwerflich" gebrandmarkt wurden, schien sich eine nähere Beschäftigung mit ihnen nicht zu lohnen. Doch könnte hier der Schein trügen. Es wäre immerhin vorstellbar, dass die Beschäftigung mit jenen Motiven, wenngleich sie keine definitive Auskunft über den ethisch-normativen Status des reproduktiven Klonens von Menschen geben würde, jedenfalls interessante Einblicke in das schwer auszulotende Konglomerat aus diffusen Ängsten, vagen Hoffnungen und sehr konkreten Wünschen zutage fördern könnte, die sich in unserer Gesellschaft um das gesamte Genomprojekt ranken.

Während Bioethiker und Feuilletonisten noch eifrig debattierten, handelten die Politiker. Am 12. Januar 1998 beschloss der Europarat in Paris ein Verbot des reproduktiven Baby-Klonens von Menschen. 19 der 40 Mitgliedsländer unterzeichneten ein Protokoll, das als erstes international verbindliches Rechtsinstrument jede Intervention untersagte, die darauf abzielt, „ein menschliches Wesen zu schaffen, das mit einem anderen menschlichen Wesen, sei es lebendig oder tot, genetisch identisch ist."[271] Das Protokoll verpflichtet die Unterzeichnerstaaten, ein Klonverbot in ihre nationale Gesetzgebung aufzunehmen. Die Instrumentalisierung durch

269 Fischer (1998b).

270 Koch (1999). Siehe dazu auch die Berichte von Mayer/Sanides (1998) und Grolle (1998).

271 Council of Europe (1998), Article 1, 1.

die gezielte Schaffung genetisch identischer Menschen sei der Menschenwürde entgegen gesetzt und bedeute somit einen Missbrauch von Biologie und Medizin. Außerdem gelte es, die ernsthaften Schwierigkeiten medizinischer, psychologischer und sozialer Art zu bedenken, die eine solche gezielte biomedizinische Praxis für alle betroffenen Individuen bedeuten könnte.[272]

Mehr als vier Jahre nach der Unterzeichnung des Klonverbots-Protokolls durch die Mitgliedsstaaten des Europarats mussten am 19. November 2002, nur fünf Wochen vor der Geburt des angeblichen Klon-Babys *Eve*, die Verhandlungen bei den Vereinten Nationen über ein weltweites Klonverbot auf den Herbst 2003 vertagt werden. Die USA und Spanien hatten ein umfassendes Klonverbot gefordert, China und Großbritannien hingegen hatten jede Erwähnung des sogenannten „therapeutischen" Klonens in diesem Zusammenhang abgelehnt. Deutschland und Frankreich hatten als Initiatoren einer internationalen Konvention gegen das Klonen vorgeschlagen, zunächst nur das Baby-Klonen zu verbieten, um später Verhandlungen über das „therapeutische" Klonen aufzunehmen. Wegen seiner zu kompromissbereiten Haltung geriet der damalige Außenminister Joschka Fischer im Dezember 2002 nach heftiger Kritik von CDU und CSU auch in den eigenen Reihen unter Druck.[273] Nach der Bekanntgabe der Geburt des angeblichen Klon-Babys *Eve* verfasste die CDU/CSU-Bundestagsfraktion Anfang Januar 2003 einen Antrag für ein umfassendes Verbot des Klonens von Menschen, dem sich am 17. Januar 2003 auch die stellvertretenden Fraktionsvorsitzenden von SPD und Grünen einhellig anschlossen. In der entsprechenden Beschlussvorlage für den Deutschen Bundestag hieß es, dass jedes Klonen menschlicher Embryonen unabhängig von der benutzten Technik und dem damit verfolgten Zweck unvereinbar mit der universell gültigen Menschenwürde sei, deren Schutz Artikel 1 der Erklärung der Menschenrechte der Vereinten Nationen und Artikel 1 des Grundgesetzes gebieten. Da reproduktives Baby-Klonen und „therapeutisches" Forschungs-Klonen in ihren ersten Schritten identisch sind, sei eine ethische Unterscheidung der Techniken unzulässig. Die drei Bundestagsfraktionen begrüßten es, dass die Bundesregierung wieder Gespräche mit Frankreich aufgenommen hatte, um die gemeinsame Initiative für ein UN-Klonverbot vom Sommer 2001 zu überarbeiten. Letzten Ende verlief diese Initiative jedoch im Sand des parlamentarischen Getriebes.

272 Council of Europe (1998), Einleitung: "Considering however that the instrumentalisation of human beings through the deliberate creation of genetically identical human beings is contrary to human dignity and thus constitutes a misuse of biology and medicine; considering also the serious difficulties of a medical, psychological and social nature that such a deliberate biomedical practice might imply for all the individuals involved".

273 Grüne verlangen strenges Klonverbot (2002).

Das 1998 verabschiedete Protokoll des Europarates wie auch die Bundestagsinitiative für ein internationales Klonverbot argumentierten rechtsethisch mit einer Verletzung der Menschenwürde durch das Klonen, die darin bestehe, dass der geklonte Mensch zum Objekt, zum bloßen Mittel, zur vertretbaren Größe herabgewürdigt werden könnte.[274] Nun ist die Würde des Menschen aus Artikel 1 Absatz 1 des Grundgesetzes, wenngleich durch die vermeintliche „Ewigkeitsgarantie" in Artikel 79 Absatz 3 GG gegen Veränderungen ihres Sinngehalts besonders gut geschützt, jedenfalls diesseits metaphysischer Begründungsverfahren keine objektive materielle Tatsache, sondern eine – auf verfassungsrechtlicher Übereinkunft beruhende – intersubjektiv gültige institutionelle Tatsache.[275] Die Würde des Menschen repräsentiert den rechtlichen Ausdruck des Respekts vor der zu jedem Zeitpunkt konstanten Gesamtheit aus Potenzialität und realisierter Wirklichkeit eines menschlichen Lebens. Diese Gesamtheit ist von der Zeugung bis zum Tod unveränderlich. Daher ist der Mensch stets auch Träger von Würde.

Diese Würde des Menschen kann gar nicht abschließend definiert werden, weil sie ein multipel realisierbarer normativer Begriff ist. Dazu ein Beispiel: Zweifellos folgt aus der Würde des Menschen, dass man ihn nicht quälen und foltern darf, aber es wäre zu kurz gegriffen, wollte man daraus den Umkehrschluss ziehen, die Würde des Menschen garantiere lediglich die Freiheit von Folter und Qual. Niemand würde vermutlich leugnen, dass es zu den Konsequenzen der Würde des Menschen gehört, keinem älteren Herrn auf Grund seines Alters das Lebensrecht zu entziehen, aber es wäre gleichwohl falsch zu behaupten, die Würde des Menschen erfordere nur, dass man auch alte Leute am Leben lassen muss. Als supervenienter normativer Begriff überragt die Würde des Menschen sämtliche ihrer Teilbeschreibungen. Sie kann gar nicht abstrakt definiert, sondern nur in jeweils speziellen Fällen erläutert werden. Auch das Grundgesetz definiert die Würde des Menschen nicht; es bleibt dem Strafrecht vorbehalten, konkrete Angriffe gegen die Menschenwürde zu beschreiben. So wird mit einer Freiheitsstrafe zwischen drei Monaten und fünf Jahren bestraft, wer „die Menschenwürde anderer dadurch angreift, dass er […] Teile der Bevölkerung oder einen Einzelnen wegen seiner Zugehörigkeit zu einer vorbezeichneten Gruppe oder zu einem Teil der Bevölkerung beschimpft, böswillig verächtlich macht oder verleumdet (§ 130 Absatz 1 Nr. 2 StGB).

Alle Versuche jedoch, umfassend zu bestimmen, worin die Menschenwürde besteht, müssten dazu führen, dass Menschen, denen die dann jeweils geforderten Eigenschaften fehlten oder die sie nur unzulänglich verwirklichen könnten, an

---

274 Tag (1998), S. 390 (Anmerkung 56). Zur Frage der Menschenwürde in der Rechtsprechung des deutschen Bundesverfassungsgerichts siehe Wetz (1998), S. 80-93.

275 Bauer (1998a); Bauer (1998b); Bauer (1998c); Searle (1994), S. 78-83.

den Rand gedrängt oder von der Teilhabe an den Ansprüchen, welche die Menschenwürde begründet, ausgeschlossen wären. Um den Sinn des Gedankens der Menschenwürde nicht zu verkehren, ist es deshalb geboten, sie dem Menschen allein schon auf Grund der Zugehörigkeit zu seiner biologischen Gattung zu gewährleisten. Denn diese Gattungszugehörigkeit ist jene minimale Vorbedingung, die jeder Mensch mühelos erfüllt, selbst wenn er über keine „höheren" Fähigkeiten wie Selbstbewusstsein, Interessen oder geistige Autonomie verfügt. Deshalb ist es schlüssig, die Würde des Menschen bereits zum Zeitpunkt der Befruchtung der menschlichen Eizelle beginnen zu lassen und nicht zu einem späteren, der Nützlichkeit anheimgegebenen Zeitpunkt[276]. Nur so bleibt die Würde des Menschen wirklich unantastbar.

Doch die Würde des Menschen ist im Alltag eine ziemlich abstrakte Größe, während kaufmännische Berechnungen in der Ära des weltumspannenden Kapitalismus den unwiderstehlichen Charme des Konkreten ausstrahlen. Lee M. Silver (*1952), Molekularbiologe an der Princeton University in New Jersey, gab bereits im Juli 1998 Hinweise auf einen wichtigen kommerziellen Beweggrund für das Baby-Klonen: „Einer der privaten Investoren setzt drei Millionen Dollar ein, um einen Hund zu klonen. In Japan kamen Anfang dieses Monats zwei geklonte Kälber zur Welt, und eine andere Forschergruppe in Oregon macht dasselbe mit Affen. Affen zu klonen macht nur Sinn, wenn man das Verfahren beim Menschen anwenden will. [...] Sie investieren, weil eine Menge Geld damit zu verdienen ist. Ich glaube, das Klonen von Menschen wird ein großes Geschäft."[277]

Wo ökonomische Interessen bestehen, gibt es motivierte Anbieter, aber natürlich auch motivierte Kunden. Silver rechnete vor, es gebe allein in den USA drei Millionen unfruchtbare Ehepaare. Sofern nur ein halbes Prozent von diesen sechs Millionen Menschen Nachwuchs durch Baby-Klonen wünsche, wären dies schon 30.000 Interessenten. Doch selbst bei nur 10.000 Klonwilligen werde sich die Sache mehr als lohnen. Die Amerikaner würden bereit sein, für die modernen Fortpflanzungstechniken Geld zu zahlen. Deswegen werde Amerika das erste Land sein, in dem sich Menschen klonen ließen, prognostizierte Silver damals.[278] Hinter dem äußerst wirkmächtigen Motiv des Kinderwunsches vermutete der Molekularbiologe ein einfaches evolutionäres Prinzip: Gene, welche die Reproduktionsfähigkeit verbessern, würden von einer Generation zur nächsten mit immer größerer Häufigkeit vererbt und breiteten sich letztlich innerhalb einer Populati-

276 Ritter (2001).

277 Petermann/Paul (1998), S. 142.

278 Petermann/Paul (1998), S. 142.

on stark aus.[279] In den Vereinigten Staaten hätten beispielsweise 85 Prozent aller verheirateten Paare diesen Kinderwunsch, der eine logisch notwendige, genetisch tief verankerte Voraussetzung und Begleiterscheinung unserer Existenz sei. Silver vermied gleichwohl einen naturalistischen Fehlschluss vom Sein auf das Sollen, von der Biologie auf die Moral: Der Mensch habe die Fähigkeit entwickelt, seine genetischen Prädispositionen zu erkennen, zu verstehen und ihnen manchmal auch entgegenzuwirken. Unter bestimmten Umweltbedingungen, kulturellen oder geistigen Einflüssen könne daher der Wunsch, Nachkommen zu haben, zugunsten anderer Wünsche zurückgestellt werden.[280] „Wir haben die Wahl zu sagen, nein, wir wollen keine Kinder, andere Dinge sind uns wichtiger."[281]

Weit verbreitet ist die Wunschvorstellung, aber ebenso auch die Schreckensvision, beim Klonen eines Menschen würden nicht nur die Gene, sondern die ganze Person kopiert. In Wahrheit leistet das Klonen aber deutlich weniger: Ein genetisch identischer Zwilling käme in der Zeit versetzt zur Welt. Doch jene rechnerisch maximal 715 Megabyte an vererbter genetischer Information, von denen wohl allenfalls 10 Prozent in Form von Proteinen tatsächlich exprimiert werden, sind ja nicht die einzige Komponente, aus der die Persönlichkeit eines Menschen entstünde. Der in der Zeit versetzte Klon wüchse in einer anderen Umwelt auf als sein genetisches Vorbild, sodass es zu einer ganz unterschiedlichen Konfiguration seiner neuronalen Netzwerke in Form der synaptischen Verbindungen zwischen den Gehirnzellen käme[282], genau so, wie es im Theaterstück bei Theo Klein und

---

279 Silver (1998), S. 98.

280 Silver (1998), S. 99.

281 Petermann/Paul (1998), S. 142.

282 Das menschliche Genom umfasst etwa 3 Milliarden Basenpaare, die jeweils 2 Bit an Information enthalten (nämlich die DNA-Basen Adenin, Guanin, Thymin, Cytosin). 6 Milliarden Bit entsprechen rund 715 Megabyte (8 Bit = 1 Byte, 1.024 Byte = 1 Kilobyte, 1.024 Kilobyte = 1 Megabyte). Aufgrund des genetischen Polymorphismus unterscheiden sich zwei beliebige, nicht miteinander verwandte Menschen im Durchschnitt nur in etwa jedem 300. Basenpaar der DNA, das heißt um insgesamt etwa 2.440 Kilobyte. Sofern hiervon etwa 10 Prozent tatsächlich zur Kodierung der Proteine verwendet würden, blieben für den genetischen Unterschied zwischen zwei Personen vom Kopf bis zu den Füßen (*a capite ad calcem*) noch ganze 244 Kilobyte übrig. Sollten davon wiederum 60 Prozent auf die Bildung des Gehirns und auf die aktuelle Expression seiner Proteine entfallen, so käme man zu dem Schluss, dass sich zum Beispiel die Gehirne von Albert Einstein (1879-1955) und Adolf Hitler (1889-1945), was ihre genetische Determination betrifft, nur um 146 Kilobyte unterschieden haben dürften. Zur Erklärung ihrer unterschiedlichen Persönlichkeiten reichte diese Differenz wohl nicht aus. Siehe dazu Petermann/Paul (1998), S. 143; Cremer (1998), S. 40; Schnabel (1999), S. 16; Bauer (1999a), S. 54.

seinem geklonten Sohn Felix der Fall ist. Trotz identischer Gene ist Felix kein Molekularbiologe geworden, sondern Künstler, vielleicht gerade deshalb, weil er sich unbewusst von Theo abgrenzen wollte.

Dessen ungeachtet scheint es, als erreiche die schlichte Tatsache der ungeheuren Komplexität in der Entstehung einer menschlichen Biografie nicht die mediale Öffentlichkeit. Eine Art genomischer Reduktionismus war zu Beginn des 21. Jahrhunderts bei Sympathisanten wie bei Gegnern der Reprogenetik populär und hatte Konjunktur, denn er bot vereinfachende Erklärungen dort an, wo in Wirklichkeit sehr komplexe Zusammenhänge bestehen. Der Wunsch, ein menschliches Lebewesen klonen zu wollen, schloss aus der Perspektive der potenziellen Interessenten die Erwartung mit ein, dass der entstehende neue Mensch nicht nur über die gleichen biologischen, sondern auch über die gleichen geistigen und charakterlichen Eigenschaften verfügen werde wie sein genetisches Vorbild. Berechenbarkeit und Kontrolle des Schicksals schienen in greifbare Nähe zu rücken. So äußerte sich der Wiener Gynäkologe Wilfried Feichtinger (*1950), damals Präsident eines weltweiten Zusammenschlusses privater Reproduktionskliniken, im Magazin *Der Spiegel* vom 5. März 2001 wie folgt: „Ich habe sieben gesunde Kinder. Wenn einem davon was passieren würde, dann käme Klonen schon in Frage, um es ins Leben zurück zu holen.“[283]

Es ist offenkundig, dass solche erstaunlich naiven Pläne nicht realisiert werden können, weil die bei der Geburt vorhandene genetische Ausstattung des Menschen seine biografische Entwicklung nicht endgültig festlegt. Abgesehen davon handelte es sich beim reproduktiven Baby-Klonen um ein äußerst riskantes medizinisches Experiment, das selbst noch im Jahre 2016 von keiner Ethik-Kommission genehmigt werden dürfte, wenn es denn technisch möglich wäre. Bis zu 40 Eizellspenderinnen wären nötig, um die erforderliche Menge von rund 400 Eizellen nach entsprechender hormoneller Stimulation zu erhalten. Diese 400 Eizellen müssten entkernt und mit dem fremden Erbgut bestückt werden. Aus jeder achten Zelle könnte sich wohl ein Embryo entwickeln. Für diese 50 Embryonen bräuchte man wieder 50 Leihmütter, denen man je einen Embryo einsetzen könnte, in der Hoffnung, dass etwa jede fünfte dieser Frauen schwanger würde. Von den 10 denkbaren Schwangerschaften würden vermutlich 9 wegen schwerer genetischer Defekte vorzeitig enden beziehungsweise durch Abtreibung abgebrochen werden. Ein einziges geklontes Kind – aus 400 Eizellen – käme demnach womöglich zur Welt, doch fraglich bliebe, in welcher gesundheitlichen Verfassung es sich befände.[284]

283 Blech (2001), S. 209.

284 Blech (2001), S. 210.

Alle diese Hindernisse schienen indessen den italienischen Reproduktionsmediziner Severino Antinori nicht zu stören. Auf einer internationalen Konferenz über reproduktives und „therapeutisches" Klonen in Rom kündigte Antinori im März 2001 an, dass das erste geklonte Kind im Jahre 2002 geboren werden sollte. Der Wissenschaftler und sein Team wollten damals unter dem Dach der Firma *Abaclon* arbeiten, deren Anlagen nördlich von Tel Aviv errichtet wurden. Mitinitiator war neben Antinori der israelische Mediziner Avi Ben-Abraham (*1957). „Der jüdische Glaube lehnt das Klonen nicht derart kategorisch ab wie der christliche", sagte Ben-Abraham. Die Zeit sei gekommen, sich über die Gesetze der Natur hinwegzusetzen.[285] Antinori wollte die Babys aus den Körperzellen von Männern klonen, indem er deren Zellkerne in zuvor entkernte Eizellen der entsprechenden Partnerinnen einsetzen würde. Angeblich warteten damals schon 600 klonwillige Aspiranten auf diese gewiss nicht billige Dienstleistung. Ende 2002 kündigte Antinori, der inzwischen mit dem Reproduktionsexperten Panos Zavos (*1944) aus Kentucky kooperierte, erneut an, dass Anfang 2003 das erste von ihm geklonte Kind zur Welt kommen werde. Antinori erklärte, das Baby werde in einem Land geboren werden, in dem das Klonen bisher nicht verboten sei. In Frage kämen demnach Großbritannien, Singapur, Israel, Lybien, die USA, China, Südkorea oder einige Nachfolgestaaten der ehemaligen Sowjetunion.[286] Selbstverständlich wurde nichts daraus.

Nicht alle Reproduktionsmediziner sahen das Baby-Klonen so unbefangen wie Antinori. Ein erhebliches ethisches Problem dürfte darin liegen, dass man unerwünschte „Fehlproduktionen" nicht einfach „entsorgen" könnte. „Was tut man mit abnormal entwickelten Menschen?", fragte Rudolf Jaenisch (*1942) vom Whitehead-Institut für Biomedizinische Forschung im amerikanischen Cambridge. „Es ist ein ungeheuerliches, kriminelles Unterfangen, es überhaupt zu versuchen."[287] Das Ergebnis des sicherlich nicht wünschenswerten und als waghalsiges Menschenexperiment keinesfalls zu gestattenden reproduktiven Klonens von Menschen wären nämlich Babys, die zu ganz „regulären", mit allen Grundrechten auszustattenden Staatsbürgern heranwüchsen. Wenn in diesem Zusammenhang die Befürchtung artikuliert wurde, solche Kinder könnten womöglich als medizinische Ersatzteillager oder als willfährige Anhänger von Sekten dienen, dann muss man dem entgegenhalten: Auch ein widerrechtlich geklontes Kind wäre Träger der unantastbaren Würde des Menschen, begabt mit der vollen Freiheit seines Willens. Dies zu bestreiten wäre

285 Vgl. die Meldung „Klon-Mensch aus dem Heiligen Land?" im Magazin *Der Spiegel* Nr. 11/2001 vom 12.3.2001, S. 145.

286 Klon-Baby (2002).

287 Siehe dazu die Meldung „Internationales Treffen der Klonmediziner in Rom" in der Zeitung *Die Welt* vom 10.3.2001.

sachlich falsch und ethisch gefährlich.[288] Die Würde des Menschen ist unantastbar, auch die Würde eines durch Klonen entstandenen Kindes. Gravierende ethische Bedenken und unsere intuitive moralische Ablehnung richten sich gegen bestimmte Motive und Ziele des reproduktiven Baby-Klonens, nicht jedoch gegen den durch – wenn auch widerrechtliches – Klonen entstandenen Menschen.[289]

Eltern sind weder die Eigentümer noch die Designer ihrer Kinder. So selbstverständlich dieser Satz klingt, so wenig ist er es, wie ein Blick in unsere Lebenswirklichkeit zeigt. Hier genügt ein Hinweis auf jene zahllosen blutigen Familiendramen, wie sie Tag für Tag unter der Rubrik *Vermischtes* oder *Aus aller Welt* in jeder Regionalzeitung nachzulesen sind. Eltern fühlen sich nicht selten zumindest als die Regisseure ihres Nachwuchses, warum also sollten sie nicht auch noch das Drehbuch schreiben, sofern die Technik es ihnen gestattete? Wo Motive noch nicht bestehen, könnten sie schon bald geweckt werden: Lee M. Silver schilderte in seinem 1998 erschienenen Buch *Das geklonte Paradies* einige fiktive Fälle, die so konstruiert waren, dass in ihnen das reproduktive Klonen eines Kindes durchaus als plausibel erscheinen mochte. Was wäre zum Beispiel dagegen einzuwenden, wenn ein Elternpaar sich entschlösse, zur Rettung seines an Leukämie erkrankten Kindes dessen genetischen Zwilling zu klonen, der hernach als idealer Knochenmarkspender dienen könnte? Ob dieses geklonte Kind in wesentlich stärkerem Maße instrumentalisiert werden würde als jene Kinder, die zur Rettung einer Ehe gezeugt werden, stünde zumindest infrage.[290]

Die sich am Horizont abzeichnende Möglichkeit des Klonens von Menschen hat uns offenbar ziemlich unerwartet vor die Frage gestellt, ob wir tatsächlich mehr sind als die Summe unserer Gene. Diejenigen, die das Klonen um jeden Preis bekämpfen wollen, scheinen intuitiv die Antwort *Nein* zu befürchten. Vermutlich sind sie zu pessimistisch. Indessen glauben diejenigen, die von der Vorstellung einer Erzeugung „identischer" Menschen begeistert sind, implizit offenbar an die gleiche reduktionistische Theorie wie ihre Gegner. Doch auch sie dürften sich täuschen.

„Der Mensch wird vom Menschen abstammen", so überschrieb der französische Genetiker Daniel Cohen das Schlusskapitel seines Buches *Die Gene der Hoffnung*, das ein Jahr vor der Geburt des Schafes Dolly erschien. Cohen formulierte hier ein weiteres wirkungsmächtiges Motiv, das dem Klonen von Menschen Schubkraft verleihen könnte, denn er forderte: „Nieder mit der Diktatur der natürlichen Auslese, es lebe die Herrschaft des Menschen über alles Leben! Warum sollen wir uns etwas

288 Siehe das Interview „Anschlag auf die Würde" von Dagmar Schommer mit dem Bonner Theologen Prof. Dr. Hartmut Kreß im *Trierischen Volksfreund* vom 8.8.2001.

289 Bauer (2000b).

290 Bauer (2000b); Silver (1998), S. 150-158.

> vormachen? [...] Die Besorgnis, die die Erwähnung einer derartigen Möglichkeit auslöst, scheint mir kaum berechtigt. [...] Der Mensch, der die Gesetze der Genetik perfekt beherrscht, wird der Urheber seiner eigenen biologischen Evolution und nicht seiner Degeneration sein."[291]

Bedenken wir die filigrane Ausgangslage, mit der auch die Medizin- und Bioethik als wissenschaftliche Disziplin rechnen muss: Moralische Werte werden als institutionelle Tatsachen zu einer bestimmten Zeit in einer konkreten sozialen Gemeinschaft etabliert und sie werden dort im konkreten Fall auch interpretiert. Solche Werte sind labil und veränderbar, sie bedürfen daher als Grundlage ihrer normativen Geltung eines gesellschaftlichen Konsenses. Ein Konsens aber entsteht im Lauf eines historischen Prozesses, und das heißt im Rahmen des öffentlichen Diskurses. Jeder Bürger hat durch sein Tun oder Lassen, das sich in einem freiheitlichen und demokratischen Rechtsstaat allerdings zumindest in den von der Verfassung gesetzten Grenzen bewegen muss, einen gewissen Einfluss auf die Gestaltung zukünftiger Werte und Normen. Dieser Einfluss „von unten" wird sich gerade im Fall der Reproduktionsmedizin für die auf Mehrheiten angewiesene Biopolitik in beunruhigender Weise bemerkbar machen, geht es doch bei der Frage der Fortpflanzung um ein sehr intimes und höchstpersönliches Thema, in das sich die Menschen nur äußerst ungern von außen „hineinreden" lassen wollen.

Kompliziert wird das Thema Klonen durch den Umstand, dass es neben dem spektakulären Baby-Klonen noch eine weitere Form des Klonens gibt, die ethisch zwar nicht weniger bedenklich ist, die jedoch im Kontext seriöser Wissenschaft steht. Die Rede ist hier vom sogenannten „therapeutischen" Klonen, hinter dessen Namen sich bereits eine kritikwürdige Funktionalisierung der Ethik verbirgt: Der Begriff *therapeutisch*, der grundsätzlich positiv konnotiert und entsprechend moralisch aufgeladen ist, soll von vornherein für eine hohe Akzeptanz des Verfahrens sorgen, die sicherlich nicht einträte, wenn man die Dinge nüchtern so beschriebe, wie sie tatsächlich sind und nicht so, wie sie normativ sein sollten: *De facto* geht es um das Klonen von toti- und pluripotenten Zellen, an denen verbrauchende Embryonenforschung betrieben werden soll. Der Philosoph Robert Spaemann (*1927) schrieb im Jahre 2001: „Was hier mit menschlichen Embryonen geschieht, ist nicht Therapie, sondern das Gegenteil: Sie werden getötet [...] im Dienst wissenschaftlicher Verfahren, die vielleicht einmal in Zukunft einer unbestimmten Zahl von Menschen zu einem besseren Leben verhelfen werden."[292]

291 Cohen (1995), S. 327-328.

292 Spaemann (2001), S. 37.

Das „therapeutische" Klonen ist technisch betrachtet zunächst ein Verfahren zur Erzeugung von möglicherweise noch totipotenten und jedenfalls pluripotenten embryonalen Stammzellen. Im Zusammenhang mit der seit dem Jahre 2002 durch das vom Deutschen Bundestag verabschiedete Stammzellgesetz (StZG) auch in Deutschland in Grenzen erlaubten Forschung an importierten menschlichen embryonalen Stammzellen könnte das „therapeutische" Klonen erhebliche Bedeutung gewinnen. Sollte nämlich der Einsatz embryonaler Stammzellen eines Tages wirklich zu therapeutischen Erfolgen beim Menschen führen, was derzeit zwar in weiter Ferne liegt, so bliebe ja weiterhin das immunologische Problem der Abstoßung des Transplantats durch den Organismus des Empfängers zu lösen. Dieses Problem könnte nur durch die Verwendung von Zellen umgangen werden, die vom Patienten selbst abstammen. Solche Zellen aber soll das „therapeutische" Klonen liefern.

In Deutschland ist bislang nach dem Embryonenschutzgesetz die Erzeugung von Embryonen zu Forschungszwecken verboten, und die Deutsche Forschungsgemeinschaft stellte noch in ihren 2001 erschienenen *Empfehlungen zur Forschung mit menschlichen Stammzellen* heraus, dass sowohl das reproduktive als auch das „therapeutische" Klonen über Kerntransplantation in entkernte menschliche Eizellen weder naturwissenschaftlich zu begründen noch ethisch zu verantworten seien und daher nicht stattfinden könnten.[293] Doch richten sich die meisten Appelle, die zur weltweiten Ächtung des Klonens verfasst wurden, überwiegend gegen das reproduktive Baby-Klonen, während im Hintergrund der wissenschaftlichen und der politischen Bühne durchaus massive Aktivitäten entfaltet wurden, um das „therapeutische" Klonen von einem solchen Verbot auszunehmen.

In Großbritannien war das Klonen menschlicher Embryonen zum Zweck der therapeutischen Forschung mit embryonalen Stammzellen bis zum 14. Tag der Entwicklung der befruchteten Eizelle schon seit 2001 gestattet. Das Britische Unterhaus verabschiedete ein entsprechendes Gesetz am 19. Dezember 2000, das Oberhaus stimmte ihm am 22. Januar 2001 unter aufschlussreichen Umständen zu: Das *House of Lords* beschloss, dass die ethischen Fragen zu einem späteren Zeitpunkt vor einer Sonderkommission debattiert werden sollten.[294] Es dürfte kaum ein besseres Beispiel für die machttheoretische Funktionalisierung von Ethik ge-

293 Deutsche Forschungsgemeinschaft (2001), Punkt 4.

294 Siehe dazu den Artikel „England erlaubt das Klonen von Embryos" in den *Badischen Neuesten Nachrichten* vom 24.1.2001.

ben: Der Gesetzgeber schafft Fakten und lässt danach *pro forma* einige ausgewählte Ethik-Experten als moralische Alibi-Beschaffer tätig werden.[295]

Eine begründete ethische Antwort auf die Frage „Sollte man Menschen klonen dürfen?" kann nur dann reale Wirkungen entfalten, wenn wir uns zuvor über die unterschiedlichen Beweggründe kundig gemacht haben, die dem reproduktiven Baby-Klonen wie dem „therapeutischen" Forschungs-Klonen zugrunde liegen. Wer sich klonen lassen möchte, der wird am Ende sein physisches Spiegelbild erblicken. Wer sich mit den Motiven und den Zielen beschäftigt, die schließlich zum Klonen von Menschen führen könnten, blickt in das mentale Spiegelbild unserer Gesellschaft und ihrer genetisch fixierten beziehungsweise kulturell erworbenen Vorstellungen über den wünschenswerten Umgang mit dem menschlichen Leben. In seinem Theaterstück *Futur de luxe* hat Igor Bauersima die Idee des Baby-Klonens konsequent bis zum Ende durchdacht. Er konfrontiert uns in Gestalt der Familie Klein, die an dem von Vater Theo inszenierten medizinisch-psychologischen Menschenexperiment zu zerbrechen droht, mit den bizarren Folgen, die sich ergeben könnten, wenn wir die verborgenen Erfahrungsräume, die zu betreten uns bisher verwehrt war, tatsächlich mit jenem magischen Schlüssel öffnen sollten, den uns Bio- und Gentechnologie in die Hand gegeben haben.

15 An den Grenzen der Prognostik: Prädiktive Medizin und Präimplantationsdiagnostik[296]

Gesundheits- und Krankheitsbegriff in der Ära des Humangenom-Projekts

„Ein Mensch – drei Fliegen". So lautete im Februar 2001 die Überschrift eines Berichts im *Deutschen Ärzteblatt* zu der damals heiß diskutierten Frage, aus wie vielen Genen das menschliche Genom tatsächlich bestehe. Zum damaligen Zeitpunkt schien bereits klar, dass frühere Schätzungen, die von rund 100.000 Genen ausgingen, deutlich zu hoch lagen. Der amerikanische Genforscher Craig Venter (*1946), dessen Firma

295 Zum machttheoretischen Deutungsmuster institutionalisierter Ethikräte siehe Ezazi (2016), S. 28-37.

296 Dieses Kapitel basiert auf einem Vortrag, der im Rahmen des Interdisziplinären Ethik-Kolloquiums *An den Grenzen der Humanität? Aktuelle medizinethische Fragestellungen* der Ludwig-Maximilians-Universität (LMU) und der Technischen Universität (TU) München am 27. Januar 2004 im Institut für Rechtsmedizin der LMU in München gehalten wurde.

Celera Genomics als erste das komplette Humangenom sequenziert hatte, schätzte 2001 die Gesamtzahl der kleinsten Einheiten des menschlichen Erbgutes auf nur noch etwa 39.000 Gene, und zehn Jahre später ging man sogar nur noch von etwa 22.000 Genen aus.[297] Zum Vergleich: Fliegen haben 13.000 Gene, Würmer 18.000, und in vielen Pflanzengenomen gibt es sogar 26.000 Gene.[298] Selbstverständlich wäre es gleichwohl eine Absurdität zu glauben, dass man aus drei Fliegen oder zwei Würmern einen Menschen zaubern könnte, und insofern war die Überschrift des erwähnten Artikels zweifellos ironisch gemeint. Der Mensch besitzt zwar weniger Gene als ursprünglich angenommen, dafür haben aber die einzelnen Gene offenbar jeweils mehrere Funktionen. Wie all dies genau vor sich geht, wird die Proteomforschung aufzuklären versuchen, die seit dem Abschluss des Humangenom-Projekts stärker in den Vordergrund getreten ist.

Dennoch lassen sich aus der kurzen Schlagzeile, die Menschen und Fliegen miteinander in eine quantitative Verbindung brachte, zweierlei Erkenntnisse gewinnen: Zum einen sehen wir, dass unser Wissen über die Funktionsweise des menschlichen Genoms auch nach der Sequenzierung der gesamten DNA nach wie vor äußerst rudimentär ist. Hier wurde während der Laufzeit des Humangenom-Projekts in den 1990er Jahren eine Menge an Illusionen erzeugt, die zu Beginn der 2000er Jahre rasch in sich zusammenfielen; ein Rätsel schien gelöst, doch viele neue Rätsel tauchten am Horizont auf. Zum anderen macht der Vergleich von Fliegen und Menschen aber noch einmal bewusst, dass die 1990er Jahre eine – vielleicht kurzlebige – Ära des genomischen Reduktionismus in Biologie und Medizin waren. Der Gedanke, dass sich der Mensch, seine Gesundheit und seine Krankheiten aus der bloßen Abfolge der rund 3 Milliarden Basenpaare der chromosomalen DNA rekonstruieren und damit erklären lassen würden, war zu simpel, um wahr zu sein, aber auch zu faszinierend, um nicht publikumswirksam in Erwägung gezogen zu werden.

Gesundheit und Krankheit waren zu keinem Zeitpunkt in der Geschichte der Medizin objektive oder wertneutrale Begriffe. Sie hatten stets einen normativen Hintergrund. Nicht erst die 1986 von der WHO verabschiedete Ottawa-Charta zur Gesundheitsförderung, wonach Gesundheit ein Zustand des umfassenden körperlichen, seelischen und sozialen Wohlbefindens sei, machte diesen Sachverhalt deutlich. Gesundheit wurde auch früher schon als ein Soll- oder Ideal-Zustand beschrieben, und dieses Ideal änderte sich im historischen Verlauf den jeweiligen Zeitumständen entsprechend. In der langen Ära vor der naturwissenschaftlichen

297 „Wir wissen es immer noch nicht genau", sagte der Heidelberger Humangenetiker Claus R. Bartram im Februar 2011 der *Süddeutschen Zeitung*. Siehe dazu Blawat (2011).

298 Koch (2001).

Medizin – also bis annähernd in die Mitte des 19. Jahrhunderts – wurde Gesundheit überwiegend als ein subjektiver, qualitativer Zustand aufgefasst, den ein Mensch dann bei sich konstatierte, wenn er nicht unter den Symptomen einer Krankheit litt. Der oft dem französischen Chirurgen René Leriche (1879-1955) zugeschriebene Ausspruch, Gesundheit sei „Leben im Schweigen der Organe", charakterisiert diese Auffassung recht gut. Und selbst noch im Jahre 1949 schrieb der Heidelberger Internist Richard Siebeck (1882-1965) in seinem Lehrbuch *Medizin in Bewegung*, Gesundheit und Krankheit seien nicht quantitativ und nicht nur biologisch bestimmt, sondern auf die Persönlichkeit, ihre Haltung und ihre Situation bezogen. Gesundheit sei nicht letzter Selbstzweck, sondern bestimmt und begrenzt durch den Sinn des Lebens. Der Kranke suche den Arzt dann auf, wenn er leide, wenn er weniger leisten könne, wenn es irgendwie anders mit ihm geworden sei. Dem Arzt seien dann die Fragen gestellt, wie es anders geworden, wodurch, inwiefern und in welchem Sinne.[299]

Die naturwissenschaftliche Medizin hatte sich seit der Mitte des 19. Jahrhunderts allmählich von diesem subjektorientierten, auf das Befinden des Menschen zentrierten Gesundheits- und Krankheitsbegriff gelöst. Durch Beobachten, durch Messen und Zählen, durch graphische Aufzeichnungen und durch visualisierbare Befunde und schließlich durch eine ganze Palette statistisch ermittelter Normwerte aus dem Bereich der Klinischen Biochemie und Hämatologie wurden Gesundheit und Krankheit jedenfalls dem äußeren Anschein nach quantitativ nachprüfbar. Durch den Rückgriff auf inferenzstatistische Verfahren, denen die Annahme einer Gauß'schen Normalverteilung von Blutzell- oder Enzymkonzentrationen zu Grunde liegt, konnte zumindest auf den ersten Blick der normative Gehalt des Gesundheits- und Krankheitsbegriffs kaschiert werden. Gesundheit und Krankheit schienen am Ende des 20. Jahrhunderts nicht mehr durch wertbezogene Hintergrundkonzepte definiert zu werden, sondern durch vorgeblich objektive, weil „naturgegebene" Fakten. Gesundheit und Krankheit wurden der Bestimmung durch den jeweils Betroffenen entzogen und gerieten in die alleinige Verfügbarkeit medizinischer Experten, die seither je nach den erhobenen Befunden ihr Urteil über *gesund* und *krank* fällen.

Diese Veränderung der Diagnostik beziehungsweise der Zuschreibung von Diagnosen zog eine weitere wichtige Konsequenz nach sich: Mithilfe der technischen Analyseverfahren der Laboratoriumsmedizin und später auch der Humangenetik wurde es nicht mehr nur möglich, Gesundheit und Krankheit quantitativ gegeneinander abzugrenzen, sondern man kann heute sogar Menschen, die subjektiv und physiologisch vollkommen unbeeinträchtigt leben, auf eine neuartige Weise als

299 Siebeck (1949), S. 24 und S. 486-487.

„krankheitsgefährdet" und damit als zumindest nicht mehr ganz gesund markieren. Was in den 1960er Jahren scheinbar harmlos mit dem internistischen Konzept der „Risikofaktoren" (die man heute treffender als „Risikoindikatoren" bezeichnet) wie Blutdruck-, Blutzucker-, Cholesterin- oder Harnsäurewerten begann, heißt in der Ära der Humangenomforschung nunmehr „genetische Krankheitsdisposition" oder gar – populär, aber falsch – „Krankheits-Gen". Das nicht eben unbescheidene Projekt, Gesundheit und Krankheit an der linearen Abfolge der DNA-Basen dingfest zu machen, brachte zu Beginn des 21. Jahrhunderts einen völlig neuen Zweig der ärztlichen Prognostik hervor, der in den kommenden Jahren vermutlich weiter boomen dürfte: die *prädiktive Medizin*, die unser zukünftiges Krankheitsschicksal in Form eines individuellen statistischen Risikoprofils angibt.

Die Medizin der Zukunft wird sich nicht mehr nur mit denjenigen Menschen beschäftigen, die als Patienten, also als Leidende, zum Arzt kommen, sondern auch mit jenen potenziell Kranken, deren Genom eine oder mehrere genetische „Krankheits-Anlagen" enthält. Mit anderen Worten: Im Sinne der prädiktiven Medizin dürfte es keinen Bürger mehr geben, der im umfassenden Sinn des Wortes noch als gesund wird gelten können. Jeder ist dann ein potenzieller Patient, der nach maximaler präventiver Therapie verlangen wird. Der Kölner Psychiater Manfred Lütz (*1954) schrieb im Jahre 2003, die uralte Sehnsucht der Menschen nach Gott und dem ewigen Leben, die schon aus frühesten Kulturzeugnissen spreche, lebe sich heute im Gesundheitswesen aus, sodass die unaufhaltsamen Kostensteigerungen im Gesundheitswesen gleichsam religiöse Gründe hätten.[300]

Die prädiktive Medizin erfasst aber nicht nur Erwachsene und Kinder, und sie liefert nicht nur Informationen über solche Menschen, die freiwillig zum Arzt gehen. Vielmehr können genetische Variationen oder Defekte auch schon bei Embryonen und Feten entdeckt werden, was nicht selten deren vorzeitigen Tod zur Folge hat: In Form der seit den 1970er Jahren praktizierten Pränataldiagnostik (PND) und neuerdings in Gestalt der Präimplantationsdiagnostik (PID) hat sich eine Art humangenetischer „Qualitätskontrolle" etabliert, die zu einer eugenischen „Selektion von unten" führt, das heißt zu einer Bekämpfung von Krankheit und Krankheits-Anlagen durch die medizinisch assistierte Tötung ungeborener Kranker, Behinderter, potenziell Kranker oder potenziell Behinderter.[301] Im Folgenden wenden wir uns zunächst der prädiktiven Medizin im engeren Sinne zu, also der genetischen Diagnostik an subjektiv (noch) gesunden Erwachsenen und Kindern.[302]

300 Lütz (2003).

301 Bauer (2002c); Epplen/Przuntek (1998); Klinkhammer (1999); Schrep (2003); Wissenschaftlicher Beirat (1998).

302 Berth (2002).

Danach soll ein Blick auf die ethischen Probleme der Präimplantationsdiagnostik geworfen werden.

Die Prädiktion genetischer Krankheitsrisiken als ethisches Dilemma

1998 erschien in der britischen Wissenschafts-Zeitschrift *Lancet* eine isländische Studie[303] zum Brustkrebsrisiko für Trägerinnen und Träger der erblichen BRCA-2-Genmutation: Während diese Mutation bei nur 0,6 Prozent der Gesamtbevölkerung auftrat, lag sie bei 10 Prozent der Brustkrebs-Patientinnen und bei sogar 38 Prozent der (in absoluten Zahlen wenigen) männlichen Patienten mit einem Mammakarzinom vor. Andererseits waren von den 50-jährigen Gen-Trägerinnen noch 83 Prozent mammakarzinomfrei, von den 70-jährigen immerhin noch 63 Prozent. Die Autoren der Studie gelangten damals zu der Empfehlung, man solle die Familienanamnese für eine Abschätzung des individuellen Erkrankungsrisikos berücksichtigen.[304]

Die Schwierigkeiten der individuellen Interpretation statistischer Risikoprofile sind jedoch erheblich. Das beginnt schon mit der sprachlichen Formulierung: Es macht eben sehr wohl einen Unterschied, ob man abwiegelt: „Mehr als 80 Prozent der 50-jährigen Gen-Trägerinnen sind mammakarzinomfrei", oder ob man dramatisiert: „Fast 20 Prozent der 50-jährigen Gen-Trägerinnen haben bereits ein Mammakarzinom". Die erste Version klingt harmlos, die zweite Fassung desselben Sachverhalts hingegen erzeugt Furcht. Welche der beiden Formulierungen ist nun die im moralischen Sinne „richtige", welche soll der behandelnde Arzt seinen Rat suchenden Patientinnen übermitteln?

Mit statistischen Wahrscheinlichkeiten rechneten bislang vor allem Versicherungsmathematiker und Epidemiologen, nicht jedoch einzelne Ärzte und ihre Patienten, denen es jeweils um ein ganz persönliches Schicksal geht. Wir sind auf die individuelle Bewertung von Informationen, die uns etwas über unser mögliches, aber keineswegs sicheres zukünftiges Krankheitsschicksal mitteilen, intellektuell wie emotional noch nicht gut vorbereitet, weil in der klassischen kurativen Medizin bis zum Ende des 20. Jahrhunderts solche Informationen kaum zur Verfügung standen und der Umgang mit ihnen nicht eingeübt wurde. So ergab noch eine 1997 in den USA publizierte Studie zur prädiktiven genetischen Diagnostik bei Familiärer Adenomatöser Polyposis (FAP) des Dickdarms, dass die Resultate

303 Berger (1999).

304 BRCA-2-Genmutation (1999); Thorlacius (1998).

der genetischen Untersuchungen ohne Beteiligung eines genetischen Beraters von den beteiligten Ärzten in 31 Prozent der Fälle falsch interpretiert wurden.[305]

Die prädiktive Medizin, die uns unter anderem auch über unsere zwar individuellen, aber dennoch nur statistischen genetischen Risiken im Hinblick auf eine besonders lebensbedrohliche Gruppe von Krankheiten, nämlich die Krebsleiden, vorzeitig aufklären könnte, bringt eine Fülle ungeklärter Fragen mit sich, auf deren Beantwortung wir uns in den nächsten Jahren einstellen und mit denen wir uns intensiv auseinandersetzen sollten. Vorerst gibt es hier nur anekdotische empirische Hinweise, die uns zu denken geben mögen. So porträtierte der Fernsehsender RTL im Jahre 1999 eine junge Frau, die um ihre erbliche Belastung mit einem „Brustkrebs-Gen" wusste und sich daraufhin vorsorglich gleich beide Brüste operativ entfernen ließ. Bis zum Zeitpunkt der Operation hatte sie ständig in panischer Angst vor dem Ausbruch eines Mammakarzinoms gelebt. Danach fühlte sie sich wesentlich ruhiger und sicherer; sie bereute den Eingriff nicht. Eine andere junge Frau mit ganz ähnlichem Schicksal plädierte jedoch dafür, dass zumindest ihre beiden Kinder *nicht* auf das Vorhandensein von „Krebs-Genen" untersucht werden sollten: Nach allem, was sie selbst seelisch und körperlich durchlitten habe, könnten sie und ihre Familie es nicht mehr zusätzlich verkraften, falls sich herausstellen sollte, dass auch eines der Kinder mit dem entsprechenden „Krebs-Gen" belastet sei. Das Nichtwissen über die potenziellen Krankheitsrisiken der Kinder wurde von dieser Patientin als eine unerlässliche Bedingung für die Rettung ihrer Ehe und Familie angesehen.

Diese beiden Fallgeschichten könnten Anlass zu vielerlei ethischen Überlegungen geben: Wir könnten zum Beispiel fragen, ob es angesichts der prognostischen Unsicherheit überhaupt gerechtfertigt war, die beiden Frauen auf ihre genetische Prädisposition hin zu untersuchen. Schließlich bleiben ja mehr als 60 Prozent der Gen-Trägerinnen langfristig gesund, unsere beiden Patientinnen wurden also durch die Mitteilung ihres Genetischen Beraters mit einer recht hohen Wahrscheinlichkeit unbegründet in Schrecken versetzt und ließen sich womöglich unnötigerweise operieren. Oder war es vielleicht umgekehrt sogar die Pflicht des Arztes, die prädiktive Diagnostik zu empfehlen, um Schlimmeres verhüten beziehungsweise um gegebenenfalls die freudige Mitteilung einer Nicht-Belastung mit dem „Krebs-Gen" machen zu können? Und wie steht es mit der Entscheidung der zweiten jungen Frau, ihre Kinder nicht über die mögliche Gefahr zu informieren und ihnen eine entsprechende Untersuchung mit Rücksicht auf das familiäre Systemgleichgewicht zu verweigern? Durfte sie das, oder musste sie das sogar tun?

305 Bachmann (1998); Giardiello et al. (1997); Propping (1999).

Wie immer, wenn wir uns mit ethischen Fragen konfrontiert sehen, scheint es keine klaren und raschen Antworten zu geben. Der amerikanische Bioethiker Albert R. Jonsen (*1931) hat zu Recht darauf hingewiesen, dass sich im moralischen Diskurs die Probleme keineswegs auf so elegante und klare Weise darstellen lassen, wie es in der Mathematik der Fall ist. Es gehe vielmehr um ein ziemlich unordentliches Gebräu vieler Details, die alle unsere Aufmerksamkeit verlangen. Wir befinden uns angesichts ethischer Probleme ständig in einem Zwiespalt, denn wir stehen vor einer Wahl, die wir am liebsten gar nicht treffen möchten. Viel mehr noch gilt das, wenn die Fragen, die uns da bedrängen, völlig neuartige Fragen sind, sodass wir uns bei ihrer Beantwortung auf keine tradierten und bewährten praktischen Erfahrungen stützen können.

Prädiktive Medizin bei multifaktoriell bedingten Erkrankungen

Äußerst bedeutsam für eine breite Anwendung der prädiktiven Medizin und das kommerzielle Interesse daran werden zweifellos die häufigen multifaktoriell bedingten Krankheiten sein. Zu den gesundheitspolitisch bedeutsamen multifaktoriellen Erkrankungen gehören die Herz-Kreislauf-Krankheiten, die wichtigsten Krebsformen, Stoffwechselstörungen wie die Zuckerkrankheit, Psychosen und andere Störungen der Gehirnfunktion, darunter die Alzheimer-Krankheit. Die Entwicklung beziehungsweise Vermeidung einer multifaktoriell bedingten Erkrankung bei einem Individuum beruht auf dem komplexen Zusammenwirken der Varianten zahlreicher Gene mit zahllosen Umwelteinflüssen. Schwellenwertmodelle für multifaktorielle Erkrankungen gehen von krankheitsdisponierenden Faktoren aus, die der Münchner Humangenetiker Thomas Cremer (*1945) als Anfälligkeitsquellen bezeichnet hat. Zu diesen Anfälligkeitsquellen gehören Genvarianten, die eine Erhöhung des Krankheitsrisikos bedingen, aber auch krankheitsdisponierende Umweltfaktoren. Bei Menschen, bei denen zu viele dieser Anfälligkeitsquellen zusammen kommen, wird eine für die Krankheitsauslösung entscheidende Schwelle überschritten.[306]

Die Abschätzung eines individuellen Erkrankungsrisikos ist bei den multifaktoriell bedingten Krankheiten nach wie vor schwierig. So muss bei den Krebserkrankungen mit einem komplizierten Ineinandergreifen von genetischen Dispositionen und Umwelteinflüssen gerechnet werden. Häufungen bösartiger Geschwülste in bestimmten Familien und in bestimmten Populationen könnten durch Umweltbedingungen hervorgerufen werden, zum Beispiel durch die Einwirkung kanzerogener Substanzen auf alle Mitglieder der Familie oder der ent-

306 Cremer (1998).

sprechenden Bevölkerungsgruppe. Kanzerogene bewirken Mutationen in Körperzellen, wie dies etwa im Falle des Zusammenhangs von Rauchen und Lungenkrebs gezeigt wurde. Mehrere aufeinander folgende Mutationen führen zur Entstehung eines Klons von Krebszellen und werden so zum Ausgangspunkt des vielleicht erst etliche Jahre später klinisch nachweisbaren Krebsleidens. Die übrigen Körperzellen und die Keimbahnzellen solcher Patienten weisen die entsprechenden genetischen Mutationen nicht auf. Ob ein bestimmter Mensch ein bestimmtes Krebsleiden in seinem Leben bekommen wird, lässt sich in diesen Fällen durch eine DNA-Analyse nicht vorhersagen. Die individuelle Anfälligkeit für bestimmte Krebsformen kann jedoch zum Beispiel durch eine angeborene Variabilität in der Effizienz der DNA-Reparatursysteme beeinflusst werden.

Ungeachtet der vielfältigen diagnostischen und prognostischen Probleme werden mittlerweile auch in Deutschland immer häufiger prädiktive Gentests frei über das Internet vertrieben. Nahezu einhellig warnen Ärzte davor, solche Gentests ohne Beratung und ärztliche Kontrolle anzufordern. Doch schon umfasst das Angebot ein breites Krankheitsspektrum von Alzheimer über Bluthochdruck bis zum erblichen Brustkrebs. Die Preise schwankten im Jahre 2003 zwischen 130 und 1.600 Euro. Man kann sich unter anderem auf eine genetische Belastung für Diabetes mellitus Typ II, Dickdarmkrebs, Osteoporose, Ovarialkarzinom und Fettsucht testen lassen. Die Nutzer solcher Gentests haben zumindest subjektiv das Gefühl, „autonome" Entscheidungen treffen zu können, und sie genießen den Schutz der Anonymität. Auf der anderen Seite sind viele dieser Tests in ihrer Aussagekraft mindestens umstritten. Ohne eine ausführliche Anamnese und eine korrekte genetische Beratung verleiten sie vielfach zu falschen Schlussfolgerungen, und die Patienten können sich unter Druck gesetzt fühlen. Es besteht die Gefahr, dass aus solchen kommerziell lukrativen Tests ein Screening-Instrument in den Händen medizinischer Laien entstehen könnte – nach dem gerne verwendeten, aber höchst fragwürdigen Motto „Nur wer sein Risiko kennt, kann vorbeugen."[307] Die Wirklichkeit der Prävention genetisch bedingter Erkrankungen sieht leider ganz anders aus.

Prädiktive Medizin und Präimplantationsdiagnostik (PID)

Ein weiteres, ethisch und rechtlich höchst umstrittenes Anwendungsgebiet der prädiktiven Medizin wird seit dem Ende der 1990er Jahre in das öffentliche Blickfeld gerückt. Es geht dabei um die im Rahmen der In-vitro-Fertilisation (IVF) zunehmend diskutierte Präimplantationsdiagnostik (PID). Durch die PID würde es möglich, in

307 Berth (2002).

vitro befruchtete Eizellen am zweiten oder dritten Tag ihrer Entwicklung zu einem implantationsfähigen Embryo auf ihre genetische Beschaffenheit hin zu testen und sie gegebenenfalls zu verwerfen, sofern eine in der Familie bekannte Erbkrankheit gefunden werden konnte.

Die PID ist für ihre Befürworter Teil einer Entwicklung, durch welche die Handlungsspielräume von Paaren bei Fortpflanzungsentscheidungen zunehmend erweitert würden. Genetische Risiken im Rahmen einer Schwangerschaft sollten möglichst vollständig ausgeschlossen werden. Nach Auffassung von Kritikern ist die PID jedoch ethisch wie verfassungsrechtlich höchst problematisch. Womöglich – und das wäre noch die harmloseste Entwicklung – erweist sie sich als Schlüsseltechnologie für die Entwicklung sogenannter „Designer-Babys".[308] Vor allem aber würde künftig nicht nur auf wenige, als „schwerwiegend" eingestufte Krankheiten hin getestet, sondern mehr und mehr auch auf individuell oder gesellschaftlich „unerwünschte" Charakteristika. Zudem könnte die neue „reproduktive Freiheit" schnell in die entgegengesetzte Richtung umschlagen und zu einem verstärkten sozialen Zwang zum „qualitativ hochwertigen" Kind führen.[309]

Nach dem heutigen Stand der Wissenschaft kann mit Hilfe der PID vor allem die Anlage zu monogen vererbbaren beziehungsweise zu chromosomal bedingten Störungen festgestellt werden, die zu unterschiedlichen Schweregraden von körperlichen oder geistigen Beeinträchtigungen führen. Dabei werden insbesondere die folgenden Erkrankungen, Behinderungen und Dispositionen genannt, deren Diskussion deutlich macht, wie problematisch das Erstellen einer Liste grundsätzlich ist. Die Frage, was tatsächlich in die Liste aufgenommen werden könnte, ist ein wesentlicher Bestandteil der Diskussion.

- *Mukoviszidose:* Krankheit der Schleim und Schweiß produzierenden Drüsen. Zähflüssige Verschleimung und Entzündung der Atemwege, Verschleimung im Bereich von Darm und Bauchspeicheldrüse.
- *Down-Syndrom:* Trisomie 21.
- *Sichelzellanämie:* schwere Form einer erblichen Anämie.
- *Muskeldystrophie Duchenne:* erbliche Muskelkrankheit des männlichen Geschlechts, die fortschreitend in jungen Jahren zum Tode führt.
- *Hämophilie:* Bluterkrankheit.
- *Chorea Huntington:* eine spät manifestierende, tödlich verlaufende Nervenkrankheit (Veitstanz), bei der Nervenzellen im Zentrum für Bewegungskoordination erkranken.

308 Bauer (1998b) und Bauer (1999a).

309 Hildt (1998).

- *Fragiles-X-Syndrom:* eine der häufigsten Ursachen für geistige Behinderung.
- *Spinozerebellare Ataxie:* Muskelschwäche, die auch die Atemmuskulatur betrifft.
- *Marfan-Syndrom:* Bindegewebserkrankung; Schäden am Herz- und Gefäßsystem.
- *Lesch-Nyhan-Syndrom:* relativ seltene, sehr schwere, im frühen Säuglingsalter auftretende Stoffwechselkrankheit, die zu schweren geistigen Entwicklungsstörungen, spastischen Bewegungsstörungen und Nierenversagen führt.

Jedes denkbare Verfahren, das festlegt, ob eine PID im konkreten Einzelfall angewendet werden darf, lässt Fragen offen. Dies gilt sowohl für die Vorgabe einer Liste denkbarer Indikationen als auch für die Formulierung einer abstrakten Generalklausel, bei der eine Kommission der Durchführung der PID bei Paaren mit einem hohen Risiko für ein Kind mit „schwerwiegender Behinderung" im Einzelfall zustimmen kann. Alle Varianten begegnen folgenden Fragen: Wer entscheidet über die Einstufung von Krankheiten? Sind Vergleiche unterschiedlicher Behinderungen überhaupt möglich? Wiegt nicht jede Behinderung schwer? Welche Kriterien werden zur Beurteilung von Krankheiten herangezogen? Eine Ausweitung möglicher Anwendungsfälle für eine PID könnte sich aus einem Voranschreiten der Forschung ergeben. Inzwischen werden zum Beispiel erste Erfolge beim Erkennen der Veranlagung zu bestimmten Krebsformen gemeldet. Darüber hinaus gehende Vorstellungen, auch weitere Merkmale wie Intelligenz, äußeres Erscheinungsbild und dergleichen beeinflussen oder auswählen zu können, scheinen heute noch unrealistisch zu sein.

Da sich der zu untersuchende Embryo für diese Diagnostik außerhalb des Mutterleibes befinden muss, böte sich die Präimplantationsdiagnostik aus technischen Gründen auch stets dann an, wenn Paare aufgrund einer Fertilitätsstörung eine IVF in Anspruch nehmen. Paare, die zwar zeugungsfähig sind, in deren Familie aber eine mit Hilfe der PID zu entdeckende erbliche Erkrankung vorkommt, müssten den nicht risikolosen Weg der künstlichen Befruchtung wählen, damit eine PID technisch möglich würde. Studien wie zum Beispiel die ESHRE-Studie aus dem Jahr 2000 zeigen allerdings zum einen die Schwierigkeiten, die mit einer künstlichen Befruchtung verbunden sind, und sie machen zum anderen deutlich, dass eine PID kein gesundes Kind garantiert. Weder PND noch Schwangerschaftsabbrüche werden durch sie vermieden.

In ethischer und verfassungsrechtlicher Perspektive gibt es eine Reihe von Argumenten gegen die Zulassung der Präimplantationsdiagnostik: Eine externe Bewertung menschlichen Lebens in Form der Differenzierung zwischen „erwünschten" und „unerwünschten" Menschen beziehungsweise einer Unterscheidung zwischen für Eltern „zumutbaren" und für Eltern „unzumutbaren" Kindern steht im Raum. Die PID gestattet es, zwischen Embryonen zu unterscheiden, deren Entwicklung fortgesetzt werden, und solchen, bei denen sie beendet werden soll. Anders als die Pränataldiagnostik bietet sie zum ersten Mal die Möglichkeit, zur Etablierung einer spezifischen Schwangerschaft unter mehreren Embryonen auszuwählen. Diese selektive Verwerfung eines Embryos nach PID lässt sich mit der Würde, die dem Menschen bereits in der frühesten Phase seiner Existenz zukommt, nicht in Einklang bringen. Kein Dritter, auch nicht die Eltern, dürfen aus ethischer oder rechtlicher Sicht das Recht haben, über den Lebenswert eines Menschen zu entscheiden.

Indem sie die Embryonen einer „Qualitätsprüfung" unterzieht, kann die PID zu einer Desensibilisierung im Umgang mit menschlichen Embryonen beitragen und sie für weitere Verwendungszwecke etwa im Bereich der Forschung an embryonalen Stammzellen leichter zugänglich machen. Ein Verfahren, in dessen Zusammenhang menschliche Wesen bewusst auf Probe erzeugt und von den zukünftigen Eltern erst nach einer genetischen Untersuchung für existenz- und entwicklungswürdig befunden werden, könnte mit ungetrübter Freude nur von denjenigen Zeitgenossen begrüßt werden, die sich absolut sicher wären, dass sie selbst unter keinem denkbaren biologischen Mangel leiden und auch künftig niemals unter einem solchen leiden werden. Es gibt darüber hinaus weder einen rechtlich noch einen ethisch begründeten Anspruch auf ein bei der Geburt „gesundes" Kind.

Eine Beschränkung auf schwere monogenetisch bedingte Erbkrankheiten ist angesichts der Möglichkeiten, welche die PID eröffnet, wenig realistisch und auf Dauer sicher nicht haltbar. Vielmehr würde sich die Methode voraussichtlich zu einem umfassend angewendeten Selektionsverfahren ausweiten, da ihre Anwendung sich bei jeder künstlichen Befruchtung anböte, um Normabweichungen zu erkennen. Zu verweisen ist hier auf die einschlägigen Erfahrungen mit der Pränataldiagnostik (PND), bei der es sich um eine ab 1972 im Rahmen eines Schwerpunktprogramms der DFG über sieben Jahre erprobte und 1976 – ohne eine nennenswerte Diskussion der damit verbundenen ethischen Problematik – in den Leistungskatalog der gesetzlichen Krankenkassen übernommene Methodik handelt. Die anfangs strikte Begrenzung der Indikationen erfuhr in den folgenden vier Jahrzehnten eine sukzessive Ausweitung, sodass die Pränataldiagnostik heute ein fester Bestandteil der Schwangerschaftsvorsorge ist. Bereits 1998 wurden in Deutschland bei kontinuierlich steigender Tendenz (bezogen auf die Zahl der Lebendgeburten) über 75.000 fetale Chromosomenanalysen mittels Amniozentese oder Chorionzottenbiopsie durchgeführt. Das entsprach einer invasiven Pränataldiagnostik in ungefähr jeder zehnten Schwangerschaft. Etwa 70 bis 80 Prozent aller Schwangerschaften gelten unter anderem aufgrund dieser Tendenz als Risikoschwangerschaften. Diverse

Richtlinien und Empfehlungen wie etwa die der Bundesärztekammer konnten dem nicht entgegenwirken.[310]

Die Präimplantationsdiagnostik (PID) ist verglichen mit der PND ein relativ junges Verfahren, das erstmals 1990 erfolgreich angewendet und das schon knapp 15 Jahre später in vielen europäischen Ländern sowie in mehreren Bundesstaaten der USA eingesetzt wurde. Weltweit waren bis zum Mai 2001 offiziell 693 Kinder nach Durchführung einer Präimplantationsdiagnostik geboren worden.[311] Die PID kann sich auch auf solche Merkmale menschlichen Lebens erstrecken, die nichts mit Krankheiten im üblichen Sinn zu tun haben. Als die PID entwickelt wurde, war man der Ansicht, dass sie nur bei Paaren mit einem familiär bedingten genetischen Risiko eingesetzt werden solle, bei denen das Erkrankungsrisiko für das Kind 25 beziehungsweise 50 Prozent beträgt. Eine routinemäßige Untersuchung von In-vitro-Embryonen auf das Vorliegen von Chromosomenveränderungen wurde abgelehnt. Internationale Zahlen aus dem Jahre 1997 zeigten jedoch, dass ein solches Screening der Embryonen bei erhöhtem mütterlichem Alter schon bald mehr als 60 Prozent aller Präimplantationsdiagnosen ausmachte. Hier zeichnete sich also bereits die Verschiebung der Indikation für die Anwendung des Verfahrens hin zu Gruppen mit vergleichsweise niedrigem Risiko und über den Nachweis monogen bedingter Erkrankungen hinaus ab.[312]

Eine Expertenkommission der Bundesärztekammer sprach sich gleichwohl schon im Jahr 2000 für eine Erlaubnis der PID auch in Deutschland unter bestimmten Bedingungen aus: Es müsse sich um Paare handeln, bei denen Unfruchtbarkeit durch eine IVF therapiert werden solle und bei denen ein hohes Risiko für eine bekannte und „schwerwiegende" genetische Erkrankung vorliege. Der von der Expertenkommission erarbeitete Richtlinienentwurf wurde von der damaligen Leitung des Bundesministeriums für Gesundheit unter Ministerin Andrea Fischer

---

310 Deutscher Bundestag (2002).

311 Deutscher Bundestag (2002). *Die European Society for Human Reproduction and Embryology* (ESHRE) publiziert seit 1999 Berichte zur PID. Diese beruhen auf der Meldung der Behandlungsergebnisse von 57 Zentren, die überwiegend, aber nicht ausschließlich in Europa lokalisiert sind. Bis 2011 lagen durch die zu diesem Zeitpunkt vorhandenen zehn Erhebungen der ESHRE Daten zu 27.630 Behandlungszyklen und 4.047 Kindern vor, die in diesen Zentren nach einer PID geboren worden waren. Beispielsweise wurden im Jahre 2007 nach einer PID 1.516 Schwangerschaften eingeleitet, die zu 995 Geburten und – da eine Reihe von Mehrlingsgeburten darunter waren – zu insgesamt 1.206 Kindern führten. Diese Angaben stammen aus Deutscher Ethikrat (2011b), S. 26.

312 CDU/CSU Bundestagsfraktion (2002);Interessenvertretung Selbstbestimmt Leben (2002).

(*1960) umgehend scharf kritisiert, weil er dem geltenden deutschen Embryonenschutzgesetz widerspreche und weil er ein Einfallstor zur Embryonenforschung und zum Eingriff in die Keimbahn darstelle.[313] Die moralischen Bedenken von Ministerin Fischer wurden indessen von der ihr im Januar 2001 nachfolgenden Amtsinhaberin Ulla Schmidt (*1949) nicht geteilt. Außerdem war der politische Druck hoch, und er wurde zusätzlich durch eine Art „moralischer Demoskopie" weiter angeheizt, die sich im Rahmen der Klinischen Ethik an einigen deutschen Universitäten auszubreiten begann: So befürworteten nach einer im Jahre 2002 publizierten repräsentativen Umfrage aus Marburg und Gießen 90 Prozent der Paare mit dem Risiko, ein behindertes Kind zu bekommen, die PID. Sie befürchteten, an der Last eines behinderten Kindes zu zerbrechen. Ein Fünftel der 162 befragten Paare würde sich auch im Ausland behandeln lassen. Selbst eine nicht repräsentative Vergleichsgruppe ohne genetische Vorbelastung sprach sich zu 73 Prozent für die Legalisierung der PID aus.[314]

Der Verfasser dieses Buches prognostizierte daher im Jahre 2004, es werde auf politischer Seite eines erheblichen Mutes bedürfen, solchen demoskopischen Zahlen ethisch begründeten Widerstand entgegenzusetzen. Die nächsten Wahlen stünden immer vor der Tür. In diesem Zusammenhang erschien die Stellungnahme *Genetische Diagnostik vor und während der Schwangerschaft* besonders aufschlussreich, die am 23. Januar 2003 vom damaligen Nationalen Ethikrat des Bundeskanzlers abgegeben wurde.[315] Eine Mehrheit von 15 der 24 Ratsmitglieder votierte – lässt man einmal die bemäntelnden „weichen" Formulierungen beiseite – für eine sehr weitgehende Zulassung der PID und der sogenannten Polkörperdiagnostik in den folgenden drei Fallgruppen:

1. für Paare, die ein hohes Risiko tragen, ein Kind mit einer schweren und nicht wirksam therapierbaren genetisch bedingten Erkrankung oder Behinderung zu bekommen, und die mit dem Austragen eines davon betroffenen Kindes in einen existenziellen Konflikt geraten würden. Auch nicht sterile Paare sollten in diesem Fall Zugang zur assistierten Reproduktion haben;
2. für Paare, die ein hohes Risiko tragen, eine Chromosomenstörung zu vererben, die dazu führt, dass der Embryo das Stadium der extrauterinen Lebensfähigkeit nicht erreichen würde. Auch in diesem Fall sollten nicht sterile Paare Zugang zur assistierten Reproduktion haben;

313 Embryo-Diagnostik beschäftigt Ärztekammer (2000).

314 Fast alle Betroffenen für Präimplantationsdiagnostik (2002).

315 Nationaler Ethikrat (2003).

3. für infertile Paare dann, wenn wissenschaftliche Untersuchungen bestätigen sollten, dass durch eine Untersuchung auf Chromosomenstörungen die Erfolgsrate der Sterilitätstherapie bei bestimmten Patientengruppen (zum Beispiel erhöhtes Alter oder nach mehreren erfolglosen Behandlungszyklen ohne bekannte chromosomale Störung) signifikant gesteigert und die Anzahl der transferierten Embryonen mit dem Risiko von Mehrlingsschwangerschaften verringert werden kann.

Mit dem zuletzt genannten Punkt, der bereits in eine recht ungewisse Zukunft wies, wurde deutlich, dass die hier vom Nationalen Ethikrat beschriebenen Patientengruppen keineswegs abschließend definiert waren. Es handelte sich lediglich um die erste Tranche der moralischen Lizenzierung einer künftigen Eugenik unter demokratischen Vorzeichen. Umso mehr musste daher Beachtung finden, dass die damalige sozialdemokratische Bundesministerin der Justiz, Brigitte Zypries, in ihrer ansonsten durchaus problematischen Berliner Humboldt-Rede vom 29. Oktober 2003 der Zulassung der Präimplantationsdiagnostik in Deutschland aus rechtspolitischer Perspektive eine deutliche Absage erteilte.[316] Bis zu jener Änderung des Embryonenschutzgesetzes im Juli 2011, die eine partielle Legalisierung der PID in Deutschland zur Folge hatte, sollten noch fast acht Jahre vergehen.[317]

Prädiktive Medizin und das Problem eines angemessenen Versicherungsschutzes

Welche Folgen könnte die prädiktive Diagnostik für den Versicherungsschutz von Menschen haben? Dabei geht es nicht allein um die Krankenversicherung, sondern ebenso um die Problematik der sogenannten Risikolebensversicherung, die anschaulicher „Todesfallversicherung" heißen müsste. Aus der Perspektive des Versicherungsunternehmens besteht die Grundlage des Versicherungsschutzes darin, dass die Gemeinschaft der Versicherten die Kosten aller Gesundheitsrisiken teilt. Dabei sind die zu erwartenden Gesamtkosten für den versicherten Personenkreis mathematisch kalkulierbar, während das individuelle Risiko einer bestimmten Erkrankung für die einzelnen Versicherungsteilnehmer unbekannt ist. Gewisse individuelle Besonderheiten wie Geschlecht, Lebensalter sowie beim Versicherungsabschluss bereits vorliegende Erkrankungen wurden auch bisher

316 Zypries (2003).

317 Siehe hierzu auch weiter unten Kapitel 17: *Die Präimplantationsdiagnostik als Gefahr für den Lebensschutz* auf den Seiten 193-202 in diesem Band.

schon beim Eintritt in eine Versicherung erfasst und bei der Berechnung der Prämie berücksichtigt. Die Geschäftsgrundlage für dieses System würde durch die neuen Möglichkeiten, genetische Erkrankungsrisiken lange vor Ausbruch der entsprechenden Krankheiten zu erkennen, in Frage gestellt.

Eine sozialwissenschaftliche Studie an Familien, die unter bekannten genetischen Erkrankungen leiden, ergab im Jahre 1995, dass Versicherungen in den USA sich bei 22 Prozent dieser Familien geweigert hatten, die entsprechenden genetischen Risiken mit zu versichern.[318] Noch im selben Jahr fand deshalb ein Workshop der amerikanischen *National Institutes of Health* (NIH) in Bethesda/Maryland statt, bei dem Vorschläge für eine Gesetzgebung zum Schutz gegen genetische Diskriminierung erarbeitet und vorgestellt wurden.[319] Diese Vorschläge sahen Folgendes vor:

1. Versicherungen sollte es gesetzlich verboten werden, Menschen auf Grund von genetischen Informationen eine Krankenversicherung zu verweigern oder sie in irgendeiner Weise zu benachteiligen.
2. Versicherungen sollte es verboten werden, von einzelnen Versicherungsmitgliedern aufgrund genetischer Informationen höhere Beiträge zu verlangen.
3. Versicherungen sollte es verboten werden, genetische Informationen von Einzelpersonen zu fordern oder einzuholen oder der Versicherung aus irgendeinem Grund bekannte Informationen an Dritte ohne das schriftliche Einverständnis der Betroffenen in jedem einzelnen Fall weiterzugeben.

Man muss sich bei aller intuitiven Sympathie für solche scheinbar menschenfreundlichen Vorschläge die enormen Schwierigkeiten einer fairen Lösung bewusst machen. Diese Schwierigkeiten treten umso stärker zutage, je mehr die prädiktive Medizin verlässliche Vorhersagen für die Krankheitsrisiken von Individuen machen kann. Stellen wir uns eine Entwicklung vor, bei der es für einzelne Menschen im Prinzip möglich würde, jede gewünschte Information über das eigene Erbgut in Erfahrung zu bringen, während den Versicherungen alle diese Informationen per Gesetz verweigert würden. Wie sollte in dieser Situation das Problem gelöst werden, die berechtigten Schutzinteressen des Individuums und gleichzeitig die berechtigten Interessen der Versichertengemeinschaft zu wahren? Die Individuen würden ihr Versicherungsverhalten gezielt auf individuelle genetische Risiken abstellen.

Wenn jemand beispielsweise erführe, dass er ein stark erhöhtes Risiko für eine Krebserkrankung bereits im frühen oder mittleren Lebensalter hat, dann würde er

318 Hudson et al. (1995).

319 Cremer (1998).

oder sie – sofern es kein Regulativ auf Seiten der Versicherung gäbe – als Konsequenz dieses Wissens vermutlich eine sehr viel höhere Kranken- und Lebensversicherungssumme abschließen wollen, solange das zu den üblichen Prämien möglich wäre. Aus der Sicht des Versicherungsunternehmens und der anderen Versicherten könnte ein solches „antiselektives" Verhalten, wenn es gehäuft aufträte, spürbare Folgen für die Höhe der Kosten und damit für die Entwicklung der Prämien nach sich ziehen. Wäre eine Versicherung hier großzügiger als eine andere, dann müsste sie nach kurzer Zeit von allen ihren Kunden wesentlich höhere Prämien fordern als die Konkurrenz. Unter den Bedingungen des Wettbewerbs im Rahmen einer Marktwirtschaft wäre der Verlust von Kunden mit „guten", das heißt geringen Risiken und damit der finanzielle Ruin einer solchen Versicherung unausweichlich.

Menschen, deren Genomanalyse[320] vorhersagte, dass für sie besondere genetisch bedingte Krankheitsrisiken nicht bestehen, würden diese Information nutzen wollen, um entsprechend niedrige Prämien für ihre Krankenversicherung zu zahlen. Sie würden in einem Versicherungsmarkt, der auf Angebot und Nachfrage beruht, kaum bereit sein, die Risiken von Menschen mit zu finanzieren, die bereits frühzeitig mit schweren gesundheitlichen Problemen rechnen müssen. Aber auch Personen, die aufgrund einer Genomanalyse besonders langlebig erschienen, könnten Probleme bekommen. Sie würden vielleicht Schwierigkeiten haben, eine private Zusatzversicherung zur Altersversorgung abzuschließen, wenn die Versicherung damit zu rechnen hätte, dass sie sich zu Zahlungen verpflichtete, die möglicherweise noch mehrere Jahrzehnte nach der Beendigung der Berufstätigkeit und Beitragszahlung geleistet werden müssten.

Der „gläserne Patient" entspräche nicht dem allgemeinen Zweck von Versicherungen und damit dem Geschäftsinteresse der Versicherungsunternehmen. Dieser Zweck besteht gerade darin, unvorhersehbare und ungewisse Risiken abzusichern. Der „gläserne Patient" brächte zugleich das Ende der Versicherungswirtschaft, denn wenn es keine unvorhersehbaren Risiken mehr gäbe, wäre einer Versicherung der Boden entzogen. In einer freiwilligen Selbstverpflichtungserklärung hatten sich daher im Jahre 2001 die Mitgliedsunternehmen des Gesamtverbandes der Deutschen Versicherungswirtschaft bereit erklärt, die Durchführung von prädiktiven Gentests nicht zur Voraussetzung eines Vertragsabschlusses zu machen. Bis zu einer Versicherungssumme von 250.000 Euro verlangten die Unternehmen seither von ihren Kunden auch nicht, aus anderen Gründen freiwillig durchgeführte prädiktive Gentests vor dem Vertragsabschluss vorzulegen. Auch wurden auf der Grundlage von Befunden aus Gentests keine Beitragsnachlässe eingeräumt. Diese Erklärung

320 Cohen (1995).

galt zunächst bis zum 31. Dezember 2006; im Jahre 2009 erfolgte schließlich eine gesetzliche Regelung.[321]

Sicherlich darf man auch die Größenordnungen nicht überschätzen, in denen sich eine Prämienerhöhung für Risikopersonen bewegen würde. Wer zum Beispiel einer Risikogruppe angehörte, die eine „Extramortalität" von 100 Prozent aufwiese, das heißt eine doppelt so hohe Sterblichkeit im Vergleich zur Normalbevölkerung während eines bestimmten Zeitraums, der müsste deshalb keineswegs eine doppelt so hohe Versicherungsprämie zahlen wie der Durchschnittskunde, da sich der Zuschlag einzig auf den Risikoanteil der Prämie auswirkte. Er bemisst sich nach dem Alter des Antragstellers, nach der Art der angestrebten Versicherung und deren Laufzeit. Nach einer Angabe der Münchener Rückversicherungs-Gesellschaft (*Munich Re*) aus dem Jahre 2001 lag damals der jährliche Zuschlag bei einer einhundertprozentigen Extramortalität im Falle einer gemischten Lebensversicherung mit einer Laufzeit von 20 Jahren, bei der im Erlebensfall das angesparte Kapital zuzüglich des garantierten Zinses und der Gewinnanteile ausgezahlt würde, bei nur rund einem Promille der abgeschlossenen Versicherungssumme.[322] Dieser Promille-Satz steigt natürlich an, wenn in Zeiten schlechter Performance auf dem Aktien- oder Rentenmarkt die erhofften Gewinnanteile schrumpfen, sowie insbesondere dann, wenn der Versicherte nur eine – von den Versicherungsunternehmen ungeliebte, aber sehr preisgünstige – Risikolebensversicherung, also eine Todesfallversicherung ohne Kapitalbildung abschließen möchte. Diesen an sich durchaus sinnvollen Wunsch nach einer preiswerten Risikoabsicherung haben die deutschen Versicherungsunternehmen ihren Kunden allerdings in vielen Jahrzehnten kontinuierlicher Werbung für die sogenannte „kapitalbildende Lebensversicherung" mit massiver steuerlicher Subventionierung systematisch abgewöhnt. Daher kann man bei rationaler Beach-

321 Bundesärztekammer (2003); Gesamtverband der Deutschen Versicherungswirtschaft (2001). Inzwischen ist diese Materie durch § 18 des Gendiagnostikgesetzes (GenDG) vom 31.7.2009 geregelt worden. Der Versicherer darf demnach von Versicherten weder vor noch nach Abschluss des Versicherungsvertrages die Vornahme genetischer Untersuchungen oder Analysen verlangen oder die Mitteilung von Ergebnissen oder Daten aus bereits vorgenommenen genetischen Untersuchungen oder Analysen verlangen oder solche Ergebnisse oder Daten entgegennehmen oder verwenden. Für die Lebensversicherung, die Berufsunfähigkeitsversicherung, die Erwerbsunfähigkeitsversicherung und die Pflegerentenversicherung kann die Mitteilung von Ergebnissen oder Daten aus bereits vorgenommenen genetischen Untersuchungen oder Analysen vom Versicherer dann verlangt werden, und der Versicherer darf solche Ergebnisse oder Daten entgegennehmen oder verwenden, wenn eine Leistung von mehr als 300. 000 Euro oder mehr als 30.000 Euro Jahresrente vereinbart wird. Vorerkrankungen und Erkrankungen sind anzuzeigen.

322 Regenauer (2001).

tung der versicherungsmathematischen Basis nur schwerlich behaupten, dass eine Person mit bestimmten genetischen Risiken künftig „unversicherbar" wäre. Der höhere Risikoanteil der Prämie würde in der kapitalbildenden Mischkalkulation nahezu verschwinden.

Man muss bedenken, dass das Spannungsfeld, in dem sich die Gesundheitspolitik bewegt, durch die drei Gegensatzpaare Selbstbestimmung *versus* Fürsorge, Eigenverantwortung *versus* Solidarität, Subsidiarität *versus* soziale Verantwortung gekennzeichnet werden kann.[323] In einem ausschließlich unter erwerbswirtschaftlichen Prämissen strukturierten Gesundheitswesen drohen Fürsorge, Solidarität und soziale Verantwortung in den Hintergrund zu geraten. Die meisten Ärzte betonen nach ihrem traditionellen Ethos zwar einerseits die Maxime, das Wohlergehen des Kranken stehe im Mittelpunkt ihres Wirkens, doch sollen sie dieses Wohl andererseits als kommerzielle Anbieter von Gesundheitsleistungen realisieren. Aus Helfern von Menschen sind Anbieter von Dienstleistungen geworden, persönliche Zuwendung hat sich in definierte Qualitätsstandards verwandelt, Patienten wurden zu Kunden, jedoch bei eingeschränkter Konsumentensouveränität und gleichzeitiger Anbieterdominanz. Auch in Zukunft müssen aber solidarisch abzusichernde Daseinsvorsorge und individuell gestaltbare Wohlseinsvorsorge als die beiden Säulen der finanziellen Risikoabsicherung für den Bürger zur Verfügung stehen, damit er seine Autonomie im Krankheits- oder Schadensfall optimal wahrnehmen kann.[324]

Prädiktive Gentests im Berufsleben

Verfassungsrechtlich sehr problematisch könnte eine wenn auch nur indirekte Verpflichtung zur Vornahme von Gentests auf Verlangen eines zukünftigen Arbeitsgebers werden. Während jedoch solche Tests im Bereich der Privatwirtschaft nicht gestattet sind, war es ausgerechnet der Staat, der hier mit schlechtem Beispiel vorangehen wollte. So wurde im Herbst 2003 der Fall einer Lehramtsanwärterin bekannt, die vom Land Hessen zunächst nicht verbeamtet werden sollte, bevor sie sich nicht einem Gentest auf das Vorliegen einer Disposition für die autosomal-dominant vererbte neurodegenerative Erkrankung Chorea Huntington unterzogen haben würde. Da der Vater der jungen Frau unter der Krankheit litt, betrug ihr eigenes Risiko, mit dem entsprechenden Gendefekt (einem 40- bis 100-fachen

323 Luther (1998).

324 Siehe hierzu insbesondere die umfassende Stellungnahme *Patientenwohl als ethischer Maßstab für das Krankenhaus*, die der Deutsche Ethikrat am 5. April 2016 veröffentlicht hat. Deutscher Ethikrat (2016).

Trinukleotidrepeat CAG auf dem kurzen Arm des Chromosms 4) behaftet zu sein, genau 50 Prozent. „Sie werden voraussichtlich nicht bis zum 65. Lebensjahr arbeiten können", schrieb die Amtsärztin der Bewerberin. Das war eine so weder sachlich richtige noch medizinethisch vertretbare Aussage. Gewissheit darüber, ob sie eines Tages an Chorea Huntington erkranken werde, könne der jungen Frau nur der Gentest liefern; fiele dieser negativ aus, stünde der Verbeamtung nichts im Wege.[325] Diese Entscheidung des Landes Hessen wurde jedoch vom Verwaltungsgericht Darmstadt mit Urteil vom 24. Juni 2004 aufgehoben, da die Verweigerung der Zustimmung zu einem Gentest nicht zu einer Umkehr der Beweislast bezüglich der gesundheitlichen Eignung auf die Beamtin führe und eine Wahrscheinlichkeit von exakt 50 Prozent für die entsprechende Erbbelastung alleine für den erforderlichen Beweis nicht ausreiche.[326]

Auch Artikel 12 der von Deutschland nicht unterzeichneten Biomedizin-Konvention des Europarates legt fest, dass „Untersuchungen, die es ermöglichen, genetisch bedingte Krankheiten vorherzusagen oder bei einer Person entweder das Vorhandensein eines für eine Krankheit verantwortlichen Gens festzustellen oder eine genetische Prädisposition oder Anfälligkeit für eine Krankheit zu erkennen, nur für Gesundheitszwecke oder für gesundheitsbezogene wissenschaftliche Forschung und nur unter der Voraussetzung einer angemessenen genetischen Beratung vorgenommen werden dürfen." Nach Artikel 11 der Konvention ist zudem jede Form von Diskriminierung einer Person wegen ihres genetischen Erbes verboten.[327]

Prädiktive Medizin, die Würde des Menschen und die Medizinethik

Die prädiktive Medizin birgt sicher manche, wenn auch wohl nicht überwältigend viele Chancen, doch sie birgt mindestens ebenso große Risiken. Mit jeder neuen Entdeckung wird sich das Verhältnis von Nutzen und Gefahren in nicht exakt prognostizierbarer Weise ändern. „Die Erfahrung ist trügerisch, und die Entscheidung ist schwierig", so heißt es bereits im 1. Aphorismus des Corpus Hippocraticum aus der Zeit um 400 vor Christus. Diese skeptische Feststellung gilt auch für den Umgang mit der prädiktiven Medizin. Unsere heutigen moralischen Werte gründen in einem schwer entwirrbaren Geflecht aus evolutionären genetischen Dispositionen

325 Traufetter (2003).

326 VG Darmstadt, Urteil vom 24. Juni 2004 (1 E 470/04). Siehe dazu auch Kroker (2005) sowie Schneider (2016), S. 4 (Anmerkung 15).

327 Tolmein (2003).

und kulturell erworbenen, historisch tradierten Erfahrungen. Gültige moralische Werte werden von uns Menschen in freier Entscheidung festgelegt, sie werden nicht durch eine lediglich rationale und vermeintlich unanfechtbare philosophische Untersuchung entdeckt. Ethische Standards werden von sozialen Gemeinschaften stets aufs Neue geschaffen, bestätigt, modifiziert oder aufgegeben, und sie werden in spezifischen Situationen interpretiert.

Konkrete moralische Normen, für die sich eine Gesellschaft bewusst entscheiden muss, die man aber nicht deduktiv aus rationalen Überlegungen sicher ableiten kann, werden in aller Regel maßvoll antinaturalistisch sein und daher stets auf einen gewissen sozialen Widerstand stoßen. Pronaturalistische Normen wären überflüssig, denn das durch sie Vorgeschriebene würde ohnehin geschehen, während extrem antinaturalistische Normen sinnlos wären, denn das durch sie Geforderte könnte aus biologischem Unvermögen heraus gar nicht geleistet werden. In dem mehr oder minder weiten Bereich zwischen „nicht mehr überflüssig" und „noch nicht sinnlos" aber liegt der Spielraum für konkretes moralisches Denken und Handeln, durch das gerade diejenigen Regeln geschaffen werden müssen, für die unsere evolutionäre Entwicklung noch keine absolut zwingenden Verhaltensweisen genetisch voreingestellt hat.[328]

Sofern die vom Menschen selbst gesetzten moralischen Regeln maßvoll antinaturalistisch sind, werden sie in gewissen Grenzen stets auch in der Praxis übertreten werden. Gerade das aber zeigt nicht etwa das Versagen eines Moralsystems, sondern im Gegenteil sein Funktionieren. Moralsysteme, die von allen Beteiligten stets befolgt würden, wären entweder überflüssig (weil zu pronaturalistisch), oder aber es handelte sich um die inhumanen Regeln eines diktatorischen Polizeistaates. Beides können wir in einer Demokratie nicht wollen. Doch ebenso wenig ist uns mit einem polyphonen, intersubjektiv aber letztlich unverbindlichen Kanon ethischer „Begriffsklärungen" durch die postmoderne Philosophie gedient. Gerade die sich seit der Mitte der 1990er Jahre auch in Deutschland etablierende akademische Medizinethik darf nicht zum „Moral-Supermarkt" verkommen, in dem sich der Staat oder die Bürger gerade jenes Wertesystem in ihren Warenkorb laden, das ihnen momentan am meisten zu nützen verspricht. Ethik als theoretische Reflexionsdisziplin ist oft nur so lange willkommen, als sie uns nicht in Form eines konkreten moralischen Anspruchs persönlich tangiert. Die Medizinethik wird dieser intellektuellen Versuchung, die letztlich einem taktischen Opportunismus entspringt, hoffentlich nicht gänzlich erliegen.[329]

---

328 Schmitz/Bauer (2000a); Schmitz/Bauer (2000b).

329 Bauer (1998c); Bauer (2002b).

16 Ethische Abwägungen beim Mukoviszidose-Neugeborenen-Screening[330]

Unterschiedliche Formen prädiktiver Medizin und deren ethische Dilemmata

Gesundheit und Krankheit haben als wertende Begriffe einen normativen Hintergrund. Nicht erst die 1986 verabschiedete WHO-Charta zur Gesundheitsförderung, die Gesundheit als einen Zustand umfassenden körperlichen, seelischen und sozialen Wohlbefindens definiert, hat diesen Sachverhalt deutlich gemacht. Gesundheit wurde auch früher schon als ein Soll- oder Ideal-Zustand beschrieben, und dieses Ideal änderte sich im historischen Verlauf. Bis zur Mitte des 19. Jahrhunderts wurden Gesundheit und Krankheit überwiegend als qualitative Zustände aufgefasst. Die naturwissenschaftliche Medizin hat sich dann um 1850 von diesem traditionellen, auf das subjektive Befinden zentrierten Gesundheits- und Krankheitsbegriff gelöst. Durch Beobachten, Messen und Zählen, durch graphische Aufzeichnungen und schließlich durch eine ganze Palette statistisch ermittelter Normwerte wurden Gesundheit und Krankheit quantitativ verifizierbar, wobei das Definitionsmonopol den medizinischen Experten zufiel, die seither – zumindest auf den ersten Blick – subjektunabhängige Urteile über unsere körperliche Verfassung fällen.

Mithilfe der Laboratoriumsmedizin und seit einigen Jahrzehnten insbesondere auch durch die modernen Verfahren der Humangenetik sind Krankheiten nicht mehr nur objektivierbar, sondern auch in immer früheren Stadien diagnostizierbar geworden. Paradoxerweise beginnen gerade damit aber die normativen Begriffe Gesundheit und Krankheit wieder unscharf zu werden, denn im Extremfall kann man heute schon bei noch gesunden Probanden bestimmte Genvarianten feststellen, die später einmal mit mehr oder minder hoher Wahrscheinlicheit zu Krankheiten führen könnten. Dieses Gebiet, die prädiktive Medizin, wird ethisch seit Jahren sehr kontrovers diskutiert, da beispielsweise in vielen Fällen unklar bleibt, welche negativen Rückwirkungen das auf diese Weise gewonnene vorzeitige Wissen um lediglich statistische Krankheitsrisiken auf die Betroffenen und ihr familiäres Umfeld in psychischer, sozialer, beruflicher und versicherungsrechtlicher Hinsicht haben kann.[331]

---

330 Dieses Kapitel entstand aus einem Vortrag, der am 22. Juni 2006 beim Symposium *Neugeborenen-Screening bei Mukoviszidose* im Jakob-Kaiser-Haus (JKH) in Berlin gehalten wurde.

331 Cohen (1995); Cremer (1998); Bauer (1999b); Regenauer (2001).

Eine weitere Ausdehnung des Erkenntnisanspruchs der prädiktiven Medizin besteht darin, dass man den Zeitpunkt der genetischen Untersuchung bis in die vorgeburtliche Phase des menschlichen Lebens vorverlegen kann, entweder in die Fetalzeit, man spricht dann von pränataler Diagnostik (PND), oder gar – im Falle einer extrakorporalen Befruchtung – in die kurze Phase vor der Übertragung des Embryos in die Gebärmutter. Diese Untersuchungsmethode heißt Präimplantationsdiagnostik (PID). Sowohl die seit den 1970er Jahren etablierte pränatale Diagnostik als auch die seit den späten 1990er Jahren kontrovers diskutierte Präimplantationsdiagnostik sind in ethischer Perspektive vor allem deshalb bedenklich, weil beide Verfahren dazu beitragen, dass Menschen, die als Träger bestimmter „unerwünschter" Genvarianten identifiziert wurden, bereits vor ihrer Geburt sterben müssen oder gar nicht erst zu einer intrauterinen Entwicklung gelangen, weil ihre (potenziellen) Eltern dies so entschieden haben.[332] Prädiktive Medizin, Pränatal- und Präimplantationsdiagnostik sind also keineswegs bloß technische Erweiterungen der klassischen ärztlichen Diagnostik, denn sie führen in zahlreichen Fällen nicht zu einer lebenserhaltenden Therapie, sondern lediglich zu einem vorzeitigen Wissen um bestimmte, zukünftig drohende Gesundheitsrisiken. Eine mögliche Handlungsfolge, die durch diese Erkenntnis ausgelöst werden kann, ist der ausgerechnet mithilfe der modernen Medizin herbeigeführte Tod des (potenziellen) Risikoträgers.

Die Gewinnung frühzeitigen Wissens um mögliche genetisch bedingte Risiken für die Gesundheit eines Menschen ist aus ethischer Sicht deshalb vor allem dann höchst problematisch, wenn dieses Wissen entweder im Auftrag Dritter vor der Geburt des Betroffenen erhoben wird oder wenn dieser selbst sich Informationen über solche genetischen Krankheitsdispositionen verschafft, die zu einer sinnvollen Prävention des künftig drohenden Leidens nichts beitragen können. Diese ethischen Bedenken treffen jedoch umgekehrt gerade dann nicht zu, wenn es um die postnatale Früherkennung solcher genetischen Risiken geht, die sich 1. bereits im Säuglingsalter in Form schwerer Erkrankungen manifestieren, durch welche 2. die Gesundheit und das Leben des betroffenen Kindes nachhaltig und irreversibel gefährdet werden, und wenn es zugleich 3. wirksame Behandlungen gibt, die bei möglichst frühzeitigem Therapiebeginn den Krankheitsverlauf aufhalten oder mildern können.

---

332 Wissenschaftlicher Beirat der Bundesärztekammer (1998); Klinkhammer (1999); Schrep (2003); Nationaler Ethikrat (2003).

Mukoviszidose-Neugeborenen-Screening und Chancen einer frühen Therapie

Bei dem vorgeschlagenen Verfahren eines dreistufigen Neugeborenen-Screenings auf Mukoviszidose[333] (Cystische Fibrose = CF) mit biochemischer Bestimmung des Immunreaktiven Trypsins (IRT), gegebenenfalls anschließender humangenetischer Analyse des CFTR[334]-Gens und gegebenenfalls einem klinisch-diagnostischen Schweißtest liegt die zuletzt genannte, insoweit ethisch günstige Ausgangskonstellation vor. Durch kontrollierte prospektive Studien ließen sich in den letzten Jahren nicht unerhebliche gesundheitliche Vorteile für solche an Mukoviszidose leidenden Kinder belegen, bei denen die Krankheit unmittelbar nach der Geburt durch das Screening-Verfahren entdeckt wurde, sodass direkt anschließend mit der Therapie begonnen werden konnte. So kam eine 2001 von Autoren aus dem University Hospital of Wales in Cardiff publizierte Studie zu dem Ergebnis, dass das Neugeborenen-Screening das Potenzial besitze, die frühe Mortalität der Mukoviszidose zu senken. Für künftige Screening-Programme sei es wichtig, die Erkrankung so früh wie möglich zu diagnostizieren und zu behandeln, idealer Weise innerhalb der ersten drei Wochen nach der Geburt.[335] Einige weitere, im Jahre 2005 erschienene Arbeiten aus Maryland, Wisconsin und Schottland bestätigten die günstigen Ergebnisse der in Folge des Neugeborenen-Screenings möglichen Früherkennung und frühen Therapie der Erkrankung.[336] Für Wisconsin konnten dabei die Daten einer neunjährigen Längsschnittstudie verwendet werden, da in diesem US-Bundesstaat das Neugeborenen-Screening auf Mukoviszidose bereits seit 1994 routinemäßig durchgeführt wurde. In Deutschland wurden im Januar 2006 die Ergebnisse des im Rahmen eines Forschungsprojekts am Universitätsklinikum Dresden seit 1996 angebotenen Mukoviszidose-Neugeborenen-Screenings unter dem Aspekt der Qualitätssicherung publiziert.[337]

---

333 Grundlegend zur molekularen Ätiopathogenese der Mukoviszidose ist die Arbeit von Stuhrmann (1998).

334 CFTR = Cystic Fibrosis Transmembrane Conductance Regulator. Bei der Mukoviszidose liegt eine Mutation am CFTR-Gen vor, was zu einer Fehl- bzw. Dysfunktion des Chloridkanals führt. Diese Fehlfunktion wiederum verändert die Zusammensetzung aller Drüsensekrete.

335 Doull et al. (2001), S. 365.

336 Campbell/White (2005); Sims et al. (2005); Lai et al. (2005); Rock et al. (2005).

337 Stopsack et al. (2006).

Ambivalenz ökonomischer Argumente aus der utilitaristischen Medizinethik

In Zeiten knapper solidarisch finanzierter Ressourcen im Gesundheitswesen sind die durch die Anwendung eines Screening-Verfahrens verursachten Kosten, die in einem angemessenen Verhältnis zur Effektivität stehen sollten, ethisch ebenfalls relevant. Doch stößt ein solcher, utilitaristischer Denkansatz sehr rasch an die Grenzen seiner Leistungsfähigkeit. In Deutschland werden jährlich etwa 700.000 Kinder geboren. Da die Häufigkeit der Mukoviszidose im Durchschnitt (allerdings mit großen länderspezifischen Schwankungen[338]) bei etwa 1:2.500 liegt, ist jährlich mit knapp 300 Neugeborenen zu rechnen, die von der Erkrankung betroffen sind. Um diese Babys durch das Screening-Programm zu ermitteln, müssten demnach rund 699.700 nicht von der Erkrankung betroffene Neugeborene oder 99,95 Prozent aller Säuglinge mit untersucht werden. Da die konventionelle, an klinischen Krankheitssymptomen orientierte Mukoviszidose-Diagnostik oft teure Umwege und für die betroffenen Familien jahrelange emotionale Belastungen einschließt, nicht zuletzt durch therapieverzögernde Fehldiagnosen, haben amerikanische Wissenschaftler berechnet, dass die Frühdiagnose über ein Neugeborenen-Screening letztlich nicht teurer sei.[339]

Solche Zahlenspiele sind indessen sowohl in der einen wie in der anderen Richtung zu kritisieren, da utilitaristische Ansätze in der Medizinethik stets nur jene Parameter widerspiegeln, die der jeweilige Untersucher in sein Kalkül mit einbezogen hat. Je umfassender die Perspektive gewählt wird, indem man zum Beispiel die ersparten Kosten für geringere krankheitsbedingte Ausfälle, aber ebenso auch mögliche Zusatzkosten aufgrund einer verlängerten Lebenserwartung in Betracht zieht, desto stärker können sich die Resultate zur einen wie zur anderen Seite hin verschieben. Man muss daher utilitaristischen Kalkülen in der Medizin- und Bioethik gegenüber grundsätzlich skeptisch bleiben, weil hierbei höchstrangige Grundrechte wie die Unantastbarkeit der Würde des Menschen (Artikel 1 Absatz 1 GG) und das Recht auf Leben und körperliche Unversehrtheit (Artikel 2 Absatz 2 GG) in die Gefahr geraten, als verrechenbare Größen kleingemünzt zu werden. Sowohl Befürworter als auch Kritiker des Mukoviszidose-Neugeborenen-Screenings sollten diese generelle Mahnung zur Vorsicht beherzigen. Ethik, als „Monetik“ missverstanden, führt in aller Regel in die Irre.

338 Stuhrmann (1998), S. 9.

339 Rock (2005), S. S-76; Bend (2006).

Ethische Probleme im Kontext falsch negativer Testergebnisse

Ein weiterer bedenkenswerter Punkt ist die Frage, welche nachteiligen Folgen ein falsch negatives Ergebnis des Screenings für die betroffenen Kinder haben kann. So wurden im Rahmen des Neugeborenen-Screenings in Wisconsin zwischen 1994 und 2002 insgesamt 4 von 128 Kindern mit Mukoviszidose (= 3,13 Prozent) nicht als krank erkannt, in einem entsprechenden Programm in Colorado waren es zwischen 1998 und 2002 insgesamt 14 von 313 Betroffenen (= 4,47 Prozent), und das Screening in Massachusetts zwischen 1999 und 2003 erbrachte in 2 von 212 Fällen (= 0,94 Prozent) ein falsch negatives Resultat.[340] Nimmt man auf Grund dieser Zahlen eine Sensitivität des Screening-Verfahrens von etwa 95 Prozent an, so wäre für die Bundesrepublik Deutschland bei einem flächendeckenden Einsatz der Untersuchung an jährlich 700.000 Neugeborenen davon auszugehen, dass maximal 15 von etwa 300 späteren Mukoviszidose-Patienten durch das Screening nicht erkannt würden. Diese Zahl ist absolut gesehen sehr niedrig und relativ zu den insgesamt untersuchten Neugeborenen (15 von 700.000 Babys = 0,002 Prozent) kaum noch messbar. Dennoch sollte sie dazu Anlass geben, die Eltern anlässlich des Neugeborenen-Screenings ausdrücklich darauf hinzuweisen, dass auch die beste Untersuchungsmethode nicht unfehlbar ist und dass es keine vollständige „Sicherheitsgarantie" für perfekte Gesundheit geben kann. Dieser Hinweis ist insbesondere auch deshalb notwendig, weil die getesteten Mutationen nur etwa 90 Prozent der für die deutsche Bevölkerung typischen Mutationen umfassen. Insgesamt sind bislang aber schon mehr als 650 Mutationen des CFTR-Gens identifiziert worden. Durch die Beschränkung des Neugeborenen-Screenings auf die in der deutschen Bevölkerung häufigen Mutationen könnten Familien mit Migrationshintergrund tendenziell benachteiligt werden. Ein ethisches Argument gegen das Screening-Verfahren lässt sich hieraus jedoch nicht ableiten, sondern allenfalls die Forderung, künftig möglichst auch seltenere Mutationen im Test zu berücksichtigen.

Falsch positive Testresultate und deren emotional belastende Konsequenzen

Komplizierter ist die Situation mit Blick auf falsch positive Testergebnisse. Hier geht es um diejenigen Neugeborenen, die auf Grund der Kombination von IRT und CFTR-Genanalyse als potenziell von der Mukoviszidose betroffen erscheinen, die sich dann jedoch nach Durchführung des diagnostischen Schweißtests als gesund

340 Campbell (2005), S. S-3.

erweisen. Geht man von einer Testspezifität von 99 Prozent, einer Testsensitivität von 95 Prozent und einer Häufigkeit der Mukoviszidose von 1:2.500 aus, so ergibt sich rechnerisch ein positiver prädiktiver Wert (PPW) von nur 3,66 Prozent. Von 1.000 Babys, die nach einem auffälligen IRT/Gentest zum diagnostischen Schweißtest einbestellt würden, hätten demnach nur etwa 37 tatsächlich eine Mukoviszidose, während die restlichen 963 Neugeborenen letztlich nicht krank wären. Die ausführliche Beschreibung für den Studienablauf des deutschen Modellprojekts geht davon aus, dass unter 700.000 Neugeborenen etwa 2.500 einem Schweißtest unterzogen werden müssten, von denen schließlich 206 tatsächlich an Mukoviszidose leiden würden. 1.700 Kinder wären heterozygote, aber klinisch unauffällige Merkmalsträger. Damit käme man auf einen PPW von 8,24 Prozent. Im Rahmen des bereits realisierten Mukoviszidose-Neugeborenen-Screenings am Dresdener Universitätsklinikum wurde für die Jahre 1998 bis 2004 sogar ein PPW von 22,9 Prozent angegeben, was allerdings eine extrem hohe Testspezifität von 99,94 Prozent voraussetzt.[341]

Das Problem zahlreicher falsch positiver Testergebnisse tritt grundsätzlich bei allen Neugeborenen-Screening-Programmen auf, da hier jeweils eine sehr große Zahl gesunder Kinder untersucht werden muss, um die relativ wenigen von der angezielten Krankheit Betroffenen zu ermitteln. So nennt das Sächsische Neugeborenen-Screening für die Jahre 1998 bis 2004 einen kumulativen PPW von nur 5,96 Prozent für alle Zielerkrankungen. Das Mukoviszidose-Screening erreicht hier also tendenziell sogar eher relativ günstige Werte. Gleichwohl ist der Zeitraum zwischen der Information über ein kritisches Testergebnis und der Durchführung des diagnostischen Schweißtests für die betroffenen Eltern emotional sehr belastend. Einer aktuellen Studie aus Wisconsin zu Folge geben 77 Prozent aller Mütter nach einem kritischen Screening-Testresultat Symptome einer Depression an.[342] Auch wenn diese Symptome nach einem negativen Schweißtest in der Regel wieder abnehmen[343], muss man jedenfalls darauf achten, dass 1. der Zeitraum zwischen der beunruhigenden Information und der Durchführung des Schweißtests möglichst kurz bemessen ist und dass 2. die Eltern bereits im Vorfeld des Screenings in verständlicher Weise darauf hingewiesen werden, dass ein auffälliges Screening-Testergebnis wegen des relativ niedrigen positiven prädiktiven Wertes das Vorliegen einer Erkrankung noch keinesfalls überwiegend wahrscheinlich macht. Durch eine möglichst korrekte Angabe der Zahlenverhältnisse kann unnötige Besorgnis verringert werden. Ein

341 Stopsack et al. (2006), S. 19.

342 Tluczek et al. (2005), zitiert nach Campbell/White (2005), S. S-4 (Literaturhinweis 53).

343 Siehe hierzu die Ausführungen bei Grosse et al. (2004), S. 24-26 sowie die zugehörigen Literaturverweise.

genereller Verzicht auf das Mukoviszidose-Neugeborenen-Screening würde im Gegenzug dazu führen, dass in zahlreichen Fällen die Diagnose der Erkrankung verspätet gestellt würde, wodurch nicht nur vorübergehende, sondern sehr nachhaltige psychische und soziale Belastungen bei den betroffenen Familien einträten. Dies zeigt eine Untersuchung aus Kalifornien auf.[344] Eine ethische Güterabwägung spricht angesichts dieser unerfreulichen Alternative also durchaus für das Neugeborenen-Screening.

Das Recht auf Nichtwissen im Spannungsfeld der elterlichen Sorge

Ein bei allen Screening-Verfahren zu berücksichtigender ethischer Aspekt ist das sogenannte Recht auf Nichtwissen auf Seiten der Betroffenen. Die Besonderheit beim Neugeborenen-Screening liegt darin, dass die von einer möglichen Erkrankung beziehungsweise einer einzelnen, heterozygot vorhandenen Genmutation betroffene Person, nämlich das Baby, seine Rechte noch nicht selbst geltend machen kann, da es juristisch von seinen Eltern vertreten wird. Diese sind im Rahmen der elterlichen Sorge (§§ 1626-1698b BGB) auf das Wohl des Kindes verpflichtet. Bei der Geltendmachung des aus der Sorge für das Kindeswohl abgeleiteten Rechts auf Nichtwissen, dessen Wahrnehmung im Rahmen des Mukoviszidose-Neugeborenen-Screenings deshalb möglich ist, weil eine Testauffälligkeit nicht zwingend auf einer Genmutation, sondern unter Umständen nur auf einem extrem erhöhten IRT-Wert beruht, muss den Eltern deshalb einerseits bewusst sein, dass sie dieses Recht zunächst stellvertretend für ihr noch nicht entscheidungsfähiges Baby in Anspruch nehmen. Komplizierend kommt nun aber andererseits hinzu, dass die Bestätigung einer einzelnen Genmutation bei dem Neugeborenen zugleich eine weitere Information enthält: Entweder der biologische Vater oder die Mutter muss ebenfalls Träger dieser Mutation und somit ein(e) heterozygote(r) Merkmalsträger(in) sein. Daraus begründet sich wiederum ein eigenständiges Recht der Eltern auf Nichtwissen, das zu respektieren und prozedural zu garantieren ist.

Hier sind in ethischer Perspektive grundsätzlich die gleichen Überlegungen im Hinblick auf Nutzen und möglichen Schaden durch (Nicht-)Wissen anzustellen wie bei anderen Verfahren der prädiktiven Medizin. Die Tatsache, dass immerhin 3 bis 4 Prozent aller Bundesbürger heterozygote, aber klinisch gesunde Träger einer für die Mukoviszidose charakteristischen Mutation auf dem CFTR-Gen (Chromosom 7q31-32) sind, spricht jedenfalls nicht dafür, dass man alles theoretisch

344 Kharrazi/Kharrazi (2005).

Wissbare auch tatsächlich in Erfahrung bringen müsste, wenn man die Gefahr eines genetisch transparenten „gläsernen Menschen" vermeiden und den in unserer Gesellschaft im Kontext der Reproduktionsmedizin bemerkbaren Tendenzen zu einer mit eugenischen Argumenten begründeten Selektion des menschlichen Lebens keinen Vorschub leisten will. Angesichts der besonderen Schwierigkeiten bei der laienverständlichen Interpretation humangenetischer Befunde ist es auch bezüglich der Heterozygotenproblematik und des hier zum Tragen kommenden Rechts auf Nichtwissen von besonderer Relevanz, dass für die Eltern im Rahmen des Mukoviszidose-Neugeborenen-Screenings in allen Phasen der Untersuchung eine umfassende, fachlich und ethisch kompetente, qualitätskontrollierte Beratung durch Humangenetiker oder in der genetischen Beratung speziell geschulte Kinderärzte zur Verfügung gestellt wird.

Resümee

Die ethische Abwägung von Vor- und Nachteilen genetisch orientierter Screening-Programme bei Neugeborenen ist keine leichte Aufgabe, da sich die letztlich zu gebende Empfehlung erst in der Zukunft bewähren muss. Deshalb ist die Durchführung von Modellprojekten, aus deren Fehlern man lernen kann, in jedem Fall eine unerlässliche Zwischenstufe vor der flächendeckenden Implementierung solcher Verfahren. Besonderes Augenmerk muss auch hier der gleichzeitigen Verwirklichung jener vier Prinzipien[345] gelten, die sich in der Medizinethik als Wegmarken und Prüfsteine bewährt haben: 1. Eindeutige Mehrung des Nutzens für die erkrankten Kinder, 2. Vermeidung physischer und psychischer Schäden bei sämtlichen Risikopersonen, 3. Respekt vor der Entscheidungsautonomie der von der Maßnahme direkt oder indirekt Betroffenen und 4. Berücksichtigung aller Bürgerinnen und Bürger im Hinblick auf ihre gerechte Teilhabe an den insgesamt verfügbaren medizinischen Ressourcen. In diesen normativen Rahmen eingespannt, kann das Mukoviszidose-Neugeborenen-Screening einer zeitlich limitierten Bewährungsprobe ausgesetzt werden.[346]

345 Beauchamp/Childress (2001).

346 Zehn Jahre nach der Abfassung dieses Beitrags kann nun seit dem Frühjahr 2016 jedes Neugeborene in Deutschland auf Mukoviszidose untersucht werden. Das beschloss das oberste Beschlussgremium der Gemeinsamen Selbstverwaltung von Ärzten, Psychotherapeuten, Krankenhäusern und Krankenkassen, der Gemeinsame Bundesausschuss (G-BA), am 20. August 2015.

17 Die Präimplantationsdiagnostik als Gefahr für den Lebensschutz[347]

Einführung

Wenn man sich mit den ethischen Aspekten des Embryonenschutzes in Deutschland befassen will, dann kommt man um ein genaueres Studium des Embryonenschutzgesetzes (ESchG) vom 13. Dezember 1990 und seiner Unvollkommenheiten nicht herum. Dieses am 1. Januar 1991 in Kraft getretene und mehr als 20 Jahre unverändert gültig gebliebene Gesetz wurde nicht als umfassendes Fortpflanzungsmedizingesetz konzipiert, sondern als Strafrechtsnebengesetz.[348] Der Grund hierfür lag in der damals – abgesehen vom Strafrecht – fehlenden Gesetzgebungskompetenz des Bundes auf diesem Rechtsgebiet. Erst mit dem 42. Gesetz zur Änderung des Grundgesetzes wurden 1994 in Artikel 74 GG unter der Nr. 26 als künftiger Gegenstand der konkurrierenden Gesetzgebung „die künstliche Befruchtung beim Menschen, die Untersuchung und die künstliche Veränderung von Erbinformationen sowie Regelungen zur Transplantation von Organen und Geweben" aufgenommen.[349]

Die prinzipiell fragmentarisch angelegten Verbote eines Strafgesetzes waren und sind für die sich rasant weiter entwickelnde Fortpflanzungsmedizin keine sonderlich geeigneten Regelungswerkzeuge, weil im Zuge des wissenschaftlichen Fortschritts ständig neue Strafbarkeitslücken auftauchen können, die wegen des im Strafrecht geltenden Analogie- und Rückwirkungsverbots aus Artikel 103 Absatz 2 GG immer wieder geschlossen werden müssen – sofern man sie denn schließen will. Eine Änderung des ESchG war aber seit 1990 aufgrund erheblicher biopolitischer Differenzen zwischen den und innerhalb der im Deutschen Bundestag vertretenen Parteien beziehungsweise Fraktionen nicht vorgenommen worden.

Seit dem Urteil des 5. Strafsenats des Bundesgerichtshofs (BGH) vom 6. Juli 2010 zur Zulässigkeit der Präimplantationsdiagnostik (PID) nach dem Embryonenschutzgesetz[350] jedoch sahen sich vor allem diejenigen Politikerinnen und Politiker zum

347 Dieses Kapitel enthält eine überarbeitete und gekürzte Fassung eines Vortrags, der am 9. Juli 2011 bei der Mitgliederversammlung des Landesverbandes Baden-Württemberg der *Christdemokraten für das Leben* (CDL) in Donaueschingen gehalten wurde.

348 Gesetz zum Schutz von Embryonen (Embryonenschutzgesetz – ESchG) vom 13.12.1990.

349 Seit der Grundgesetzänderung vom 28.8.2006 fallen unter Artikel 74 Nr. 26 GG „die medizinisch unterstützte Erzeugung menschlichen Lebens, die Untersuchung und die künstliche Veränderung von Erbinformationen sowie Regelungen zur Transplantation von Organen, Geweben und Zellen".

350 Urteil des Bundesgerichtshofs wegen Verstoßes gegen das Embryonenschutzgesetz vom 6.7.2010 (5 StR 386/09).

Handeln aufgerufen, die eine Strafbarkeit der PID ausdrücklich einführen wollten. Die PID war in Deutschland schon seit dem Jahr 2000 ein intensiv diskutiertes rechtspolitisches und medizinethisches Thema. Technische Voraussetzung für die PID war damals die Abspaltung einer in der Regel gerade noch totipotenten Zelle aus dem 8-10-Zellen-Stadium zum Zweck der genetischen Untersuchung. Da aber nach § 8 Absatz 1 ESchG „jede einem Embryo entnommene totipotente Zelle, die sich bei Vorliegen der dafür erforderlichen weiteren Voraussetzungen zu teilen und zu einem Individuum zu entwickeln vermag", ihrerseits als Embryo im Sinne des Gesetzes gilt, wäre die Abspaltung einer solchen Zelle als strafbewehrtes Klonen im Sinne von § 6 Absatz 1 ESchG aufzufassen gewesen.

Das Verbot der PID wurde nach mehrheitlicher Rechtsauffassung weiterhin gestützt durch § 2 Absatz 1 ESchG, wonach die Verwendung eines extrakorporal erzeugten Embryos „zu einem nicht seiner Erhaltung dienenden Zweck" mit Freiheitsstrafe bis zu drei Jahren oder mit Geldstrafe bestraft würde. Zusätzlich ging man davon aus, dass auch § 1 Absatz 1 Nr. 2 ESchG der PID entgegenstünde, wonach es strafbar ist, „eine Eizelle zu einem anderen Zweck künstlich zu befruchten, als eine Schwangerschaft der Frau herbeizuführen, von der die Eizelle stammt". Obwohl diese Auslegung des ESchG niemals unumstritten war, wurde die PID in Deutschland von den Reproduktionsmedizinern wegen der genannten juristischen Bedenken nicht durchgeführt.

Schon zu Beginn des vergangenen Jahrzehnts wurde jedoch durch zellbiologische Forschungen die These erhärtet, dass Embryonen jenseits des 8-Zellen-Stadiums praktisch nicht mehr totipotent sind, sodass bei einer Untersuchung in diesen späteren Entwicklungsstadien § 8 Absatz 1 ESchG nicht mehr greifen würde. Um genau solche Untersuchungen jenseits des Stadiums der Totipotenz handelte es sich in dem im Jahre 2010 vom BGH entschiedenen und für legal befundenen Fall. Nach Auffassung des BGH kann aus den Strafbestimmungen von § 1 Absatz 1 Nr. 2 und § 2 Absatz 1 ESchG nicht mit der im Strafrecht (wegen des Analogie- und Rückwirkungsverbots in Artikel 103 Absatz 2 des Grundgesetzes) erforderlichen Bestimmtheit ein Verbot der PID abgeleitet werden. Deswegen urteilte der BGH, dass das Handeln des angeklagten Berliner Reproduktionsmediziners weder gegen den Wortlaut noch gegen den Sinn des Gesetzes verstoßen habe. Es könne auch nicht davon ausgegangen werden, dass der Gesetzgeber die PID verboten hätte, wenn sie bei Erlass des ESchG schon zur Verfügung gestanden hätte.

Die PID und ihre negativen Folgen für den Lebensschutz

Bei der Präimplantationsdiagnostik handelt es sich um einen manipulativen Eingriff in den frühen Embryo, bei dem Zellen für Untersuchungszwecke entnommen werden. Der Gesundheit des betroffenen Embryos dient ein solcher Eingriff sicher nicht. Zum einen kann der winzige Embryo bei der Zellentnahme selbst irreparabel beschädigt werden, zum anderen fehlen ihm jedenfalls nach der Entnahme die besagten Zellen. Da die Zellen in diesem Stadium nicht mehr totipotent sind, ist es keineswegs sicher, dass ihre Wegnahme in allen Fällen problemlos durch weitere Zellteilungen kompensiert werden kann.

Ferner gibt es bei jedem biomedizinischen Untersuchungsverfahren „falsch positive" und „falsch negative" Ergebnisse. Bei einem „falsch positiven" Resultat wird die zu testende Krankheitsanlage fälschlicherweise diagnostiziert, obwohl sie gar nicht vorhanden ist. Bei einem „falsch negativen" Ergebnis würde die gesuchte Krankheitsanlage dagegen fälschlicherweise übersehen, obwohl sie vorliegt. „Falsch positive" Ergebnisse kommen besonders dann zustande, wenn die angewendete Untersuchungsmethode eine hohe Sensitivität aufweist, wenn sie also darauf angelegt ist, möglichst wenige Krankheitsanlagen zu übersehen.

Ein Reproduktionsmediziner, der sich gegen die spätere Forderung zivilrechtlichen Schadensersatzes nach der Geburt eines von seinen Eltern so nicht erwünschten Kindes absichern will, tut also im eigenen Interesse gut daran, Embryonen mit einem „positiven" Testergebnis auf keinen Fall zu implantieren, denn der wegen eines *falsch positiven* Untersuchungsresultats „verworfene" und deshalb nie geborene Mensch (be)klagt (sich) nicht. Im Fall der Geburt eines *falsch negativ* Getesteten lägen die Dinge hingegen anders, denn es könnten dem an der Zeugung beteiligten Arzt erheblicher finanzieller Schaden sowie eine Minderung seines beruflichen Ansehens wegen mangelhafter fachlicher Expertise drohen.

Schließlich kann man gegen die Präimplantationsdiagnostik einwenden, dass die genetische Untersuchung eines wenige Tage alten Embryos nicht ausreichen kann, um seine spätere körperliche und geistige Entwicklung im Detail sicher zu prognostizieren. Es ist also vollkommen spekulativ, wenn jetzt mitunter behauptet wird, durch die Einführung der PID könne die Zahl der Spätabtreibungen gesenkt werden. Es dürfte eher so sein, dass die Bandbreite von „Normalität", die in unserer Gesellschaft künftig noch toleriert werden wird, durch die Möglichkeiten, welche die PID bietet, deutlich schmaler werden wird. Immer geringere Abweichungen von der vermeintlichen „Idealnorm" werden künftig bereits durch die PID vorselektiert werden, und diese Entwicklung wird sich nach erfolgter Pränataldiagnostik weiter fortsetzen. Denn ein Embryo, der nach einer PID erfolgreich in die Gebärmutter implantiert werden konnte, hätte ja nur die erste Hürde künftiger „Qualitäts-Checks" überlebt. Bis zur Geburt blieben dann immer noch rund 260 Tage Zeit, in denen Humangenetiker, Gynäkologen und werdende Eltern dem Embryo beziehungsweise dem Fetus das (Über-)Leben weiterhin schwer machen können.

Es ist sehr unwahrscheinlich, dass sich die PID dauerhaft auf bestimmte, als besonders „schwerwiegend" geltende Krankheiten oder Behinderungen eingrenzen lässt. Zum einen läge dann tatsächlich eine grundgesetzwidrige Diskriminierung derjenigen Menschen vor, die unter einer solchen Krankheit oder Behinderung leiden. Eine konkrete Liste mit für eine PID zugelassenen Krankheiten oder Behinderungen wird es also schon aus diesem Grund nicht geben. Zum anderen werden aber die dann als Alternative zu Gebot stehenden Einzelfallentscheidungen die Tendenz haben, immer mehr Normabweichungen für „schwerwiegend" zu erklären, denn dieser wertende Begriff ist nirgendwo scharf definiert und unterliegt naturgemäß einem enormen kulturellen, sozialen und historischen Interpretationsspielraum.

Weitgehende Erlaubnis der PID: Der Gesetzentwurf Flach/Hintze

Am 7. Juli 2011 entschied der Deutsche Bundestag in 3. Lesung mit einer Mehrheit von 326 gegen 260 Stimmen bei 8 Enthaltungen, dass die Präimplantationsdiagnostik in Deutschland künftig in bestimmten Fällen ausdrücklich von Gesetzes wegen erlaubt sein würde. Wie schon in früheren biopolitischen Streitfällen gab es auch dieses Mal keinen Fraktionszwang. Vielmehr lagen drei interfraktionelle Gesetzentwürfe vor.

Der letztlich erfolgreiche und zugleich im Sinne einer Zulassung der PID „liberalste" Entwurf, den die Abgeordneten Ulrike Flach (FDP), Peter Hintze (CDU), Carola Reimann (SPD), Jerzy Montag (Bündnis 90/Die Grünen) und Petra Sitte (Die Linke) eingebracht hatten, zielte auf eine weite Erlaubnis der PID durch formale Änderung des Embryonenschutzgesetzes (ESchG) ab.[351] „Fehl- oder Totgeburten oder die Geburt eines schwer kranken Kindes sollen auf diese Weise verhindert werden", schrieb Ulrike Flach, die im Mai 2011 Parlamentarische Staatssekretärin im Bundesministerium für Gesundheit (BMG) geworden war, auf ihrer Homepage.[352]

---

351 Deutscher Bundestag, 17. Wahlperiode, Drucksache 17/5451 vom 12.4.2011: Gesetzentwurf der Abgeordneten Ulrike Flach, Peter Hintze, Dr. Carola Reimann, Dr. Petra Sitte, Jerzy Montag … Entwurf eines Gesetzes zur Regelung der Präimplantationsdiagnostik (Präimplantationsdiagnostikgesetz – PräimpG). http://dip21.bundestag.de/dip21/btd/17/054/1705451.pdf (Stand: 24.4.2016).

352 http://www.ulrike-flach.de (Stand: 9.7.2011; inzwischen offline).

Formal wurde dazu in das Embryonenschutzgesetz im Anschluss an den § 3, der die Geschlechtswahl verbietet, ein neuer § 3a mit 6 Absätzen und der Überschrift *Präimplantationsdiagnostik* eingefügt.

In Absatz 1 wird die PID zunächst grundsätzlich als strafbewehrtes Vergehen eingestuft und der Täter mit einer Freiheitsstrafe bis zu einem Jahr oder mit Geldstrafe bedroht. In Absatz 2 folgen jedoch sogleich die Ausnahmen von diesem Verbot: Besteht auf Grund genetischer Disposition der Frau, von der die Eizelle stammt, oder des Mannes, von dem die Samenzelle stammt, oder von Beiden für deren Nachkommen das „hohe Risiko" einer „schwerwiegenden Erbkrankheit", so handelt nicht rechtswidrig, wer den Embryo in vitro vor dem intrauterinen Transfer auf die Gefahr dieser Krankheit genetisch untersucht. Ebenso wenig handelt rechtswidrig, wer eine PID zur Feststellung einer „schwerwiegenden Schädigung" des Embryos vornimmt, die mit „hoher Wahrscheinlichkeit" zu einer Tot- oder Fehlgeburt führen wird.

Die Begriffe „hohe Wahrscheinlichkeit", „hohes Risiko", „schwerwiegende Schädigung" und „schwerwiegende Erbkrankheit" sind selbstverständlich deutungsoffen und gegebenenfalls weit auslegbar. So dürfte nicht nur eine Mukoviszidose, sondern etwa auch eine vererbte Anlage zum Diabetes mellitus Typ 2 durch angeborene Insulinunempfindlichkeit von den Betroffenen als eine durchaus „schwerwiegende" Gesundheitsstörung erlebt werden. Auch familiäre Genvarianten, die eine Entwicklung von Brustkrebs oder Darmkrebs im höheren Lebensalter begünstigen können, wird man als Träger solcher Gene sicherlich nicht auf die leichte Schulter nehmen. Je nach der künftigen Interpretation dieses Absatzes ist damit zu rechnen, dass in absehbarer Zeit praktisch jedes gravierende genetische Erkrankungsrisiko einen akzeptablen Grund für die Durchführung einer PID und die anschließende „Verwerfung" der betroffenen Embryonen liefern wird.

Bemerkenswert ist, dass eben diese „Verwerfung", also die Tötung der Embryonen durch Nicht-Implantation in die Gebärmutter der Frau, in dem Gesetzentwurf mit keinem Wort erwähnt wurde. Sie wurde lediglich stillschweigend als „logische" Konsequenz mitgedacht beziehungsweise in Rechnung gestellt, da es ja letztlich der formalen Entscheidung der Frau überlassen bleiben wird, ob sie sich einen bestimmten Embryo implantieren lassen will oder nicht.

Zudem unterließen es die Autoren des Gesetzentwurfs, zugleich eine Änderung von § 1 Absatz 1 Nr. 5 ESchG vorzuschlagen, ohne welche die effektive Durchführung einer Präimplantationsdiagnostik indessen nicht möglich sein wird. Nach diesen Bestimmungen ist es nämlich verboten, mehr Eizellen einer Frau zu befruchten, als ihr innerhalb eines Zyklus übertragen werden sollen (§ 1 Absatz 1 Nr. 5). Da innerhalb eines Zyklus aber nicht mehr als drei Embryonen auf eine Frau übertragen werden dürfen (§ 1 Absatz 1 Nr. 3), folgt daraus, dass auch jeweils maximal drei Embryonen je Zyklus befruchtet und mittels PID untersucht werden können. Sofern von diesen nach der Diagnostik dann ein oder zwei Embryonen als geschädigt „ausgesondert" werden, sinken die Aussichten für den Erfolg der In-vitro-Fertilisation beträchtlich. Für eine im Sinne des hypothetischen Imperativs technisch „gute" PID benötigt man wenigstens acht Embryonen zur Auswahl.

Die Tatsache, dass § 1 Absatz 1 ESchG zunächst unverändert bleiben sollte, bedeutet nicht, dass die Autoren des Gesetzentwurfs an dieser Stelle unaufmerksam gewesen wären. Vielmehr war es das Kalkül, diesen technisch erforderlichen Schritt erst dann zu gehen, wenn die PID im Grundsatz erlaubt sein würde. Denn eine Änderung von § 1 Absatz 1 Nr. 5 ESchG hätte die logische Verknüpfung von PID und embryonaler Stammzellforschung im Moment allzu deutlich in den Blick der Öffentlichkeit geraten lassen: Je mehr „überzählige", weil nicht implantierte Embryonen nach einer PID vorhanden sind, desto stärker wird der politische Druck werden, diese anschließend für die Stammzellforschung einzusetzen, damit sie wenigstens noch einem „nützlichen" Zweck zur Verfügung stehen. Der Import embryonaler Stammzelllinien aus dem Ausland könnte dann reduziert oder gar eingestellt werden. Da die PID-Befürworter die Stammzelldebatte vermutlich aus taktischen Erwägungen fürchteten, verzichteten sie auf die Änderung von § 1 Absatz 1 Nr. 5 ESchG.

In Absatz 3 des Gesetzentwurfs wird sodann eine Beratungsregelung vorgesehen, die noch komplexer anmutet als diejenige vor einem späten Schwangerschaftsabbruch nach § 218a Absatz 2 StGB und die vermutlich noch wirkungsloser bleiben dürfte als jene. So darf die PID künftig nur nach einer „Aufklärung und Beratung zu den medizinischen, psychologischen und sozialen Folgen der von der Frau gewünschten genetischen Untersuchung" durch einen „hierfür qualifizierten Arzt" (nicht: Facharzt) – nach einem positiven Votum einer interdisziplinär zusammengesetzten Ethikkommission – an den zugelassenen Zentren für Präimplantationsdiagnostik vorgenommen werden. Die durchgeführten Maßnahmen sollen in einer Zentralstelle in anonymisierter Form dokumentiert werden. Wer ohne diese Voraussetzungen eine PID vornimmt, handelt ordnungswidrig und riskiert nach Absatz 4 eine Geldbuße bis zu 50.000 Euro.

Absatz 5 stellt fest, dass kein Arzt verpflichtet werden kann, sich an einer PID zu beteiligen. Aus seiner Weigerung dürfen ihm keine Nachteile erwachsen, doch schweigt der Gesetzentwurf darüber, durch welche arbeitsrechtlichen Maßnahmen dieses löbliche Ziel sichergestellt werden könnte. Allein der Nachweis, dass eine berufliche Benachteiligung im Krankenhaus darauf beruht, dass eine Ärztin oder ein Arzt nicht an der Präimplantationsdiagnostik mitwirkt, dürfte in der Realität kaum jemals gelingen. Der soziale Druck innerhalb der Kollegenschaft und die bekanntermaßen mangelhafte Solidarität unter Ärzten sind hier in Rechnung zu stellen.

Absatz 6 schließlich ist vor allem dazu geeignet, der Bürokratie neue Arbeit zu verschaffen: Die Bundesregierung muss künftig alle vier Jahre einen Bericht über die Erfahrungen mit der PID erstellen. Dieser Bericht soll auf der Grundlage der zentralen Dokumentation die Zahl der jährlich durchgeführten Maßnahmen sowie eine wissenschaftliche Auswertung auf der Basis anonymisierter Daten enthalten.

Ein bisschen PID? Der „Kompromissvorschlag" Röspel/Hinz

Am 29. Dezember 2010 warnte Priska Hinz, Bundestagsabgeordnete von Bündnis 90/Die Grünen, vor einer breiten Zulassung der PID. Sie warb für eine Begrenzung der Methode auf die *Lebensfähigkeit* des Embryos. „Mir geht es [...] nicht um die Frage, ob der Embryo *lebenswert* ist." Frau Hinz legte gemeinsam mit dem SPD-Abgeordneten René Röspel, dem FDP-Abgeordneten Patrick Meinhardt und dem CDU-Abgeordneten Norbert Lammert am 28. Januar 2011 einen eigenen Gesetzentwurf vor, der im Bundestag als „Kompromiss" gehandelt wurde, was politisch zwar nachvollziehbar, aber ethisch gesehen unzutreffend war.[353] Durch eine initial scheinbar sehr restriktive Zulassung der PID wäre nämlich der Weg für spätere gesetzliche Erweiterungen gebahnt worden, sodass am Ende des Weges auch hier das Argument der schiefen Ebene griffe. Der Entwurf sah vor, dass die PID ausnahmsweise zugelassen werden sollte, wenn „bei den Eltern oder einem Elternteil eine genetische oder chromosomale Disposition diagnostiziert ist, die nach dem Stand der medizinischen Wissenschaft mit hoher Wahrscheinlichkeit eine Schädigung des Embryos, des Fetus oder Kindes zur Folge hat, die mit hoher Wahrscheinlichkeit zur Tot- oder Fehlgeburt führt." Die Durchführung der PID sollte nur an *einem* lizenzierten Zentrum zulässig sein.

Nach Darlegung der Autoren machte damit ihr Gesetzentwurf die Lebensfähigkeit und nicht den Lebenswert des Embryos zum zentralen Maßstab des erlaubten Handelns. An einer Stelle ging der Gesetzentwurf über den am Ende siegreichen Entwurf Flach/Hintze sogar hinaus, indem er nämlich in § 1 Absatz 1 ESchG einen Satz 2 anfügen wollte, wonach künftig mehr als drei Eizellen je Zyklus befruchtet

353 Deutscher Bundestag, 17. Wahlperiode, Drucksache 17/5452 vom 12.4.2011: Gesetzentwurf der Abgeordneten René Röspel, Priska Hinz (Herborn), Patrick Meinhardt, Dr. Norbert Lammert ... Entwurf eines Gesetzes zur Regelung der Präimplantationsdiagnostik (Präimplantationsdiagnostikgesetz – PräimpG). www.bpb.de/system/files/pdf/V7YW8D.pdf (Stand: 24.4.2016).

werden dürfen. Für eine technisch sinnvolle Durchführung der PID benötigt man nämlich wenigstens acht Embryonen zur „Auswahl“. Die Frage, was anschließend mit den „überzähligen“ Embryonen geschehen sollte, klammerte der Gesetzentwurf wohlweislich aus.

Gesetzentwurf für ein vollständiges Verbot der PID von Göring-Eckardt/Kauder

Am 17. Dezember 2010 veröffentlichte eine weitere Gruppe von Bundestagsabgeordneten, zu denen Andrea Nahles (SPD), Johannes Singhammer (CSU), Rudolf Henke (CDU), Birgitt Bender (Bündnis 90/Die Grünen), Kathrin Vogler (Die Linke) und Pascal Kober (FDP) gehörten, ein Eckpunktepapier mit Gründen für ein umfassendes Verbot der PID.[354] Die Autoren begründeten ihre Initiative so: „Die durch Legalisierung der PID gesetzlich legitimierte Selektion vor Beginn der Schwangerschaft würde einen Paradigmenwechsel darstellen. Eine Gesellschaft, in der der Staat darüber entscheidet oder andere darüber entscheiden lässt, welches Leben gelebt werden darf und welches nicht, verliert ihre Menschlichkeit. Ein immer weiter um sich greifendes medizinisches Optimierungsstreben verletzt und stigmatisiert alle Menschen, die sich bewusst gegen die Idee der Machbarkeit entscheiden. Ein gewichtiges Argument gegen die PID sind ferner die internationalen Erfahrungen, nach denen eine Begrenzung auf Einzelfälle nicht möglich ist. Die hohen gesundheitlichen Belastungen und die unsicheren ‚Erfolgs‘prognosen der PID zeigen, dass diese die geweckten Hoffnungen nicht erfüllt.“

Kritisch bewerteten die Abgeordneten den Vorschlag der PID-Befürworter hinsichtlich einer Begrenzung der medizinischen Indikation durch einen Katalog: „Ein solcher Katalog hat Selektionscharakter und lädt zur Ausweitung auf weitere Indikationen ein. Auch der Versuch, die Anwendung der PID auf Fälle erwarteter Totgeburten oder früher Kindssterblichkeit zu begrenzen, löst dieses Grundproblem nicht. Hierdurch würde die Ausnahme vom gesetzlichen Verbot abhängig gemacht vom jeweils aktuellen Stand des medizinischen Fortschritts und damit weder Rechtssicherheit noch eine die Eltern befriedende Abgrenzung geschaffen. Der Vorschlag, die Entscheidung dem betroffenen Paar und/oder Arzt,

354 Eckpunktepapier von Abgeordneten aller im Deutschen Bundestag vertretenen Fraktionen: Gute Gründe für ein Verbot der Präimplantationsdiagnostik (17.12.2010). Veröffentlicht in der Online-Ausgabe der Ärztezeitung: http://www.aerztezeitung.de/pdf/2010-12-17_PID-Eckpunktepapier.pdf (Stand: 24.4.2016).

ggf. mit Zustimmung einer Ethikkommission, zu überlassen, würde faktisch einer kompletten Freigabe der PID gleichkommen."

Am 11. April 2011 brachte dann eine interfraktionelle Gruppe um Katrin Göring-Eckardt (Bündnis 90/Die Grünen), Volker Kauder (CDU), Pascal Kober (FDP) und Johannes Singhammer (CSU) den entsprechenden Gesetzentwurf ein, der das vollständige Verbot der PID über eine Änderung des 2009 verabschiedeten Gendiagnostikgesetzes (GenDG[355]) erreichen wollte.[356] Dieses Gesetz sollte in seinem Anwendungsbereich auf den menschlichen Embryo vor dem Beginn der Schwangerschaft ausgedehnt werden, indem in § 2 GenDG die Worte „während der Schwangerschaft" wegfallen sollten. Ferner würde die Embryo-Definition des Embryonenschutzgesetzes in das Gendiagnostikgesetz (§ 3 Ziffer 2a GenDG) übernommen und klargestellt, dass sich die in § 15 erwähnten genetischen Untersuchungen ausschließlich auf Embryonen und Feten während der Schwangerschaft beziehen. In einem neu geschaffenen § 15a GenDG sollte die PID ausdrücklich verboten werden. Schließlich wären die Strafvorschriften in § 25 Absatz 4 GenDG entsprechend erweitert worden.

Bereits in der Abstimmung nach der Zweiten Lesung der drei Gesetzentwürfe am Mittag des 7. Juli 2011 erhielt der Gesetzentwurf Flach/Hintze bei 596 abgegebenen Stimmen die absolute Mehrheit mit 306 Ja-Stimmen, der Verbotsantrag von Göring-Eckardt/Kauder kam nur auf 228 Stimmen und der Gesetzentwurf von Röspel/Hinz auf 58 Stimmen. Neben einer Nein-Stimme zu allen drei Anträgen gab es 3 Enthaltungen. Damit stand in der unmittelbar anschließenden Abstimmung zur Dritten Lesung nur noch der Gesetzentwurf von Flach/Hintze zur Wahl, der dann die bereits erwähnten 326 Ja-Stimmen bei 260 Nein-Stimmen und 8 Enthaltungen erhielt.

Der Schutz des menschlichen Embryos in Deutschland ist in den letzten zehn Jahren sowohl durch den biomedizinischen Fortschritt als auch durch flankierende rechtspolitische Veränderungen nicht unerheblich geschwächt worden. Wir befinden uns hier ohne Zweifel auf einer schiefen Ebene, die nur eine Richtung zu kennen scheint: Immer mehr Freiheit für die Forscher – und für „reproduktionswillige" Bürger, dies alles jedoch auf Kosten des Lebensschutzes. Die Entscheidung des Bundestages dürfte von einschneidend negativer Bedeutung für die zukünftige

355 Gesetz über genetische Untersuchungen bei Menschen (Gendiagnostikgesetz – GenDG) vom 31.7.2009.

356 Deutscher Bundestag, 17. Wahlperiode, Drucksache 17/5450 vom 11.4.2011: Gesetzentwurf der Abgeordneten Katrin Göring-Eckardt, Volker Kauder, Pascal Kober, Johannes Singhammer … Entwurf eines Gesetzes zum Verbot der Präimplantationsdiagnostik (PID). www.bpb.de/system/files/pdf/TKIYF0.pdf (Stand: 24.4.2016).

Wertschätzung des menschlichen Lebens in Deutschland sein. Der 7. Juli 2011 war ein Schwarzer Tag für den Lebensschutz.

18 Social Freezing: Nachwuchsplanung als (fremd) gesteuerte Manipulation der Biografie[357]

Social Freezing in Medien und Meinungsumfragen

Mit dem Begriff *Social Freezing* bezeichnet man das prophylaktische Einfrieren unbefruchteter Eizellen dann, wenn es für diese Maßnahme keine krankheitsbedingte medizinische Indikation gibt. Das Verfahren soll es jungen Frauen ermöglichen, ihren Kinderwunsch aufzuschieben, um ihn jenseits des aus biologischen Gründen „kritischen" Alters von etwa 35 Jahren realisieren zu können. Ursprünglich war die Kryokonservierung von Eizellen in flüssigem Stickstoff bei minus 196 Grad Celsius in den 1980er Jahren für an Krebs erkrankte Patientinnen entwickelt worden, die sich einer körperlich und seelisch belastenden Chemotherapie unterziehen müssen. In diesen Fällen liegt eine medizinische Indikation für den Einsatz der Prozedur vor, die beim Social Freezing hingegen gerade fehlt.[358]

Ausschlaggebender Faktor für eine erfolgreiche Behandlung ist vor allem das Alter der Frau bei der Entnahme der Eizellen. Je jünger die Frau ist, desto weniger Schäden weisen ihre Oozyten auf. Der am universitären Berner Inselspital lehrende Endokrinologe und Reproduktionsmediziner Michael von Wolff (*1966) schrieb 2013, es sei zwar allen Experten bekannt, dass die Fruchtbarkeit aufgrund der altersbedingten Funktionsstörungen der Eizellen mit 35 Jahren langsam und mit etwa 40 Jahren sehr schnell abnehme. Nicht bekannt sei aber, „dass kein noch so gut ausgestattetes reproduktionsbiologisches Labor so gut ist wie die Natur. Eine aus dem Ovar entnommene, in vitro fertilisierte Oozyte wird nie das gleiche Entwicklungspotential haben wie eine in vivo entwickelte Oozyte". Diese Feststellungen seien von erheblicher Tragweite. So bedeute dies zum einen, dass eine fertilitätskonservierende Maßnahme vor der biologisch determinierten Abnahme der Oozytenqualität erfolgen müsse, das heißt spätestens mit etwa 35 Jahren. Zum

357 Dieses Kapitel enthält eine aktualisierte Fassung eines Beitrags, der im März 2015 in der Zeitschrift *Katholische Bildung* erschienen ist. Siehe dazu Bauer (2015a).

358 Nawroth et al. (2012).

anderen müsse man bedenken, dass eine gesunde Frau auf ihre Fertilitätsreserve erst im Alter von über 40 Jahren zurückgreifen sollte.[359]

Als besonders heikel schätzte der Experte gewisse „Extremformen" ein, die sich aus dem Social Freezing ergeben könnten, da Schwangerschaften auch in einem Alter jenseits der biologischen Grenze möglich würden. Schwangerschaften in einem hohen Alter gefährdeten aber nicht nur die Mutter, sondern auch das ungeborene (und ungefragte) Kind. Viele reproduktionsmedizinische Zentren, insbesondere in Spanien, limitierten das mütterliche Alter auf 50 Jahre; in anderen Ländern werde aber selbst diese hohe Altersgrenze noch überschritten. Somit sei nicht auszuschließen, dass das Social Freeezing Schwangerschaften im höheren Alter ermöglichen und somit Medizin und Gesellschaft mit neuen Problemen konfrontieren werde.[360]

Mitte Oktober 2014 wurde bekannt, dass die beiden amerikanischen Medien- und Elektronik-Konzerne Facebook und Apple den Leistungskatalog für ihre jungen, hoch qualifizierten Mitarbeiterinnen um eben jenes umstrittene Instrument der Lebens- und Familienplanung erweitert haben: Nach einem Bericht des Fernsehsenders NBC erstatten die beiden Unternehmen ihren Mitarbeiterinnen Kosten von bis zu 20.000 Dollar für das vorsorgliche Einfrieren von Eizellen. Das Social Freezing, so lautet die Verheißung, nehme den Frauen den Zeitdruck, etwa um den passenden Partner zur Gründung einer Familie zu finden, und es erleichtere ihnen somit auch, sich auf ihre Karriere zu konzentrieren. Hierin liegt auch ein offensichtlicher Vorteil für Arbeitgeber wie Facebook oder Apple, da es auf diese Weise möglich erscheint, die jungen Mitarbeiterinnen für längere Zeit „komplikationslos" im Arbeitsprozess zu halten. Die Kosten des Verfahrens sind derzeit noch durchaus erheblich: So fallen für die Durchführung der aufwändigen Prozedur in New York etwa 10.000 Dollar (knapp 8.000 Euro) an. In Deutschland kosten die Kryokonservierung und die anschließende Aufbewahrung der eingefrorenen Eizellen inzwischen um die 4.000 Euro.[361]

Der als „frauenfreundlich" deklarierte Schritt von Facebook und Apple komme, so schrieb FAZ-Wirtschaftskorrespondent Roland Lindner aus New York, zu einer Zeit, in der sich amerikanische Technologieunternehmen wegen des niedrigen Anteils weiblicher Mitarbeiter in den Schlagzeilen wiederfänden. Facebook, Apple, Google und andere Unternehmen hätten in den vergangenen Monaten Zahlen zur Zusammensetzung ihrer Belegschaft vorgelegt, und bei allen lag die Frauenquote um 30 Prozent. Frauen zum Social Freezing zu ermutigen, passe in die Philosophie von Sheryl Sandberg (geb. 1969), der Top-Managerin von Facebook, die 2013 mit

359 v. Wolff (2013), S. 393.

360 v. Wolff (2013), S. 395.

361 Lindner (2014); Klimke (2014).

ihrem Karrierebuch *Lean In* für Furore gesorgt hatte. Sandberg beschrieb darin die Tendenz von Frauen, zu früh zu viele Gedanken an die Familienplanung zu verschwenden, als eine der größten Karrierebremsen. Frauen griffen aus Sorge um die spätere Vereinbarkeit von Beruf und Familie oft unbewusst nicht mehr „mit vollem Einsatz" nach der nächsten großen Herausforderung, selbst wenn sie noch gar nicht schwanger seien.

Als unmittelbare Folge dieser Nachricht aus den USA wurde der Begriff des Social Freezing im Herbst 2014 auch in Deutschland zum Schlagwort medialer Rezeption sowie ethischer und arbeitsrechtlicher Kontroversen. Bereits die erste Mitteilung der *Frankfurter Allgemeinen Zeitung* vom 15. Oktober 2014 bot den Leserinnen und Lesern eine Online-Umfrage an, an der sich bis zum 12. Dezember 2014 insgesamt 10.626 Personen beteiligt hatten. Die Frage lautete: „Apple und Facebook bezahlen ihren Mitarbeiterinnen das Einfrieren von Eizellen, damit sie auch noch später Kinder bekommen können. Finden Sie das Verhalten der Unternehmen richtig?" Die Antwort „Ja, das gibt den Frauen mehr Freiheit" wurde lediglich von 22 Prozent der Teilnehmer gegeben, während die Antwort „Nein, den Firmen geht es nur darum, dass Frauen das Kinderkriegen aufschieben" von 78 Prozent angeklickt wurde.[362]

Nun sind derartige Meinungsumfragen weder repräsentativ noch zuverlässig, da sich an ihnen nur eine selektive Klientel beteiligt und weil der einzelne Teilnehmer jederzeit unkontrolliert über unterschiedliche Computer beziehungsweise IP-Adressen mehrmals abstimmen kann. Doch selbst wenn die hier vorgefundenen Zahlen repräsentativ wären, so bliebe zu fragen, woher die scheinbar eindeutigen Ergebnisse rühren. Beweisen sie wirklich eine mehrheitliche Ablehnung der vermeintlich gesteigerten „Reproduktionsfreiheit" der Frau durch das Social Freezing als solches, oder artikuliert sich in den quantitativ dominierenden Nein-Stimmen womöglich nur die abwehrende Skepsis der Leserinnen und Leser gegenüber zwei großen und oft als zu einflussreich empfundenen, global agierenden Medienkonzernen, die – wie schon der Text des Artikels von Roland Lindner nahelegt – ihre Arbeitnehmerinnen auf subtile Weise manipulieren und steuern wollen? Träfe diese Deutung zu, dann wäre das demoskopische Resultat tatsächlich nicht mehr als eine schwache Beruhigungspille für konservative Gemüter, die sich einreden könnten, es werde schon alles nicht so dramatisch werden, wie manche Kritiker es befürchteten.

In diese Richtung des abwiegelnden „Alles halb so schlimm" wies auch ein Forum, das die Heidelberger *Rhein-Neckar-Zeitung* (RNZ) am 8. Dezember 2014 unter dem Titel „Wie attraktiv ist social freezing?" veranstaltete. Die Zeitung ließ ihren Redakteur Sebastian Riemer zwei Tage später politisch korrekt resümieren:

362 Online-Umfrage bei Lindner (2014).

„Social Freezing wird hierzulande nie eine bedeutende Rolle spielen. Das war die für Viele beruhigende Botschaft des RNZ-Forums am Montagabend. Nach eineinhalb Stunden spannender Diskussion im städtischen Theater war deutlich geworden: Was wir brauchen in Deutschland, ist eine (noch) bessere Vereinbarkeit von Familie und Beruf – und nicht Hunderttausende Frauen, die ihre Eizellen einfrieren, um erst einmal Karriere zu machen." In der Realität spiele Social Freezing in Deutschland bislang kaum eine Rolle: „Mir rennen die Frauen deshalb nicht die Sprechstunde ein", sagte eine anwesende Gynäkologin. Das Social Freezing werde eine Randerscheinung bleiben, meinte auch Prof. Dr. Christof Sohn (*1961), Direktor der Heidelberger Universitäts-Frauenklinik. Die Prozedur sei nämlich nicht so einfach und mit gewaltigen Unwägbarkeiten verbunden. Der evangelische Theologe Prof. Dr. Klaus Tanner (*1953) sah die Entwicklung aus anderen Gründen kritisch: Mehr Optionen zu haben sei nicht gleichbedeutend mit mehr Freiheit, denn hinter jeder neuen Option stecke auch ein neuer Zwang, ein subtiler Entscheidungsdruck.[363]

Der Heidelberger Rechtsanwalt Michael Eckert befürchtete aus arbeitsrechtlicher Perspektive hohe rechtliche Hürden für deutsche Firmen, die ihren Mitarbeiterinnen eine solche Behandlung bezahlen wollten. Die Details seien für den Arbeitgeber sehr riskant, und er könne kaum Bedingungen an eine Zahlung knüpfen; schließlich könne die Mitarbeiterin entgegen seiner Erwartung doch schwanger werden oder nach kurzer Zeit kündigen. Ferner könnte ein Verstoß gegen das Allgemeine Gleichbehandlungsgesetz (AGG) vorliegen, wenn bestimmte diskriminierende Altersgrenzen für die Frauen festgelegt würden. Auch könnten männliche Arbeitnehmer argumentieren, dass auch sie die Möglichkeit hätten, Elternzeit zu nehmen. Sie könnten beispielsweise die Finanzierung eines Einfrierens von Sperma oder eines Social Freezing von Eizellen für die Ehefrau oder Freundin mit dem Argument der Gleichbehandlung geltend machen.[364]

Kann also aus den genannten pragmatischen Gründen Entwarnung gegeben werden, ist das Social Freezing nur ein Thema für aufgeregte Feuilletonisten? Diese Annahme könnte trügerisch sein, denn aktuelle biomedizinische und rechtliche Hindernisse stellen vor allem Herausforderungen für Naturwissenschaftler und Juristen dar, deren Arbeit dann nicht selten zu neuen und verbesserten Lösungen führt. Es ist immer leicht, sich moralisch über Verfahren zu echauffieren, deren Praktikabilität derzeit nicht gegeben zu sein scheint. Was aber geschieht, wenn die genannten technischen und juristischen Probleme eines Tages behoben sein sollten? Werden dann nicht doch alle moralischen Dämme brechen?

363 Riemer (2014a).

364 Riemer (2014b).

Vieles spricht dafür. Sehen wir uns zunächst einmal im Bereich der Reproduktionsmedizin um und nehmen diejenigen Manipulationsmöglichkeiten am Lebensbeginn in den Blick, die dort bereits heute zur Verfügung stehen und deren Nutzung längst als „politisch korrekt" gilt. Im Anschluss daran kommen wir auf das Social Freezing zurück und prüfen die Frage, ob diese Technik Ursache oder eher Folge gesellschaftlicher Veränderungen ist.

Positive und negative Eugenik durch vorgeburtliche Diagnoseverfahren

Der britische Anthropologe Francis Galton (1822-1911), ein Cousin von Charles Darwin (1809-1882), prägte 1883 den Begriff *Eugenik*. Angeregt durch das Werk seines berühmten Vetters beschäftigte sich Galton mit den Grundlagen der Vererbungslehre. Er wandte als erster empirische Methoden auf die Vererbung geistiger Eigenschaften, insbesondere bei Hochbegabten an. Seine vermeintlichen Erkenntnisse über die Vererbung körperlicher Merkmale übertrug er auch auf das menschliche Denkvermögen. Unter *Eugenik* verstand er eine Lehre, die sich das Ziel setzte, durch „gute Zucht" den Anteil positiv bewerteter menschlicher Erbanlagen zu vergrößern. Als ein großes soziales Problem sah Galton die geringere und im Lebensalter zu späte Vermehrung sozial höhergestellter Personen an, die für ihn zugleich die geistige Elite waren. Sozial schwächer Gestellte und Minderbegabte vermehrten sich nach seiner Meinung zu stark und zu früh. Dieses Missverhältnis wollte er mit politischen Maßnahmen bekämpfen, um den Anteil von Hochbegabten zu fördern.

Bei der sogenannten *positiven Eugenik* geht es darum, dass Nachkommen geboren werden sollen, die möglichst jene physischen oder auch psychischen Eigenschaften aufweisen, die sich ihre Eltern oder vielleicht auch der Staat wünschen, seien es nun blaue Augen, ein athletischer Körperbau, Schönheit oder besonders hohe Intelligenz. Diese Eigenschaften gezielt zu erreichen, ist bislang aber immer noch ein relativ schwieriges und unsicheres Unterfangen. Demgegenüber erscheint die sogenannte *negative Eugenik* als technisch wesentlich primitiver, als ethisch und rechtlich deutlich angreifbarer, aber eben auch als wesentlich leichter realisierbar. Hierbei versucht man, die Geburt solcher Nachkommen zu verhindern, die „unerwünschte" äußere oder innere Eigenschaften haben beziehungsweise die bestimmte Krankheiten oder Krankheitsanlagen aufweisen, die man schon vor der Geburt oder gar kurz nach der Zeugung mithilfe genetischer Tests erkennen kann. Um es deutlich zu sagen: Die negative Eugenik sortiert Menschen in einem frühen Stadium dadurch aus, dass man die betreffenden Embryonen oder Feten tötet.

Ein weiteres, ethisch nicht minder kritisch zu bewertendes Vorgehen bei der negativen Eugenik besteht darin, dass man die Fortpflanzung von Menschen mit „unerwünschten" Eigenschaften überhaupt verhindert, etwa durch Zwangssterilisierung wie in der Zeit des Nationalsozialismus. Am 14. Juli 1933 wurde das *Gesetz zur Verhütung erbkranken Nachwuchses* erlassen, als dessen Folge bis 1945 etwa 400.000 Menschen zwangssterilisiert wurden, wenn sie an bestimmten gesundheitlichen Beeinträchtigungen litten, die im NS-Staat als unerwünscht und als nach Möglichkeit auszurotten galten. Dazu gehörten etwa angeborene erhebliche Intelligenzmängel, psychische Erkrankungen wie Schizophrenie und manisch-depressive Störungen, aber auch Epilepsie und Chorea Huntington, erbliche Blindheit und Taubheit sowie jede als schwerwiegend angesehene körperliche Missbildung.

Diese Form der negativen Eugenik ist damals vom Staat gegen den Willen der Betroffenen angeordnet worden, sie wurde ihnen gleichsam als ein staatlich organisiertes Verbrechen „von oben" auferlegt. Im Unterschied dazu könnte man die heutige Form der Eugenik als „Eugenik von unten" bezeichnen, weil diese zumindest nicht direkt vom Staat oktroyiert wird, sondern weil sie – jedenfalls auf den ersten Blick – als eine freiwillig getroffene Entscheidung mündiger Bürgerinnen und Bürger erscheint, die über die Art ihrer Fortpflanzung und über die biologischen Eigenschaften ihrer zukünftigen Kinder individuell Einfluss gewinnen wollen. Welche Möglichkeiten bestehen auf diesem Gebiet heute? Es handelt sich dabei vor allem um die vorgeburtlichen Verfahren der Präfertilisationsdiagnostik (PFD), der Präimplantationsdiagnostik (PID) und der Pränataldiagnostik (PND).

Ethisch steht dabei die Frage im Vordergrund, ob als mittelbare Folge des entsprechenden Verfahrens ein neuer Mensch unter Umständen lediglich gar nicht erst gezeugt wird, wie bei der Präfertilisationsdiagnostik (PFD) an isolierten Ei- oder Samenzellen, oder aber, ob ein bereits gezeugter menschlicher Embryo beziehungsweise Fetus nach Abschluss der entsprechenden Untersuchung aussortiert und damit getötet wird. Letzteres ist bei den nach einer Präimplantationsdiagnostik (PID) verworfenen Embryonen der Fall; ebenso gibt es eine erhebliche Zahl von Spätabtreibungen nach der Pränataldiagnostik (PND): Mehr als 90 Prozent der Kinder, die eine sogenannte Trisomie 21 haben, also eine chromosomale Disposition für das Down-Syndrom, werden heutzutage gar nicht mehr geboren, sondern nach der 12. Schwangerschaftswoche als Feten auf legalem Weg abgetrieben. In dem Augenblick, in dem ein wenn auch noch sehr kleiner Mensch durch die moderne Medizin nicht mehr ärztlich behandelt wird, sondern durch diese Medizin vorsätzlich und vorzeitig zu Tode kommt, ist jener „ethische Rubikon" überschritten, von dem der damalige Bundespräsident Johannes Rau (1931-2006) schon in seiner „Berliner Rede“ vom 18. Mai 2001 gesprochen hat.[365]

Von den Befürwortern der Präimplantationsdiagnostik (PID) wird oftmals ins Feld geführt, dass diese Methode eine Ausnahmeuntersuchung bleiben werde. Die Geschichte der Eugenik seit der Mitte des 19. Jahrhunderts zeigt jedoch, dass jeweilige Tabubrüche nie schlagartig, sondern Schritt für Schritt erfolgen. Mit der Zulassung in den USA und der Teilzulassung in Deutschland ist die Büchse der Pandora geöffnet worden, denn es ist wahrscheinlich, dass die Entwicklung früher oder später zu einer Art „konsensgesteuerter“ Selektion im Sinne sogenannter „Designerbabys“ führen wird. Dieser Gedanke erscheint in der Tat begründet: Die Präimplantationsdiagnostik wurde als Ausnahmeoption im Juli 2011 in das deutsche Embryonenschutzgesetz (ESchG) aufgenommen, und sie kann seit dem 1. Februar 2014 grundsätzlich in der Praxis angewendet werden. Die in Absatz 2 des neuen § 3a ESchG genannten medizinischen Voraussetzungen, unter denen eine PID zulässig ist, sind bewusst sehr unpräzise formuliert worden.[366] Dort ist nur allgemein von einer „genetischen Disposition“ der Frau und/oder des Mannes die Rede, die „für deren Nachkommen das hohe Risiko einer schwerwiegenden Erbkrankheit“ mit sich bringt. In diesem Fall dürfen Zellen des durch künstliche Befruchtung erzeugten Embryos vor seiner Übertragung in die Gebärmutter der Frau auf die Gefahr dieser Krankheit hin genetisch untersucht werden. Darüber hinaus ist die PID auch dann zulässig, wenn sie „zur Feststellung einer schwerwiegenden Schädigung des Embryos, die mit hoher Wahrscheinlichkeit zu einer Tot- oder Fehlgeburt führen“ würde, vorgenommen wird.

Da die Genehmigung einer PID im Einzelfall von der Entscheidung einer länderübergreifenden, speziell für diesen Zweck gebildeten Ethikkommission abhängen wird, lässt sich prognostizieren, dass unterschiedliche Kommissionen zu unterschiedlichen Ergebnissen gelangen werden. Die von einer eher restriktiven Kommission abgelehnten Fälle werden mit großer Wahrscheinlichkeit verwaltungsrechtlich überprüft werden, und es gehört wenig Fantasie dazu, wenn man prognostiziert, dass sich über kurz oder lang auf dem Verwaltungsrechtsweg die jeweils liberalste, das heißt die am weitesten gehende medizinische Indikation für eine PID durchsetzen wird. Was man Familie A in Braunschweig erlaubt, wird man am Ende Familie B in Passau auf Dauer nicht verbieten können.

Im Lauf der kommenden fünf bis zehn Jahre wird sich zumindest ein informeller, konsensgetriebener Katalog von immer mehr genetischen Konstellationen

365 Rau (2001).

366 Kritische Anmerkungen zur PID finden sich zum Beispiel in Bauer (2011a) und Bauer (2011b).

herauskristallisieren, bei deren Vorliegen eine PID befürwortet und durchgeführt werden wird. Die negative Eugenik wird zu einem Standardverfahren nach künstlicher Befruchtung werden, ähnlich wie heute die in den 1970er Jahren zunächst ja auch nur für besondere Risikofälle gedachte Pränataldiagnostik (PND) als Routine bei praktisch allen Schwangeren angewendet wird. Das Eskalationspotenzial ist hier außerordentlich hoch, und man darf dabei vor allem nicht den schleichenden Gewöhnungseffekt unterschätzen, der aus einer Ausnahme schon nach wenigen Jahren die Regel werden lässt. Da der PID ohnehin stets eine extrakorporale Befruchtung durch den Arzt vorausgehen muss, liegt es auf der Hand, dass gerade Frauen, die vom Social Freezing Gebrauch gemacht haben, im Fall des Einsatzes ihrer kryokonservierten Eizellen eine PID durchführen lassen, ehe die künstlich erzeugten Embryonen in die Gebärmutter eingesetzt werden.

Wachsender Machbarkeits- und Konformitätsdruck

Halten wir „Anderssein" heute weniger aus als vor 40 Jahren? Erkennen wir eine sinkende Bereitschaft oder Fähigkeit zu Empathie und Zuwendung? Als Medizinethiker, der wie der Verfasser dieses Buches zugleich Medizinhistoriker ist, muss man besonders wachsam sein, wenn die Vergangenheit idealisiert oder glorifiziert werden soll. Dafür, dass die Menschen im Jahre 2016 generell weniger empathisch reagieren würden als 1976, gibt es keine überzeugenden empirischen Belege. Eher bietet sich die oben schon angedeutete Überlegung an, dass man sich mit moralischen Verboten ganz allgemein dann leichter tut, wenn die betreffende Handlung technisch noch gar nicht realisierbar ist. Hätte man etwa im Jahre 1716 den Menschen aus moralischen Gründen das Fliegen verboten, so hätte sich darüber wohl kaum jemand ernsthaft empört, denn niemand konnte damals fliegen. Auf unseren Problemkreis übertragen bedeutet das: Wir wissen nicht, was 1966 oder 1976 geschehen wäre, wenn man damals künstliche Befruchtung und PID schon zur Verfügung gehabt hätte. Man muss aber wohl davon ausgehen, dass auch seinerzeit diese Techniken angewendet worden wären. Ethisch begründete Verbote von Verfahren, die technisch möglich sind, erweisen sich in aller Regel als äußerst schwer durchsetzbar. Was machbar ist, wird in aller Regel auch gemacht, sofern es dafür eine Nachfrage und einen günstigen Preis gibt.

Wachsen der Machbarkeits- und der Konformitätsdruck innerhalb unserer pluralistischen Gesellschaft, die keine transzendenten Instanzen mehr kennt und respektiert? Durch die neuen technischen Möglichkeiten, sei es in der Reproduktionsmedizin oder in der Ästhetischen Chirurgie, ist der soziale Druck in Richtung auf körperliche Perfektion gewachsen, und er wird vermutlich noch weiter zunehmen. Wir leben heute im Durchschnitt zwar deutlich länger als unsere Vorfahren, aber „möglichst alt werden zu wollen" ist eben doch nicht dasselbe wie „alt sein zu müssen", obwohl dieses die unausbleibliche Folge von jenem ist. Das, was wir häufig etwas abschätzig als „Jugendwahn" bezeichnen, wenn wir es bei anderen Menschen zu beobachten glauben, billigen wir uns selbst – dann meist ohne negativen Beiklang – sehr gerne zu. Schätzt uns jemand fünf oder gar zehn Jahre jünger ein als wir es tatsächlich sind, dann freuen wir uns, hält man uns jedoch nur für ein Jahr älter als es unser Personalausweis konstatiert, so sind wir ziemlich beleidigt. Alter wird zudem mit Krankheit, Schwäche und Pflegebedürftigkeit assoziiert, und in einer Zeit der totalen Kommerzialisierung wird auch der „Wert" eines Menschen danach bemessen, für wie leistungsfähig man ihn (und er sich) noch hält.

Wenn neue technische Möglichkeiten der biologischen „Optimierung" oder „Verjüngung" bestehen, dann werden immer mehr Menschen diese Möglichkeiten nutzen. So ist es eine nahezu zwangsläufige Entwicklung, dass früher oder später derjenige, der dabei nicht mitmachen möchte, als ein Hindernis auf dem Weg in eine perfekte und leidlose Welt angesehen werden wird. Krankheiten, deren Ausbruch man durch Prävention – eines der illusionärsten Zauberworte unserer Gegenwart – vielleicht hätte verhindern können, und sei es wie im Fall der Schauspielerin Angelina Jolie (*1975) durch eine prophylaktische Amputation beider Brüste (2013) und eine anschließende operative Entfernung der Eierstöcke (2015), werden dann als „selbst verschuldet" betrachtet werden.[367] Durch die neuen Reproduktionstechniken werden allerdings nicht Krankheiten verhütet, sondern potenziell Kranke und Behinderte schon vor ihrer Geburt getötet. Eltern, die ein behindertes Kind nach einer PND nicht abtreiben lassen wollen, geraten bereits heute unter sozialen Rechtfertigungsdruck, weil sie indirekt für spätere Krankheitskosten verantwortlich gemacht werden, die man hätte vermeiden können.

Sowohl hinter der alten „Eugenik von oben" als auch hinter der neuen „Eugenik von unten" steht eine utilitaristische, das heißt eine an ökonomischer Nützlichkeit orientierte Ethik. Im einen Fall war es die faschistische Gesellschaft, die Kosten für wenig leistungsfähige Menschen einsparen wollte, um Staat und Volk ökonomisch wie militärisch zu optimieren, im anderen Fall ist es das moderne Individuum, das zumindest seinen Eigennutz maximieren will, gegebenenfalls um jeden Preis, den aber andere zahlen müssen, notfalls mit dem Leben. Allerdings entsteht auf diese Weise eine Leistungssteigerungsspirale, die so schnell kein Ende finden wird. Was heute noch als optimal gilt, wird in zehn Jahren schon als suboptimal gelten und in 30 Jahren womöglich gar nicht mehr zumutbar sein.

---

367 Jolie Pitt (2015).

Schon die Medizin im Nationalsozialismus hat die teure Heilung von „nutzlosen" Kranken gegen die angeblich preisgünstige Prävention von Krankheiten durch die Gesunderhaltung der „Starken" gnadenlos ausgespielt. Heute ist Prävention im Gewande des Sports (zum Beispiel als süchtig machendes Jogging) und in Form der restriktiven kalorienarmen Ernährung fast schon zu einer politisch korrekten Bürgerpflicht geworden. Die PID ist hier eher ein weiteres Symptom als die eigentliche Ursache. Der kardinale Denkfehler der Präventionsideologie liegt darin, dass man glaubt, Kosten im Gesundheitswesen sparen zu können. Tatsächlich aber werden die Menschen bestenfalls ein klein wenig älter, sie beziehen damit auch länger ihre Ruhestandsbezüge, und sie werden unter Umständen später krank und pflegebedürftig. Mehr als 80 Prozent der Kosten, die von den Krankenkassen für unsere Behandlung ausgegeben werden, fallen aber so oder so in den letzten ein bis zwei Jahren des Lebens an, und zwar unabhängig davon, wie lange dieses Leben zuvor gedauert hat.

In politischer Hinsicht ist die PID Teil eines angeblichen „Liberalisierungsprogramms", das mehr reproduktive Freiheit für die erwachsenen Bürgerinnen und Bürger proklamiert; Embryonen und Feten haben schließlich kein Wahlrecht. In besonderer Weise engagiert sich in Deutschland die FDP bei diesem Thema[368], die sich gerne, wenn auch bei der Bundestagswahl im September 2013 ohne durchschlagenden Erfolg, als die Partei der „Freiheit" inszeniert. Bei den übrigen Parteien gibt es keine derart eindeutigen Festlegungen, aber der ethisch begründete Widerstand gegen die neuen Techniken ist im Grunde genommen einzig bei der katholischen Kirche und den ihr nahestehenden Kräften wirklich ausgeprägt. Diese Kräfte aber stehen erkennbar dem Zeitgeist entgegen, denn sie gelten in den tonangebenden Kreisen der Republik als antimodernistisch und ultramontan.

Ferner darf man nicht vergessen, dass hinter der Reproduktionsmedizin eine mächtige Lobby aus Gynäkologen, Humangenetikern und anderen Naturwissenschaftlern, darunter auch Stammzellforschern steht. Man hofft, dass in absehbarer Zeit die bei der PID anfallenden „überzähligen" Embryonen der Forschung an embryonalen Stammzellen zur Verfügung gestellt werden, vor allem dann, wenn das bisherige Embryonenschutzgesetz durch ein neues und liberaleres Fortpflanzungsmedizingesetz ersetzt werden sollte.

Im Zusammenhang mit der künstlichen Befruchtung und der PID wird nicht selten das Argument vorgetragen, in einem angeblich vom Aussterben seiner Bevölkerung bedrohten, demografisch alternden Staat wie Deutschland müsse man die

368 Siehe auch das Doppelinterview „Heikle Prüfung" (2013) mit der damaligen Parlamentarischen Staatssekretärin im Bundesministerium für Gesundheit Ulrike Flach (FDP) und dem Mannheimer Medizinethiker Prof. Dr. med. Axel W. Bauer.

neuen eugenischen Angebote möglichst flächendeckend vorhalten. Nur so könne man die Zahl der Geburten wieder nachhaltig erhöhen, indem man auch Frauen im höheren Lebensalter, vor allem Akademikerinnen über 40, durch künstliche Befruchtung mit anschließender PID noch zu eigenen Kindern verhelfe.

Neue Verfahren der nichtinvasiven Pränataldiagnostik (NIPD)

Die Konstanzer Firma LifeCodexx AG bietet seit dem Sommer 2012 ihren nichtinvasiven pränatalen Diagnosetest (PraenaTest™) zur frühen Bestimmung eines kindlichen Down-Syndroms (Trisomie 21) auf dem deutschen Markt an.[369] Das Testverfahren basiert auf der Sequenzierung fetaler DNA aus dem mütterlichen Blut. Mittlerweile wird der Test in drei unterschiedlichen Optionen angeboten: In der ersten Variante wird für knapp 600 Euro nur auf Trisomie 21 untersucht und es wird das Geschlecht des Kindes bestimmt. Die zweite Variante kostet derzeit knapp 750 Euro und erstreckt sich zusätzlich auf die Erkennung einer Trisomie 18 beziehungsweise einer Trisomie 13. Die dritte Option für knapp 900 Euro bezieht schließlich auch eine Fehlverteilung der Geschlechtschromosomen mit ein.

Spätestens seit den ersten Medienberichten im SWR-Hörfunk am 30. Januar 2012 sowie in den Tagesthemen der ARD am 1. Februar 2012 erhielt die Firma sehr viele Anfragen, wann der Test denn nun verfügbar sein werde. Die neue „Eugenik von unten" versprach also schon vor ihrer Markteinführung ein Erfolg zu werden. Die technischen wie die juristischen Gründe dafür lagen auf der Hand: Bis zum damaligen Zeitpunkt konnte das Vorliegen einer chromosomalen Trisomie 21 pränataldiagnostisch erst in der 14. bis 16. Schwangerschaftswoche durch eine Fruchtwasseruntersuchung (Amniozentese) oder – etwas früher – durch eine Punktion des Mutterkuchens (Chorionzottenbiopsie) erkannt werden, zwei Methoden, die ihrerseits mit dem Risiko einer Fehlgeburt behaftet sind.

Etwa 95 Prozent der Feten mit Trisomie 21 werden heute nach der 12. Schwangerschaftswoche abgetrieben. Gemäß § 218a Absatz 2 StGB ist dafür allerdings medizinische Voraussetzung, dass „der Abbruch der Schwangerschaft unter Berücksichtigung der gegenwärtigen und zukünftigen Lebensverhältnisse der Schwangeren nach ärztlicher Erkenntnis angezeigt ist, um eine Gefahr für das Leben oder die Gefahr einer schwerwiegenden Beeinträchtigung des körperlichen oder seelischen Gesundheitszustandes der Schwangeren abzuwenden, und die Gefahr nicht auf eine andere für sie zumutbare Weise abgewendet werden kann." Das seit 2012 mit

369 http://lifecodexx.com/lifecodexx-praenatestexpress.html (Stand: 12.12.2014; inzwischen offline).

dem PraenaTest™ erstmals zur Verfügung stehende Verfahren der nichtinvasiven Pränataldiagnostik (NIPD), das lediglich mit einer einfachen Blutentnahme verbunden ist, bringt kein relevantes gesundheitliches Risiko für die Schwangere und das Ungeborene mehr mit sich. Der Test wird in Deutschland zunächst nur ab der 12. Schwangerschaftswoche eingesetzt, wenn die Schwangere nach einem auffälligen Ersttrimesterscreening (ETS) und wegen ihres fortgeschrittenen Alters ein erhöhtes Risiko für chromosomale Veränderungen beim Ungeborenen trägt und sich nach dem Gendiagnostikgesetz (GenDG) sowie gemäß den Richtlinien der Gendiagnostik-Kommission (GEKO[370]) am Robert-Koch-Institut (RKI) in Berlin durch einen qualifizierten Arzt humangenetisch und ergebnisoffen beraten und aufklären lässt. Grundsätzlich aber wäre der Test in technischer Hinsicht bereits ab der 10. Schwangerschaftswoche einsetzbar.

Inzwischen sind weitere Testsysteme der NIPD mit den wohlklingenden Namen Harmony™ und Panorama™ auf den Markt gekommen, die ab der 10. beziehungsweise 11. Schwangerschaftswoche eingesetzt werden können.[371] Der Hamony™-Test kann die geschlechtschromosomalen Störungen 45,X0 (Ullrich-Turner-Syndrom), 47,XXY (Klinefelter-Syndrom), 47,XXX (Triple-X-Syndrom) und 48,XXYY nachweisen. Der Panorama™-Test bestimmt mit einer Genauigkeit von 99 Prozent das Risiko auf das Vorliegen einer kindlichen Trisomie 21 (Down-Syndrom), 18 (Edwards-Syndrom) und 13 (Pätau-Syndrom) sowie einer Monosomie des X-Chromosoms (Ullrich-Turner-Syndrom). Das sind zunächst keine sicheren Diagnosen, sondern nur statistische Wahrscheinlichkeiten. Bei einem positiven Testergebnis für eine Chromosomenabweichung wird von den Anbietern wie auch von den Fachgesellschaften geraten, eine invasive Pränataldiagnostik zur Bestätigung oder zur Entkräftung der Verdachtsdiagnose durchzuführen. Die Preise für die NIPD-Tests fallen unterdessen immer weiter, von anfänglich 1.300 Euro auf jetzt weniger als 500 Euro.[372]

---

370 Die Gendiagnostik-Kommission (GEKO) am Robert-Koch-Institut findet man hier im Internet: http://www.rki.de/DE/Content/Kommissionen/GendiagnostikKommission/GEKO_node.html (Stand: 24.4.2016).

371 Harmony-Test: http://www.bioscientia.de/de/diagnostik/humangenetik/harmony-test-arztinformationen/ (Stand: 24.4.2016); Panaorama-Test: http://www.amedes-group.com/fuer-aerzte/fachbereiche/gynaekologie/panorama.htm (Stand: 24.4.2016).

372 Wir rasch sich die nichtinvasive Pränataldiagnostik derzeit in Deutschland verbreitet und wie sie durch entsprechend bestellte Gutachten ethisch und rechtlich gezielt verharmlost wird, zeigt der Beitrag von Klinkhammer (2016).

Gesteuerte Nachwuchsplanung durch Selektion von Embryonen

Wenn in der Fachsprache der Gynäkologen von „Schwangerschaftswochen" (SSW) die Rede ist, so muss darauf hingewiesen werden, dass sich die medizinische und die strafrechtliche Terminologie an dieser Stelle um zwei Wochen voneinander unterscheiden. Während der Frauenarzt eine rechnerische Dauer der Schwangerschaft von 40 Wochen oder 280 Tagen zugrunde legt, beginnend mit dem ersten Tag der letzten Regelblutung der Schwangeren, geht das Strafrecht von der tatsächlichen Dauer der Schwangerschaft (38 Wochen oder 266 Tage) aus, beginnend mit der Empfängnis, die etwa 14 Tage nach dem Beginn der letzten Regelblutung stattfindet. Dieser Unterschied entfaltet für die NIPD eine erhebliche Bedeutung, denn die neuen, bereits in der 10. oder 11. SSW durchführbaren Tests ermöglichen gemäß § 218a Absatz 1 StGB eine den Straftatbestand nach § 218 StGB „nicht verwirklichende" Abtreibung vor dem Ende der (juristischen und tatsächlichen) 12. Schwangerschaftswoche, das indessen dem Ende der (gynäkologischen) 14. SSW entspricht. Eine medizinische Indikation zum Abbruch der Schwangerschaft wäre also in diesen Fällen nicht mehr erforderlich. Die Schwangere müsste lediglich eine von der Beratungsstelle nach Abschluss der üblichen Konfliktberatung mit dem Datum des letzten Beratungsgesprächs und ihrem Namen versehene Bescheinigung nach Maßgabe von § 7 des Schwangerschaftskonfliktgesetzes (SchKG) vorlegen. Damit wird auf längere Sicht durch das Zusammenspiel modernster medizinischer Diagnostik mit der geltenden Rechtslage eine Situation entstehen, in der das Leben von Embryonen mit vermuteten Chromosomenaberrationen normativ nicht mehr vom Staat geschützt werden kann. Die „Eugenik von unten" ist – anders als die während des Nationalsozialismus autoritär verordnete „Eugenik von oben" – dem Belieben der einzelnen Bürgerinnen und Bürger anheimgestellt. Menschen, deren genetische Eigenschaften nach Meinung ihrer Eltern nicht erwünscht sind, haben in Zukunft keine Chance mehr, geboren zu werden. Sie werden wenige Wochen nach ihrer Zeugung durch Schwangerschaftsabbruch getötet.

In 95 Prozent der Fälle handelt es sich bei der Trisomie 21 nicht um eine vererbte Störung, sondern vielmehr um eine spontane Anomalie im Rahmen des chromosomalen Verteilungsprozesses während der Zellteilung, die zum Entstehen von zusätzlichem genetischem Material des 21. Chromosoms führt. Die verschiedenen Formen der Trisomie 21 können nur dann in die nächste Generation vererbt werden, wenn die Mutter bereits selbst ein Down-Syndrom hat. Eine bestimmte Form des Down-Syndroms kann allerdings familiär gehäuft vorkommen, sofern eine sogenannte balancierte Translokation des Chromosoms Nr. 21 bei einem Elternteil ohne Down-Syndrom vorliegt. Diese Form findet sich indessen nur bei etwa 3 bis

4 Prozent der betroffenen Kinder. Die Wahrscheinlichkeit, ein Kind mit Trisomie 21 zu bekommen, steigt vor allem mit dem Alter der Mutter an: Im Alter von 25 Jahren liegt sie bei weniger als 0,1 Prozent, im Alter von 35 Jahren bei 0,3 Prozent, im Alter von 40 Jahren bei 1 Prozent und im Alter von 48 Jahren bei 9 Prozent.

Die Einführung der neuen NIPD-Tests Harmony™ und Panorama™ stellt einen weiteren Schritt zur eugenischen Selektion dar. Mit der nichtinvasiven Pränataldiagnostik wird sich das Erleben einer Schwangerschaft grundlegend verändern. Was als ein Zugewinn an „Selbstbestimmung" und „Sicherheit" für die Schwangere angepriesen wird, dürfte in ein Szenario der genetischen Überprüfung und Kontrolle münden, in dem jeder Embryo, dessen genetische Information den Eltern nicht gefällt, ausselektiert werden wird. In einem 2014 erschienenen Sammelband beschrieb der prominente Bonner Humangenetiker Prof. Dr. Peter Propping in nüchternen Worten, was uns demnächst erwartet: „Da die Kosten der Untersuchung in Zukunft sinken werden und mittelfristig zu erwarten ist, dass die Krankenversicherungen dafür aufkommen, wird die Nachfrage nach diesen Methoden schnell ansteigen. Nur eine Minderheit der Frauen beziehungsweise Paare wird sich dieser Diagnostik verweigern. Die Möglichkeiten einer perfekten Kontrazeption und der Reproduktionsmedizin haben es in den letzten 50 Jahren erlaubt, die Zahl der gewünschten Kinder zu steuern. In Zukunft wird es auch möglich sein, sehr systematisch die Geburt von Kindern zu vermeiden, die von einer angeborenen erblichen Krankheit betroffen sind."[373] Die Humangenetik, die in Deutschland bis 1945 Rassenhygiene hieß, macht sich also erneut daran, Krankheiten oder Behinderungen dadurch zu bekämpfen, dass sie mit staatlicher Duldung potenziell Kranke oder Behinderte zur Tötung freigibt, dieses Mal allerdings schon vor der Geburt und nach den individuellen Wünschen mündiger Bürgerinnen und Bürger.

Zahlreiche Juristen und Medizinethiker intonieren derzeit die bekannte Melodie der Notwendigkeit einer noch besseren obligatorischen Aufklärung und Beratung der Schwangeren vor der Durchführung der neuen Tests. Doch wird auch die beste Beratung über die ganz unterschiedlichen Schweregrade, in denen etwa das Down-Syndrom sich klinisch manifestieren kann, nichts daran ändern, dass der gesellschaftliche Druck zum „perfekten" und möglichst „makellosen" Nachwuchs angesichts der immer häufiger anzutreffenden Ein-Kind-Familien weiter steigen wird, da auf dieses einzige Kind sämtliche Wünsche und Erwartungen der Eltern und Großeltern wie auch des auf Höchstleistungen der zukünftigen Arbeitnehmer programmierten Arbeitsmarktes projiziert werden. Da die neuen Tests nur eine einfache Blutprobe voraussetzen, für deren Abnahme keineswegs die Anwesenheit eines Facharztes für Gynäkologie und Geburtshilfe erforderlich ist, kann diese im

373 Propping (2014), S. 40.

Fall des Verbots des Verfahrens in einem bestimmten Land jederzeit auf dem Postweg in ein anderes Land verschickt werden, in dem der Test legal ist. Einzelstaatliche Verbote greifen hier nicht mehr.

Social Freezing als ein Symptom des gesellschaftlichen Wandels

Neue medizinische Verfahren werden stets unter konkreten wissenschaftshistorischen, gesundheits- und sozialpolitischen Rahmenbedingungen entwickelt. Ebenso setzt ihr großflächiger Einsatz eine entsprechende Nachfrage, einen Markt voraus. Die Journalistin Barbara Klimke hat im Herbst 2014 die Motive zweier Frauen beschrieben, die mit 35 beziehungsweise 40 Jahren von der Methode des Social Freezing Gebrauch gemacht haben. In beiden Fällen ging es nicht darum, dass etwa ein Arbeitgeber daran interessiert gewesen wäre, die Frauen aktuell von einer Schwangerschaft abzuhalten. Die Initiative ging vielmehr von den Frauen selbst aus, da sie derzeit keinen Partner haben, den sie sich als den Vater ihres zukünftigen Kindes vorstellen können. Die Perspektive der 35-jährigen Psychologie-Studentin Walburga wird folgendermaßen geschildert: „In den Jahren zwischen fünfundzwanzig und fünfunddreißig spürte sie, was wohl jede Frau eines bestimmten Alters kennt: Die Zeit, in der es optimal wäre, Kinder zu bekommen, verrinnt. Als wäre der Körper eine große Sanduhr, schwindet unaufhaltsam die Fruchtbarkeit. […] Das einzige Mittel, die Natur zu überlisten, besteht darin, vor der Menopause ein paar Eizellen zu entnehmen – und die Fruchtbarkeit gewissermaßen zu konservieren." Genau das hat Walburga Anfang 2014 getan, nachdem sie im Sommer 2013 eher zufällig einen Zeitungsartikel über Social Freezing gelesen hatte. Walburga will nun einen Partner finden, aber erst einmal ihre Diplomarbeit fertig stellen. „Ich habe ja keine Garantie, dass das klappt", sagt sie. „Aber es ist eine Vorsorge: Ich habe zehn Jahre Freiheit zur Entscheidung gewonnen."[374]

Walburgas Anlaufstelle war schließlich die in dem Zeitungsartikel genannte Praxis für Fortpflanzungsmedizin des Hamburger Gynäkologen Frank Nawroth[375], dessen Kinderwunsch-Zentrum zu eben jener Unternehmensgruppe gehört, die auch den nichtinvasiven Pränataltest Panorama™ zur frühestmöglichen Erkennung behinderter Embryonen und Feten anbietet. Damit schließt sich der Kreis aus Angebot, Werbung und Nachfrage. Im Jahr 2012 verzeichnete das Netzwerk

374 Klimke (2014).

375 http://www.amedes-experts-hamburg.de/ueber-uns/unser-team/prof-dr-med-frank-nawroth.html (Stand: 12.12.2014; inzwischen offline).

Fertiprotekt, ein Zusammenschluss von mehr als einhundert Kinderwunschexperten, die in Deutschland, Österreich und der Schweiz die Kryokonservierung von Eizellen anbieten, lediglich 22 Behandlungen zum Social Freezing. 2013 waren es bereits 134 Behandlungen, also die sechsfache Anzahl. Für 2014 jedoch sagte Frank Nawroth ein „Explodieren" der Zahlen voraus, denn allein in seiner Hamburger Praxis hätten sich bis zum Herbst des Jahres bereits mehr als 100 Interessentinnen gemeldet. Er führte den rapiden Anstieg auf die massive Berichterstattung der Medien über die Facebook-Apple-Offerte zurück.[376]

Es empfiehlt sich also, das Thema Social Freezing in einem größeren Kontext zu betrachten. Der Freiburger Medizinethiker Giovanni Maio beschrieb in seinem 2013 erschienenen Buch *Abschied von der freudigen Erwartung* den auf werdenden Eltern zunehmend lastenden medizinischen und gesellschaftlichen Druck, der die Schwangerschaft immer häufiger zu einem von Sorgen überschatteten Drama mache. Alles drehe sich um die Gesundheit des heranwachsenden Kindes, befürchtete Gefahren und Risiken bedrängten die elterliche Vorfreude. Im Fall einer diagnostizierten Behinderung werde das Kind oft antizipativ als Belastung oder sogar als Bedrohung für die Eltern und für die Gesellschaft empfunden. Aus den zunehmenden medizintechnischen Möglichkeiten, ungeborenes Leben auf Herz und Nieren zu prüfen, erwachse im Handumdrehen die elterliche Pflicht, „kein Risiko einzugehen". Immer häufiger werde den Eltern die Entscheidung abverlangt, das ungeborene Kind im Falle kritischer oder nicht eindeutiger Befunde „vorsorglich" abzutreiben. Die ethische Grundannahme, dass jeder Mensch einzigartig sei und sein Leben unverfügbar sein müsse, gerate immer mehr in die Defensive.[377]

So richtig diese Feststellungen sein mögen, so deutlich muss aber auch darauf hingewiesen werden, dass soziale Normen und Erwartungshaltungen nicht vom Himmel fallen. Sie sind vielmehr das Produkt komplexer Handlungsketten von Menschen, welche die sie bestimmenden gesellschaftlichen Institutionen, betrieblichen Organisationen und familiären Strukturen durch fortwährende kommunikative Interaktion geschaffen haben. Es entstehen dabei nicht selten einander gegenseitig verstärkende Feedback-Effekte, die ein bestehendes, bislang relativ stabiles Wertesystem ins Wanken und aus dem Gleichgewicht bringen können. Eine für unsere Gegenwart besonders charakteristische Determinante ist im vorliegenden Zusammenhang die unter dem Schlagwort der „Selbstbestimmung" grassierende Obsession des modernen Menschen, sich alle biografischen Optionen zeitlich unbegrenzt offen zu halten. Die schlichte Weisheit des englischen Sprichworts „You can't have your cake and eat it", also die Tatsache, dass man im Leben nicht

376 Klimke (2014).

377 Maio (2013).

alles zugleich erreichen kann, wird kaum noch akzeptiert. Die vorgeblich erzielbare – und jedenfalls längst als soziale Norm geltende – grenzenlose individuelle Selbstverwirklichung lässt die eigene Biografie als ein Handlungsfeld erscheinen, das zunächst geplant, nach diesem Plan sodann gesteuert und schließlich optimiert werden muss. Es liegt auf der Hand, dass im Rahmen dieses Konzepts auch die zeitliche und die qualitative Kontrolle über den Nachwuchs und somit über die biografischen Startbedingungen der Kinder angestrebt werden.

Dabei tritt das Paradoxon auf, dass gerade die so vehement erkämpfte Individualität der Lebensläufe ihrerseits wiederum kollektiven Normen unterliegt, die letztlich zu einer subtilen Form der – als solche jedoch nicht mehr erkannten – Fremdbestimmung beitragen, denn schließlich wurden ja die entscheidenden biografischen Weichen angeblich „selbstbestimmt" und „frei" in die gewünschte Richtung gestellt. Dem Social Freezing kommt in diesem Zusammenhang daher nicht die Rolle einer revolutionären Umwälzung im Bereich der menschlichen Fortpflanzung zu. Die künftig unter erweiterten Voraussetzungen zur Anwendung gelangende Technik ist lediglich ein weiteres Symptom für den Drang des Menschen, das eigene Leben im Diesseits möglichst perfekt in den Griff zu bekommen.

In den modernen westlichen Industriegesellschaften, in denen transzendente Bezugspunkte, speziell christliche Glaubensinhalte und darauf gründende Wertüberzeugungen zunehmend marginalisiert oder gar bekämpft werden, mag dieser Perfektionismus durchaus folgerichtig erscheinen. Zum Scheitern verurteilt ist er auf lange Sicht gleichwohl, denn das menschliche Schicksal entzieht sich am Ende doch stets der kalkulierenden Berechenbarkeit.

Sollen wir sterben wollen? Der Mensch am Lebensende

V

19 Therapiebegrenzung und Therapieabbruch – ein ethisches und juristisches Dilemma in der Intensivmedizin[378]

„Tod und Sterben sind zu ernste Angelegenheiten, um sie Ärzten allein zu überlassen. Das ärztliche Gewissen sollte nicht allein Maßstab für die Behandlung sein. Diese […] Entscheidung ist aber auch zu ernst, um sie Juristen allein zu überlassen."[379] So schrieb der Bochumer Philosoph und Medizinethiker Arnd May (*1968) in einer 1998 erschienenen Arbeit über das Thema Betreuungsrecht und Selbstbestimmung am Lebensende. Tatsächlich sieht es indessen ungeachtet zahlloser Beschwörungen des in der aktuellen „westlichen" Medizinethik nahezu unwidersprochen kanonisierten, dem Patienten zugeschriebenen Prinzips *Respect for Autonomy*[380] beziehungsweise – deutlich zurückhaltender formuliert – *Principle of Permission*[381] derzeit nicht nur in Deutschland so aus, als seien es in erster Linie doch gerade Ärzte und Juristen, denen die faktische beziehungsweise die normative Entscheidung über eine Therapiebegrenzung („Withholding") oder über einen Therapieabbruch („Withdrawing") zufalle. Oftmals kommt es dabei zwischen beiden Professionen zu an sich vermeidbaren Missverständnissen, die mit der sehr unterschiedlichen Aufgabenstellung zu tun haben: Während der Arzt mit dem Blick des biowissenschaftlichen Empirikers die natürlichen Tatsachen der Pathophysiologie betrachtet, fokussiert der Jurist seine Aufmerksamkeit in normativer Absicht auf die institutionellen Tatsachen der einschlägigen gesetzlichen Bestimmungen. Wie

378 Dieses Kapitel beruht auf einem Vortrag, der am 25. Mai 2000 im Rahmen des Seminars *Post Graduierte Intensivmedizin – PGI Hildesheim 2000* in Hildesheim gehalten wurde.

379 May (1998).

380 Beauchamp/Childress (1994).

381 Engelhardt (1996).

soll schließlich der schwer kranke und oft bewusstlose Patient in seiner ohnehin prekären Lage auf der Intensivstation noch in der Lage sein, von seiner Autonomie und Selbstbestimmung angemessenen Gebrauch zu machen?

Es ist das vor allem aus der Sprechstunde des Allgemeinmediziners abgeleitete, romantisch verklärte „Gesprächsmodell" der Arzt-Patient-Beziehung, das die Illusion einer stets harmonischen Verbindung von paternalistischer ärztlicher Fürsorge aus kontinentaleuropäischer Tradition mit der vollen autonomen Entscheidungsfreiheit des mündigen Patienten im Sinne der angloamerikanischen Bioethik nährt und konserviert. Erscheint dieses Bild schon angesichts der grundsätzlichen Asymmetrie der Beziehung zwischen Experten und Laien in der Praxis des niedergelassenen Arztes als deutlich idealisiert, so verfehlt es jedenfalls die Realität der Intensivmedizin ganz und gar. Die medizinische Hochtechnologie einer Intensivstation symbolisiert heute noch immer die zumindest scheinbare Omnipotenz der modernen Heilkunde. Trotz einer diffusen prinzipiellen Skepsis gegenüber der Technik lebt gerade in der Intensivmedizin der Glaube weiter, dass sich mit Technologie jedes Problem lösen lasse. Rationale Abwägungen des Für und Wider der High-Tech-Medizin treten bei Patienten einer Intensivstation eher selten offen zutage. Ungelöste Konflikte werden verstärkt durch die bei Schwerstkranken plötzlich und ultimativ auftretende Notwendigkeit einer Behandlung. Patienten und Angehörige überkommt dabei regelmäßig ein Gefühl des Ausgeliefertseins.[382]

Meistens haben die Kranken keine Zeit und auch keine andere Wahl, als die im gesunden Zustand emotional vielleicht abgelehnte „Apparatemedizin" zu dulden. Aus diesem latenten Widerspruch heraus sind die Anforderungen und Erwartungen an die Intensivmedizin außergewöhnlich hoch. Die Intensivmedizin ist durch die Irreversibilität ihres Eingreifens gekennzeichnet. Diese Tatsache beschränkt sich nicht nur auf operative Behandlungen. Jede Therapie auf einer Intensivstation ist lebensnotwendig, jede Begrenzung und gar jede Reduktion der eingeleiteten Maßnahmen kann für den Patienten vital bedrohlich werden. Der Intensivmediziner trägt die unteilbare Verantwortung für sein Tun und er handelt immer unter einem enormen Stress, weil er trotz aller Bemühungen die Randbedingungen seines Wirkens nicht voll überblicken kann. Er ist niemals ohne Einschränkung souveräner Herr der Situation, er kann – wie jeder Arzt – den Erfolg seiner Tätigkeit nur intendieren, jedoch niemals garantieren. Ein systematisches Qualitätsmanagement wird dadurch keineswegs überflüssig, es bleibt ganz im Gegenteil ein notwendiges Desiderat patientenorientierter und kosteneffektiver High-Tech-Medizin, doch dürfen alle Bemühungen um hohe qualitative Standards und alle eingesetzten Geräte nicht das trügerische Gefühl auslösen, eine schwere akute Erkrankung sei genauso

382 Bender (1998).

sicher beherrschbar wie ein technischer Defekt am Kühlschrank oder an der Waschmaschine. Selbst wenn der Mensch am Ende „nur" eine biologische Maschine mit emergenter oder gar mit supervenienter Gehirnfunktion sein sollte, so überstiege die Komplexität dieses Mechanismus doch auf jeden Fall die Leistungsfähigkeit auch des besten Datenmodells, sowohl im Hinblick auf die Vollständigkeit und Genauigkeit der Abbildung als auch in Bezug auf die Treffsicherheit der Prognose.

Bereits die als Minimalkonsens zu bezeichnende, rund 2400 Jahre alte hippokratische Forderung, dem Patienten zu nützen oder ihm doch wenigstens nicht zu schaden, die heute gerne mit den beiden englischen Neologismen *Beneficence* und *Non-Maleficence* charakterisiert und somit scheinbar als eine Innovation zweier US-Bioethiker des späten 20. Jahrhunderts hingestellt wird, lässt sich für die Intensivmedizin insgesamt nicht eindeutig belegen.[383] Zwar besteht kein Zweifel darüber, dass die Intensivmedizin zahllosen Menschen geholfen hat, die noch 1960 mit hoher Wahrscheinlichkeit gestorben wären, und sicher gibt es heute die Möglichkeit, zahlreiche Organsysteme des Menschen über Monate hinweg zu ersetzen. Dennoch zeigt sich gerade in der Intensivmedizin beispielhaft, dass die Lösung bestehender Probleme auch neue Probleme schaffen kann: Das Atemnotsyndrom existiert beispielsweise erst, seit man beatmen kann; das Multiple Organversagen etwa wurde erst beschrieben, als ein ausgefallenes Organsystem nach dem anderen ersetzt werden konnte.

Seit den 1980er Jahren haben die in der Öffentlichkeit kontrovers debattierten Themen Therapiebegrenzung, Therapieabbruch und Sterbehilfe auch die Diskussionen um Sinn, Nutzen und Grenzen nicht nur der Intensivmedizin wieder neu entfacht. Dabei entwickelte sich am Ende der 1990er Jahre eine zunehmend komplexere ethische, vor allem jedoch eine zum Teil verwirrende straf- und zivilrechtliche Problembetrachtung, die sich dem Verantwortung tragenden Arzt jedenfalls nicht mehr ohne weiteres erschloss. Zwar beruhte die einschlägige Rechtsprechung nicht unmittelbar auf Fällen aus der Intensivmedizin, doch waren die in ihr ausgearbeiteten Argumentationslinien gleichwohl von erheblicher Relevanz auch für diesen Bereich. Insbesondere ein Beschluss des 20. Zivilsenats des Oberlandesgerichts Frankfurt am Main vom 15. Juli 1998 (20 W 224/98, NJW 1998, 2747-2749), ein diesem in der Tendenz widersprechender Beschluss der 13. Zivilkammer des Landgerichts München I vom 18. Februar 1999 (13 T 478/99) sowie ein wiederum dazu konträrer Beschluss des Landgerichts Duisburg vom 9. Juni 1999 (22 T 22/99, NJW 1999, 2744-2746) hatten bezüglich der Frage der rechtlichen Voraussetzungen eines zulässigen Therapieabbruchs für massive Konfusion anstatt für Rechtsklarheit gesorgt.

---

383 Beauchamp/Childress (1994).

In dem vom OLG Frankfurt zu entscheidenden Fall befand sich eine fast 85-jährige Patientin seit mehreren Monaten in stationärer Behandlung. Ein ausgedehnter Hirninfarkt hatte zu einem anhaltenden Koma mit vollständigem Verlust der Bewegungs- und Kommunikationsfähigkeit geführt. Sie wurde über eine Magensonde (PEG) ernährt. Eine Besserung ihres Zustandes schien nicht zu erwarten. Zu einer freien Willensbestimmung war sie nicht in der Lage. Die Tochter und Betreuerin gemäß § 1896 Absatz 1 BGB hatte – weil ihre Mutter früher einmal äußerte, kein langes Sterben ertragen zu wollen – die betreuungsgerichtliche Genehmigung nach § 1904 BGB zu einem Behandlungsabbruch durch Einstellung der Sondenernährung beantragt, die ärztlicherseits empfohlen worden war. In einem dazu eingeholten medizinischen Gutachten wurde ausgeführt, dass bei anhaltendem Koma eine relevante Besserung, das heißt ein bewusstes und selbstbewusstes Leben, nicht mehr zu erwarten sei. Offen bleibe, ob die Betroffene ihren Zustand als leidvoll erlebe und Schmerzen erdulden müsse. Bei Abbruch der Sondenernährung bestehe die Gefahr, dass sie im Verlaufe von Wochen bis Monaten sterbe. Wenn davon ausgegangen werden könne, dass der Verzicht auf eine künstliche Lebensverlängerung ihrem anzunehmenden Willen entspreche, sei die Einstellung der Kalorienzufuhr – bei Fortsetzung der Versorgung mit Flüssigkeit – eine vertretbare Maßnahme.

Nachdem sowohl das zuständige Amtsgericht als auch das Landgericht diesen Antrag abgelehnt hatten, wurde die hiergegen gerichtete Beschwerde vom OLG Frankfurt zugunsten der Tochter und Betreuerin entschieden. Es liege zwar mangels unmittelbarer Todesnähe keine geplante sogenannte „passive Sterbehilfe“ im engeren Sinne vor, sondern es gehe um den Abbruch einer lebenserhaltenden Maßnahme („Hilfe zum Sterben“). Bei dieser sei das Selbstbestimmungsrecht des Patienten als Ausdruck seiner allgemeinen Entscheidungsfreiheit und des Rechts auf körperliche Unversehrtheit (Artikel 2 Absatz 2 Satz 1 GG) grundsätzlich anzuerkennen, jedoch seien an die Annahme eines erklärten oder mutmaßlichen Willens deswegen erhöhte Anforderungen zu stellen, weil der Gefahr entgegengewirkt werden müsse, dass Arzt, Angehörige oder der Betreuer nach eigenen Vorstellungen das für sinnlos gehaltene Leben des Betroffenen beenden wollten. Es gelte also, den Konflikt zwischen dem hohen Anspruch an die Achtung des Lebens und den ebenfalls hohen Anspruch auf Achtung der Selbstbestimmung der Person und ihrer Würde zu lösen, wobei der Gesetzgeber zum Ausdruck gebracht habe, dass er den Betreuer ermächtigen wolle, die mutmaßliche Weigerung des Betroffenen bezüglich einer lebensverlängernden Maßnahme zur Geltung zu bringen. In Folge einer „planwidrigen Unvollständigkeit“, welche die Formulierung des § 1904 Absatz 1 BGB enthalte, sei eine Analogie zwischen dem dort geregelten Tatbestand *Risikooperation* und dem nicht geregelten Tatbestand *Behandlungsabbruch* gegeben, da beide Handlungen „bei wertendem Denken nicht absolut ungleich“ seien.

Im Hinblick darauf könne es einer Analogie nicht entgegenstehen, dass beim Behandlungsabbruch ärztliches Untätigbleiben mit tödlichem Ausgang vorliege, während § 1904 BGB ausdrücklich nur ein aktives ärztliches Handeln mit dem Risiko des Todes beinhalte. Hinter der Ansicht, dass in der Rechtsordnung ein „Richter über Leben und Tod" nicht vorgesehen sei und sich dies aus rechtsethischen und rechtshistorischen Gründen auch verbiete, sei der Gedanke an das Euthanasieprogramm der Nationalsozialisten verborgen, das mit dem Ziel der Vernichtung „lebensunwerten" Lebens keine Parallele zum vom wenigstens mutmaßlichen Willen des Betroffenen getragenen Behandlungsabbruch sein könne, auch weil die richterliche Genehmigung einem Missbrauch entgegenwirken solle. Im Rahmen der Anwendung des § 1901 BGB sei im Falle des Behandlungsabbruchs die mutmaßliche Einwilligung des Betroffenen maßgeblich, an deren Feststellung wegen des Lebensschutzes in tatsächlicher Hinsicht strenge Anforderungen zu stellen seien, während bei nicht aufklärbarer mutmaßlicher Einwilligung dem Lebensschutz der Vorrang einzuräumen sei. Soweit das OLG Frankfurt in seinem Beschluss vom 15. Juli 1998.

Während sich die Bundesärztekammer in ihren am 11. September 1998 herausgegebenen, revidierten *Grundsätzen zur ärztlichen Sterbebegleitung*[384] auf diesen Gerichtsbeschluss bezog und damit die Entscheidung über einen möglichen Therapieabbruch künftig in die Jurisdiktion der Betreuungsgerichte gegeben zu sein schien, hatte sich der Betreuungsgerichtstag bereits in seiner Stellungnahme vom 27. Juli 1998 von dieser Interpretation distanziert: Der Beschluss des OLG Frankfurt verstoße gegen die Verfassung. Das Thema Sterbehilfe müsse gesetzlich geregelt werden, da ein Eingriff in das Grundrecht auf Leben und körperliche Unversehrtheit (Artikel 2 Absatz 2 GG) nur auf Grundlage eines Gesetzes möglich sei. Der Gesetzgeber stelle derzeit, wie aus der Strafvorschrift in § 216 StGB (Tötung auf Verlangen) ersichtlich sei, den Lebensschutz sogar über das Selbstbestimmungsrecht des Getöteten. Betreuungsrichter hätten nicht das Recht, über Leben und Tod zu entscheiden.[385]

Nur auf den ersten Blick sah es sieben Monate später so aus, als schließe sich die 13. Zivilkammer des Landgerichts München I in ihrem Beschluss vom 18. Februar 1999 dieser vom Betreuungsgerichtstag dargelegten Auffassung an. Der im hier zu entscheidenden Fall betroffene 75-jährige Patient hatte einen apoplektischen Insult erlitten, in dessen Folge ein schweres hirnorganisches Psychosyndrom

384 Bundesärztekammer (1998).

385 Bis zum 31.8.2009 hießen die heutigen Betreuungsgerichte noch Vormundschaftsgerichte. Um der einheitlichen Terminologie willen wird im Folgenden (außer in wörtlichen Zitaten) grundsätzlich der aktuelle Ausdruck verwendet.

auftrat. Zur Absaugung von Schleim wurde eine Trachealkanüle erforderlich. Die Ernährung erfolgte über eine PEG-Sonde, die Harnableitung über einen transurethralen Dauerkatheter. Der zum Betreuer gemäß § 1896 Absatz 1 BGB bestellte Sohn beantragte nach vier Monaten Krankheitsdauer, das Betreuungsgericht möge seine Einwilligung, die Ernährung des Vaters einzustellen und die Flüssigkeitszufuhr auf ein Mindestmaß zu beschränken, genehmigen. Diese Vorgehensweise des Betreuers richtete sich formal nach dem Beschluss des OLG Frankfurt vom 15. Juli 1998. Der zuständige Amtsrichter versagte jedoch die Genehmigung dieses Antrags. Hiergegen richtete sich nun die Beschwerde des Sohnes als Betreuer beim Landgericht München I, die von dessen 13. Zivilkammer jedoch mit folgender Argumentation abgewiesen wurde:

Ein genehmigungsfähiger Antrag des Betreuers liege bereits deshalb nicht vor, weil der von ihm beabsichtigte Abbruch der Ernährung des Betroffenen mit dem Ziel des Todes nicht von seinem Aufgabenkreis als vorläufiger Betreuer gedeckt sei. Zum einen habe das „Sterbenlassen" des Betroffenen als eigentliches Ziel mit Gesundheitsfürsorge nichts zu tun. Hiergegen könne auch nicht eingewandt werden, dass dem mutmaßlichen Willen des Betroffenen entsprechend die Weiterbehandlung Körperverletzung wäre, wovor er durch die Maßnahme des Betreuers bewahrt werde. Denn die Einstellung der Ernährung sei jedenfalls eine aktive Maßnahme mit dem Ziel des Todes des Betroffenen und nicht bloß ein Unterlassen; der Erhaltung der Gesundheit diene sie ersichtlich nicht. Zum anderen handele es sich bei der Entscheidung, sterben zu wollen, um eine derjenigen höchstpersönlichen Angelegenheiten, die einem Betreuer ohnehin nicht übertragen werden könnten. Der Fall sei vergleichbar mit der Abgabe einer Organspendeerklärung, die ein Betreuer ebenfalls nicht für den noch lebenden Betroffenen abgeben könne. Dass auch einige höchstpersönliche Angelegenheiten, wie zum Beispiel eine Sterilisation, einem Betreuer übertragen werden könnten, stehe dem nicht entgegen, da diese Maßnahmen nicht eine Entscheidung über den Tod des Betroffenen zum Inhalt hätten und sie die Menschenwürde nicht in vergleichbarer Art tangierten. Darüber hinaus sei § 1904 BGB dem Wortlaut nach nicht auf lebensbeendende ärztliche Maßnahmen anwendbar, da er nur ärztliche Eingriffe betreffe, die lebensgefährlich sein könnten. Eine entsprechende Anwendung sei ferner gleich aus mehreren Gründen nicht möglich, denn es fehle bereits an der für jede Analogie erforderlichen Regelungslücke. Ein ärztlicher Heileingriff mit dem *Risiko* des Todes (geregelter Tatbestand in § 1904 BGB) sei etwas anderes als ein ärztlicher Eingriff mit dem *Ziel* des Todes, da er gerade nicht der Gesundheit des Betroffenen diene, deren Schutz jedoch der Zweck des § 1904 BGB sei. Darüber könne auch ein angeblich in der Vorschrift enthaltener Rechtsgedanke, dass bei jeglicher Maßnahme mit Lebensgefahr für den Betroffenen das Betreuungsgericht entscheiden solle, nicht hinwegtäuschen.

Umso frappierender musste nun allerdings nach dieser im Sinne der Patientenautonomie und des Lebensschutzes aufgebauten Argumentation die völlig unerwartete Schlussfolgerung anmuten, welche die 13. Zivilkammer des Landgerichts München I aus der von ihr durchaus nachvollziehbar skizzierten Einschätzung der Sach- und Rechtslage zog: Das „somit" gefundene Ergebnis lautete nämlich, dass *Ärzte* und *Angehörige* über lebensbeendende Maßnahmen in eigener Verantwortung zu entscheiden hätten. Schließlich sei die strafrechtliche Seite dieser Problematik mittlerweile durch die Rechtsprechung des Bundesgerichtshofes (BGH) hinreichend geklärt. Entspreche die Maßnahme dem mutmaßlichen Willen des Betroffenen, so hätten Angehörige und Ärzte in der Regel nichts zu befürchten. Von einem unzumutbaren Risiko könne daher nicht die Rede sein. Dass Angehörige und Ärzte das Risiko einer Fehleinschätzung des mutmaßlichen Willens des Betroffenen trügen, sei nur folgerichtig, denn Rechte und Pflichten des Betreuers, die sich aus § 1901 BGB ergäben, blieben durch eine etwaige Entscheidung des Betreuungsgerichts im Sinne von § 1904 BGB ohnehin unberührt.

„Nicht Vormundschaftsrichter, sondern die Familie und Ärzte treffen die schwerwiegende Entscheidung", überschrieb die *Süddeutsche Zeitung* am 24. April 1999 ihren den Beschluss erläuternden Artikel.[386] Nach Meinung des Rechtsanwalts, der den Beschwerdeführer vertrat, sei der Beschluss als „ein bedeutender Schritt in Richtung Patientenrecht" zu werten. Passive Sterbehilfe sei jetzt im Münchner Gebiet durch expliziten richterlichen Beschluss erlaubt. Angehörige könnten sich ihrer Entscheidung zumindest aus juristischer Sicht sicher sein.

Doch war dies tatsächlich ein Sieg des Autonomieprinzips in der Medizinethik? Auf welche minimalistische Bedeutung reduziert man eigentlich den Begriff Autonomie, wenn Ärzte und Angehörige stellvertretend für den moribunden Patienten über dessen Weiterleben entscheiden sollen? Werden hier womöglich Verantwortlichkeiten abgewälzt, die man den Betroffenen weder zumuten noch in jedem Einzelfall zutrauen darf? Die ethische und juristische Fragwürdigkeit des Unterfangens beginnt bereits bei der Auswahl der adäquaten Bezugspersonen: Ist es zum Beispiel die formal noch angetraute Ehefrau oder eher die tatsächliche Lebensgefährtin, mit welcher der Patient die letzten Jahre zusammen gelebt hat? Kann wirklich erwartet werden, dass eine dem Patienten „nahestehende" Person objektiv darüber entscheiden soll, ob eine Therapie fortgesetzt oder eingestellt wird, ohne dass bei dieser Person später Selbstvorwürfe zu befürchten sind? Und schließlich verfolgen Angehörige auch eigene Interessen, etwa aus testamentarischen Gründen.

Knapp vier Monate nach dem überraschenden Beschluss des Landgerichts München I folgte das Landgericht Duisburg nun wiederum den Vorgaben des OLG

386 Sippell (1999).

Frankfurt aus dessen Beschluss vom 15. Juli 1998. In einem Beschluss vom 9. Juni 1999 stellte das LG Duisburg fest, dass der Aufgabenkreis der Gesundheitsfürsorge eines Betreuers sehr wohl die Befugnis zur Einwilligung in einen Behandlungsabbruch umfasse. Die Einwilligung des Betreuers in einen Behandlungsabbruch unterliege der betreuungsgerichtlichen Genehmigung analog § 1904 BGB.[387] Konkret ging es um eine 67-jährige Patientin, die in Folge eines mehrfach operierten Hirntumors seit 1991 schwerstpflegebedürftig war. Seit 1993 musste sie wegen einer Schlucklähmung über eine Magensonde ernährt werden. Seit Jahren war die Patientin zu einer Kommunikation nicht mehr in der Lage. Die seit 1993 als Betreuerin eingesetzte Tochter beantragte nun im August 1998, die von ihr im Namemn ihrer Mutter verfügte Einwilligung in den Abbruch der künstlichen Ernährung gemäß § 1904 BGB zu genehmigen.

Das LG Duisburg bestätigte die vom Betreuungsgericht erteilte Genehmigung. Hierbei erkannte es ausdrücklich an, dass die Geltendmachung des mutmaßlichen Willens eines nicht mehr entscheidungsfähigen Patienten zur Frage der Fortsetzung intensivmedizinischer Behandlung dem Aufgabenbereich eines Betreuers unterfalle. Intensivmedizinische Maßnahmen setzten wie jede andere ärztliche Behandlung die Einwilligung des Patienten voraus. Sei der Betroffene auf Grund einer Erkrankung nicht mehr in der Lage, seinem natürlichen Willen Ausdruck zu verleihen, so müsse dies ein Vertreter für ihn übernehmen. Die Frage, ob die Entscheidung über einen Therapieabbruch zwingend von einem gerichtlich bestellten Betreuer getroffen werden müsse oder auch im Verhältnis zwischen Angehörigen und Arzt geregelt werden könne, ließ das Gericht offen. Wenn aber ein Betreuer diese Aufgabe wahrnehme, unterliege er jedenfalls der Kontrolle des Betreuungsgerichts.

Im materiellen Teil seines Beschlusses wagte sich das LG Duisburg erstaunlich weit in brisante medizinische und ethische Tabuzonen vor: So sei zwar als Voraussetzung für den Therapieabbruch zunächst ein Zustand der krankheitsbedingten Entscheidungsunfähigkeit erforderlich. Eine Bewusstlosigkeit im engeren Sinne, also ein komatöser Zustand, müsse jedoch nicht zwingend vorliegen. Ein Patient müsse sich nicht erst im Koma befinden, damit eine Einwilligung seines Betreuers in einen Ernährungs- und Behandlungsabbruch erteilt werden könne. Selbst die Möglichkeit, dass der Patient sein Sterben nach Abbruch der künstlichen Ernährung leidend miterleben könne, schließe eine Einwilligung des Betreuers nicht von vornherein aus. Zu klären sei insoweit nur, ob sich der mutmaßliche Wille des Patienten auch auf die Inkaufnahme etwaig auftretender Hunger- und Durstgefühle erstrecke. Voraussetzung einer positiven Genehmigungsentscheidung sei allerdings das Vorliegen einer sogenannten infausten Prognose. Darunter sei ein unheilbarer

387 Dordegge (1999).

Zustand zu verstehen, bei dem auszuschließen sei, dass der Patient je wieder ein bewusstes oder selbstbestimmtes Leben führen könne. Weitere Voraussetzung sei die Feststellung, dass der Verzicht auf lebensverlängernde Maßnahmen der Intensivmedizin dem mutmaßlichen Willen des Betroffenen entspreche. An diese Feststellung seien strenge Anforderungen zu stellen. Maßgeblich sei insoweit, ob konkrete Äußerungen des Patienten in der Vergangenheit vorlägen, die den ernsthaften Wunsch nach einem Behandlungsverzicht in Voraussicht oder gar Kenntnis dessen widerspiegelten, dass dem Patienten der Übergang in einen schwerstpflegebedürftigen Zustand unter Verlust der Kommunikationsfähigkeit real bevorstehe.

Doch wie kann der Patient sein Recht auf Selbstbestimmung beizeiten so wahrnehmen, dass sein mutmaßlicher Wille im Fall eines oft plötzlich und unerwartet eintretenden intensivmedizinischen Behandlungsdilemmas unmissverständlich zum Ausdruck kommt? Verstärkt wurde seit dem Ende der 1990er Jahre von juristischer, standespolitischer und medizinethischer Seite auf die steigende Bedeutung von Patientenverfügungen, Vorsorgevollmachten und Betreuungsverfügungen als Entscheidungshilfen hingewiesen, die möglichst jeder Bürger weit vor dem Eintritt einer lebensbedrohlichen Erkrankung verfassen und von Zeit zu Zeit aktualisieren solle.[388]

Eine Patientenverfügung ist eine schriftliche oder mündliche Willensäußerung eines entscheidungsfähigen Menschen zur zukünftigen Behandlung im Fall der Äußerungsunfähigkeit. Mit ihr kann der Verfügende bestimmen, ob und in welchem Umfang bei ihm in bestimmten, näher umrissenen Krankheitssituationen medizinische Maßnahmen eingesetzt werden sollen. Mit einer Vorsorgevollmacht kann jemand für den Fall, dass er nicht mehr in der Lage ist, seinen Willen zu äußern, eine oder mehrere Personen bevollmächtigen, Entscheidungen mit bindender Wirkung für ihn zu treffen. Eine Vorsorgevollmacht muss schriftlich niedergelegt werden, wenn sie sich auf einen möglichen Therapieabbruch im Sinne von § 1904 BGB erstreckt. Eine Betreuungsverfügung schließlich ist eine für das Betreuungsgericht bestimmte Willensäußerung für den Fall der Anordnung einer Betreuung. In ihr können Vorschläge zur Person eines Betreuers und Wünsche zur Wahrnehmung seiner Aufgaben fixiert sein.[389]

Nicht immer jedoch sind derartige Willensbekundungen, insbesondere die Patientenverfügung, eine echte Entscheidungshilfe für den behandelnden Intensivmediziner, da die Umstände, unter denen sie verfasst wurden, nicht bekannt sind und da vor allem die unvorhersehbare individuelle und spezifische Situation

---

388 Arbeitsgruppe „Sterben und Tod" (1998); Bundesärztekammer (1999); Koch (1999); Sass/Kielstein (1999).

389 Bundesärztekammer (1999).

eines Intensivpatienten in gesunden Tagen kaum treffend und im Detail antizipiert werden kann. Die Problematik der ethischen Fragen in Verbindung mit der Intensivmedizin liegt ja gerade im Versagen des Selbstbestimmungsprinzips für solche Patienten. Doch selbst bei den wenigen Fällen, in denen mit den Kranken eine Kommunikation möglich ist, kann eine Einsicht in die Tragweite medizinethischer Fragestellungen nur ausnahmsweise erwartet werden.[390]

So bleibt dem Intensivmediziner scheinbar nichts anderes übrig, als seine Zuflucht zu einer „milden" Form des Paternalismus zu nehmen. Innerhalb eines größeren Ärzteteams kann man zwar die Verantwortung so lange hin und her delegieren, bis man einen rationalen und demokratischen Konsens gefunden zu haben meint. Aber letztlich steht der betreuende Arzt doch als Einzelperson vor einer Entscheidung, die ihm keine Gruppe und kein Angehöriger abnehmen kann. Und gerade dann fühlt er sich nicht selten ziemlich alleingelassen, auch im Hinblick auf eine spätere juristische Bewertung seines Handelns – oder seines Unterlassens. Dies galt angesichts der widersprüchlichen Beschlüsse des OLG Frankfurt vom 15. Juli 1998, des Landgerichts München I vom 18. Februar 1999 und des Landgerichts Duisburg vom 9. Juni 1999 nach wie vor und sogar mehr denn je. Es musste im Jahr 2000 deshalb die Frage aufkommen, ob hier nicht doch früher oder später durch den Gesetzgeber Rechtsklarheit und Rechtssicherheit geschaffen werden sollte, denn es wurde und wird bei dem Problem der Therapiebegrenzung und des Therapieabbruchs immer das hochrangige Grundrecht auf Leben und körperliche Unversehrtheit nach Artikel 2 Absatz 2 GG tangiert, das auch durch den meist unfreiwilligen Aufenthalt in einer Intensivstation nicht einfach von Angehörigen in fragwürdiger Weise stellvertretend für den Kranken interpretiert werden darf. Eine Präzisierung des § 1904 BGB im Sinne der Rechtsprechung des OLG Frankfurt würde den betroffenen entscheidungsunfähigen Patienten immerhin ein Minimum an externer Kontrolle von Entscheidungen Dritter über Leben und Tod gewährleisten – seien dies Ärzte, Angehörige oder Betreuer.[391]

Letztlich können zudem weder Ärzte noch Angehörige ein überwiegendes Interesse daran haben, dass sie über das höchstpersönliche Lebensrecht eines anderen Menschen definitiv und irreversibel befinden sollen. Das grundlegende ethische Dilemma auch des „milden" Paternalismus liegt nämlich, neben der relativen Vernachlässigung des Selbstbestimmungsprinzips, im stets unsicheren prognostischen Vermögen des Arztes, genau zu wissen, was – jenseits aller medizinischen Indikationen – wirklich „das Beste" für seinen individuellen Patienten ist. In dieser Konfliktsituation entscheiden oft subjektive Instanzen wie das Einfühlungsvermögen

390 Bender (1998).

391 Bauer (2000c).

oder das Gewissen des Arztes. Selbst bei redlichstem Bemühen ist das Urteil des verantwortlich Handelnden niemals frei von persönlichen Werteinschätzungen. Keine ärztliche Entscheidung ist jemals risikolos, und diese prinzipiell nicht zu eliminierende Unsicherheit wird besonders beim Problem des Therapieabbruchs zu einem äußerst beunruhigenden Faktor.[392]

Die eigentlich naheliegende Frage nach emotionalen Reaktionen im Zusammenhang mit intensivmedizinischer Tätigkeit wurde im Jahr 2000 von dem Medizinpsychologen Wilfried Laubach am Universitätsklinikum Leipzig untersucht.[393] Gerade im Zusammenhang mit Therapiebegrenzung und Therapieweiterführung in Fällen mit infauster Prognose werden auf ärztlicher Seite bekanntlich immer wieder Unsicherheit, Angst, Scham, Ärger, Wut, Zerrissenheit, Erschrecken, aber auch Gleichgültigkeit und allgemeine Unzufriedenheit festgestellt. Laubach sah darin einen wichtigen Hinweis darauf, dass in den von den Ärzten geschilderten Konfliktsituationen keine den Belastungen adäquate Bewältigungsmöglichkeit vorlag. Dies könnte unter anderem daran liegen, dass bislang kaum tragfähige handlungsleitende Modelle verfügbar sind, die über den von Anne Sprenger schon 1984 beschriebenen intensivmedizinischen Standardfall der „institutionalisierten Krisensituation" hinausreichen.[394] Nach dieser jedenfalls immer noch von außen an das Fach herangetragenen Vorstellung ist der „wünschenswerte" Intensivpatient der akute Notfallpatient mit vitaler Bedrohung und notwendiger Maximaltherapie. An ihm lassen sich dramatische Behandlungserfolge nachweisen, weshalb der Kursus *Akute Notfälle* zu den beliebtesten Lehrveranstaltungen des klinischen Studienabschnitts im Medizinstudium gehört, der nicht selten Bestnoten und Prämierungen von den Studierenden erhält.[395] Die übrigen Bereiche der Intensivmedizin erreichen solche positiven Bewertungen jedoch *nicht*.

Der Hildesheimer Internist Hans-Peter Schuster (*1937) wies schon 1999 darauf hin, dass jenes optimistische Paradigma aus der Gründungsphase der Intensivmedizin, wonach bei Patienten mit lebensbedrohlichen Störungen vitaler Funktionssysteme eine maximal mögliche Intensivtherapie einzusetzen ist, bis unter der Behandlung des ursächlichen Grundleidens in Kombination mit der Organersatztherapie die spontanen Organfunktionen wieder restituiert sind, so nicht mehr gültig sei. Die Entscheidung zu einer Begrenzung von Intensivtherapie müsse durchaus als eine ebenso genuine, medizinisch richtige und ärztlich gebotene Entscheidung

392 Reiter-Theil/Lenz (1999); Schuster (1999).

393 Laubach (2000).

394 Sprenger (1984).

395 Klimax (1998).

angesehen werden wie die Entscheidung zur Maximaltherapie in anderen Fällen.[396] Doch bedeutet eben intellektuelle Einsicht nicht schon emotionale Akzeptanz: Schuster gelangte zu der Feststellung, dass sowohl primärer Verzicht auf Intensivtherapie als auch eine sekundäre Therapiebegrenzung oder Therapiereduktion zu selten als die gebotene Entscheidung realisiert würden. Zu den Maßnahmen der Therapiebegrenzung rechnete Schuster vor allem die Vereinbarung über die Nichtanwendung von kardiopulmonaler Reanimation (DNR), von extrakorporalen Nierenersatzverfahren, von Respiratortherapie, von Vasopressoren sowie von Blut oder Blutkomponenten. Demgegenüber seien Therapiereduktion beziehungsweise Therapieabbruch durch die Rücknahme begonnener intensivmedizinischer Maßnahmen wie Bluttransfusion, Antibiotikagabe, Verabreichung von Antiarrhythmika, gastroenteraler Ernährung oder Beatmung gekennzeichnet.

Eine 1993 im *Lancet* publizierte Studie ergab, dass Intensivmediziner jedenfalls zu diesem Zeitpunkt im Fall einer Therapiereduktion offenbar eher intuitiv eine bestimmte Reihenfolge bevorzugten: Zunächst wurden Bluttransfusion und Hämodialyse beendet, später die Gabe von intravenösen Vasopressoren und Antibiotika, erst zuletzt kam es zur Einstellung von mechanischer Beatmung, gastroenteraler Ernährung und intravenöser Flüssigkeitszufuhr.[397] Dahinter verbirgt sich eine Art subjektive Moraltheorie der Ärzte, die psychologisch zwar sehr verständlich sein mag, die jedoch das harte ethische und rechtliche Dilemma nicht wirklich kaschieren kann: Bevorzugt werden solche Behandlungsmaßnahmen zurückgenommen, deren Fehlen den Patienten scheinbar eher mittelbar an seiner Erkrankung sterben lässt als unmittelbar an einer medizinischen Intervention.

Besorgnis muss in diesem Zusammenhang jedoch die bereits erwähnte Studie von Wilfried Laubach angesichts der Tatsache auslösen, dass in keinem der dort angeführten Beispielfälle zum Thema Therapiebegrenzung und Therapieabbruch eine Orientierung an einem möglichen oder zu vermutenden Patientenwillen überhaupt in Erwägung gezogen wurde. Dass *de facto* eine Absprache mit dem Patienten zumeist nicht realisierbar sein wird, stünde der Überlegung immerhin nicht entgegen. Die fehlende Berücksichtigung dieses rechtlich wie ethisch so essenziellen Aspekts verstärkt offenbar die Belastungen und den Entscheidungsdruck für die beteiligten Intensivmediziner. So berichtete ein Leipziger Arzt über seine Gedanken angesichts der hoffnungslosen Lage einer intubierten und beatmeten Tumorpatientin mit infauster Prognose: „Die Patientin ist nur auf Intensiv lebensfähig, zu Hause wird sie vom Tumor überrannt. Man ist Richter und Henker. Ja,

396 Schuster (1999).

397 Christakis/Asch (1993).

gefühlsmäßig würde ich sagen: Sie will nicht, lasst sie sterben. Wenn dann aber zwei Ärzte sagen *weitermachen*, dann fühlt man sich ertappt".[398]

Auch die nahen Angehörigen sind in diesem Dilemma fragwürdige Entscheider. So sagte im Rahmen einer vom Verfasser im Jahre 1996 am Mannheimer Universitätsklinikum durchgeführten Vortrags- und Diskussionsveranstaltung zum Thema *Intensivmedizin zwischen Faszination und Wirklichkeit* ein Leitender Oberarzt: „Ich habe Probleme damit, wenn es sich [...] um Angehörige handelt. Angehörige verfolgen auch Eigeninteressen [...] Das ist leider die harte Realität. Bei meinen bewusstlosen Patienten weiß ich in der Regel nicht, was sie fühlen und was sie sich wünschen. Es bleibt immer ein Stück Ratlosigkeit, mit der ich leben muss. Was ist für den Patienten wirklich gut? Oft weiß ich es einfach nicht, aber ich muss dennoch ganz allein eine Entscheidung treffen, denn wir haben nur 13 Intensivbetten zur Verfügung. Und ich möchte nicht gern in eine Situation geraten, in der ich eine Triage zwischen einem 80-jährigen frisch operierten Patienten und einem 24-jährigen Schädel-Hirn-Traumatiker durchführen muss".[399]

Diese letzte Bemerkung verweist uns auf die organisatorisch-praktische Seite, die man beim Thema *Withholding* (Therapiebegrenzung) und *Withdrawing* (Therapieabbruch) jenseits aller juristischen, ethischen und medizinischen Reflexionen nicht verdrängen darf: Das grundgesetzlich garantierte Recht auf Leben eines schwer erkrankten Patienten stößt angesichts der limitierten personellen und materiellen Ressourcen einer Intensivstation mitunter an sehr enge Grenzen der Realisierbarkeit, vor allem dann, wenn eine kapazitätsbedingte Konkurrenz mit dem vergleichbar akut bedrohten Leben eines anderen Patienten entsteht. Nach einer 1996 publizierten Studie ging auf der Intensivstation des Londoner Royal Brompton National Heart and Lung Hospital in 81,5 Prozent aller Todesfälle eine Therapiereduktion beziehungsweise ein Therapieabbruch voraus.[400] Auf der Chirurgischen Intensivstation des Groote Schuur Krankenhauses in Kapstadt betrug die entsprechende Rate sogar 86,7 Prozent. Die hierzu in der Weltliteratur veröffentlichten Zahlen differieren je nach Land zwischen rund 50 Prozent und mehr als 80 Prozent, und sie zeigten im Verlauf der 1990er Jahre eine insgesamt steigende Tendenz. Es gibt keinen sicheren Beweis und noch nicht einmal eine ausreichende Plausibilität, dass für diese Entwicklung ausschließlich neue medizinisch-wissenschaftliche oder humanitäre ärztlich-ethische Gesichtspunkte verantwortlich wären.[401]

---

398 Laubach (2000).

399 Bender (1998).

400 Turner et al. (1996).

401 Koch et al. (1994); Schuster (1999); Smedira et al. (1990).

Die Kriterien, nach denen Intensivmediziner ihre Patienten etwa bei Bettenknappheit zur Aufnahme in die Intensivstation selektionieren, wurden 1994 von der *Society of Critical Care Medicine* empirisch untersucht. Auch in ihnen spiegelt sich eine subjektive Moraltheorie der Ärzte wider, die im intuitiven Mehrheitskonsens wohl erfühlt, aber kaum systematisch reflektiert wird. Demnach rangieren die *subjektive Lebensqualität* des Patienten (52 Prozent) und seine *objektive Überlebenswahrscheinlichkeit* (40 Prozent) an oberster Stelle der Kriterienliste für eine Entscheidung zur Aufnahme auf der Intensivstation. Sodann folgt die Frage nach Reversibilität oder Irreversibilität der akuten Erkrankung (39 Prozent). An fünfter und sechster Stelle (19 Prozent beziehungsweise 18 Prozent) werden allerdings bereits die Einstellung des Arztes sowie dessen Einschätzung der Lebensqualität des Patienten genannt. Was sich dahinter konkret verbirgt, bleibt völlig unklar.[402] Auch muss angesichts der in der Ethik selbst 250 Jahre nach der Zeit von David Hume (1711-1776) immer noch bestehenden Gefahr eines deduktiven naturalistischen Fehlschlusses vom Sein auf das Sollen einmal sehr kritisch und grundsätzlich in Abrede gestellt werden, dass sich allgemein verbindliche moralische Werte und Normen – noch dazu in derart wichtigen Angelegenheiten – überhaupt durch empirische Umfragen unter den handelnden Fachleuten gewinnen ließen, ganz so, als seien diese in Wahrheit institutionellen Tatsachen Naturkonstanten, die es lediglich psychometrisch und soziologisch aufzudecken gelte, ohne sie gründlich und öffentlich zu diskutieren. Hier liegt die Gefahr neuer autoritativer Dogmen nahe, wenn auch diesmal im modischen Gewand der scheinbaren normativen Kraft des durch Expertenbefragungen im demoskopischen Zirkelschluss ermittelten Faktischen. Ein solches Vorgehen ist weder unter methodologischen noch unter rechtlichen Erwägungen akzeptabel.

Die Intensivmedizin wird in den nächsten Jahren mit gesellschaftlichen und gesundheitspolitischen Problemen zu kämpfen haben, wenn es ihr nicht gelingt, technischen Fortschritt und Moralpragmatik zu einem in sich schlüssigen Konzept zu vereinen. Denn auch ihr ethisches, nicht nur ihr technisches Profil wird bestimmend sein für das Maß an Vertrauen, das die Gesellschaft der Intensivmedizin und das der Kranke dem Arzt entgegenbringt. Gewinnung und Wahrung solchen Vertrauens setzen voraus, dass Sachkompetenz und ethische Reflexion die Entscheidungen und Handlungen lenken. Diese schwierige Aufgabe darf jedoch von der Öffentlichkeit nicht allein den Intensivmedizinern im Besonderen oder den Ärzten im Allgemeinen zur Lösung aufgebürdet werden. Sie geht vielmehr uns alle an, denn es gilt zu bedenken: Moralische Wertestandards werden als intersubjektive institutionelle Tatsachen von Menschen „gemacht“. Sie fallen nicht als metaphysi-

402 Society of Critical Care Medicine Ethics Committee (1994).

sche Offenbarungen vom Himmel, sie werden aber auch nicht durch eine lediglich rationale philosophische Untersuchung „entdeckt". Moralische Normen werden von sozialen Gemeinschaften stets aufs Neue geschaffen, bestätigt, modifiziert oder aufgegeben, und sie werden in konkreten Situationen zweckgebunden interpretiert.[403] Alle diese Akte können gelingen oder scheitern. Nicht nur die *Results*, die technischen Messwerte der Intensivmedizin, stehen daher prinzipiell auf schwankendem Boden; mit den *Values*, den moralischen Werten, verhält es sich ganz ähnlich. Diese Erkenntnis ist eine notwendige, wenn auch nicht hinreichende Voraussetzung für jeden medizinethischen Diskurs in einer pluralistischen Gesellschaft.

20 Von der Ersten zur Letzten Hilfe? Ärztliche Suizidassistenz als Thema einer moralisch entfesselten Medizinethik[404]

„Wenn der Wunsch nach einem selbstbestimmten Ende so groß ist, dann dürfen wir zwar nicht *Ja* zur aktiven Sterbehilfe sagen. Aber das kategorische *Nein* kann auch nicht die Antwort sein."[405] Deutlicher als Margot Käßmann (*1958), die am 28. Oktober 2009 gewählte Ratsvorsitzende der Evangelischen Kirche in Deutschland (EKD) und damalige Landesbischöfin der Evangelisch-lutherischen Landeskirche Hannovers, kann man wohl kaum jene zwischen theologischer Aporie und vermeintlicher politischer Opportunität schwankende Position beschreiben, die neuerdings im deutschen thanatopolitischen Diskurs hof- und beifallfähig geworden ist.

In weiten Teilen der von libertären Ansichten dominierten Medizinethik lässt sich schon seit Jahren eine Tendenz beobachten, der zufolge das Selbstbestimmungsrecht von Patientinnen und Patienten mehr und mehr solitär in den Vordergrund der einschlägigen Debatten rückt. Es liegt eine gewisse Tragik darin, dass es ausgerechnet die Sterbehilfe ist, an der sich dieses Recht vorrangig bewähren soll. Man gewinnt den Eindruck, dass Selbstbestimmung von der Medizinethik mit dem moralischen Recht auf einen selbstbestimmten Todeszeitpunkt identifiziert wird.

Die stereotype Rede vom angeblich selbst bestimmten Sterben oder gar vom Sterben in Würde (*Dignitas* heißt bekanntlich eine Schweizer Sterbehilfeorganisa-

403 Bauer (1998c).

404 Diesem Kapitel wurde ein Vortrag zu Grunde gelegt, der am 20. November 2009 im Rahmen der öffentlichen Veranstaltung *Sterbehilfe* des Katholischen Hochschulforums Heidelberg gehalten wurde.

405 Zitiert nach Meiritz (2009).

tion) soll uns offenbar vorsätzlich in die Irre führen. Während unsere tatsächlichen Freiheiten als Bürgerinnen und Bürger kontinuierlich geringer werden, will man uns einreden, wir hätten erhebliche Spielräume ausgerechnet beim Sterben. Ein Beispiel für die gleichzeitig herrschende feindselige Einstellung gegenüber Pflegeheimen illustriert ein Artikel aus der *Bild-Zeitung* vom 8. November 2008: Kurz vor dem Tod ihres nach einem Schlaganfall drei Wochen lang komatösen 68 Jahre alten Ehemannes, des Schauspielers Michael Hinz (1939-2008), trat die mit ihm seit 40 Jahren verheiratete Schauspielerin Viktoria Brams (*1944) ans Krankenbett und sprach: „Du willst doch nicht ins Heim, oder?" Die Witwe berichtete später: „Ich habe so gehofft, dass er mich im Koma hört. [...] Ich bin mit ihm gemeinsam in seinem Zimmer eingeschlafen, doch er ist nicht mehr aufgewacht."[406]

Im Juni 2009 beschloss der Deutsche Bundestag eine gesetzliche Regelung zur Patientenverfügung, wonach diesem Vorsorgeinstrument seit dem 1. September 2009 eine prekäre Schlüsselrolle für das Schicksal eines einwilligungsunfähigen Patienten zukommt. Doch schon Monate zuvor begann bereits die nächste Runde im Liberalisierungswettbewerb um das „selbstbestimmte Sterben". In dieser Phase der Eskalation ging es um die Beihilfe zur Selbsttötung. Das Unbehagen an der vermeintlichen Hilfe zur letzten Selbsthilfe artikulierte sich zur Jahreswende 2008/09 vor allem als Kritik an dem ehemaligen Hamburger Justizsenator Roger Kusch (*1954), der seit dem Juni 2008 zunächst für fünf sterbewillige Menschen den Tod organisiert hatte. Die Suizidassistenz kostete jeweils 8.000 Euro, von denen 6.500 Euro an Kusch und weitere 1.500 Euro an den von ihm bestellten Gutachter flossen, einen im Ruhestand lebenden Bochumer Privatdozenten der Neurologie und Psychiatrie.

Ein im November 2008 ausgesprochenes polizeiliches Verbot von Kuschs Aktivitäten war im Februar 2009 durch das Verwaltungsgericht Hamburg mit der Begründung bestätigt worden, Kuschs „fortgesetzte Suizidunterstützung" gefährde die öffentliche Sicherheit. Kusch betreibe als Suizidhelfer „kein erlaubtes Gewerbe". Beihilfe zum Selbstmord sei zwar nicht strafbar – hier gehe es aber „um die sozial unwertige Kommerzialisierung des Sterbens durch Beihilfe zum Suizid gegen Entgelt."[407] Dieser Gerichtsbeschluss ließ die Schlussfolgerung zu, eine nicht kommerzielle, unentgeltliche Form der Suizidbeihilfe sei als eine sozial wertvolle, in

---

406 Marienhof-Star trauert um ihren Mann. Bild-Zeitung vom 8.11.2008, S. 5.

407 Urteil: Kusch darf keine Sterbehilfe mehr leisten. *Zeit online* vom 6.2.2009. www.zeit.de/roger-kusch-2 (Stand: 24.4.2016). „Dann halt nicht." Roger Kusch, der Ex-Senator und Suizidbegleiter gibt auf. Fünf Lebensmüden hat er zum Tod verholfen, dann stoppten ihn Verwaltungsrichter. *Die Zeit* Nr. 10 vom 26.2.2009, S. 9.

jedem Falle aber als eine nicht nur legale, sondern sogar legitime Tat zu beurteilen. Das war die implizite, ethisch relevante Botschaft aus Hamburg.

Die nächste Stufe der öffentlich inszenierten Eskalation wurde am 9. März 2009 in Gestalt eines dreiseitigen Interviews mit dem Magazin *Der Spiegel* erreicht. In diesem Gespräch plädierte der Mannheimer Medizinrechtler Professor Jochen Taupitz (*1953) dafür, dass Ärzte künftig als Suizidhelfer tätig werden sollten. Ärzte wüssten schließlich, wie man Medikamente richtig dosiert, und auch im Standesrecht gebe es keine Regel, die dem Arzt die Suizidhilfe verbiete. Dort heiße es nur, dass die Hilfe zur Selbsttötung dem ärztlichen Ethos widerspreche. Daran aber müsse sich nicht jeder Arzt halten.[408] Die Selbsttötungsbeihilfe könne „im Rahmen der normalen Beratungsgebühr" mit der Krankenkasse abgerechnet werden.

Diese Äußerungen eines langjährigen Mitglieds des Deutschen Ethikrates über den geringen Stellenwert solcher ethischer Normen, die kein strafrechtliches Korrelat haben, ließen aufhorchen. Falsch war die darin zum Ausdruck kommende Diagnose jedenfalls nicht. In einem pluralistischen Rechtsstaat, dessen „Minimalmoral"[409] durch das Grundgesetz und dessen Interpretation seitens des Bundesverfassungsgerichts repräsentiert wird, muss sich kein Bürger, auch kein Arzt, zwingend an ethischen Empfehlungen eines Berufsstandes orientieren, sondern letzten Endes (nur) am staatlichen Strafrecht. Jochen Taupitz votiert bei der Suizidbegleitung sogar für einen Arztvorbehalt: „Abgesehen von nahen Angehörigen sollten nur Ärzte beim Suizid helfen dürfen – und sonst keiner. Dann kann man nämlich sicher sein, dass eine qualifizierte Beratung stattfindet, und mit der Kommerzialisierung und dem Wildwuchs wie bei Kusch wäre auch Schluss".

Die Debatte um die Sittenwidrigkeit der kommerziellen Suizidassistenz griff allerdings ethisch vollkommen daneben.[410] Schauen wir uns den Sachverhalt genauer an: Eine an sich gute oder wenigstens moralisch neutrale Handlung wird nicht

---

408 *Spiegel*-Gespräch: „Es gibt keinen Zwang zum Leben". Jochen Taupitz, 55, Professor für Medizinrecht und Mitglied des Deutschen Ethikrats, über das Recht auf einen selbstbestimmten Tod, die Kommerzialisierung des Sterbens und seinen Vorschlag, Ärzte als qualifizierte Suizidhelfer einzusetzen. *Der Spiegel* Nr. 11/2009 vom 9.3.2009, S. 58-60.

409 Dieser Terminus wurde vor Jahren von dem seit 2010 an der Universität Bayreuth lehrenden Staatsrechtler Prof. Dr. Stephan Rixen (*1967) geprägt.

410 Zu den politisch bemühten, aber letzten Endes wenig hilfreichen Resultaten dieser Debatte gehört zum Beispiel der nicht realisierte Antrag des Bundesrates vom 4.7.2008 *Entwurf eines Gesetzes zum Verbot der geschäftsmäßigen Vermittlung von Gelegenheiten zur Selbsttötung (... StrÄndG)*. Bundesrats-Drucksache 436/1/08. http://www.bundesrat.de/cln_090/nn_6906/SharedDocs/Drucksachen/2008/0401-500/436-08_28B_29.html (Stand: 15.11.2009; inzwischen offline).

automatisch dadurch schlecht, dass sie Geld kostet. Niemand würde beispielsweise von einem Bäcker verlangen, dass er seine Brötchen verschenken müsse, um nicht einer „sozial unwertigen Kommerzialisierung" der Nahrungsmittelversorgung Vorschub zu leisten. Auch würde niemand von einem Bildenden Künstler fordern, dass er die von ihm gemalten Bilder kostenlos abzugeben habe, damit er nicht eine „sozial unwertige Kommerzialisierung" der Kunst befördere.

Umgekehrt aber wird eine an sich schlechte Handlung auch nicht dadurch gut, dass sie gratis zu haben ist. So wird etwa die Tat eines Denunzianten auch dann nicht als lobenswert betrachtet, wenn er seine Freunde lediglich privat und im Rahmen eines Hobbys verrät, ohne Geld für die weiter gegebenen Informationen zu verlangen. Und ein Hehler, der Diebesgut ohne eigenen Gewinn in den Verkehr brächte, wäre kein Wohltäter, sondern allenfalls ein Dummkopf. Auch die moralische Intuition, dass die kommerzielle Beihilfe zum Suizid keine ethisch akzeptable Tat ist, rührt von der Sache selbst und nicht von dem womöglich entstehenden finanziellen Gewinn des Sterbehelfers her.

Die Assistenz bei der Selbsttötung fördert in jedem Fall eine Handlung, die philosophisch gerade nicht mit der Autonomie des Menschen legitimiert werden kann. Die Autonomie als die Fähigkeit des Menschen, sich eigene Gesetze zu geben und nach diesen zu handeln, hat ihren – wie immer im Detail auch noch rätselhaften – Grund in der physischen Existenz der Person, sie ist Symptom und nicht Ursache unserer biologischen Konstitution. Daher beschränkt sich die legitime Reichweite der menschlichen Selbstbestimmung auf den Bereich diesseits ihrer physischen Grundlage. Es handelt sich hier nicht um ein theologisches Dogma und auch nicht um eine transzendentale Denkfigur im Sinne Kants, sondern vielmehr um ein legitimationstheoretisches Argument, das gerade liberalen, religionsfernen, (natur)wissenschaftlich orientierten Materialisten einleuchten sollte.

Die Selbsttötung ist keine ethisch mit Blick auf die Autonomie des Menschen zu rechtfertigende Handlung, mag sie auch in manchen Fällen emotional nachvollziehbar sein; dennoch ist der Suizid seit dem 19. Jahrhundert kein Straftatbestand mehr, denn im Erfolgsfall wäre der Täter nicht mehr am Leben, und im Fall des Scheiterns dürfte eine zusätzliche Bestrafung – noch dazu bei einem vielleicht schwerkranken Patienten – vielfach als unbillig empfunden werden. Anstiftung und Beihilfe zur Selbsttötung sind nach dem deutschen Strafrecht formal deshalb nicht verboten, weil es an der strafbaren Haupttat mangelt, sodass § 26 (Anstiftung) und § 27 StGB (Beihilfe) nicht greifen.

Wenngleich rechtsdogmatisch vertretbar, ist dieses Ergebnis verfassungsrechtlich keineswegs zwingend, wie etwa auch ein Blick nach Österreich bestätigt. Dort gilt die „Mitwirkung am Selbstmord" als eigenständiger Straftatbestand, als *Delictum sui generis*. § 78 des Österreichischen Strafgesetzbuches lautet: „Wer einen anderen dazu verleitet, sich selbst zu töten, oder ihm dazu Hilfe leistet, ist mit Freiheitsstrafe von sechs Monaten bis zu fünf Jahren zu bestrafen". Nach wie vor existiert in Österreich die grundsätzliche rechtliche Missbilligung der Involvierung Dritter in den geplanten Freitod eines Menschen. Ob die missbilligte Handlung von Ärzten oder Nichtärzten, von nahen Verwandten oder Fremden, kommerziell oder nicht kommerziell, organisiert und öffentlich oder privat und heimlich ausgeführt wird, ist demgegenüber nachrangig.

Wenig spräche dagegen, wenn man in Deutschland bezüglich der Sterbehilfe nicht immer nur in die Schweiz blicken, sondern auch einmal nach Österreich schauen wollte. Doch wäre diese Horizonterweiterung mit der bitteren Erkenntnis verbunden, dass wir uns in diesem Land lieber über kommerzielle und organisierte Suizidhelfer nicht ärztlicher und ärztlicher Provenienz entrüsten, anstatt das auf Dauer wohl einzig wirksame rechtliche Mittel dagegen in die Hand zu nehmen. Wir müssen bei fortwährender Untätigkeit nämlich damit rechnen, dass mancher Hausarzt in nicht allzu ferner Zukunft neben der ersten auch die letzte Hilfe als Kassenleistung anbieten wird.

Wer das nicht will, der sollte in absehbarer Zeit politisch handeln.[411] Damit meint der Verfasser allerdings nicht jene Ankündigung der damaligen Bundesregierung aus CDU, CSU und FDP, die in ihrem Koalitionsvertrag vom 26. Oktober 2009 auf Seite 108 zwischen den beiden „zentralen" Themen *Verfahrenseinstellung* und *Widerstand gegen Vollstreckungsbeamte* zur Sterbehilfe lapidar bemerkte: „Die gewerbsmäßige Vermittlung von Gelegenheiten zur Selbsttötung werden wir unter Strafe stellen."[412] Für den Verfasser dieses Buches stand bereits im Herbst 2009 außer Frage, dass die von 2009 bis 2013 durch das Bundesministerium der Justiz unter Ministerin Sabine Leutheusser-Schnarrenberger (*1951), einem Mitglied des Beirats der *Humanistischen Union*, bei diesem Thema federführende FDP versuchen würde, die nicht gewerbsmäßige Suizidassistenz zu privilegieren und somit moralisch aufzuwerten. Diese Befürchtung bewahrheitete sich dann genau drei Jahre später durch den Gesetzentwurf der Bundesregierung zur Strafbarkeit der gewerbsmäßigen Förderung der Selbsttötung vom 22. Oktober 2012, den Bundeskanzlerin Angela Merkel (*1954) allerdings – noch während der parlamentarischen Beratungen – im unmittelbaren Vorfeld ihres Auftritts beim 34. Deutschen Evangelischen Kirchentag am 3. Mai 2013 in Hamburg vorerst zurückzog.[413] Doch der thanatopolitische

411 Siehe dazu auch Bauer (2009a).

412 Siehe dazu Wachstum. Bildung. Zusammenhalt. Der Koalitionsvertrag zwischen CDU, CSU und FDP (2009), S. 108.

413 Siehe dazu den Gesetzentwurf der Bundesregierung (2012). http://www.csu.de/common/_migrated/csucontent/091026_koalitionsvertrag.pdf (Stand: 24.4.2016). http://

Liberalisierungszug hatte sich von Berlin aus in Bewegung gesetzt. Würde man ihn noch dauerhaft bremsen können?

21 Droht jetzt der ärztlich assistierte Suizid?[414]

Seit über einem Jahrzehnt lässt sich – nicht nur in Deutschland – eine Tendenz beobachten, der zufolge das Selbstbestimmungsrecht von Patientinnen und Patienten in medizinethischen Debatten wie ein funkelnder Solitär mehr und mehr in den Vordergrund rückt. Vermutlich liegt eine gewisse Tragik dieser Entwicklung darin, dass es ausgerechnet das Thema Sterbehilfe ist, an dem sich jenes Recht vorrangig bewähren soll. Manchmal entsteht der Eindruck, dass Selbstbestimmung in der Medizin zu identifizieren sei mit einem moralischen Recht auf den selbst bestimmten Todeszeitpunkt. Eine solche Verkürzung der Selbstbestimmung wäre jedoch eine zynische Verkehrung dieses Begriffs, der man keinen Vorschub leisten sollte. Nicht ohne guten Grund ist es in den USA bereits dahin gekommen, dass der dort an Krankenhäusern regelmäßig anzutreffende Klinische Ethiker den wenig schmeichelhaften Spitznamen „Doctor Death" erhalten hat, weil er in der Regel erst dann in Erscheinung tritt, wenn es darum geht, einen geplanten Therapieabbruch ethisch zu legitimieren.

Am 18. Juni 2009 hatte der Deutsche Bundestag eine gesetzliche Regelung zur Patientenverfügung beschlossen, der zufolge diesem Vorsorgeinstrument seit dem 1. September 2009 eine Schlüsselrolle für das Schicksal eines einwilligungsunfähigen Patienten zukommt. Was von einem einwilligungsfähigen Bürger als Verfügung niedergeschrieben wurde, muss im Zustand seiner Einwilligungsunfähigkeit von dem gerichtlich bestimmten Betreuer oder dem vom Patienten selbst ernannten Bevollmächtigten darauf hin geprüft werden, ob es mit der konkreten Lebenslage des Patienten noch übereinstimmt. Ist das der Fall, muss der Arzt die Vorgabe des Kranken umsetzen, was den Abbruch von Therapien einschließt.

---

dip21.bundestag.de/dip21/btd/17/111/1711126.pdf (Stand: 24.4.2016). Der Journalist Robin Alexander schrieb am 3.5.2013 in der Zeitung *Die Welt*: „Streit mit den Kirchen kann Angela Merkel im Wahljahr nicht gebrauchen. Pünktlich zum Evangelischen Kirchentag in Hamburg hat die Kanzlerin deshalb einen Streit zwischen ihrer Regierung und den christlichen Glaubensgemeinschaften endgültig abgeräumt." Vgl. Alexander (2013).

414 Dieses Kapitel beruht auf dem überarbeiteten Text eines Vortrags, der am 23. Oktober 2010 bei der Bundesmitgliederversammlung der *Christdemokraten für das Leben* (CDL) im Erbacher Hof in Mainz gehalten wurde.

Im Einzelnen bestimmte das Dritte Gesetz zur Änderung des Betreuungsrechts:

1. Das Rechtsinstitut Patientenverfügung wurde im Betreuungsrecht verankert und die Schriftform als Wirksamkeitsvoraussetzung eingeführt.
2. Die Aufgaben eines Betreuers oder Bevollmächtigten beim Umgang mit einer Patientenverfügung und bei Feststellung des Patientenwillens wurden geregelt und dabei klargestellt, dass der Wille des Betroffenen unabhängig von Art und Stadium der Erkrankung zu beachten ist.
3. Festlegungen in einer Patientenverfügung, die auf eine verbotene Tötung auf Verlangen gerichtet sind, bleiben unwirksam.
4. Besonders schwerwiegende Entscheidungen eines Betreuers oder Bevollmächtigten über die Einwilligung, Nichteinwilligung oder den Widerruf der Einwilligung in ärztliche Maßnahmen bedürfen bei Zweifeln über den Patientenwillen der Genehmigung des Betreuungsgerichts.
5. Der Schutz des Betroffenen sollte durch verfahrensrechtliche Regelungen verbessert werden.

Eine Begrenzung der Reichweite einer Patientenverfügung auf „irreversibel tödliche" Krankheitsstadien erschien der Bundestagsmehrheit mit Blick auf das Selbstbestimmungsrecht des Patienten als inakzeptabel. Diese Reichweitenbegrenzung ist seither definitiv ausgeschlossen.

Liegt keine Patientenverfügung vor oder treffen die Festlegungen einer Patientenverfügung nicht auf die aktuelle Lebens- und Behandlungssituation zu, muss der Bevollmächtigte oder der Betreuer die Behandlungswünsche oder den mutmaßlichen Willen des Patienten feststellen und auf dieser Grundlage entscheiden, ob er in eine ärztliche Maßnahme einwilligt oder sie untersagt. Der mutmaßliche Wille ist aufgrund konkreter Anhaltspunkte zu ermitteln. Zu berücksichtigen sind insbesondere frühere mündliche oder schriftliche Äußerungen, ethische oder religiöse Überzeugungen und sonstige persönliche Wertvorstellungen des Betreuten (§ 1901a Absatz 2 BGB). Bei der Feststellung des tatsächlichen Patientenwillens, der Behandlungswünsche oder des mutmaßlichen Willens soll nahen Angehörigen und sonstigen Vertrauenspersonen Gelegenheit zur Äußerung gegeben werden, sofern dies ohne erhebliche Verzögerung möglich ist (§ 1901b Absatz 2 BGB).

Da im Jahre 2010 schätzungsweise rund 85 Prozent der Deutschen noch keine Patientenverfügung abgefasst hatten und da die vorhandenen Patientenverfügungen längst nicht alle den konkret eintretenden Fall korrekt antizipieren, ja diesen Fall grundsätzlich nicht korrekt antizipieren können, bedeutet dies in der Realität, dass in etwa 85 Prozent der Fälle von Betreuern und Bevollmächtigten nach dem lediglich gemutmaßten Willen des Betroffenen entschieden werden muss, also nach dem unstreitig schwächsten Surrogat für eine selbstbestimmte Handlungsweise, und zwar im Falle eines Konsenses zwischen Betreuer oder Bevollmächtigtem und Arzt ohne gerichtliche Kontrolle (§ 1904 Absatz 4 BGB). Somit wurde statt der erhofften Stärkung der Selbstbestimmung des Patienten in Wahrheit der Fremdbestimmung über nicht mehr einwilligungsfähige Menschen Tür und Tor geöffnet.

Doch noch während des parlamentarischen Beratungsprozesses zum Gesetz über die Patientenverfügungen begann im Frühjahr 2009 bereits die nächste Runde im fragwürdigen Liberalisierungswettbewerb um das Thema „selbstbestimmtes Sterben". Während sich die offiziellen Repräsentanten der Ärzteschaft von dieser Form medizinischer Sterbehilfe noch 2009 einmütig distanzierten, sah deren „Basis" das Problem schon längst anders: Nach einer Umfrage unter 483 Ärzten, die im Herbst 2008 stattgefunden hatte, befürworteten 35 Prozent der Befragten eine Regelung, die es Ärzten ermöglichen würde, Patienten mit schwerer, unheilbarer Krankheit beim Suizid zu unterstützen. 16,4 Prozent der Befragten sprachen sich sogar für eine Legalisierung der Tötung auf Verlangen aus. Über 3,3 Prozent (Hausärzte: 4,4 Prozent) gaben an, bereits ein- oder mehrmals Patienten beim Suizid geholfen zu haben.[415]

Kombiniert man dieses Umfrageergebnis mit der Aussage des Mannheimer Medizinrechtlers Jochen Taupitz über die bereits zu diesem Zeitpunkt anzunehmende Legalität ärztlicher Suizidbeihilfe, dann stünden schon bald zahlreiche ärztliche Suizidassistenten bereit, die jene 2400 Jahre alte und – mit der Ausnahme verbrecherischer NS-Mediziner – in aller Regel auch beachtete Verpflichtung des Hippokratischen Eides, noch nicht einmal einen Rat zur Tötung oder Selbsttötung eines Menschen zu geben, kurzerhand über Bord werfen würden. Nach Auffassung von Taupitz könnte diese Suizidhilfe sogar „im Rahmen der normalen Beratungsgebühr" mit der Krankenkasse abgerechnet werden. Es sei immer noch besser, „selbstbestimmt zu früh in den Tod zu gehen, als fremdbestimmt ewig zu leben."[416]

Doch kann es tatsächlich die Aufgabe „liberaler" Juristen sein, das wohlbegründete ärztliche Ethos, das den Mediziner schon um der Klarheit seiner sozialen Rolle willen als Helfer des Lebens und nicht als Beschleuniger des Todes begreift, unversehens für obsolet zu erklären, diejenigen Ärzte, die sich an dieses Ethos gebunden fühlen, als „konservative Bedenkenträger" zu belächeln und das kollektive Festhalten an bestimmten gesellschaftlichen Tabus als „unerträglichen Moralimperialismus" zu verdammen? Geht nicht womöglich die viel größere Gefahr für unseren Staat und

---

415 Umfrage: Ein Drittel deutscher Ärzte befürwortet Sterbehilfe. *Spiegel online* vom 22.11.2008. http://www.spiegel.de/politik/debatte/umfrage-ein-drittel-deutscher-aerzte-befuerwortet-sterbehilfe-a-592070.html (Stand: 24.4.2016).

416 Schmidt/Weinzierl (2009), S. 58.

seine Bürger derzeit von der Ideologie jener geradezu blindwütigen biopolitischen „Liberalisierer" aus, die ihren moralischen Alleinvertretungsanspruch mittlerweile flächendeckend und mit ständig steigender Intensität von der Forderung nach ausdrücklicher gesetzlicher Erlaubnis der Präimplantationsdiagnostik (PID) bis hin zum Thema Sterbehilfe erheben?

Bereits 2006 hatte der Münchner Rechtsanwalt Wolfgang Putz (*1950), der vier Jahre später als schließlich freigesprochener Angeklagter in einem Urteil des Bundesgerichtshofs vom 25. Juni 2010 zur Zulässigkeit des Abbruchs lebenserhaltender Maßnahmen durch aktives Durchschneiden des Schlauchs einer PEG-Sonde mittels einer Nagelschere bekannt wurde, in einem ausführlichen Gutachten für die Deutsche Gesellschaft für Humanes Sterben (DGHS) die strafrechtlichen Aspekte der Suizidbegleitung in Deutschland ausgelotet.[417] In seiner Zusammenfassung kam Putz 2006 zu dem Ergebnis, dass die damals geltende deutsche Rechtslage bei sorgfältigster Beachtung aller von ihm aufgestellten Kriterien die strafrechtlich nicht zu beanstandende Unterstützung eines Suizids „vom Anfang bis zum Ende" ermögliche. Er forderte die Bundesärztekammer auf, sie solle das Standesrecht öffnen und damit „eine überkommene Bevormundung der Ärzte beenden."[418]

Im Herbst 2010 sah es nun so aus, als brächen tatsächlich bei der Bundesärztekammer (BÄK) die Dämme. Unter dem massiven publizistischen Druck, der nach dem BGH-Urteil vom 25. Juni 2010 entstanden war, in dessen Folge zum Teil sogar – der komplizierten Wahrheit zuwider – behauptet wurde, der Bundesgerichtshof habe nun die „aktive Sterbehilfe" – also die nach § 216 StGB verbotene Tötung auf Verlangen – erlaubt, wollte die BÄK noch im Frühjahr 2011 das Berufsrecht an die – zu diesem Zeitpunkt tatsächlich unveränderte – Gesetzeslage „anpassen". Der bis dahin in medizinethischen Fragen eher als konservativ geltende Präsident der Bundesärztekammer, Jörg-Dietrich Hoppe (1940-2011), gab am 18. August 2010 der in Düsseldorf erscheinenden *Rheinischen Post* ein Interview, das aufhorchen ließ: Er stelle sich eine Formulierung vor, wonach ein Arzt Menschen beim Suizid helfen dürfe, wenn er das „mit seinem Gewissen vereinbaren könne". Zugleich solle aber klargestellt werden, dass dies „nicht zur Aufgabe des Arztes gehört". Weiter betonte Hoppe, es solle keinesfalls eine Entwicklung befördert werden, in der „Druck auf Schwerkranke entsteht, freiwillig in den Tod zu gehen". Genau dieser Druck würde aber zwangsläufig aufgebaut, wenn die ärztliche Suizidassistenz nach

417 Wofgang Putz: Strafrechtliche Aspekte der Suizid-Begleitung in Deutschland. Rechtsgutachten vom 19.9.2006 für die DGHS Bundesgeschäftsstelle. 63 Seiten. www.dghs.de/typo3/fileadmin/pdf/Gutachten%20DGHS.pdf (Stand: 20.10.2010; inzwischen offline).

418 Putz (2006), S. 54 und S. 56.

Schweizer Muster zur individuellen „Gewissensentscheidung" des Arztes stilisiert werden sollte.[419]

In seinem *Spiegel*-Interview vom 9. März 2009 hatte der Medizinrechtler Jochen Taupitz mit Blick auf die Ärzteschaft gesagt: „Ich würde [...] für einen Arztvorbehalt plädieren: Abgesehen von nahen Angehörigen sollten nur Ärzte beim Suizid helfen dürfen – und sonst keiner. Dann kann man nämlich sicher sein, dass eine qualifizierte Beratung stattfindet, und mit der Kommerzialisierung und dem Wildwuchs wie bei Kusch wäre auch Schluss."[420] Indessen erläuterte Taupitz damals noch nicht, wie die abenteuerliche Kombination von sogenannten „nahen Angehörigen" und Ärzten strafrechtlich präzise und grundgesetzkonform in einem Paragraphen des Strafgesetzbuches formuliert werden könnte. Stattdessen nutzte er das populäre Ausweichmanöver der Ausgrenzung einer angeblich verdammenswerten „Kommerzialisierung" der Suizidbeihilfe.

In Österreich gilt, anders als in Deutschland, die *Mitwirkung am Selbstmord* bereits seit vielen Jahren als eigenständiger Straftatbestand, als ein *Delictum sui generis.* § 78 des Österreichischen Strafgesetzbuches lautet: „Wer einen anderen dazu verleitet, sich selbst zu töten, oder ihm dazu Hilfe leistet, ist mit Freiheitsstrafe von sechs Monaten bis zu fünf Jahren zu bestrafen". Damit ist die Mitwirkung am Suizid im Strafmaß der Tötung auf Verlangen gleichgestellt.

Aus der richterlichen Praxis in Österreich wurde 2007 der Fall eines 56-jährigen Bauingenieurs im Bundesland Kärnten bekannt, der im Jahre 2003 seine an Amyotropher Lateralsklerose (ALS) erkrankte Ehefrau nach Zürich begleitet hatte, wo ihr die Sterbehilfeorganisation *Dignitas* die dort legale Suizidbeihilfe leistete. Der Witwer wurde aufgrund einer anonymen Anzeige wegen Mitwirkung am Selbstmord nach § 78 des Österreichischen Strafgesetzbuchs angeklagt. Die Staatsanwaltschaft forderte einen Schuldspruch mit dem Argument, wenn man den Angeklagten freispreche, öffne man der Euthanasie Tür und Tor. Der Schöffensenat des Landesgerichts in Klagenfurt sprach den Angeklagten am 10. Oktober 2007 jedoch frei: Zwar sei der Tatbestand erfüllt, doch müsse man den Einzelfall ansehen: Auf der einen Seite habe man eine Moribunde, die klar bei Verstand sei, auf der anderen Seite stehe der Angeklagte, der das unvorstellbare Leid seiner Frau sehe und ihren Willen akzeptiere.[421]

---

419 Ärzte wollen Sterbehilfe im Berufsrecht neu regeln. Online-Meldung des Deutschen Ärzteblattes vom 18.8.2010. http://www.aerzteblatt.de/nachrichten/42393/ (Stand: 24.4.2016).

420 Schmidt/Weinzierl (2009), S. 59.

421 Benedikt (2007).

In einem kommentierenden Beitrag für die österreichische Tageszeitung *Der Standard* schrieb der evangelische Theologe Ulrich Körtner (*1957) zu diesem Fall, tragische Einzelerfahrungen im Umgang mit Sterbenden sollten nicht dazu missbraucht werden, Grenzfälle der Leidensfähigkeit zum Regelfall der Rechtsprechung zu erheben. Grenzfälle könnten freilich nur dort entstehen, wo es Grenzen gebe. Es sei falsch verstandenes Mitleid, wenn Grenzfälle zur Regel erklärt würden, wie überhaupt eine Ethik, die allein auf das Gefühl des Mitleids baue, keine tragfähige Basis habe.[422]

Natürlich gibt es auch in Österreich kontroverse Debatten über die mögliche Zulässigkeit von Suizidbeihilfe. Allerdings spielt sich dieser Diskurs vor einem ganz anderen rechtlichen und ethischen Hintergrund ab als in den Niederlanden, in Belgien, in der Schweiz oder in Deutschland: Nach wie vor existiert in Österreich die grundsätzliche sozialethische Missbilligung der Involvierung Dritter in den geplanten Freitod eines Menschen. Ob diese Handlung von Ärzten oder Nichtärzten, von nahen Verwandten oder Fremden, kommerziell oder nicht kommerziell, organisiert und öffentlich oder privat und heimlich ausgeführt wird, ist demgegenüber eine zu Recht nachrangige, vom Hauptthema ablenkende Frage.

In der in Fragen der Sterbehilfe für Deutschland immer als vorbildhaft dargestellten Schweiz hingegen dreht sich die moralische Abwärtsspirale fortlaufend weiter: Nachdem Anfang Oktober 2010 in Rupperswil im Kanton Aargau ein 64-jähriger Mann seine 73-jährige demenzkranke Ehefrau erdrosselt hatte, forderte der Rechtsanwalt und Journalist Ludwig A. Minelli (*1932), Gründer der Sterbehilfe-Organisation *Dignitas*, dass Demenzkranke zusammen mit ihrem Partner sterben können sollten, auch wenn dieser Partner selbst nicht todkrank sei.[423]

Es wäre zweifellos besser, wenn man von Deutschland aus bezüglich der Sterbehilfe nicht immer nur in die Schweiz blicken, sondern auch einmal nach Österreich schauen würde. Doch wäre diese Horizonterweiterung mit der bitteren Erkenntnis verbunden, dass man sich in diesem Land lieber über kommerzielle und organisierte Suizidhelfer nicht ärztlicher und ärztlicher Provenienz entrüstet, anstatt das auf Dauer wohl einzig wirksame rechtliche Mittel dagegen in die Hand zu nehmen. Wir werden bei fortwährender Untätigkeit allerdings damit rechnen müssen, dass mancher Hausarzt schon in naher Zukunft neben der ersten auch die letzte Hilfe als Kassenleistung anbietet.[424]

---

422 Körtner (2007).

423 Artikel „Sterbehilfe auch für Angehörige". 20 minuten (Zürich) vom 18.10.2010, S. 8.

424 Bauer (2009a).

22 Die Palliativmedizin im Spagat zwischen Fürsorge und Sterbehilfe – Chancen und Gefahren der Etablierung einer neuen akademischen Disziplin[425]

Die Palliativmedizin versteht sich als eine dem Leben zugewandte Alternative zur Tötung auf Verlangen, der sogenannten „aktiven Sterbehilfe". Nach der Definition der Weltgesundheitsorganisation (WHO) ist Palliativmedizin „die aktive, ganzheitliche Behandlung von Patienten mit einer progredienten, weit fortgeschrittenen Erkrankung und einer begrenzten Lebenserwartung zu der Zeit, in der die Erkrankung nicht mehr auf kurative Behandlung anspricht und die Beherrschung der Schmerzen, anderer Krankheitsbeschwerden, psychologischer, sozialer und spiritueller Probleme höchste Priorität besitzt".[426] Die Deutsche Gesellschaft für Palliativmedizin (DGP) hatte sich zunächst eine verkürzte Version dieser Definition zu eigen gemacht: „Palliativmedizin ist die Behandlung von Patienten mit einer nicht heilbaren progredienten und weit fortgeschrittenen Erkrankung mit begrenzter Lebenserwartung, für die das Hauptziel der Begleitung die Lebensqualität ist."[427] Im Unterschied zur WHO nannte die DGP demnach die Unheilbarkeit der Erkrankung als ein wesentliches Auswahlkriterium für die Patienten, und sie fasst das Ziel der Palliativmedizin unter dem problematischen Begriff der Lebensqualität zusammen. Diese Nomenklatur lässt erkennen, dass das zugrunde liegende Konzept im Wesentlichen dem Bereich der Onkologie entstammte.

Tatsächlich werden heute noch überwiegend Krebspatienten im Endstadium in Palliativstationen und stationären oder ambulanten Hospizen betreut. Das erscheint zwar angesichts des Umstandes, dass annähernd 25 Prozent der Bundesbürger an Krebs sterben, als durchaus nachvollziehbar. Insbesondere die Schmerztherapie steht bei diesen Patienten ganz im Vordergrund; sie erfordert ein erhebliches Spezialwissen. Hier ist eine enge interdisziplinäre Kooperation von Internisten, Anästhesiologen, Neurologen, Schmerztherapeuten und Psychologen notwendig.

Dennoch wird sich die Palliativmedizin künftig nicht ausschließlich auf die Versorgung von Tumorpatienten beschränken können, da die Bevölkerung in den

---

425 Dieses Kapitel basiert auf einem Vortrag, der am 30. März 2011 beim Symposium *Begegnungen mit Sterben und Tod* im Landratsamt Aalen gehalten wurde.

426 „Palliative care is an approach that improves the quality of life of patients and their families facing the problem associated with life-threatening illness, through the prevention and relief of suffering by means of early identification and impeccable assessment and treatment of pain and other problems, physical, psychosocial and spiritual". WHO Definition of Palliative Care. http://www.who.int/cancer/palliative/definition/en/ (Stand: 24.4.2016).

427 Radbruch et al. (2005).

europäischen Ländern demographisch altert: Im Jahre 2050 wird – jedenfalls nach derzeitigen Prognosen – jeder zehnte Europäer älter als 80 Jahre sein. In Deutschland sind heute schon 25 Prozent der Einwohner über 60 Jahre alt, im Jahre 2050 könnte dieser Anteil auf ein Drittel gestiegen sein. Die typische Kleinfamilie ist nicht in der Lage, sterbende Angehörige alleine zu versorgen. Akutkrankenhäuser sind andererseits zu teuer und von ihrem Auftrag her nicht auf die Behandlung Sterbender ausgerichtet. Diese Versorgungslücke sollen Palliativstationen sowie stationäre und ambulante Hospizdienste schließen. Ferner leben in Deutschland heute schon rund 1,3 Millionen Menschen, die an einer Demenz erkrankt sind. Prognosen zufolge könnte sich die Anzahl der Erkrankten bis 2050 verdoppeln. Immer häufiger erreichen dabei die Betroffenen auch ein fortgeschrittenes Stadium der Demenz. Altenheime, Hospize, Krankenhäuser und ambulante Pflegedienste benötigen deshalb zunehmend Konzepte zur Begleitung und Pflege von Menschen mit Demenz in ihrer letzten Lebensphase.

Die 1994 gegründete Deutsche Gesellschaft für Palliativmedizin hatte im Jahr 2010 etwa 3.500 Mitglieder. Inzwischen gibt es auch an einigen deutschen Universitäten Professuren für Palliativmedizin, so in Aachen, Köln, Bonn, Göttingen und München. An der Privaten Universität in Witten-Herdecke wurde die Pädiatrische Palliativmedizin etabliert. Eine neue Disziplin ist im Entstehen begriffen, und solche Prozesse einer allmählichen akademischen Institutionalisierung bringen grundsätzlich auch Sekundärinteressen ins Spiel, die kritisch reflektiert werden müssen. Der Verfasser hat sich beispielsweise in seiner wissenschaftlichen Arbeit intensiv mit der historischen Entwicklung des Fachgebiets Pathologie in der zweiten Hälfte des 19. Jahrhunderts beschäftigt. Dort findet man um 1850 den Berliner Gelehrten Rudolf Virchow (1821-1902) und sein Bestreben, der theoretischen und der klinischen Medizin ein wissenschaftlich tragfähiges Fundament auf der Basis des pathologisch-anatomischen Denkens zu geben. Im Jahre 1876 gab es dann bereits an allen deutschen Universitäten Lehrstühle für Pathologie, deren Inhaber am Ende des 19. Jahrhunderts vor allem um Ressourcen und Assistentenstellen kämpften, aber nicht mehr um eine Reform der Medizin rangen.[428] Welche organisationssoziologische Gefahr mit diesem historischen Beispiel angedeutet werden soll, dürfte klar geworden sein: Universitäre Institutionen – aber nicht nur sie – entfalten im Lauf der Zeit einen ungeheuren Selbsterhaltungstrieb, hinter dem die ursprünglichen, oftmals idealistischen Ziele zurücktreten.

Palliativmedizin und Palliativpflege lösen überall in Europa traditionelle und regional unterschiedliche Umgangsweisen mit Sterben und Tod ab. Ihr Ziel ist eine umfassende und zeitgemäße Betreuung Sterbender. Damit wirkt die palliative

428 Siehe dazu Bauer (1989b).

Versorgung einerseits der aktuellen Tendenz zur Euthanasie entgegen. Sie darf jedoch andererseits nicht zu einer zwar hoch professionell institutionalisierten, aber dennoch schablonenhaften „Harmonisierung" des Sterbens führen. Wenn die palliative Betreuung an die Stelle der immer seltener vorhandenen Pflege in der Familie tritt, müssen die damit verbundenen Gefahren rechtzeitig benannt und abgewendet werden. Hier sind drei Problemkreise zu bedenken:

1. Die Gefahr, dass die palliative Versorgung zu einer erwerbswirtschaftlichen Dienstleistung mit Service-Charakter zum Zweck der Profitmaximierung entarten könnte. Konkurrenz belebt zwar den Markt, aber es darf nicht zu einer Konkurrenz um die minimal mögliche Versorgungsqualität kommen.
2. Die Gefahr, dass die Palliativmedizin als ein neuer Kampfplatz angesehen werden könnte, auf dem sich die Interessenvertreter der miteinander konkurrierenden Disziplinen wie Anästhesiologie, Innere Medizin, Onkologie, Neurologie und Schmerztherapie einfinden, um sich vom Kuchen der hier konzentrierten finanziellen Ressourcen alsbald jeweils selbst das größte Stück abschneiden zu können. Wie bei jeder neu entstehenden Institution sind fachbezogene Verteilungs- und Grabenkämpfe auch bei der Etablierung der Palliativmedizin vorprogrammiert. Diese dürfen aber nicht das inhaltliche Ziel dominieren und es in den Hintergrund drängen.
3. Die Gefahr, dass eine standardisierte palliative Versorgung als kostengünstige „Alternative" zur kurativen Medizin etabliert werden könnte, vor allem bei alten Patienten. Es wird immer eine schwierige Gratwanderung bleiben, den individuell angemessenen Punkt des Übergangs von der kurativen zur palliativen Behandlung herauszufinden.

Vor allem die zuletzt genannte Gefahr muss erkannt und frühzeitig gebannt werden. Nicht nur in Deutschland ist eine Tendenz zu beobachten, der zufolge das Selbstbestimmungsrecht von Patientinnen und Patienten in medizinethischen Debatten mit immer größerer Ausschließlichkeit in den Vordergrund rückt. Wenn die immer wieder eingeforderten Werte Autonomie und Selbstbestimmung des Patienten zunehmend an die Stelle der Würde des Menschen zu treten scheinen und schließlich zum alleinigen Maßstab ärztlichen Handelns werden, dann hat dies nichts mehr mit einem „partnerschaftlich" verstandenen Heilauftrag des Arztes zu tun, sondern vielmehr mit der leichtfertigen Preisgabe der zentralen Fürsorgepflicht für das Leben kranker Menschen.[429]

429 Geitner (2011).

Am 18. Februar 2011 veröffentlichte die Bundesärztekammer ihre revidierten Grundsätze zur ärztlichen Sterbebegleitung.[430] In deren Präambel war davon die Rede, dass die ärztliche Verpflichtung zur Lebenserhaltung „nicht unter allen Umständen" bestehe. Das Sterben dürfe durch „Unterlassen, Begrenzen oder Beenden einer begonnenen medizinischen Behandlung" ermöglicht werden, wenn dies dem Willen des Patienten entspreche. Dies gelte auch für die künstliche Nahrungs- und Flüssigkeitszufuhr. Die Tötung des Patienten sei hingegen auch auf dessen Verlangen strafbar. Über die ärztliche Suizidassistenz heißt es: „Die Mitwirkung des Arztes bei der Selbsttötung ist keine ärztliche Aufgabe."[431] Doch gerade in diesen Worten konnte man eine Abkehr von jener Formel sehen, die noch die Grundsätze zur ärztlichen Sterbebegleitung aus dem Jahre 2004 geprägt hatte. Damals lautete der entsprechende Passus: „Die Mitwirkung des Arztes bei der Selbsttötung widerspricht dem ärztlichen Ethos und kann strafbar sein."[432] Das von der BÄK nachgeschobene Argument, Grund für die Umformulierung sei lediglich die Anerkennung der „verschiedenen individuellen differenzierten Moralvorstellungen von Ärzten in einer pluralistischen Gesellschaft", überzeugt nicht. Suizidbeihilfe darf auch künftig nicht von Ärzten geleistet werden, selbst wenn es sich dabei angeblich um eine außerärztliche, also rein „staatsbürgerliche" Tätigkeit handeln sollte. Leider machte sich ausgerechnet die Deutsche Gesellschaft für Palliativmedizin diese Ambivalenz zu eigen, indem sie in einer am 25. Februar 2011 veröffentlichten Stellungnahme schrieb, sie würde es begrüßen, „wenn die kommende (Muster-)Berufsordnung, sofern diese vom 114. Deutschen Ärztetag in Kiel im Juni 2011 beschlossen werden sollte, die grundsätzliche Ablehnung einer ärztlichen Mitwirkung am Suizid und deren Klassifizierung als nicht-ärztliche Aufgabe klar zum Ausdruck bringt. Von einer berufsrechtlichen Ächtung der ärztlichen Beihilfe zum freiverantwortlichen Suizid sollte jedoch im begründeten Einzelfall Abstand genommen werden können."[433]

„Ärztinnen und Ärzten ist es verboten, Patienten auf deren Verlangen zu töten. Sie dürfen keine Hilfe zur Selbsttötung leisten." Mit dieser letztlich doch sehr klaren Formulierung fasste der 114. Deutsche Ärztetag am 1. Juni 2011 in Kiel den § 16 („Beistand für Sterbende") der (Muster-)Berufsordnung neu. Die mit großer Mehr-

430 Bundesärztekammer (2011).

431 Bundesärztekammer (2011), S. A346.

432 Bundesärztekammer (2004), S. A1298.

433 So zitiert in der Stellungnahme der Deutschen Gesellschaft für Palliativmedizin vom 25.2.2011 zu den überarbeiteten Grundsätzen der Bundesärztekammer zur ärztlichen Sterbebegleitung. http://www.dgpalliativmedizin.de/images/stories/DGP_Stellungnahme_BK_GS_Sterbebegleitung_25_02_11.pdf (Stand: 24.4.2016).

heit verabschiedete Neufassung trug dem Patientenverfügungsgesetz aus dem Jahre 2009 Rechnung. Sie referierte das strafrechtliche Verbot der Tötung auf Verlangen und formulierte erstmals ausdrücklich ein über das Strafrecht hinausgehendes Verbot der ärztlichen Beihilfe zur Selbsttötung.[434]

Unser persönlicher Entscheidungsspielraum am Ende des Lebens wird wahrscheinlich sehr begrenzt sein. Diese sicher bittere, aber durch kein noch so ausgeklügeltes Verfahren aus der Welt zu schaffende Wahrheit müssen sich Ärzte, Patienten, Pflegemitarbeiter, gesetzliche Betreuer, Bevollmächtigte und Angehörige, letztlich wir alle uns rechtzeitig vor Augen führen. Die meisten Menschen werden mit großer Wahrscheinlichkeit nicht „autonom" und „selbstbestimmt" sterben, wie es vermeintliche Idealvorstellungen aus Politik, Recht und Ethik gegenwärtig einfordern. Es wäre gut, diese letzte Illusion des Lebens sich selbst und Anderen gar nicht erst aufzubauen. Palliativmedizin und Palliativpflege haben hier eine wichtige Aufgabe zu erfüllen. Ein Patentrezept zum „zertifizierten Sterben" können und sollten wir weder erwarten noch erhoffen.

23 Hirntod, Organentnahme, Tod: Das beschwiegene Dilemma der Transplantationsmedizin[435]

Einführung

„Verschweigen kann ein Mensch nur, was er weiß, beschweigen nur, was ihm bewusst ist."[436] Mit diesem bemerkenswerten Satz, fast schon einer Sentenz, schloss der heute in Jena lehrende Zeithistoriker Norbert Frei (*1955) im Jahre 2003 einen Zeitungsartikel über die damals gerade bekannt gewordene NSDAP-Mitgliedschaft des 1989 verstorbenen Münchner Nestors der Zeitgeschichte, Martin Broszat (1926-1989). In ähnlicher Weise haben nach 1945 viele in den späten 1920er Jahren Geborene, darunter auch der mit Broszat fast gleichaltrige Dichter Günter Grass (1927-2015),

434 Ärztetag gegen Beihilfe zum Suizid. Deutsches Ärzteblatt online am 1.6.2011. http://www.aerzteblatt.de/nachrichten/46087/Aerztetag_gegen_Beihilfe_zum_Suizid.htm (Stand: 24.4.2016).

435 Dieses Kapitel enthält den aktualisierten Text eines Vortrags, der am 13. November 2012 beim Bioethischen Kolloquium *Organspende – zwischen Nächstenliebe und ethischer Herausforderung* im Heinrich-Pesch-Haus in Ludwigshafen am Rhein gehalten wurde.

436 Frei (2003).

ihre politische Rolle im NS-Staat beschweigen können, einfach deshalb, weil sie niemand danach gefragt hat.

Auch beim Thema Hirntod, Organentnahme, Tod werden in den öffentlichen Debatten bestimmte Fakten und Zusammenhänge, die eigentlich auf der Hand liegen, beschwiegen, ausgeblendet oder ignoriert, einfach deshalb, weil zu wenig nach ihnen gefragt wird. Im Rahmen einer ethischen Debatte ist es aber unumgänglich, gerade diejenigen Aspekte zu beleuchten, deren Beschweigen die vorhandenen moralischen Probleme der Transplantationsmedizin verstärken würde.

Die Ausgangslage bei der Organtransplantation

Infolge des wissenschaftlichen und des operationstechnischen Fortschritts ist es der Medizin gelungen, immer mehr Organe des Menschen mit steigendem Behandlungserfolg zu transplantieren. So wurden im Jahre 2011 in Deutschland von insgesamt 1.200 hirntoten Organspendern 2.055 Nieren (benötigt: 7.873), 1.128 Lebern (benötigt: 2.119), 366 Herzen (benötigt: 1.039) und 337 Lungen (benötigt: 606) auf erkrankte Organempfänger übertragen.[437] Die Transplantationschirurgie steht dabei vor der grundsätzlichen Schwierigkeit, dass die Spenderorgane nur kurze Zeit ohne unmittelbare Verbindung mit einem aktiven Blutkreislauf funktionsfähig und damit für eine Übertragung geeignet bleiben.

Dieser Zustand kann bei regenerativen Organen (zum Beispiel der Leber oder dem Knochenmark) oder bei doppelt vorhandenen Organen (zum Beispiel den Nieren) durch eine Lebendspende erreicht werden. Im Jahre 2010 wurden 665 Nierentransplantationen in Deutschland nach einer Lebendspende vorgenommen, das waren immerhin 22,6 Prozent aller Nierentransplantationen. Die Transplantatfunktionsraten nach Nierenlebendspenden liegen deutlich über denen nach der Organspende durch einen sogenannten „Hirntoten". Bei den Lebertransplantationen erreichte der Anteil der Lebersegment-Lebendspenden im Jahre 2010 nur 7,5 Prozent. Besonders häufig stellen sich Eltern als Lebendspender für ihre erkrankten Kinder zur Verfügung. Bei den meisten anderen Organen (zum Beispiel dem Herzen oder der Bauchspeicheldrüse) kommt indessen nur die Spende aus einem lebenden Organismus mit funktionierendem Blutkreislauf infrage, der ohne das gespendete Organ selbst nicht mehr weiterleben kann.

Um das hieraus resultierende ethische und rechtliche Dilemma normativ zu neutralisieren oder es doch wenigstens zu entschärfen, wurde 1968 eine neue

437 Die Zahlen wurden der Grafik zum Artikel „Spender gesucht" in der *Zeit* Nr. 45/2012 vom 31.10.2012, S. 35-36 entnommen.

Definition des Todes entwickelt. Man war damals bestrebt, einen Zeitpunkt *vor* dem bis dahin allgemein akzeptierten Todeszeitpunkt, also dem vollständigen, medizinisch irreversiblen Erlöschen der Herztätigkeit und dem dauerhaften Stillstand des Blutkreislaufs zu finden, der künftig für die Zwecke der Intensivmedizin und der Organspende als der „Tod des Menschen" bezeichnet werden konnte. Das Ergebnis dieser Bemühungen war die sogenannte „Hirntoddefinition". Diese ging und geht bis heute davon aus, dass zwar nicht alle Lebensfunktionen – insbesondere Herztätigkeit und Kreislauf – endgültig erloschen sind, dass aber wegen einer als irreversibel angesehenen Schädigung des Gehirns und des Ausfalls seiner gesamten integrativen Funktionen das Sterben und damit der Todeseintritt unumkehrbar sei.

Diese an der Harvard-Universität entwickelte Definition ist derzeit weltweit medizinischer Standard. Sie wurde auch im 1997 erlassenen deutschen Transplantationsgesetz (TPG) verankert. In § 3 Absatz 2 TPG heißt es dazu: „Die Entnahme von Organen oder Geweben ist unzulässig, wenn […] 2. nicht vor der Entnahme bei dem Organ- oder Gewebespender der endgültige, nicht behebbare Ausfall der Gesamtfunktion des Großhirns, des Kleinhirns und des Hirnstamms nach Verfahrensregeln, die dem Stand der Erkenntnisse der medizinischen Wissenschaft entsprechen, festgestellt ist."[438]

Die gesetzliche Neuregelung der Organspende

Im Frühjahr 2012 wurde im Hinblick auf das Ende des Lebens ein konkreter gesetzlicher Schritt zur weiteren Verdinglichung und Verwertung des menschlichen Körpers getan. Die Fraktionsvorsitzenden aller im Bundestag vertretenen Parteien hatten sich am 1. März 2012 mit dem damaligen Bundesgesundheitsminister Daniel Bahr (*1976) auf einen Gesetzentwurf zur Änderung des Transplantationsgesetzes geeinigt, der zusammen mit einem weiteren Änderungsgesetz der Bundesregierung am 25. Mai 2012 mit überwältigender Mehrheit vom Deutschen Bundestag angenommen wurde.[439] Dadurch wurde die bis dahin geltende „erweiterte Zustimmungslösung" mit Wirkung vom 1. November 2012 in eine „Entscheidungslösung"

438 § 3 Abs. 2 des Transplantationsgesetzes (TPG) in der Fassung der Bekanntmachung vom 4. September 2007 (BGBl. I S. 2206), das zuletzt durch Artikel 5d des Gesetzes vom 15. Juli 2013 (BGBl. I S. 2423) geändert worden ist. http://www.gesetze-im-internet.de/bundesrecht/tpg/gesamt.pdf (Stand: 24.4.2016).

439 Entwurf eines Gesetzes zur Regelung der Entscheidungslösung im Transplantationsgesetz. Bundestagsdrucksache 17/9030 vom 21.3.2012. http://dipbt.bundestag.de/dip21/btd/17/090/1709030.pdf (Stand: 24.4.2016).

transformiert. Die gesetzlichen und privaten Krankenkassen wurden verpflichtet, zunächst alle zwei Jahre und nach der Entwicklung einer entsprechend speicherfähigen elektronischen Gesundheitskarte schließlich alle fünf Jahre ihre Versicherten anzuschreiben und deren Organspendebereitschaft abzufragen.[440]

Das neue Gesetz führte eine Zwangsbefragung aller Bürger und Bürgerinnen ein, um die Zahl der Organspender zu erhöhen. Die in stillem Einvernehmen einer neuen Allparteienkoalition gefundene Übereinkunft erscheint dem Verfasser jedoch aus drei Gründen bedenklich:

1. Eine Entscheidung des Einzelnen über eine derart höchstpersönliche Frage sollte den Bürgern nicht gesetzlich durch den Staat notorisch aufgedrängt werden, schon gar nicht ohne eine vorherige detaillierte Aufklärung über die ethischen und rechtlichen Probleme des „Hirntodes", der im Transplantationsgesetz indessen als solcher nicht einmal erwähnt wird. Dort ist nur von „toten Spendern" die Rede, ganz so, als ob es sich um bestattungsfähige Leichen handelte. Doch die typischen Merkmale eines Leichnams wie Atemstillstand, Leichenstarre oder Totenflecken liegen bei einem hirntoten Organspender gerade *nicht* vor; vielmehr ist der juristisch für tot Erklärte im biologischen und phänomenologischen Sinne noch „am Leben".
2. Die regelmäßige Abfrage durch die Krankenkassen und die Dokumentation der Antworten in der elektronischen Gesundheitskarte bedrängen und bevormunden die Bürger. Sie werden durch den Staat, und dies immer wieder, zu einer für sie höchstpersönlichen, intimen Entscheidung auf Leben und Tod aufgefordert. Dies geschieht in einer Intensität, die im Einzelfall, zum Beispiel bei depressiven, kranken, behinderten oder alten Menschen, gefährlich und unverantwortlich ist. Wenn die Krankenkassen alle Versicherten ab 16 Jahren, das heißt auch Jugendliche, akut Schwerkranke, chronisch Kranke, suizidal Gefährdete oder Behinderte, regelmäßig anschreiben und deren Organspendebereitschaft erfragen, so stellt dieses Vorhaben einen rechtfertigungsbedürftigen Eingriff in die psychische Integrität der Person dar. Die Erfassung aller Bürgerentscheidungen zur Organspende respektiert keinesfalls deren Freiwilligkeit, vielmehr übt der Staat moralischen Druck auf die Bürger durch deren lebenslänglich wiederholte Befragung aus, was zumindest als nötigend empfunden werden wird.
3. Eine bundesweite, alle Bürgerinnen und Bürger umfassende, regelmäßige staatliche Dokumentation über die theoretische Bereitschaft zur Organspende bringt eine ethisch und rechtlich noch nicht dagewesene Form der Vergesellschaftung individueller Organspendebereitschaft mit sich. Menschliche Organe sind aber

440 § 2 Absatz 1a TPG.

keine Heilmittel oder Medizinprodukte im üblichen Sinn, die industriell organisiert, bestellt, geliefert und nach den Regeln von Angebot und Nachfrage in den Warenverkehr gebracht werden können.

Skandalöse Organvergabepraxis – nur „Einzelfälle"?

Dennoch drängt sich aktuell der Eindruck auf, dass die Organvergabepraxis durchaus als ein lukratives Geschäft angesehen wird, und das sogar in deutschen Universitätsklinika. So wurde im Juli 2012 bekannt, dass zunächst im Universitätsklinikum Regensburg, später an der Universitätsmedizin Göttingen Laborwerte von Patienten, die auf eine Spenderleber warteten, gefälscht wurden, um diese in der offiziellen Warteliste „nach oben" rücken zu lassen. Auch soll illegal Geld an Ärzte geflossen sein, um die gewünschten Transplantationen zu beschleunigen.[441] Ferner vergeben Kliniken immer häufiger Spenderorgane in einem beschleunigten Verfahren an selbst ausgesuchte Patienten. Inzwischen wird jedes vierte Herz, jede dritte Leber und jede zweite Bauchspeicheldrüse an der offiziellen Warteliste vorbei verteilt.[442]

Bei einem ersten Krisengespräch am 9. August 2012 zwischen der Bundesärztekammer (BÄK), der Deutschen Krankenhausgesellschaft (DKG), dem Spitzenverband der Gesetzlichen Krankenversicherung (GKV) und den Prüf- und Überwachungskommissionen von Ärzten, Kliniken und Krankenkassen wurde zunächst abgewiegelt: Seit 1997 seien etwa 30.000 Organtransplantationen durchgeführt und darunter nur 20 Verdachtsfälle auf Fehlverhalten gemeldet worden. Es liege deshalb „kein systemisches Versagen" vor, betonte der Geschäftsführer der Deutschen Krankenhausgesellschaft bei dieser Gelegenheit.[443]

Unterdessen deckte die *Frankfurter Rundschau* am 25. August 2012 auf, dass es bei der Verteilung von Spenderorganen weitere Auffälligkeiten gab: Neun von zehn Spenderherzen wurden demnach durch ein Verfahren an Organempfänger vergeben, das als manipulationsanfällig gilt. Das bestätigten Informationen aus der europäischen Organvermittlungsstelle Eurotransplant. Wurden noch 2001 nur 43,5 Prozent der Herzen an Patienten vergeben, die aufgrund „akuter Lebensgefahr" auf der Warteliste einen „Hochdringlichkeitsstatus" hatten, schnellte dieser Anteil bis zum Jahre 2011 auf 88,5 Prozent hoch. Chancen auf ein neues Herz hatte damit praktisch nur noch derjenige Patient, der diesen Status bekam. Die Kriterien dafür waren jedoch nicht einheitlich. Damit lag es weitgehend im Ermessen des

441 Siegmund-Schultze (2012a).

442 Gajevic/Szent-Ivanyi (2012).

443 Richter-Kuhlmann/Siegmund-Schultze (2012).

behandelnden Arztes, wie er den Patienten einstufte. Die Bundesärztekammer erklärte die Daten zunächst mit der abnehmenden Zahl von Spenderorganen, was aber kaum plausibel erschien.[444]

Nach einem weiteren Spitzentreffen mit Vertretern der Ärzte, der Krankenkassen, der Organspende-Stiftungen DSO und Eurotransplant sowie der Bundesländer kündigte der damalige Bundesgesundheitsminister Daniel Bahr (*1976) am 27. August 2012 an, man werde die Kontrolle und Aufsicht bei der Vergabe von Spenderorganen verbessern. Die zuständigen Stellen von Bund und Ländern würden personell so ausgestattet, dass sie diese Aufgabe wahrnehmen könnten. Mit Vertretern der Länder und der Organspendeorganisationen wurde verabredet, dass Landesbehörden verstärkt an Inspektionen in den Kliniken teilnehmen können. Die Entscheidung über die Vergabe von Organen solle weiterhin in erster Linie „nach medizinischen Gesichtspunkten" erfolgen.[445] Es wurde offenkundig, dass die genannten Skandale in einem politisch äußerst ungünstigen Augenblick zutage traten, denn sie trugen nicht dazu bei, das ohnehin geringe Vertrauen der Bevölkerung in die Organspendepraxis zu erhöhen.

Die formale Organisation der Transplantationsmedizin

Wie wird eine Organtransplantation formal abgewickelt? Für die Organisation der Organspende ist zunächst die Deutsche Stiftung Organtransplantation (DSO) zuständig. Die Vermittlung der Organe übernimmt die Stiftung Eurotransplant. Die eigentliche Übertragung des Organs auf den Empfänger findet in den bundesweit rund 50 Transplantationszentren statt.

Besteht bei einem Patienten der Verdacht auf den sogenannten Hirntod, vermittelt ein regionales DSO-Zentrum bei Bedarf unabhängige Neurologen für die Abklärung. Die Stiftung unterstützt die Ärzte außerdem bei der Klärung der Frage, ob der Patient einer Organspende zugestimmt hat oder ob seine Angehörigen dies tun. Dann werden die Daten des gespendeten Organs von der DSO an die Stiftung Eurotransplant übermittelt. Die Stiftung vermittelt gespendete Organe in acht europäische Länder mit insgesamt 135 Millionen Einwohnern: Belgien, Deutschland, Kroatien, Luxemburg, Niederlande, Österreich, Ungarn und Slowenien. Eurotransplant hat seinen Sitz im niederländischen Leiden und führt in ihren Wartelisten

444 Szent-Ivanyi (2012).

445 Spitzentreffen zu Organspende: Bahr will staatliche Kontrolle forcieren. *Spiegel online* vom 27.8.2012: http://www.spiegel.de/gesundheit/diagnose/organspende-bahr-sagt-mehr-staatliche-kontrolle-zu-a-852253.html (Stand: 24.4.2016).

rund 15.000 Menschen. 2010 wurden im Zuständigkeitsbereich von Eurotransplant knapp 7.000 Lebern, Herzen, Lungen, Nieren und Bauspeicheldrüsen übertragen.

Bei Eurotransplant laufen die Daten der Menschen, die auf eine Transplantation warten, und die Daten der gespendeten Organe zusammen. Die Informationen über die Wartenden kommen von den Transplantationszentren, die Daten über die Organe von der DSO. Die Ärzte sind in Deutschland an die Richtlinien für die Wartelistenführung der Bundesärztekammer gebunden. Danach ist eine Organtransplantation medizinisch geboten, wenn Erkrankungen „nicht rückbildungsfähig fortschreiten oder durch einen genetischen Defekt bedingt sind und das Leben gefährden oder die Lebensqualität hochgradig einschränken“. Weiter heißt es in den Richtlinien: „Die Gründe für oder gegen die Aufnahme in die Warteliste sind von dem darüber entscheidenden Arzt zu dokumentieren.“ Entscheidend bei der Auswahl des geeigneten Empfängers sind die Dringlichkeit und die Erfolgsaussichten der Transplantation. Dafür wird aus Laborwerten ein Punktwert berechnet. Er ist ein Maß für die Wahrscheinlichkeit des erkrankten Menschen, ohne Transplantation innerhalb der nächsten drei Monate zu versterben. Die Zuordnung der Organe ist jederzeit komplett nachvollziehbar. Werden die Daten aber gefälscht übermittelt, ist auch Eurotransplant hilflos.

Die Instrumentalisierung des Hirntodkriteriums

Abgesehen von den Fragen der gerechten Organzuteilung an die lebensbedrohlich erkrankten Menschen besteht das größte ethische Problem der Transplantationsmedizin jedoch in ihrer Fokussierung auf den sogenannten „Hirntod“. Die damit verbundenen kritischen Fragen werden sowohl im Transplantationsgesetz als auch in der öffentlich lancierten Debatte meistens ausgeblendet: Handelt es sich beim „Hirntod“ lediglich um den kompletten Funktionsausfall eines wichtigen, im Schädel gelegenen Organs, oder stirbt mit dem Gehirn auch der ganze Mensch? Theologisch gefragt: Verlässt die Seele den Leib in genau diesem Augenblick?

Gerade im Hinblick auf das Thema Hirntod und Organspende schreibt unsere Gesellschaft der naturwissenschaftlichen Medizin jedoch eine erhebliche Entscheidungskompetenz zu, die einem Definitionsmonopol über das Ende des menschlichen Lebens gleichkommt. So führte der damalige Bundesgesundheitsminister Horst Seehofer (*1949) in seiner Rede zum Entwurf des Transplantationsgesetzes am 25. Juni 1997 vor dem Deutschen Bundestag Folgendes aus: „Die Definition des Todes ist keine Aufgabe der Politik oder des Gesetzgebers. Allein die naturwissenschaftliche Forschung kann für alle Menschen in gleicher Weise feststellen, welche körperlichen Befunde Leben und Tod voneinander abgrenzen, unabhängig von einem bestimmten Menschenbild oder einem subjektiven Verständnis von Leben und Tod. Das entspricht unserem Rechts- und Verfassungsverständnis. Denn auch das Bundesverfassungsgericht hat die Frage, wann menschliches Leben beginnt, nicht nach lebensweltlichen, theologischen, philosophischen oder emotionalen Erfahrungen beantwortet, sondern entsprechend dem naturwissenschaftlich-medizinischen Kenntnisstand. Für die Frage nach dem Lebensende kann es keine andere Entscheidungsgrundlage geben. Der Gesetzgeber kann in dieser wichtigen Frage keine unterschiedlichen Maßstäbe zugrunde legen."[446]

Damit sprach der Minister schon damals den ethisch wohl heikelsten Punkt im Zusammenhang mit dem Hirntodkonzept an: Der völlige Ausfall der Gehirnfunktionen sollte als der Todeszeitpunkt des Menschen im anthropologischen und rechtlichen Sinne vor allem deshalb im Transplantationsgesetz festgeschrieben werden, damit die Ärzte im Fall einer Organentnahme nicht ihrerseits den Tod des Patienten verursachen müssten. Ein Gesetz, das den Hirntod hingegen als bloßes Entnahmekriterium juristisch verankern und damit offen lassen würde, ob der Mensch in diesem Zustand noch lebe oder schon tot sei, enthielte nach Seehofers Meinung aus drei Gründen unüberbrückbare Widersprüche und bedenkliche Grenzverschiebungen in der Frage des Lebensschutzes:

Erstens: Wer offen lasse, ob der Organspender bei der Organentnahme noch lebt, der lasse auch offen, ob Ärzte mit der Organentnahme den Organspender töten. Damit stünde die Transplantationsmedizin in Deutschland rechtlich im Zwielicht und wäre auch international isoliert. Die Politik könne es den Ärzten nicht zumuten, bei einem - angeblich - Sterbenden durch die Entnahme eines lebenswichtigen Organs den Tod herbeizuführen. Das wäre im wahrsten Sinne des Wortes auch tödlich für die gesellschaftliche Akzeptanz der Transplantationsmedizin. Die Bundesärztekammer als Vertreter der deutschen Ärzteschaft und alle medizinisch-wissenschaftlichen Fachgesellschaften hätten immer wieder deutlich gemacht, dass ein solches Verfahren für sie nicht zumutbar sei. Kein Transplantationsgesetz der Welt erlaube oder verlange, dass Ärzte die Organe sterbender Menschen zur Behandlung anderer schwerstkranker Menschen entnehmen.

Zweitens: Erlaube der Gesetzgeber, Sterbenden lebenswichtige Organe im Interesse Dritter zu entnehmen, wäre nicht einzusehen, weshalb eine aktive Lebensbeendigung nicht auch sonst gesetzlich freigegeben werden sollte. Wer an der Unantastbarkeit des Lebens und an der Bindung der Ärzteschaft an diesen Grundsatz festhalten wolle, der dürfe hier keine Grenzverschiebung zulassen.

Drittens: Wie sollte man den Bürgerinnen und Bürgern die Motivation zur Organspendebereitschaft erklären, wenn der Gesetzgeber in der Frage des Todes

---

446 Seehofer (1997); Bauer (1998d), S. 35; Bauer (2007b).

des Organspenders mehrdeutig sei und jeder Auslegung Raum lasse? Die gesellschaftliche Akzeptanz der Organentnahme wäre mit einem solchen Modell nachhaltig beeinträchtigt.

An dieser Stelle sei das Augenmerk des Lesers auf die in ethischer Perspektive problematische Argumentationstechnik gelenkt, die das politische Statement des Ministers stützen sollte. Jene drei von ihm aufgeführten Gründe, die angeblich zugunsten des Hirntodkonzepts sprachen, benannten nämlich keine objektiven physiologischen Tatsachen, sondern sie beschrieben potenzielle sozial- und individualethische Gefahren, die eintreten könnten, wenn der Gesetzgeber vom Kriterium des Hirntodes als dem Todeszeitpunkt des Menschen abwiche: 1. Der Arzt würde den Patienten bei der Organentnahme töten; 2. die aktive Sterbehilfe könnte begünstigt werden; 3. die Bereitschaft zur Organspende in der Bevölkerung könnte abnehmen.[447]

Um die drei geschilderten Szenarien, die damals offenkundig unerwünscht waren und die auch heute noch unerwünscht wären, vermeiden zu können, musste der Hirntod zum rechtlich bindenden Todeskriterium des Menschen erklärt werden. In wissenschaftlicher und ethischer Hinsicht unseriös war und ist diese Argumentation aber gerade deshalb, weil sie zielorientiert vorgeht: Die Begründung des Hirntodkriteriums leitet sich nicht aus der Sache an sich, sondern aus den unerwünschten Folgen einer Zurückweisung dieses Kriteriums ab. Auf diese Weise wird aber einer funktionalen Indienstnahme des Hirntodkonzepts Vorschub geleistet, und es entsteht der Eindruck, der potenzielle Organspender solle dadurch, dass man ihn formal „für tot erklärt", zu fremden Zwecken instrumentalisiert werden. Eine derartige Verzweckung wäre jedoch mit der Würde des Menschen nicht vereinbar.

So entstand nicht ohne Grund der Eindruck, der Staat wolle schwer kranke und am Beginn des Sterbeprozesses stehende Menschen nur deshalb rechtlich für tot erklären, um ihnen Organe für Transplantationszwecke entnehmen zu können. Die daraufhin seit 1997 vom Wissenschaftlichen Beirat der Bundesärztekammer formulierten Richtlinien zur Feststellung des Hirntodes sehen vor, dass durch die entsprechende Diagnostik „nicht der Zeitpunkt des eintretenden, sondern der Zustand des bereits eingetretenen Todes" festgestellt werde. Als Todeszeit wird die Uhrzeit registriert, zu der die Diagnose und Dokumentation des Hirntodes abgeschlossen sind.[448]

Eigentlich wäre der Hirntote nun also rechtlich eine Leiche. Aber noch niemand ist auf die Idee gekommen, einen solchen Menschen zu bestatten. Denn für ein Begräbnis ist der Hirntote längst nicht „tot genug". Er atmet nämlich noch, wenn-

447 Bauer (2012).

448 Bundesärztekammer (2015), S. 5 (hier Punkt 6: Todeszeitpunkt).

gleich mithilfe von Maschinen. Zunächst müssen also die intensivmedizinischen Maßnahmen abgebrochen und die künstliche Beatmung beendet werden, damit der Hirntote nach einer Weile tatsächlich „sterben kann". Und erst wenn der Tod des gesamten Organismus nach dem irreversiblen Herz- und Kreislaufstillstand eingetreten ist, kann die Bestattung des dann wirklich Verstorbenen erfolgen.

Die Feststellung des „Hirntodes" bedeutet nach dem deutschen Transplantationsgesetz indessen nur, dass Großhirn, Kleinhirn und Stammhirn einen endgültigen, medizinisch nicht mehr behebbaren Funktionsausfall erlitten haben. An keiner Stelle aber steht im TPG ausdrücklich, dass der Hirntod mit dem Tod des Menschen identisch wäre. § 3 Absatz 1 Nr. 2 TPG legt lediglich fest, dass die Entnahme von Organen oder Geweben nur dann zulässig ist, wenn „der Tod des Organ- oder Gewebespenders nach Regeln, die dem Stand der Erkenntnisse der medizinischen Wissenschaft entsprechen, festgestellt ist". Der Kölner Staatsrechtler Wolfram Höfling (*1954), seit 2012 Mitglied im Deutschen Ethikrat, bezeichnete diesen Umstand als ein „Glanzstück juristischer Trickserei".[449] Wie die *Frankfurter Allgemeine Sonntagszeitung* am 19. August 2012 mitteilte, fanden inzwischen sogar einige Bundestagsabgeordnete, vorwiegend aus den Reihen der Grünen und der Linken, dass man im Parlament neu über den Hirntod diskutieren müsste. Die meisten ihrer Kollegen aber wollen nicht gerne darüber diskutieren. Denn was würde geschehen, wenn der Deutsche Bundestag am Ende feststellen müsste, dass „Hirntote" eben gerade nicht tot sind? Das wäre vermutlich das Ende eines Großteils der Transplantationsmedizin, da dann nur noch die sogenannte „Lebendspende" einer Niere oder eines Teils der Leber in Betracht käme.

In einem im Juli 2012 veröffentlichten Interview des Pressedienstes der Evangelischen Nachrichtenagentur *idea* mit dem damaligen Medizinischen Vorstand der Deutschen Stiftung Organtransplantation Prof. Dr. Günter Kirste (*1948) und dem Würzburger Betreuungsrichter Rainer Beckmann (*1961), der zugleich als Lehrbeauftragter an der Medizinischen Fakultät Mannheim der Universität Heidelberg Medizinrecht lehrt, prallten die Gegensätze frontal aufeinander. Während der Transplantationschirurg Kirste davon ausging, der Hirntod sei als „unumkehrbarer Funktionsausfall des gesamten Gehirns" der „Tod des Menschen", hielt der Jurist Beckmann dem entgegen, der Mensch sei erst dann tot, wenn „alle wesentlichen Organe ihre Funktionsfähigkeit unwiederbringlich verloren" hätten. Der Organtod des Gehirns allein reiche für die Todesfeststellung nicht aus. Beckmann wies auch darauf hin, dass die Organspende „keine Bringschuld des Bürgers" sei. Wir erlebten aber derzeit statt Information teilweise Propaganda. Dies gelte zum Beispiel für das Argument, täglich stürben drei Menschen, weil sie keine Organspende erhielten.

449 v. Kittlitz (2012).

„Diese Menschen sterben aber nicht am Fehlen eines Spenderorgans, sondern an ihren Erkrankungen", so Beckmann.[450]

„Hirntote" sind nicht Tote, sondern Sterbende

In der politischen Diskussion über Organentnahme und Organtransplantation werden also wichtige Fakten ausgeblendet oder fehlerhaft dargestellt, die dem Ziel, die Organspendebereitschaft zu erhöhen, widersprechen könnten. In der Fachwelt gibt es inzwischen massive Zweifel sowohl an der eindeutigen Diagnostizierbarkeit des Hirntodes wie auch an der Gleichsetzung von Hirntod und Tod. Dass diese Definition falsch ist, wird mittlerweile selbst von Wissenschaftlern zugegeben, die sie seinerzeit mit aufgestellt haben. Das erklärte am 21. März 2012 der Pädiatrische Neurologe und langjährige Verteidiger der Hirntoddefinition Prof. D. Alan Shewmon aus Los Angeles vor dem Deutschen Ethikrat in aller Deutlichkeit. Shewmon stellte fest, dass sogenannte Hirntote noch längere Zeit leben können. So haben Frauen Monate nach Eintritt der mit Hirntod bezeichneten Situation Kinder geboren, Männer sind noch zeugungsfähig.[451]

Im Jahre 2008 konzedierte der amerikanische Anästhesiologe und Medizinethiker Robert D. Truog von der Harvard-Universität gemeinsam mit seinem Kollegen Franklin Miller von den National Institutes of Health, dass die Praxis des Hirntod-Kriteriums tatsächlich die Tötung des Spenders zur Folge habe. Truog und Miller forderten nun aber gerade nicht als Konsequenz daraus, die derzeitige Praxis der Organentnahme zu beenden, sondern sie kamen zu dem ethisch wohl kaum widerspruchslos akzeptablen Schluss, dass die Regel, wonach der Spender tot zu sein habe, aufgegeben werden müsse: Die Tötung des Patienten durch Organentnahme solle künftig einfach als durch den guten Zweck der Organspende „gerechtfertigt" angesehen werden.[452]

450 Interview: „Wann ist der Mensch tot?" Pressedienst der Evangelischen Nachrichtenagentur *idea* Nr. 199 vom 17.7.2012, S. 8-12.

451 Siehe dazu *Hirntod und Organentnahme. Gibt es neue Erkenntnisse zum Ende des menschlichen Lebens?* Vorträge mit anschließender Diskussion beim *Forum Bioethik* des Deutschen Ethikrates am 21. März 2012 in Berlin. http://www.ethikrat.org/veranstaltungen/forum-bioethik/hirntod-und-organentnahme (Stand: 24.4.2016).

452 Milller/Truog (2008).

Der normative Status des menschlichen Körpers

An dieser Stelle sollten wir uns noch einmal den normativen Status des menschlichen Körpers in Erinnerung rufen: Dem lebenden Menschen als einem Gesamtorganismus kommt aufgrund der ungetrennten Einheit seiner körperlichen, seelischen und geistigen Konstitution eine ethisch und rechtlich unter besonderem Schutz stehende Würde zu. Der lebende Mensch ist keine Sache, sondern eine Person. Daher ist auch das Verhältnis des Menschen zu den Organen seines Körpers kein sachenrechtliches, sondern ein personenrechtliches. Organe dürfen aus diesem Grund nicht wie bewegliche Gegenstände behandelt oder im Extremfall gar verkauft werden. Der Körper gehört nicht dem Menschen als einem Eigentümer, vielmehr ist der Körper selbst die materielle Basis des Menschen und seiner Personalität. Auch nach dem Tod wirkt das Persönlichkeitsrecht juristisch und ethisch nach, obwohl die tatsächlichen Umstände dafür sprechen, dass es sich bei der Leiche um eine Sache handelt. Eine rein sachenrechtliche Behandlung der Leiche wäre indessen auf Grund des Umstandes, dass die sterblichen Überreste einmal Teile eines Menschen waren, nicht akzeptabel.

Zum einen hätte dies nämlich eine unbeschränkte Eigentums- und Verkehrsfähigkeit der Leiche zur Folge. Zum anderen gilt für die Herrschaft über Sachen, dass der Eigentümer nach Belieben mit seiner Sache verfahren, sie zum Beispiel veräußern oder verarbeiten darf. Als Ausdruck des nachwirkenden Persönlichkeitsrechts macht das Transplantationsgesetz die Organentnahme demgegenüber primär von der Einwilligung des Verstorbenen abhängig. Liegt dazu keine Willenserklärung vor, ist die Einwilligung der Angehörigen oder sonstiger Personen, die der Verstorbene ermächtigt hatte, erforderlich. Bei der Entscheidung ist aber sein mutmaßlicher Wille – soweit bekannt – zu berücksichtigen.[453]

Grundlage dieser Wertentscheidungen ist die Fortgeltung der durch Artikel 1 Absatz 1 des Grundgesetzes garantierten Würde des Menschen auch über den Tod hinaus. Diese Fortgeltung bedingt, dass letztwillige Verfügungen des Verstorbenen weiterhin Gültigkeit haben. Deshalb ist die Leiche biologisch betrachtet zwar eine Sache, in rechtlicher Hinsicht werden auf sie jedoch persönlichkeitsrechtliche Regelungen angewendet. Diese rechtliche Praxis muss um so mehr dann respektiert werden, wenn – wie im Falle des „hirntoten" Organspenders – die typischen

453 Vgl. §§ 3-4 des Transplantationsgesetzes in der Fassung der Bekanntmachung vom 4. September 2007 (BGBl. I S. 2206), das durch Artikel 5d des Gesetzes vom 15. Juli 2013 (BGBl. I S. 2423) geändert worden ist. http://www.gesetze-im-internet.de/bundesrecht/tpg/gesamt.pdf (Stand: 24.4.2016).

Merkmale eines Leichnams gerade nicht vorliegen, sondern wenn vielmehr der juristisch für tot Erklärte biologisch noch lebt.

Der Befund, dass der Hirntod gerade nicht der Tod des ganzen Menschen ist, führt zu der Notwendigkeit einer umfassenden und nicht interessengeleiteten Aufklärung der Bürgerinnen und Bürger. Es muss darüber informiert werden, dass die Organe eines Hirntoten in Wirklichkeit lebende Organe eines Sterbenden sind, die durch eine den Spender zum Tode führende Operation entnommen werden. Es ist aber auch geboten, darüber aufzuklären, dass ein Sterbender, dem Organe entnommen werden sollen, aufgrund des Interesses an seinen Organen in der Regel durch die – dann fremdnützig handelnde – Intensivmedizin länger am Leben erhalten wird, als dies sonst der Fall wäre. Das Ziel, möglichst „frische" Organe transplantieren zu können, führt – über den Zeitpunkt eines menschenwürdigen Sterbens hinaus – zu einer Konzentration der medizinischen Bemühungen auf die Vitalerhaltung dieser Organe. Die in der Regel auf die Beendigung von Therapiemaßnahmen zielende Patientenverfügung einerseits und die Erklärung einer Organspendebereitschaft andererseits geraten somit gegebenenfalls in Widerspruch zueinander.[454]

Die Haltung der katholischen Kirche zum Hirntod-Kriterium

Auch die in diesem Kontext so aufschluss- wie einflussreiche Haltung der katholischen Kirche zum Kriterium des Hirntodes unterliegt einer historischen Entwicklung. Bereits 1944 erklärte Papst Pius XII. (1876-1958), dass die Macht des Menschen über seine Organe eine zwar beschränkte, aber doch direkte sei, und dass ein Organ geopfert werden dürfe, wenn der physische Organismus des einzelnen Menschen in Gefahr sei und dieser Gefahr auf andere Weise nicht begegnet werden könne. Prinzipiell gab es für Pius XII. auch keine Einwände gegen die Übertragung eines Organs von einem toten auf einen lebenden Menschen. Doch selbstverständlich ging der Papst damals nicht vom „Hirntod" des Menschen aus, sondern vom konventionellen Herz-Kreislauf-Stillstand. Dies belegt seine Aussage in der Ansprache vom 14. Mai 1956, es sei vom sittlich-religiösen Standpunkt aus nichts gegen die

454 Um diesen Widerspruch wenigstens prozedural aufzulösen, haben die Bundesärztekammer und die Zentrale Ethikkommission bei der Bundesärztekammer (ZEKO) im Jahre 2013 neue Empfehlungen zum Umgang mit Vorsorgevollmacht und Patientenverfügung in der ärztlichen Praxis herausgegeben, als deren Anlage ein sorgfältig differenzierendes Arbeitspapier zum Verhältnis von Patientenverfügung und Organspendeerklärung beigefügt ist. Siehe dazu Bundesärztekammer (2013). http://www.bundesaerztekammer.de/fileadmin/user_upload/downloads/Empfehlungen_BAeK-ZEKO_Vorsorgevollmacht_Patientenverfuegung_19082013l.pdf (Stand: 24.4.2016).

Ablösung der Hornhaut bei einem Toten einzuwenden.[455] Die Hornhaut als ein sogenanntes bradytrophes, das heißt nur durch langsame Diffusion ernährtes Gewebe konnte aber bereits damals dem Leichnam entnommen werden, ohne dass der betreffende Mensch erst dadurch zu Tode gekommen wäre.

Wesentlich problematischer erscheint noch heute die am 2. Juli 1990 unter dem Einfluss bedeutender deutscher Transplantationsmediziner verabschiedete gemeinsame Erklärung der Deutschen Bischofskonferenz und des Rates der Evangelischen Kirche in Deutschland (EKD). Diese Erklärung folgte in erstaunlich reduktionistischer Linearität den Wünschen der Transplantationschirurgen, indem sie – theologisch ziemlich forsch – postulierte, der Hirntod bedeute ebenso wie der Herztod den „Tod des Menschen", denn mit dem Hirntod fehle dem Menschen die unersetzbare und nicht wieder zu erlangende körperliche Grundlage für sein geistiges Dasein in dieser Welt. Der unter allen Lebewesen einzigartige menschliche Geist sei körperlich ausschließlich an das Gehirn gebunden. Ein hirntoter Mensch könne nie mehr eine Beobachtung oder Wahrnehmung machen, verarbeiten und beantworten, nie mehr einen Gedanken fassen, verfolgen und äußern, nie mehr eine Gefühlsregung empfinden und zeigen, nie mehr irgendetwas entscheiden."[456]

Etwas zurückhaltender, aber doch nicht grundsätzlich ablehnend äußerte sich der hochbetagte Papst Johannes Paul II. (1920-2005) in einer Ansprache beim Internationalen Kongress für Organverpflanzung in Rom am 29. August 2000, als er in dem von ihm unterzeichneten Text darauf hinwies, das heute angewandte Kriterium zur Feststellung des Todes, nämlich das völlige und endgültige Aussetzen jeder Hirntätigkeit, stehe nicht im Gegensatz zu den wesentlichen Elementen einer vernunftgemäßen Anthropologie, wenn es exakt Anwendung finde. Daher könne der für die Feststellung des Todes verantwortliche Arzt dieses Kriterium in jedem Einzelfall als Grundlage benutzen, um jenen Gewissheitsgrad in der ethischen Beurteilung zu erlangen, den die Morallehre als „moralische Gewissheit" bezeichne. Diese moralische Gewissheit gelte als notwendige und ausreichende Grundlage für eine aus ethischer Sicht korrekte Handlungsweise. Nur wenn diese Gewissheit bestehe und die Einwilligungserklärung des Spenders oder seines rechtmäßigen

---

455 Siehe dazu einen leider nicht mehr online nachlesbaren Vortrag von Karl Kardinal Lehmann (2005).

456 Organtransplantationen. Erklärung der Deutschen Bischofskonferenz und des Rates der EKD. Bonn/Hannover 1990, hier Punkt 3.2.1: Sichere Feststellung des Todes. http://www.ekd.de/EKD-Texte/organtransplantation_1990.html (Stand: 24.4.2016).

Vertreters bereits vorliege, sei es moralisch vertretbar, die technischen Maßnahmen zum Entnehmen von zur Transplantation bestimmten Organen einzuleiten.[457]

Der nachfolgende Papst Benedikt XVI. (*1927) hingegen sagte am 7. November 2008 bei einem internationalen Kongress zum Thema Organspende, den die Weltdachorganisation katholischer Ärzteverbände zusammen mit der Päpstlichen Akademie für das Leben und dem italienischen Centro Nationale Trapianti organisiert hatte, Gewebe- und Organtransplantationen stellten einen großen Fortschritt der medizinischen Wissenschaft dar. Für viele Menschen seien sie ein Zeichen der Hoffnung. Der Leib des Menschen dürfe aber nie nur als Objekt gesehen werden, da sonst die Logik des Marktes siegen würde. Der Leib jedes Menschen bilde zusammen mit dem Geist, der jedem gegeben sei, ein unteilbares Ganzes, dem das Bild Gottes selbst eingeprägt sei. Es gelte die Menschenwürde und die personale Einheit des Menschen zu schützen. Vitale Organe dürften nur *ex cadavere* entnommen werden. Wenn Sterbende ihre Organe spendeten, dann müsse der Respekt vor dem Leben des Spenders das Hauptkriterium sein.[458]

Man darf indessen nicht übersehen, dass es zwar die medizinische Wissenschaft ist, mit deren Methoden ein Arzt feststellen kann, ob die für die Bestimmung des Todes geltenden Kriterien im Einzelfall tatsächlich vorliegen oder nicht. Es kann aber nicht ausschließlich der Medizin als Profession überlassen werden, welche gerade aktuellen, vom fachinternen Mainstream favorisierten Kriterien für die Bestimmung des Todes herangezogen werden. Eine derartige Autonomie der Medizin wäre der Bedeutung des Themas nicht angemessen. Hier geht es nämlich um eine Grundfrage des menschlichen Lebens und seines vom Staat zu gewährleistenden Schutzes. Der Hirntod ist nicht der Tod des Menschen, sondern er markiert das vorzeitige Ende des seinen Bürgern vom Staat garantierten Rechts auf Leben.

Abschluss und Ausblick

Die Erfolge der Transplantationsmedizin haben in den letzten Jahren dazu geführt, dass die ethischen Debatten auf diesem Themenfeld inzwischen nahezu exklusiv unter dem Aspekt des Organmangels geführt werden. Dieser relative Organmangel

457 Ansprache von Papst Johannes Paul II. beim Internationalen Kongress für Organverpflanzung im *Palazzo dei Congressi* in Rom am 29. August 2000, hier Punkt 5. http://stjosef.at/dokumente/papst_organtransplantation_2000.htm (Stand: 24.4.2016).

458 Papst Benedikt XVI.: Gewebe- und Organtransplantationen sind ein großer Fortschritt. Lang erwartete und erbetene Stellungnahme der Kirche zum Thema Organspende. *Zenit* vom 7.11.2008. http://www.zenit.org/article-16362?l=german (Stand: 12.12.2012; inzwischen offline).

ist indessen keine Naturkonstante, sondern seinerseits eine Folge der steigenden Zahl von Organtransplantationen durch wissenschafts- und technikbedingte Ausweitung der medizinischen Indikation zur Operation. Man kann daher die Prognose wagen: Je erfolgreicher die Transplantationsmedizin in qualitativer und quantitativer Hinsicht künftig sein wird, desto größer wird ihr Bedarf an Organen und damit der relative Organmangel werden. Dabei dürfen im Übrigen auch die zum Teil fatalen Nebenwirkungen einer Transplantation nicht beschwiegen werden, wie etwa die im November 2012 im *Deutschen Ärzteblatt* mitgeteilte Tatsache, dass mehr als die Hälfte der Organempfänger im Langzeitverlauf Basalzell- und Plattenepithelkarzinome der Haut entwickeln. Das relative Risiko ist nach einer Organtransplantation bis auf das 65-fache gegenüber der Allgemeinbevölkerung erhöht. Plattenepithelkarzinome wachsen bei Organempfängern aggressiver, mit früherer Invasivität und höherem Metastasierungspotenzial. Als Auslöser gelten die durch Immunsuppressiva geschwächte körpereigene Tumorkontrolle sowie direkte kanzerogene Wirkungen bestimmter Arzneimittel.[459]

So verständlich und notwendig die empfängerzentrierte Sichtweise auf das Thema Organtransplantation auch sein mag, so deutlich muss aus ethischer Perspektive vor einer Blickverengung gewarnt werden, bei der die Besonderheit dieses Behandlungsverfahrens nicht mehr beachtet würde: Einen rechtlichen oder auch nur einen moralischen Anspruch auf die Überlassung fremder Organe, die konstitutiver Teil einer anderen Person waren oder sind, kann es um der Würde des Menschen willen, die auch die Würde des Organspenders und unser aller Würde mit umfasst, nicht geben. Insofern müssen sich Medizin und Gesellschaft bei allem Fortschrittsoptimismus auf diesem Feld auch künftig in eine gewisse Selbstbegrenzung ihrer Wünsche fügen.

459 Siegmund-Schultze (2012b).

24 Suizidbeihilfe und Selbstbestimmung: Wo liegen die Grenzen?[460]

Der „selbstbestimmte" Tod als illusionäres Ziel

Im medizinethischen und medizinrechtlichen Diskurs handelt es sich bei dem aus der Würde des Menschen[461] und dem Persönlichkeitsrecht[462] abgeleiteten Recht auf Selbstbestimmung primär um ein individuelles Abwehrrecht, durch dessen Beachtung verhindert werden soll, dass – in der Regel ärztliche und pflegerische – Maßnahmen gegen den Willen eines Patienten vorgenommen werden. In dieser Form präsentierte sich jene Botschaft der ersten Jahre der modernen Medizinethik, die in der Öffentlichkeit am meisten wahrgenommen wurde, weil sie im Gegensatz zu den traditionellen Werten Fürsorge, Schadensvermeidung und Gerechtigkeit als der einzige „innovative" moralische Wert erschien.[463]

In den letzten Jahren hat sich indessen eine Tendenz gezeigt, ausschließlich das Selbstbestimmungsrecht von Patienten in den Vordergrund zu rücken. Es liegt eine gewisse Tragik dieser Entwicklung darin, dass es ausgerechnet die Sterbehilfe ist, an der sich das Selbstbestimmungsrecht vorrangig bewähren soll.[464] Man gewinnt den Eindruck, dass das Recht auf Selbstbestimmung neuerdings mit einem Recht auf den selbst bestimmten Todeszeitpunkt geradezu identifiziert wird. Die ständig wiederholte Rede vom selbstbestimmten Sterben oder gar vom Sterben in Würde wirkt irritierend, denn man will uns damit einreden, wir hätten ungeahnte Spielräume ausgerechnet beim Sterben, und ein natürlicher Tod sei letztlich würdelos.

Die Autonomie im Sinne Immanuel Kants (1724-1804) als die Fähigkeit des mit Vernunft begabten Menschen, sich vernünftige (und nicht etwa beliebige) moralische Gesetze zu geben und nach diesen zu handeln, hat ihren unhintergehbaren Grund in der physischen Existenz der Person. Sie ist also Folge und nicht Ursache unserer biologischen Konstitution. Daher beschränkt sich – und von diesem Punkt

460 Dieses Kapitel kombiniert den Text des hier titelgebenden, aber gekürzten Vortrags zur Fachtagung *Was heißt: „In Würde sterben?" – Wissenschaft und Politik im Gespräch*, die am 28. September 2015 im SpreePalais am Dom in Berlin stattfand, mit dem Text des nach Inkrafttreten des neuen § 217 StGB bei der *14. Gesamttagung des Nationalen Suizidpräventionsprogramms für Deutschland (NaSPro)* in der Vertretung des Landes Rheinland-Pfalz beim Bund in Berlin am 4. März 2016 gehaltenen Vortrags *§ 217 StGB: Wie geht es nach der Gesetzgebung weiter?*

461 Artikel 1 Absatz 1 GG. Zum Folgenden siehe auch Bauer (2015b).

462 Artikel 2 Absatz 1 GG.

463 Brody (1992), S. 48.

464 Bauer (2009c).

an argumentiert der Verfasser nicht mehr transzendentalphilosophisch, sondern legitimationstheoretisch – die Reichweite der menschlichen Selbstbestimmung auf den Bereich diesseits ihrer physischen Grundlage.[465]

Der Mensch ist zwar faktisch in der Lage, sich selbst zu töten, doch kann er diesen Schritt ethisch nicht einfach unter Berufung auf die Selbstbestimmung legitimieren. Ein Akteur, der wohl überlegt diejenige physische Struktur irreversibel zerstört, die seine Handlungsfreiheit durch ihre Existenz überhaupt erst ermöglicht, handelt moralisch nicht legitim, auch wenn seine Motivation zur Selbsttötung emotional nachvollziehbar sein sollte. Nachvollziehbarkeit einerseits und moralische Billigung andererseits sind zwei strikt zu trennende Zugangsweisen zu einem Problem. Nicht alles, was man irgendwie verständlich findet, kann auch moralisch deshalb schon für gut befunden werden.

Der assistierte Suizid als rechtspolitisches Thema in Deutschland

Trotz seiner bis 2015 in Deutschland fehlenden strafrechtlichen Relevanz wird der Suizid von unserer Rechtsordnung nicht gebilligt. Der Strafverzicht hat pragmatische Gründe, denn im Fall eines gelungenen Suizids lebt der Täter nicht mehr, während im Fall eines womöglich schwer verletzt überlebenden Suizidenten eine Bestrafung nicht angemessen erschiene. Wichtiger wäre hier eine wirksame Suizidprävention. Aus dem Grundgesetz lässt sich ebenfalls kein „Recht auf Selbsttötung“ ableiten. Weder das durch Artikel 2 Absatz 2 GG geschützte Grundrecht auf Leben noch das in Artikel 2 Absatz 1 GG verankerte Grundrecht auf die freie Entfaltung der Persönlichkeit gestatten es ihrem Träger, jene physische Grundlage zu beseitigen, die unabdingbare materielle Voraussetzung für die Gewährleistung dieser beiden Grundrechte ist. Im Hinblick auf die Würde des Menschen nach Artikel 1 Absatz 1 GG steht darüber hinaus auch dem Grundrechtsträger selbst keine „Lebenswert-

465 Auf die offenkundigen logischen Schwächen in der Begründung des uneingeschränkten Selbsttötungsverbots als Lebenserhaltungspflicht bei Immanuel Kant hat Manfred Wetzel mit Recht verwiesen: Für die einem Suizid zugrunde liegende Maxime macht es in der Tat einen Unterschied, ob sie postuliert, „nach Belieben …“ oder aber zum Beispiel „im Falle jahrelanger qualvoller unheilbarer Krankheit“ erfolge die Einwilligung zur Sterbehilfe. Nur die Maxime „nach Belieben“ würde einen transzendentalphilosophischen Selbstwiderspruch erzeugen. Wetzel (2004), S. 390-391.

bestimmung“ zu, wie dies von Befürwortern des assistierten Suizids neuerdings gefordert wird.[466]

Hinter dem Begriff der „(Bei-)hilfe“, also der Vorstellung einer Hilfeleistung, etwa durch einen nahen Angehörigen oder den mitfühlenden Arzt, verbirgt sich in Wahrheit eine Debatte um den Wert beziehungsweise den Unwert bestimmter Formen menschlichen Lebens, denn der spätere Gehilfe einer Selbsttötung billigt die Wertentscheidung des Suizidenten, er „hilft“ nicht nur, sondern er macht sich diese Entscheidung zu eigen, gibt zu ihrer Ausführung sogar den letzten Anstoß. Der Gehilfe hat einen wesentlichen Anteil an der Tat und somit auch an der Tatherrschaft.

Verfassungsrechtlich durchaus zulässig wäre für die strafrechtliche Bewertung von Anstiftung und Beihilfe zum Suizid eine Lösung, wie sie in Österreich gewählt wurde, wo die Mitwirkung am Selbstmord (§ 78 öStGB) als eigenständige Haupttat strafbar ist. Die dogmatische Begründung für eine Strafbarkeit der Mitwirkung liegt darin, dass der Suizident sein eigenes Leben beendet, der Teilnehmer aber, also der Anstifter oder der Helfer, sich gegen das Leben eines anderen Menschen vergeht, das heißt ein fremdes Rechtsgut verletzt.[467] Die Mitwirkung an der Selbsttötung eines anderen Menschen stellt eine abstrakte Gefährdung des Lebens vieler Bürgerinnen und Bürger dar. Bei abstrakten Gefährdungsdelikten kommt es nicht darauf an, dass im Einzelfall eine konkrete Gefahr entsteht und nachgewiesen werden kann, sondern dass eine generell als gefährlich erscheinende Tätigkeit verhindert werden soll, wie zum Beispiel beim Tatbestand der Trunkenheit im Verkehr nach § 316 StGB.

Die prognostizierte demografische Alterung der Bevölkerung in Deutschland bringt es mit sich, dass immer mehr Menschen in absehbarer Zukunft ein wesentlich längeres Dasein im Ruhestand erleben werden als ihre Eltern oder Großeltern, und dies selbst dann, wenn das Renteneintrittsalter auf 68 oder gar 70 Jahre angehoben werden sollte. Mit zunehmendem Alter kommen mehr und kostspieligere Krankheiten auf uns zu. Wer sich mithilfe körperlicher Aktivität lange fit hält, wird die Krankheiten, die seine Eltern mit 75 Jahren trafen, gegebenenfalls erst mit 80 oder mit 85 Jahren erleben; erspart bleiben sie ihm jedoch nicht. Damit steigen auch die

---

466 Im Gegensatz dazu stehen Punkt 7 und Punkt 10 einer gemeinsamen Pressemitteilung der Deutschen Gesellschaft für Humanes Sterben, der Giordano-Bruno-Stiftung, der Humanistischen Union und des Humanistischen Verbands Deutschland vom 12.3.2014. Neue Rheinische Zeitung, Online-Flyer Nr. 450 vom 19.3.2014. http://www.nrhz.de/flyer/beitrag.php?id=20133 (Stand: 24.4.2016). Die ethische Problematik impliziter Lebenswert-Urteile bei auf Kosten- und Nutzenbewertungen basierenden Entscheidungen im Gesundheitswesen hat der Deutsche Ethikrat in einer umfangreichen Stellungnahme dargelegt. Siehe Deutscher Ethikrat (2011a).

467 Zur verfassungsrechtlichen Begründung eines ausnahmslosen Verbots der Mitwirkung am Suizid siehe die Stellungnahme von Hillgruber (2015) für den Deutschen Bundestag.

Krankheits- und Pflegekosten während der letzten Phase des Lebens steil an. Denn es wäre eine Illusion zu glauben, wir würden in der näheren Zukunft nicht nur später, sondern sozusagen in „kerngesundem" Zustand von heute auf morgen sterben.

Derzeit werden in Deutschland von den rund 2,2 Millionen Pflegebedürftigen etwa 1,5 Millionen Menschen (68 Prozent) zu Hause gepflegt, während etwa 700.000 Pflegebedürftige (32 Prozent) in Heimen leben. Eine Situation, in der ausgerechnet Angehörigen und Ärzten ein strafrechtlich abgesichertes Privileg beim assistierten Suizid eingeräumt würde, wäre für pflegebedürftige Menschen schon heute lebensgefährlich. Doch zwischen 1950 und 1970 wurden in Deutschland jährlich nahezu doppelt so viele Kinder geboren wie im Jahre 2015. Es geht folglich um über 25 Millionen Menschen, das sind etwa 30 Prozent aller Bürger dieses Landes, die jetzt zwischen 45 und 65 Jahren alt sind und die im Jahre 2030 die Senioren unserer Gesellschaft darstellen werden.

Das Problem der hohen Altersversorgungs-, Krankheits- und Pflegekosten wird dann eskalieren, denn in den Jahren nach 2025 müssen immer weniger Jüngere die finanzielle Absicherung für die immer mehr werdenden Ruheständler erwirtschaften. Angesichts der wenig erfreulichen Aussicht, dass das relative Rentenniveau in 15 Jahren deutlich unter dem gegenwärtigen Status liegen wird, muss man durchaus die Frage stellen, ob sich die Mitwirkung am Suizid künftig tatsächlich nur auf Schwerstkranke in einem medizinischen Finalstadium bezöge, wie derzeit in beschwichtigender Absicht meistens argumentiert wird.[468]

Wie sähe das Ende alter und kranker Menschen im Jahre 2030 aus, wenn es gelänge, sie schon weit im Vorfeld des Todes davon zu überzeugen, dass ein freiwilliger Abgang nach einem erfüllten Leben eine Tugend, gar eine soziale Verpflichtung sei? Dann würden Hemmschwellen fallen, die bislang vor allem auch deshalb vorhanden waren, weil – zumindest noch im Jahre 2011 – rund 93 Prozent der Bürger die diesbezügliche Rechtslage nicht kannten und irrtümlich glaubten, Anstiftung und Beihilfe zum Suizid seien in Deutschland derzeit strafbar.[469] Doch Unwissenheit bietet keinen hinreichenden Lebensschutz, denn eine deutliche Mehrheit der Bundesbürger ist, zumindest wenn man ihnen geschickt formulierte Fragen stellt, inzwischen dafür, die Suizidassistenz zuzulassen.

Auf die Frage „Sollte es in Deutschland ein Recht auf Beihilfe zur Selbsttötung geben?", antworteten Ende April 2015 immerhin 63 Prozent der Testpersonen mit

468 Zum thanatopolitischen Hintergrund des § 217 StGB siehe ausführlich Bauer (2013a) und Bauer (2013b).

469 Assistierter Suizid. Ergebnisse einer repräsentativen Erhebung– Tabellarische Übersichten. Eine Studie von *Infratest dimap* im Auftrag der „Stiftung Ja zum Leben". Berlin, 12. Mai 2011 (67.10.122341). Die Studie wurde nicht publiziert.

Ja. Die repräsentative Studie war vom Sozialwissenschaftlichen Institut (SI) der Evangelischen Kirche initiiert worden. Emnid hatte vom 20. bis zum 27. April 2015 insgesamt 2.052 Menschen über 18 Jahren telefonisch befragt. Am stärksten verbreitet sind dieser Studie zufolge die Angst vor einem langen Sterbeprozess, vor starken Schmerzen oder schwerer Atemnot, und die Sorge, der eigenen Familie zur Last zu fallen. Immerhin drei von fünf Deutschen sind der Befragung zufolge der festen Überzeugung, dass die Legalisierung ärztlicher Suizidbeihilfe den Druck auf Menschen verstärken würde, die ihrer Familie nicht zur Last fallen wollen.[470] In diesem Zusammenhang muss es äußerste Besorgnis wecken, dass die Selbsttötungsrate bei den über 60-Jährigen, vor allem bei den alten Männern, weiter ansteigt. Unter den jährlich etwa 10.000 Menschen, die sich das Leben nehmen, gehören mittlerweile 45 Prozent dieser Altersgruppe an, obwohl sie nur 27 Prozent der Gesamtbevölkerung ausmacht. Etwa drei Viertel aller Suizidenten sind Männer.[471]

Das neue Gesetz zum assistierten Suizid

Nun hat der Deutsche Bundestag nach langer Diskussion am 6. November 2015 den neuen § 217 StGB verabschiedet. Es wurde dabei die geschäftsmäßige Suizidhilfe unter Strafe gestellt. Anders als im Falle der Gewerbsmäßigkeit, bei der eine Gewinnerzielungsabsicht bestehen muss, liegt geschäftsmäßiges Handeln bereits dann vor, wenn jemand beabsichtigt, die Wiederholung gleichartiger Taten zum Gegenstand seiner wirtschaftlichen oder beruflichen Betätigung zu machen, und dies ohne Erwerbsabsicht. Mit einem entsprechenden Gesetz könnte man, so hieß es im Vorfeld des Gesetzgebungsverfahrens, die Tätigkeit von Vereinen wie *Dignitas Deutschland* oder *Sterbehilfe Deutschland* eindämmen oder gar zum Erliegen bringen.

Der neue § 217 StGB stellt nun in Absatz 1 die „geschäftsmäßige Förderung der Selbsttötung" unter Strafe. Allerdings bleiben gemäß Absatz 2 Anstiftung und Beihilfe zu dem neuen Delikt dann straffrei, wenn der Teilnehmer selbst nicht geschäftsmäßig handelt und er entweder Angehöriger des Suizidenten ist oder diesem nahesteht.[472] Abgesehen davon, dass der unscharfe Begriff der „Geschäftsmäßigkeit" verfassungsrechtliche Probleme mit der in Artikel 12 Absatz 1 GG garantierten Berufsfreiheit

470 Ahrens (2015).

471 Suizidrate bei über 60-Jährigen steigt. Viele leiden an Depressionen. *Allgemeine Zeitung* (Mainz) Nr. 211 vom 11.9.2015, S. 1. Siehe auch http://www.tagesspiegel.de/politik/weltsuizidtag-hohe-selbstmordrate-bei-ueber-60-jaehrigen-in-deutschland/12301528.html (Stand: 24.4.2016).

472 Brand et al. (2015), S. 5.

aufwerfen könnte, bleibt unverständlich, weshalb die Autoren des Gesetzentwurfs Angehörigen und dem Suizidenten nahestehenden Personen grundsätzlich „altruistische Motive“[473], „tiefes Mitleid“ und „Mitgefühl“[474] unterstellen, womit deren Straffreiheit begründet werden soll. Auch „Angehörige von Heilberufen“, also vor allem Ärzte, sollten „im Einzelfall“ vom Tatbestand des § 217 Absatz 1 StGB nicht erfasst werden, weil sie dann typischerweise gerade nicht geschäftsmäßig handeln würden.[475] Es bleibt dabei unklar, an welche konkreten Methoden der „Suizidbegleitung“ für die „im Einzelfall“ legale ärztliche Suizidassistenz gedacht wird, da zumindest bislang das Betäubungsmittelgesetz nicht geändert wurde. Das in der Schweiz verschreibungsfähige Gift Natriumpentobarbital etwa ist in Deutschland nur zum Einschläfern von Tieren zulässig.

Das Gesetz wirft mehr Probleme auf, als es zu lösen in der Lage sein wird. Wie soll man, zumal bei Ärzten, die Gewissensentscheidung in „Ausnahmefällen“ von regelmäßigem, „geschäftsmäßigem“ Handeln abgrenzen? Vor Gericht zu klären wäre dann jeweils, mit welcher Absicht und welchem „Regelmäßigkeitsbewusstsein“ die Suizidhelfer handeln. In der Bundestagsdebatte am 2. Juli 2015 betonte Michael Brand, der federführende Autor des neuen Gesetzes, strafbar solle eindeutig nur ein Handeln sein, das „auf Wiederholung angelegt“ sei.[476] Schwierig wird auch der Umgang mit dem „Sterbetourismus“ in die Schweiz. Zwar ist die dortige, „geschäftsmäßig“ organisierte Suizidhilfe nach deutschem Recht jetzt eine Straftat. Das heißt, dass man in Deutschland bestraft werden könnte, wenn man Teilnehmer dieses Sterbetourismus wäre, etwa dadurch, dass man den Suizidenten bei der Fahrt in die Schweiz unterstützt oder selbst das Auto steuert. Aber das neue Gesetz macht eine Ausnahme: Angehörige oder „nahestehende“ Personen bleiben als Teilnehmer straffrei. Unter seiner Internetadresse vermeldet der in Zürich ansässige Ableger des Vereins *Sterbehilfe Deutschland (StHD)* derzeit bereits: „Diese Seite wird zurzeit neu gestaltet und steht Ihnen in Kürze zur Verfügung.“[477]

Kann es schon schwierig werden, das „Nahestehen“ zu definieren, so ergibt sich darüber hinaus eine grundsätzliche Frage: Das neue Gesetz will prinzipiell verhindern, dass Menschen sich durch organisierte Sterbehilfeangebote zum Suizid direkt oder indirekt gedrängt fühlen. Doch ein direktes oder indirektes Drängen zum Suizid kann man sich am ehesten in Familien vorstellen: Ein Schwerstkran-

473 Brand et al. (2015), S. 14.

474 Brand et al. (2015), S. 24.

475 Brand et al. (2015), S. 23.

476 Siehe dazu das Plenarprotokoll der 115. Sitzung des Deutschen Bundestages vom 2. Juli 2015, S. 11053. http://dipbt.bundestag.de/doc/btp/18/18115.pdf (Stand: 24.4.2016).

477 http://www.sthd.ch (Stand: 24.4.2016).

ker wird aufmerksam zuhören, wenn die Tochter oder ein enger Freund über eine mögliche Fahrt in die Schweiz sprechen.[478]

Man darf auch nicht übersehen, dass es in der Ärzteschaft, die es in der großen Mehrheit zwar ablehnt, von der Lebenshilfe zur Tötungsbeihilfe ihrer Patienten überzugehen, durchaus Kräfte gibt, die ausgerechnet für Ärzte einen rechtsfreien Raum erstreben, der ihnen die Möglichkeit gibt, Patienten ein tödliches Gift für den Suizid zur Verfügung zu stellen – und vielleicht noch mehr zu tun. Keineswegs geht die Stimmung in den Bezirks- und Landesärztekammern einhellig dahin, dass alle Ärzte der Meinung wären, Suizidbeihilfe gehöre nicht zu ihren Aufgaben. Vielmehr gibt es durchaus Bestrebungen, den Willen der Bundesärztekammer durch stille Opposition zu unterlaufen.

Nicht zufällig gewählt erscheint deshalb etwa die von der Musterberufsordnung der Bundesärztekammer abweichende Formulierung in § 16 der Berufsordnung der Ärztekammer Westfalen-Lippe vom 26. November 2011, in welcher der Satz *Sie dürfen keine Hilfe zur Selbsttötung leisten* in den Satz *Sie sollen keine Hilfe zur Selbsttötung leisten* relativiert wurde. Noch weiter ging die Bayerische Landesärztekammer, die in der Neufassung der Berufsordnung für die Ärzte Bayerns vom 9. Januar 2012 in § 16 die beiden Sätze aus der Musterberufsordnung der Bundesärztekammer, die ein standesrechtliches Verbot der Suizidbeihilfe enthalten, gar nicht übernahm. Damit schließt das Bayerische Standesrecht die ärztliche Mitwirkung am Suizid nicht mehr grundsätzlich aus. In gleicher Weise entschied sich die Landesärztekammer Baden-Württemberg in ihrer am 10. Dezember 2012 geänderten Berufsordnung. Damit dürften sowohl in Bayern als auch in Baden-Württemberg genügend Ärzte bereitstehen, die Suizidassistenz auf nicht geschäftsmäßige Weise leisten wollen. Dies ist ein Novum in der Geschichte der Medizin, nämlich ein bewusster standesrechtlicher Bruch mit jener seit 2400 Jahren gepflegten Tradition des Hippokratischen Eides, der jede Beteiligung an der Tötung oder Selbsttötung eines Patienten kategorisch ausschließt.[479] Selbstverständlich kann man auch sehr alte Traditionen verlassen, es sollte dann allerdings sehr fundierte Gründe dafür geben. Die unreflektierte rhetorische Phrase vom angeblich „selbstbestimmten" Handeln des Suizidenten ist jedenfalls kein taugliches Argument.

478 Kamann (2015).

479 Siehe dazu Bauer (1995b) und Bauer (2009a).

Gefahren des neuen § 217 StGB für den Lebensschutz

Aus der anfänglichen Debatte um ein Verbot der organisierten Mitwirkung am Suizid ist im Lauf des Jahres 2015 eine Diskussion um die gesetzlich geregelte Organisation der Beihilfe zur Selbsttötung geworden. Es geht inzwischen nicht mehr um die Einschränkung, sondern um die straffreie Ermöglichung dieser Tat, insbesondere für Angehörige und Ärzte. Da es jetzt nur zu einem Verbot der geschäftsmäßigen Suizidbeihilfe gekommen ist, signalisiert der Gesetzgeber, dass nicht geschäftsmäßige und privat geleistete Sterbehilfe staatlicherseits akzeptiert und legitimiert sind.

Nach Ansicht seiner Verfasser handelt „geschäftsmäßig" im Sinne von Absatz 1 nur, wer die Gewährung, Verschaffung oder Vermittlung der Gelegenheit zur Selbsttötung zu einem dauernden oder wiederkehrenden Bestandteil seiner Tätigkeit macht, unabhängig von einer Gewinnerzielungsabsicht und unabhängig von einem Zusammenhang mit einer wirtschaftlichen oder beruflichen Tätigkeit. Entscheidend ist für den Tatbestand jedoch zusätzlich, dass der Suizidhelfer spezifische, typischerweise auf die Durchführung des Suizids gerichtete Eigeninteressen verfolgt und dass deren Einbeziehung damit eine „autonome" Entscheidung der sterbewilligen Person in Frage stellt.

Damit ist bereits die juristische Hintertür erkennbar, die als Einfallstor für suizidassistenzwillige Ärzte und Angehörige geöffnet werden könnte: Sofern keine Eigeninteressen erkennbar und von der Staatsanwaltschaft nachweisbar sind, soll die Beihilfe zur Selbsttötung als „nicht geschäftsmäßig" weiterhin straffrei bleiben. Würden aber auch nur 50.000 der etwa 365.000 berufstätigen Ärzte in Deutschland jeweils einem einzigen Patienten pro Halbjahr in dieser uneigennützigen Weise „aus dem Leben helfen", so käme man rechnerisch auf 100.000 legale, ärztlich assistierte Suizide im Jahr, was bei derzeit etwa 868.000 Sterbefällen in Deutschland insgesamt rund 11,5 Prozent aller Toten ausmachen würde – eine ungeheuerliche Zahl, selbst verglichen mit jenen der Niederlande von immerhin „nur" 3 Prozent.

In seiner Ausarbeitung vom 24. August 2015 hatte der Wissenschaftliche Dienst des Deutschen Bundestages bereits gewarnt, es sei fraglich, ob sich aus der Formulierung des § 217 Absatz 1 StGB in einer dem Bestimmtheitsgebot des Grundgesetzes genügenden Weise zweifelsfrei ergebe, ob und unter welchen Voraussetzungen sich Ärzte, die im Rahmen ihrer Berufstätigkeit Sterbehilfe leisten, strafbar machten. Mit anderen Worten: Das neue Gesetz könnte verfassungswidrig sein. Ein Arzt, der sich am assistierten Suizid eines Patienten beteiligt, muss zumindest die dazu erforderlichen pharmakologischen Kenntnisse und technischen Fertigkeiten besitzen, damit die Sterbehilfe nicht scheitert und womöglich einen schwerstbehinderten Patienten erzeugt. Dieses Wissen wird bislang im Medizinstudium aber nicht vermittelt. Wer es sich anderweitig systematisch aneignet, handelt offensichtlich in der Absicht, diese „Kunst" mit auf Wiederholung ausgerichteter Tendenz in der Praxis anzuwenden. Das wäre dann allerdings geschäftsmäßiges Handeln.

Zur Frage der Verfassungsmäßigkeit von § 217 StGB

Bundespräsident Joachim Gauck (*1940) hat das neue Gesetz am 3. Dezember 2015 unterzeichnet, es wurde im Bundesgesetzblatt am 9. Dezember 2015 veröffentlicht und trat am folgenden Tag in Kraft.[480] Der Hamburger Verein *Sterbehilfe Deutschland (StHD)* hält laut einer Pressemitteilung vom 27. November 2015 den neuen § 217 StGB für verfassungswidrig; vier Mitglieder des Vereins haben inzwischen eine Verfassungsbeschwerde zum Bundesverfassungsgericht erhoben.[481] Den Erlass der beantragten einstweiligen Anordnung gegen das Gesetz lehnte das Bundesverfassungsgericht mit Beschluss vom 21. Dezember 2015 zwar ab, dies allerdings mit der Begründung, eine Fortgeltung des § 217 StGB bis zu einer Entscheidung in der Hauptsache werde „nur zu einem weiteren Aufschub der beabsichtigen Form der begleiteten Selbsttötung führen, die im Falle eines Erfolgs der Verfassungsbeschwerde in der Hauptsache noch realisiert werden könnte." Der Eintritt irreversibler Folgen sei somit nicht zu befürchten. Schließlich sei zu berücksichtigen, dass die von den Beschwerdeführern gewünschte Selbstbestimmung über ihr eigenes Sterben durch eine Fortgeltung des § 217 StGB nicht vollständig verhindert, sondern lediglich hinsichtlich des als Unterstützer in Betracht kommenden Personenkreises beschränkt werde. Selbst die Inanspruchnahme professioneller ärztlicher Unterstützung sei für die Beschwerdeführer nicht gänzlich ausgeschlossen, sofern der betreffende Helfer nicht das Tatbestandsmerkmal der Geschäftsmäßigkeit erfülle.[482] Die Verfassungsbeschwerde als solche ist also keineswegs völlig aussichtslos.

Der bisher aus formalen strafrechtlichen Gründen ungeregelte Graubereich von Anstiftung und Beihilfe zur Selbsttötung hat seit dem 6. November 2015 nachhaltige und problematische Konturen erhalten: Indem formal die Geschäftsmäßigkeit in engsten Grenzen verboten wurde, hat der Staat jegliches nicht geschäftsmäßige

480 Bundesgesetzblatt I, Nr. 49 vom 9.12.2015, S. 2177.

481 Bundesrat billigt das Verbotsgesetz: § 217 StGB wird bald in Kraft treten. Pressemitteilung von *Sterbehilfe Deutschland (StHD)* vom 27.11.2015. http://www.sterbehilfedeutschland.de/sbgl/files/PDF/2015%2D11%2D27%20Bundesrat%20billigt%20%A7%20217%20StGB.pdf (Stand: 24.4.2016).

482 BVerfG, Beschluss vom 21.12.2015, Az. 2 BvR 2347/15. Das Zitat findet sich unter Rn. 16. https://www.bundesverfassungsgericht.de/SharedDocs/Entscheidungen/DE/2015/12/rk20151221_2bvr234715.html (Stand: 24.4.2016).

Handeln auf diesem Gebiet als angeblich altruistisches Tun positiv herausgehoben. Gerade darin besteht die große Gefahr für den Lebensschutz und für die Suizidprävention, die kaum noch rückgängig zu machen sein wird.[483]

483 Bauer (2015c); Knaup (2016).

Literaturverzeichnis

Adenauer, K.: Erinnerungen 1945-1953. Stuttgart 1965.

Ahrens, P.-A.: Sterben? Sorgen im Angesicht des Todes. Ergebnisse einer bundesweiten Umfrage des Sozialwissenschaftlichen Instituts der EKD, publiziert am 12.5.2015. http://www.ekd.de/download/150512_Ergebnisse_Umfrage_zum_Sterben.pdf (Stand: 24.4.2016).

Albert, H.: Traktat über kritische Vernunft. 5. Auflage, Tübingen 1991.

Alexander, R.: Kanzlerin Merkel stoppt FDP-Gesetz zur Sterbehilfe. Die Welt vom 3.5.2013. http://www.welt.de/politik/deutschland/article115860104/Kanzlerin-Merkel-stoppt-FDP-Gesetz-zur-Sterbehilfe.html (Stand: 24.4.2016).

Arbeitsgruppe „Sterben und Tod" der Akademie für Ethik in der Medizin e. V.: Patientenverfügung, Betreuungsverfügung, Vorsorgevollmacht. Eine Handreichung für Ärzte und Pflegende. Göttingen 1998.

Assmann, J.: Das kulturelle Gedächtnis. Schrift, Erinnerung und politische Identität in frühen Hochkulturen. 2. Auflage, München 1999.

Baader, G.; Winau, R. (Hrsg.): Die Hippokratischen Epidemien. Theorie – Praxis – Tradition. Verhandlungen des Ve Colloque International Hippocratique. (= Sudhoffs Archiv, Beiheft 27.) Stuttgart 1989.

Bachmann, K. D. et al.: Richtlinien zur Diagnostik der genetischen Disposition für Krebserkrankungen. Deutsches Ärzteblatt *95* (1998), S. A1396-A1403.

Bahnen, A.: Seht doch hin! Fischers Klone: Niederländer und Deutsche im Bioethik-Dialog. Frankfurter Allgemeine Zeitung Nr. 53 vom 4.3.2002, S. 46.

Bahnsen, U.: „Das ist ein Traum, ein Albtraum". Der britische Klonforscher Ian Wilmut, Vater von Dolly, hofft auf die Forschung an Embryonen und warnt vor dem geklonten Menschen. Die Zeit Nr. 11/1998 vom 8.3.1998, S. 43.

Bahnsen, U.: „Ein eindeutiges Ja". Der Heidelberger Humangenetiker Claus Bartram plädiert nach der britischen Entscheidung für die Zulassung des therapeutischen Klonens in Deutschland. Die Zeit Nr. 1/2001 vom 28.12.2000, S. 36.

Baker, M.: Report casts doubt on Korean experiment. Science *283* (1999), S. 617-619.

Bartels, K.: Veni, vidi, vici. Geflügelte Worte aus dem Griechischen und Lateinischen. München 1992.

Bartram, C. R.: Warum auf den Ethikrat warten? Die Embryonenforscher sollen tun dürfen, was gesetzlich erlaubt ist. Frankfurter Allgemeine Zeitung Nr. 148 vom 29.6.2001, S. 46.

Bauer, A.: Was ist „Compliance"? Deutsches Ärzteblatt *80* (1983), Nr. 39, S. A60-A64.

Bauer, A.: Bemerkungen zur Verwendung des Terminus „Anthropologie" in der Medizin der Neuzeit (16.-19. Jahrhundert). *In:* Seidler, Eduard (Hrsg.): Medizinische Anthropologie. Beiträge für eine Theoretische Pathologie. (= Veröffentlichungen aus der Forschungsstelle für Theoretische Pathologie der Heidelberger Akademie der Wissenschaften.) Berlin, Heidelberg, New York, Tokyo 1984, S. 32-55.

Bauer, A.: Georg Franck von Franckenau. Repräsentant einer empirischen Heilkunde im Zeitalter des Barock. *In:* Doerr, W. (Hrsg.): Semper Apertus. Sechshundert Jahre Ruprecht-Karls-Universität Heidelberg 1386-1986. Festschrift in sechs Bänden, 1. Mittelalter und frühe Neuzeit (1386-1803). Berlin, Heidelberg, New York, Tokyo 1985, S. 440-462.

Bauer, A.: Leitlinien des hippokratischen Arztes. Ärzteblatt Baden-Württemberg *41* (1986), S. 676-688.

Bauer, A.: Zur Einführung der naturwissenschaftlichen Methode in die Medizin. *In:* Doerr, Wilhelm; Schipperges, Heinrich (Hrsg.): Modelle der Pathologischen Physiologie. (= Veröffentlichungen aus der Forschungsstelle für Theoretische Pathologie der Heidelberger Akademie der Wissenschaften.) Berlin, Heidelberg, New York, Tokyo 1987, S. 41-53.

Bauer, A.: Naturwissenschaftliche Medizin der Jahrhundertwende. Fiktion und Realität um 1900. Deutsche Medizinische Wochenschrift *114* (1989a), S. 1676-1679.

Bauer, A.: Die Krankheitslehre auf dem Weg zur naturwissenschaftlichen Morphologie. Pathologie auf den Versammlungen Deutscher Naturforscher und Ärzte von 1822-1872. (= Schriftenreihe zur Geschichte der Versammlungen Deutscher Naturforscher und Ärzte, 5.) Stuttgart 1989b.

Bauer, A.: Georg Ernst Stahl. *In:* Engelhardt, D. v.; Hartmann, F. (Hrsg.): Klassiker der Medizin, 1. Von Hippokrates bis Hufeland. München 1991, S. 190-201 und S. 393-395.

Bauer, A.: Der Hippokratische Eid. Übersetzung und Kommentar. Urkunde zur Verleihung an die Promovenden der Medizin und der Zahnmedizin anlässlich der Promotionsfeiern der Medizinischen Fakultäten der Universität Heidelberg. Medizinische Fakultät der Universität Heidelberg 1993a.

Bauer, A.: El juramento hipocrático. Quirón *24* (1993b), Nr. 4, S. 13-16.

Bauer, A.: Die Allgemeine Semiotik als methodisches Instrument in der Medizingeschichte. Würzburger medizinhistorische Mitteilungen *12* (1994), S. 75-89.

Bauer, A. W.: Die Anwendung zeichentheoretischer Methoden auf Geschichte und Gegenwart der Medizin. *In:* Bauer, A. W. (Hrsg.): Theorie der Medizin. Dialoge zwischen Grundlagenfächern und Klinik. (= Medizin im Dialog.) Heidelberg, Leipzig 1995a, S. 141-153.

Bauer, A. W.: Der Hippokratische Eid. Medizinhistorische Neuinterpretation eines (un) bekannten Textes im Kontext der Professionalisierung des griechischen Arztes. Zeitschrift für medizinische Ethik *41* (1995b), S. 141-148.

Bauer, A. W.: Axiome des systematischen Erkenntnisgewinns in der Medizin. Der Internist *38* (1997a), S. 299-306.

Bauer, A. W.: Physiologie und Psychosomatik. Versuche einer Annäherung: Kolloquium an der Medizinischen Fakultät im Sommersemester 1997. Rhein-Neckar-Zeitung vom 15.4.1997b, S. 17.

Bauer, A. W.: 200 Jahre Homöopathie und die Axiome des systematischen Erkenntnisgewinns in Medizin und Pharmazie. B.I.F. Futura *12* (1997c), S. 98-108.

Bauer, A. W.: Anatomie und Öffentlichkeit. Medizinhistorische, wissenschaftstheoretische und bioethische Aspekte. *In:* Landesmuseum für Technik und Arbeit in Mannheim und Institut für Plastination, Heidelberg (Hrsg.): Körperwelten. Einblicke in den menschlichen Körper. Ausstellungskatalog. 6. Auflage, Mannheim 1998a, S. 201-215.

Bauer, A. W.: Menschen nach Maß oder Anmaßung der Menschen? Der Schutz Ungeborener und ihrer Würde. Zeitschrift für medizinische Ethik *44* (1998b), S. 279-292.

Bauer, A. W: Braucht die Medizin Werte? Reflexionen über methodologische Probleme in der Bioethik. *In:* Bauer, A. W. (Hrsg.): Medizinische Ethik am Beginn des 21. Jahrhunderts. Theoretische Konzepte – Klinische Probleme – Ärztliches Handeln. Heidelberg, Leipzig 1998c, S. 1-18.

Bauer, A. W.: Körperbild und Leibverständnis. Die Sicht vom kranken und gesunden Menschen in der Geschichte der Medizin – dargestellt an ausgewählten Beispielen. *In:* Evangelische Akademie Iserlohn (Hrsg.): Tagungsprotokoll 82-1997: „Kalte Embryonen" und „Warme Leichen". Körperverständnis und Leiblichkeit. Christliche Anthropologie und das Menschenbild der Medizin. Tagung der Evangelischen Akademie Iserlohn vom 29. bis 31. August 1997. Iserlohn 1998d, S. 21-38.

Bauer, A. W.: Auf der schiefen Ebene zum Designer-Baby. Warum die Bioethik immer zu spät kommt: Bevor Molekularbiologen und Reproduktionsmediziner ihre Ware anbieten, ist der Markt schon da. Frankfurter Allgemeine Zeitung Nr. 244 vom 20.10.1999a, S. 54.

Bauer, A. W.: Prädiktive Medizin und der Wandel ethischer Werte. Forum DKG *14* (1999b), S. 210-216.

Bauer, A. W.: Plastinate und ihre Präsentation im Museum – eine wissenschaftstheoretische und bioethische Retrospektive auf ein Medienereignis. *In:* Körperwelten. Die Faszination des Echten. Ausstellungskatalog. 9. Aufage, Heidelberg 2000a, S. 219-232.

Bauer, A. W.: Warum sollten wir Menschen klonen? Zur Bedeutung von Motiven in der Fortpflanzungstechnologie für den bioethischen Diskurs. Würzburger medizinhistorische Mitteilungen *19* (2000b), S. 35-44.

Bauer, A. W.: Zwischen Therapiebegrenzung und Sterbehilfe: Ein bioethisches Dilemma in der Intensivmedizin. Journal für Anästhesie und Intensivbehandlung *7* (2000c), S. 9-12.

Bauer, A. W.: Der Körper als Marionette? Georg Ernst Stahl und das Wagnis einer psychosomatischen Medizin. *In:* Engelhardt, D. v.; Gierer, A. (Hrsg.): Georg Ernst Stahl (1659-1734) in wissenschaftshistorischer Sicht. Leopoldina-Meeting am 29. und 30. Oktober 1998 in Halle (S.). (= Acta historica Leopoldina Nr. 30.) Halle (Saale) 2000d, S. 81-95.

Bauer, A. W.: Ethische und gesellschaftliche Aspekte: „Die Grenzen des Erlaubten". *In:* Was kann, was darf der Mensch? Symposium zu aktuellen Fragen der Bioethik am 16. Oktober 2001. Protokoll des Landtags von Rheinland-Pfalz, 14. Wahlperiode. Mainz 2001a, S. 40-43.

Bauer, A. W.: Auf schwankendem Boden. Die Bioethik und ihre Rolle bei der Bewältigung des wissenschaftlichen Fortschritts. *In:* Riha, O. (Hrsg.): Ethische Probleme im ärztlichen Alltag II. Vorträge 1999-2001. (= Schriftenreihe des Instituts für Ethik in der Medizin Leipzig e. V., 5.) Aachen 2001b, S. 113-130.

Bauer, A. W.: Gesunder Leib und kranker Körper. Das sich wandelnde Bild vom Menschen in der Geschichte der Medizin und sein Beitrag zur Philosophie der Biowissenschaften. *In:* Maio, G.; Roelcke, V. (Hrsg.): Medizin und Kultur. Ärztliches Denken und Handeln im Dialog zwischen Natur- und Geisteswissenschaften. Stuttgart, New York 2001c, S. 77-95.

Bauer, A. W.: Die absolute Autonomie des Individuums als finale Illusion. Zur aktuellen Debatte um die Sterbehilfe. *In:* Bündnis 90/Die Grünen, Bundestagsfraktion (Hrsg.): Schutz des Lebens an seinem Beginn und Ende. Zur Debatte über das Verständnis von Art. 1 GG und Art. 1 EU-Charta vor dem Hintergrund der medizinisch-technischen Möglichkeiten. Dokumentation der Kooperationstagung vom 14./15.9.2001 in der Evangelischen Akademie Landau/Pfalz. (= lang & schlüssig 14/52, Februar 2002.) Bündnis 90/Die Grünen, Bundestagsfraktion, Info-Dienst. Berlin 2002a, S. 40-53.

Bauer, A. W.: Ethik oder Moral – was brauchen Ärzte wirklich? Überlegungen zu den konzeptionellen Schwierigkeiten des Unterrichtsfaches „Ethik in der Medizin". *In:* Groß, D. (Hrsg.): Ethik in der Medizin in Lehre, Klinik und Forschung. (= Zwischen Theorie und Praxis, 2.) Würzburg 2002b, S. 19-36.

Bauer, A. W.: Der Mensch als Produkt der Gene und die Unantastbarkeit seiner Würde. *In:* Nacke, B; Ernst, S. (Hrsg.): Das Ungeteiltsein des Menschen. Stammzellforschung und Präimplantationsdiagnostik. Mainz 2002c, S. 71-82.

Bauer, A. W.: Der Mensch als Produkt der Gene und die Unantastbarkeit seiner Würde. Deutsche Richterzeitung *80* (2002d), Nr. 5, S. 163-169.

Bauer, A. W.; Benda, E.; Beyreuther, K.; Kluth, W.; Knüppel, R.; Krotzky, A.; Müller-Erichsen, M.; Reiter, J.; Schöler, H.; Theile, U.; Willmitzer, L.; Wobus, A. M.: Biologische, rechtliche und ethische Überlegungen zu aktuellen Ergebnissen der Forschung an embryonalen Stammzellen sowie zum Begriff der „Totipotenz". Wissenschaftlicher Beirat „Bio- und Gentechnologie" der CDU/CSU-Bundestagsfraktion. Berlin 2004.

Bauer, A. W.: Das Leben in Gesundheit und Krankheit – Aufgaben und Rätsel für die Medizin. *In:* Was wissen wir vom Leben? Eine Annäherung aus unterschiedlichen Perspektiven. Evangelische Akademie der Pfalz in Zusammenarbeit mit der Katholischen Akademie Speyer, 26./27. November 2004. Speyer 2005, S. 1-12.

Bauer, A. W.: Brute Facts oder Institutional Facts? Kritische Bemerkungen zum wissenschaftstheoretischen Diskurs um den allgemeinen Krankheitsbegriff. Erwägen – Wissen – Ethik *18* (2007a), S. 93-95.

Bauer, A. W.: Wo bleibt die Würde des Menschen? Hirntodkonzept und Organspende aus ethischer Sicht. Universitas *62* (2007b), Nr. 737, S. 1150-1162.

Bauer, A. W.: Hippokrates' Albtraum. Selbsttötung: Der Medizinrechtler Jochen Taupitz plädiert dafür, dass Ärzte künftig als Suizidassistenten tätig werden dürfen. Doch das wäre das Aus des ärztlichen Ethos. Rheinischer Merkur *64* (2009a), Nr. 12 vom 19.3.2009, S. 4.

Bauer, A. W.: Gesundheit als normatives Konzept in medizintheoretischer und medizinhistorischer Perspektive. *In:* Biendarra, I.; Weeren, M. (Hrsg.): Gesundheit – Gesundheiten? Eine Orientierungshilfe. Würzburg 2009b, S. 31-57.

Bauer, A. W.: Grenzen der Selbstbestimmung am Lebensende. Die Patientenverfügung als Patentlösung? Zeitschrift für medizinische Ethik *55* (2009c), S. 169-182.

Bauer, A. W..: Ethische und rechtliche „Grauzonen" des Embryonenschutzes. *In:* Schallenberg, P.; Beckmann, R. (Hrsg.): Abschied vom Embryonenschutz? Der Streit um die PID in Deutschland. Köln 2011a, S. 137-152.

Bauer, A. W.: Die PID und ihre negativen Folgen für den Lebensschutz. LebensForum *98* (2011b), S. 11-15.

Bauer, A. W: Der lebende Mensch ist keine Sache. Auch das neue Transplantationsgesetz klammert die juristischen und ethischen Probleme des Hirntods aus. Dabei gibt es viele. Frankfurter Allgemeine Sonntagszeitung vom 28.10.2012, S. 15. http://www.faz.net/aktuell/politik/inland/organspende-der-lebende-mensch-ist-keine-sache-11940904.html (Stand: 24.4.2016).

Bauer, A. W.: Todes Helfer. Warum der Staat mit dem neuen Paragraphen 217 StGB die Mitwirkung am Suizid fördern will. *In:* Krause Landt, A.: Wir sollen sterben wollen. Warum die Mitwirkung am Suizid verboten werden muss. Waltrop, Leipzig 2013a, S. 93-169.

Bauer, A. W: Falsch verstandene Liberalität: Der vorerst gestoppte Gesetzestrojaner zum assistierten Suizid. Katholisches Sonntagsblatt. Das Magazin für die Diözese Rottenburg-Stuttgart *161* (2013b), Nr. 36 vom 8.9.2013, S. 10-13.

Bauer, A. W.: „Social Freezing": Nachwuchsplanung als (fremd-)gesteuerte Manipulation der Biografie. Katholische Bildung *116* (2015a), Nr. 3, S. 103-118.

Bauer, A. W.: Notausgang assistierter Suizid? Die Thanatopolitik in Deutschland vor dem Hintergrund des demografischen Wandels. *In:* Hoffmann, T. S.; Knaup, M. (Hrsg.): Was heißt: In Würde sterben? Wider die Normalisierung des Tötens. Wiesbaden 2015b, S. 49-78.

Bauer, A. W.: Sterbehilfe-Gesetzentwurf von Dörflinger und Sensburg ist zu begrüßen. kath.net – Katholische Nachrichten, vom 20.5.2015c. http://www.kath.net/news/50637 (Stand: 24.4.2016).

Bauer, A. W.; Ho, A. D. (Hrsg.): „Nicht blos künstlich in einem Spitale." Die Medizinische Universitäts-Poliklinik Heidelberg und ihr Weg von der Stadtpraxis bis zur Blutstammzelltransplantation. Zweite, erweiterte und aktualisierte Auflage, Heidelberg, Mannheim 2016.

Bauersima, I.: Futur de luxe. Nach der Geschichte „Morgen Abend" von R. Desvignes und I. Bauersima. Frankfurt am Main 2001.

Bayr, G.: Hahnemanns Selbstversuch mit der Chinarinde im Jahre 1790. Die Konzipierung der Homöopathie. Heidelberg 1989.

Beauchamp, T. L.; Childress, J. F.: Principles of Biomedical Ethics. 4. Auflage, Oxford, New York 1994.

Beauchamp, T. L.; Childress, J. F.: Principles of Biomedical Ethcis. 5. Auflage, Oxford, New York 2001.

Beckmann, R.: Der „Wegfall" der embryopathischen Indikation. Medizinrecht *16* (1998), S. 155-161.

Beckmann, R.: Öffentliche Anhörung des Ausschusses für Bildung, Forschung und Technikfolgenabschätzung des Deutschen Bundestages am 9. Mai 2007 zum Thema „Stammzellforschung". Schriftliche Stellungnahme. Typoskript, 25 Seiten. Würzburg 2007.

Bend, J.: Frühere Diagnose für mehr Lebensqualität und Lebenszeit. Internet-Veröffentlichung von Mukoviszidose e. V. http://www.muko.info/955.0.html (Stand: 1.6.2006; inzwischen offline).

Bender, H.-J.: Intensivmedizin zwischen Faszination und Wirklichkeit. *In:* Bauer, A. W. (Hrsg.): Medizinische Ethik am Beginn des 21. Jahrhunderts. Theoretische Konzepte – Klinische Probleme – Ärztliches Handeln. (= Medizin im Dialog.) Heidelberg, Leipzig 1998, S. 102-113.

Benedikt, R.: Suizid-Hilfe: Nicht schuldig. Aufsehen erregender Prozess. Ein Kärntner brachte seine todkranke Ehefrau nach Zürich – wo Sterbehilfe erlaubt ist. Die Presse (Wien), Print-Ausgabe vom 11.10.2007. http://diepresse.com/home/panorama/oesterreich/336036/index.do (Stand: 24.4.2016).

Benford, G.: Im Namen der Klone: Wir sind doch keine Ungeheuer. Das Doppelleben der Zwillinge verrät manches über unsere biologische Herkunft, aber nichts über das Lebensrecht genetischer Duplikate. Frankfurter Allgemeine Zeitung Nr. 77 vom 31.3.2001, S. 47.

Berger, A.: Private company wins rights to Icelandic gene database. British Medical Journal *318* (1999), S. 11.

Bergmann, J.; Luckmann, T.: Moral und Kommunikation. *In:* Bergmann, J.; Luckmann, T. (Hrsg.): Kommunikative Konstruktion von Moral, 1: Struktur und Dynamik der Formen moralischer Kommunikation. Opladen, Wiesbaden 1999, S. 13-36.

Berth, H.: Gentests im Internet. Entwicklung mit Risiken. Auch in Deutschland werden immer häufiger Gentests frei über das Internet vertrieben. Deutsches Ärzteblatt *99* (2002), S.A2599-A2603.

Bethge, P.: Werkstatt der Zellen. Die Technik des therapeutischen Klonens verspricht Heilung bei Parkinson, Diabetes oder Krebs. Der Spiegel Nr. 1/2001, S. 142-145.

Bethge, P.; Spörl, G.; Wiedemann, E.: Die Monstermacher. Der Spiegel Nr. 2/2003, S. 88-91.

Beweis für das Klonbaby wird nie vorgelegt. Ufo-Sekte: Eltern wollen keine Tests – „Das Kind wird für immer verschwinden". Augsburger Allgemeine Zeitung Nr. 20 vom 25.1.2003, S. 12.

Beyreuther, K.; Ho, A. D.: Ohne Embryonenopfer. Therapiehoffnung. Frankfurter Allgemeine Zeitung Nr. 272 vom 22.11.2001, S. 49.

Biopatentgesetz erst nach der Wahl? Unstimmigkeiten in der rot-grünen Koalition / Die EU-Richtlinie. Frankfurter Allgemeine Zeitung Nr. 107 vom 10.5.2002, S. 4.

Birnbacher, D.: Genomanalyse und Gentherapie. *In:* Sass, H.-M. (Hrsg.): Medizin und Ethik. Stuttgart 1994, S. 212-231.

Blawat, K.: Das vertrackte Genom. Süddeutsche Zeitung vom 13.2.2011. http://www.sueddeutsche.de/wissen/zehn-jahre-nach-der-entschluesselung-der-dns-das-vertrackte-genom-1.1059202 (Stand: 24.4.2016).

Blech, J.; Lakotta, B.; Traufetter, G.: Ende des Denkverbots. Bisher war das Klonen von Menschen tabu. Jetzt schlägt die Stimmung abrupt um. Der Spiegel Nr. 10 vom 5.3.2001, S. 208-215.

Blech, J.; Traufetter, G.: „Aldi-Kinder für die Armen". Der Vorsitzende des Nationalen Ethikrats, Spiros Simitis, über die verfrühten Heilsversprechen der Stammzell-Forscher und das schädliche Profitstreben in der Wissenschaft. Der Spiegel Nr. 2 vom 7.1.2002, S. 144-146.

Bleyl, U.: Würde als rechtsethische Norm aus kulturellem Gedächtnis. Zeitschrift für medizinische Ethik *45* (1999), S. 291-301.

Blum, A. L.; Ingold, F.; Martínek, J.: Die Motivation der Autoren: Wahrheit oder Karriere? *In:* Creutzfeldt, W.; Gerok, W. (Hrsg.): Medizinische Publizistik. Probleme und Zukunft. Stuttgart, New York 1997, S. 43-61.

Bolz, N.: Vom Humanismus zum Homunculus. Von der wissenschaftlichen Analyse zur technischen Synthese. Forschung & Lehre Nr. 9/2000, S. 452-454.

Bradley, A.: Why shouldn't women abort disabled fetuses? Reproduced from "Living Marxism" Nr. 82, September 1995. http://www.informinc.co.uk/LM/LM82/LM82_Taboos.html (Stand: 15.9.1997; inzwischen offline).

Brand, M.; Griese, K.; Vogler, K.; Terpe, H.; Frieser, M.: Entwurf eines Gesetzes zur Strafbarkeit der geschäftsmäßigen Förderung der Selbsttötung. Deutscher Bundestag, 18. Wahlperiode, Drucksache Nr. 18/5373 vom 1.7.2015. http://dipbt.bundestag.de/doc/btd/18/053/1805373.pdf (Stand: 24.4.2016).

BRCA-2-Genmutation: hohes Brustkrebsrisiko. Deutsches Ärzteblatt *96* (1999), S. A136.

Brody, H.: The Healer's Power. New Haven 1992.

Brüstle, O.; Wiestler, O.: Die Heilungsversprechen sind utopisch. Was drängt deutsche Forscher so sehr zur Eile? Warum reichen Tierversuche nicht aus? Warum menschliche Embryonen? Ein Gespräch mit Oliver Brüstle und Otmar Wiestler. Frankfurter Allgemeine Zeitung Nr. 135 vom 16.6.2001, S. 58-59.

Bülow, D. v.: Dolly und das Embryonenschutzgesetz, Deutsches Ärzteblatt *94* (1997), S. A718-A725.

Bundesärztekammer: Grundsätze der Bundesärztekammer zur ärztlichen Sterbebegleitung vom 11.9.1998. Deutsches Ärzteblatt *95* (1998), S. A2366-A2367.

Bundesärztekammer: Handreichung für Ärzte zum Umgang mit Patientenverfügungen. Deutsches Ärzteblatt *96* (1999), S. A2720-A2721.

Bundesärztekammer: Richtlinien zur prädiktiven genetischen Diagnostik, verabschiedet vom Vorstand der Bundesärztekammer am 14.2.2003. Deutsches Ärzteblatt *100* (2003), S. A1297-A1305.

Bundesärztekammer: Grundsätze der Bundesärztekammer zur ärztlichen Sterbebegleitung. Veröffentlicht am 7.5.2004. Deutsches Ärzteblatt *101* (2004), S. A1298-A1299.

Bundesärztekammer: Grundsätze der Bundesärztekammer zur ärztlichen Sterbebegleitung vom 21.1.2011. Deutsches Ärzteblatt *108* (2011), S. A346-A348.

Bundesärztekammer: Empfehlungen der Bundesärztekammer und der Zentralen Ethikkommission bei der Bundesärztekammer zum Umgang mit Vorsorgevollmacht und Patientenverfügung in der ärztlichen Praxis. Anhang: Arbeitspapier zum Verhältnis von Patientenverfügung und Organspendeerklärung. Deutsches Ärzteblatt *110* (2013), S. A1580-A1585 sowie A7-A9. http://www.bundesaerztekammer.de/fileadmin/user_upload/downloads/Empfehlungen_BAeK-ZEKO_Vorsorgevollmacht_Patientenverfuegung_19082013l.pdf (Stand: 24.4.2016).

Bundesärztekammer: Richtlinie gemäß § 16 Abs. 1 S. 1 Nr. 1 TPG für die Regeln zur Feststellung des Todes nach § 3 Abs. 1 S. 1 Nr. 2 TPG und die Verfahrensregeln zur Feststellung des endgültigen, nicht behebbaren Ausfalls der Gesamtfunktion des Großhirns, des Kleinhirns und des Hirnstamms nach § 3 Abs. 2 Nr. 2 TPG. Vierte Fortschreibung vom 30.1.2015. Veröffentlicht im Deutschen Ärzteblatt am 30. März 2015. DOI: 10.3238/arztebl.2015.rl_hirnfunktionsausfall_01 http://www.bundesaerztekammer.de/fileadmin/user_upload/downloads/irrev.Hirnfunktionsausfall.pdf (Stand: 24.4.2016).

Bundesverfassungsgericht: Neuregelung des Schwangerschaftsabbruchs. Urteil vom 28.5.1993 – 2 BvF 2/90, 2 BvF 4/92, 2 BvF 5/92. Neue Juristische Wochenschrift *46* (1993), S. 1751-1779.

Campbell, P. W.; White, T. B.: Newborn screening for Cystic Fibrosis: an opportunity to improve care and outcomes. The Journal of Pediatrics *147* (2005), Supplement 3, S. S-2-S-5.

Casmann, O.: Psychologia anthropologica sive animae humanae doctrina. Hanoviae 1594.

Casmann, O.: Secunda pars anthropologiae: hoc est; fabrica hunmanae corporis. Hanoviae 1596.

CDU/CSU-Fraktion des Deutschen Bundestages: Diskussionspapier zur Präimplantationsdiagnostik, Stand: Januar 2002. Berlin 2002.

Christakis, N. A.; Asch, D. A.: Biases in how physiscians choose to withdraw life support. Lancet *342* (1993), S. 642-646.

Cohen, D.: Die Gene der Hoffnung. Die Entschlüsselung des menschlichen Genoms und der Fortschritt in der Medizin. München, Zürich 1995.

Conn, D. A.; Asbury, A. J.: Importance of components of the curriculum vitae in determining appointments to senior registrar posts. Anesthesia *49* (1994), S. 623-626.

Copycat. Warum Cc. schlank und flink ist. Frankfurter Allgemeine Zeitung Nr. 21 vom 25.1.2003, S. 36.

Council of Europe: Convention for the Protection of Human Rights and Dignity of the Human Being with regard to the Application of Biology and Medicine: Convention on Human Rights and Biomedicine. Oviedo, 4.4.1997. http://www.coe.int/de/web/conventions/full-list/-/conventions/rms/090000168007cf98 (Stand: 24.4.2016).

Council of Europe: Additional Protocol to the Convention for the Protection of Human Rights and Dignity of the Human Being with regard to the Application of Biology and Medicine, on the Prohibition of Cloning Human Beings. Paris, 12.1.1998. http://www.coe.int/de/web/conventions/full-list/-/conventions/rms/090000168007f2ca (Stand: 24.4.2016).

Cremer, T.: Menschliche Genomanalyse: Auf dem Weg zu einer prädiktiven Medizin? *In:* Bauer, A. W. (Hrsg.): Medizinische Ethik am Beginn des 21. Jahrhunderts. Theoretische Konzepte – Klinische Probleme – Ärztliches Handeln. (= Medizin im Dialog.) Heidelberg, Leipzig 1998, S. 38-51.

David, H.: „Big Science" und der Mythos von der Ehrlichkeit und Ehrenhaftigkeit der Wissenschaftler. Das Beispiel Biomedizin. Hamburg 2000.

Dawkins, R.: Der blinde Uhrmacher. Ein neues Plädoyer für den Darwinismus. 2. Auflage, München 1996.

Deichgräber, K.: Der Hippokratische Eid. 4., erweiterte Auflage, Stuttgart 1983.

Deißner, D.: Union droht Spaltung in der Stammzellenfrage. Heftige Debatte im Bundestag erwartet – Abgeordnete vor Gewissensentscheidung. Welt am Sonntag vom 6.4.2008. http://www.welt.de/wams_print/article1874303/Union-droht-Spaltung-in-der-Stammzellenfrage.html (Stand: 24.4.2016).

Denker, H.-W.: Totipotenz – Omnipotenz – Pluripotenz. Ausblendungsphänomene in der Stammzelldebatte: Indikatoren für den Konflikt zwischen Norm- und Nutzenkultur? *In:* Hoffmann, T. S.; Schweidler, W. (Hrsg.): Normkultur versus Nutzenkultur. Über kulturelle Kontexte von Bioethik und Biorecht. Berlin, New York 2006, S. 249-272.

Dettweiler, U.: Ethiker zwischen Krankenhaus und Knast. Erstmals ist der Chef einer Ethikkommission in den USA verklagt worden – auch in anderen Ländern stehen die Kontrolleure künftig stärker in der Verantwortung. Süddeutsche Zeitung Nr. 262 vom 14.11.2000, S. V2/9.

Deutsche Forschungsgemeinschaft (DFG): Vorschläge zur Sicherung guter wissenschaftlicher Praxis. Empfehlungen der Kommission „Selbstkontrolle in der Wissenschaft". Denkschrift. Weinheim 1998.

Deutsche Forschungsgemeinschaft (DFG): Die Zellen unserer Embryonen könnten Kranke heilen. „Es gibt echte Chancen auf Realisierbarkeit": Die umstrittenen Empfehlungen der DFG zur Forschung mit menschlichen Stammzellen im Wortlaut. Frankfurter Allgemeine Zeitung Nr. 109 vom 11.5.2001, S. 53.

Deutscher Bundestag: Schlussbericht der Enquete-Kommission „Recht und Ethik der modernen Medizin". 14. Wahlperiode, Drucksache 14/9020 vom 14.5.2002. http://dip21.bundestag.de/dip21/btd/14/090/1409020.pdf (Stand: 24.4.2016).

Deutscher Bundestag: Fragenkatalog zur Anhörung am 9. Mai 2007 zum Thema „Stammzellforschung". Ausschuss für Bildung, Forschung und Technikfolgenabschätzung, Ausschussdrucksache Nr. 16 (18) 192. Typoskript, 4 Seiten. Berlin 2007.

Deutscher Ethikrat: Nutzen und Kosten im Gesundheitswesen. Zur normativen Funktion ihrer Bewertung. Stellungnahme. Berlin 2011a. http://www.ethikrat.org/dateien/pdf/stellungnahme-nutzen-und-kosten-im-gesundheitswesen.pdf (Stand: 24.4.2016).

Deutscher Ethikrat: Präimplantationsdiagnostik. Stellungnahme. Berlin 2011b. http://www.ethikrat.org/dateien/pdf/stellungnahme-praeimplantationsdiagnostik.pdf (Stand: 24.4.2016).

Deutscher Ethikrat: Patientenwohl als ethischer Maßstab für das Krankenhaus. Stellungnahme. Berlin 2016. http://www.ethikrat.org/dateien/pdf/stellungnahme-patientenwohl-als-ethischer-massstab-fuer-das-krankenhaus.pdf (Stand: 24.4.2016).

Diehl, V.; Schütt, I.; Walshe, R.: Publizierter Betrug. Die Veröffentlichung verfälschter medizinischer Forschungsergebnisse. Deutsche Medizinische Wochenschrift *125* (2000), S. 1112-1114.

Diels, H.; Kranz, W. (Hrsg.): Die Fragmente der Vorsokratiker, 2. 10. Auflage, Berlin 1960.

Die Präsenz der Kirche darf nicht vom Angebot des Scheins abhängen. Das Schreiben von Papst Johannes Paul II. an die deutschen Bischöfe vom 11.1.1998 zur Frage der Beratung in den katholischen Schwangerschaftsberatungsstellen. http://www.nomokanon.de/doku/002.htm (Stand: 24.4.2016).

„Die Toleranz sinkt". Mit ausgeklügelten Methoden werden Embryos auf Gesundheitsschäden untersucht – doch die Diagnosen sind unsicher. Der Spiegel Nr. 52/1997 vom 22.12.1997, S. 25.

Diller, H. (Hrsg.): Hippokrates, Schriften. Die Anfänge der abendländischen Medizin. Reinbek bei Hamburg 1962.

Diller, H.: Kleine Schriften zur antiken Medizin. Herausgegeben von G. Baader und H. Grensemann. Berlin, New York 1973.

Dordegge, G.: Die Entwicklung des Betreuungsrechts bis Anfang Juni 1999. Neue Juristische Wochenschrift *52* (1999), S. 2709-2714.

Doull, I. J. M.; Ryley, H. C.; Weller, P.; Goodchild, M. C.: Cystic Fibrosis-related deaths in infancy and the effect of newborn screening. Pediatric Pulmonology *31* (2001), S. 363-366.

Drama in der Kantine. Kann ein Kind ein Schaden sein? Der Spiegel Nr. 52/1997 vom 22.12.1997, S. 22-25.

Du Bois-Reymond, E. (Hrsg.): Reden von Emil Du Bois-Reymond in zwei Bänden, 1. 2. Auflage, Leipzig 1912.

Dunstan, G. R.: The Human Embryo in the Western Moral Culture. *In:* Dustan, G. R.; Seller, M. J. (Hrsg.): The status of the human embryo. Perspectives from moral tradition. London 1988, S. 39-57.

Edelstein, L.: Der Hippokratische Eid. Mit einem forschungsgeschichtlichen Nachwort von H. Diller. Zürich, Stuttgart 1969.

„Eine Tötung von Embryonen zu Forschungszwecken muß verboten werden". Antrag der Abgeordneten Dr. Maria Böhmer, Margot von Renesse, Andrea Fischer, Horst Seehofer, Hildegard Wester, Werner Lensing, Wolf-Michael Catenhusen, Dr. Martin Mayer. Frankfurter Allgemeine Zeitung Nr. 26 vom 31. Januar 2002, S. 3.

Embryo-Diagnostik beschäftigt Ärztekammer. Experten für Gen-Untersuchung von Embryonen im Reagenzglas. Rhein-Neckar-Zeitung Nr. 46 vom 25.2.2000, S. 15.

Engelhardt, D. v.: Kausalität und Konditionalität in der modernen Medizin. *In:* Schipperges, H. (Hrsg.): Pathogenese. Grundzüge und Perspektiven einer Theoretischen Pathologie. (= Veröffentlichungen aus der Forschungsstelle für Theoretische Pathologie der Heidelberger Akademie der Wissenschaften.) Berlin, Heidelberg, New York, Tokyo 1985, S. 32-58.

Engelhardt, H. T.: The Foundation of Bioethics. 2. Auflage, Oxford, New York 1996.

England erlaubt das Klonen von Embryos. Auch das britische Oberhaus stimmt der Gesetzesvorlage der Labour-Regierung zu. Badische Neueste Nachrichten vom 24.1.2001, S. 1.

Epplen, J.T., Przuntek, H.: Morbus Huntington: Im Spannungsfeld zwischen Klinik, Gendiagnostik und ausstehender Gentherapie. Deutsches Ärzteblatt *95* (1998), S. A32-A36.

Eser, A.; Frühwald, W.; Honnefelder, L.; Markl, H.; Reiter, J.; Tanner, W.; Winnacker, E.-L.: Klonierung beim Menschen. Biologische Grundlagen und ethisch-rechtliche Bewertung. Stellungnahme für den Rat für Forschung, Technologie und Innovation. Bundesministerium für Bildung und Forschung, Bonn 1997. http://www.bmbf.de/archive/pressedok/pressedok97/pd042997.htm (Stand: 15.9.1998; inzwischen offline).

Esquivel, E.: „Ein Gefühl der Desillusionierung". Innenansichten der Forschungsgruppe Brach/Herrmann. Forschung & Lehre Nr. 8/2000, S. 423-425.

Ewig, S.: Der permanente Dammbruch. Ethik in der Medizin *15* (2003), S. 43-51.

Ezazi, G.: Ethikräte in der Politik. Genese, Selbstverständnis und Arbeitsweise des Deutschen Ethikrates. Wiesbaden 2016.

Fast alle Betroffenen für Präimplantationsdiagnostik. Rhein-Neckar-Zeitung online vom 30.12.2002.

Ferber, R.: Das normative „ist" und das konstative „soll". Archiv für Rechts- und Sozialphilosophie *74* (1988), S. 185-199.

Ferber, R.: Moralische Urteile als Beschreibungen institutioneller Tatsachen. Archiv für Rechts- und Sozialphilosophie *79* (1993), S. 372-392.

Ferber, R.: Widerlegen „die fünf Schiffbrüchigen auf einer Insel" den metaethischen Institutionalismus? Eine Replik. Archiv für Rechts- und Sozialphilosophie *80* (1994), S. 564-566.

Ferber, R.: Metaethik des moralisch Guten. *In:* Ferber, R.: Philosophische Grundbegriffe. Eine Einführung. 6. Auflage, München 1999, S. 162-179.

Fischer, C.: Sie haben es doch getan! Erste menschliche Zelle geklont. Bild-Zeitung vom 18.12.1998a, S. 1.

Fischer, C.: Klonen – menschliche Organe vom Fließband? Bild-Zeitung vom 18.12.1998b, S. 10.

Flach, U. et al. (und die Fraktion der FDP): Entwurf eines Gesetzes zur Änderung des Stammzellgesetzes. Deutscher Bundestag, 16. Wahlperiode, Drucksache Nr. 16/383 vom 18.1.2006.

Frei, N.: Hitler-Junge, Jahrgang 1926. Hat der Historiker Martin Broszat seine NSDAP-Mitgliedschaft verschwiegen – oder hat er nichts davon gewusst? Die Zeit Nr. 38 vom 11.9.2003. http://www.zeit.de/2003/38/Martin_Broszat (Stand: 24.4.2016).

Freud, S.: Erste Vorlesung (Einleitung). *In:* Freud, S.: Vorlesungen zur Einführung in die Psychoanalyse. Neue Folge der Vorlesungen zur Einführung in die Psychoanalyse. Frankfurt am Main 1982, S. 41-49.

Gajevic, M.; Szent-Ivanyi, T.: „Eine große Selbsttäuschung". Kölner Stadt-Anzeiger vom 8.8.2012, S. 6.

Geitner, R.: Grundvertrauen in die Entscheidung des Hausarztes. Deutsches Ärzteblatt *108* (2011), S. A520-A522.

Gentechnik: „Wir müssen auch über therapeutisches Klonen nachdenken". Warum die Forschung mit embryonalen Stammzellen so wichtig ist. Interview mit dem Bonner Arbeitsgruppenleiter Oliver Brüstle. Der Tagesspiegel vom 9.1.2001.

Gesamtverband der Deutschen Versicherungswirtschaft e. V.: Freiwillige Selbstverpflichtungserklärung der Mitgliedsunternehmen des Gesamtverbandes der Deutschen Versicherungswirtschaft e. V. (GDV) vom 7. November 2001. http://www.gdv.de/fachservice/15807.htm/ (Stand: 25.1.2004; inzwischen offline).

Geschlechter: Junge oder Mädchen? Der Spiegel Nr. 41 vom 6.10.2003, S. 69.

Geschwandtner-Andreß, P.: Fast 2.400 Jahre alt und noch immer im Gespräch: Der Hippokratische Eid. Deutsches Ärzteblatt *90* (1993), S. A3367-A3368.

Gesetzentwurf der Bundesregierung: Entwurf eines Gesetzes zur Strafbarkeit der gewerbsmäßigen Förderung der Selbsttötung. Deutscher Bundestag, 17. Wahlperiode, Drucksache Nr. 17/11126 vom 22.10.2012. http://dip21.bundestag.de/dip21/btd/17/111/1711126.pdf (Stand: 24.4.2016).

Gesetz zum Schutz von Embryonen (Embryonenschutzgesetz – ESchG) vom 13. Dezember 1990. Bundesgesetzblatt I, S. 2746.

Gesetz zur Sicherstellung des Embryonenschutzes im Zusammenhang mit Einfuhr und Verwendung menschlicher embryonaler Stammzellen (Stammzellgesetz – StZG) vom 28. Juni 2002. Bundesgesetzblatt I, S. 2277.

Giardiello, F. M. et al.: The use and interpretation of commercial APC gene testing for familial adenomatous polyposis. New England Journal of Medicine *336* (1997), S. 823-827.

Gottlieb, B. J. (Hrsg.): Georg Ernst Stahl: Über den mannigfaltigen Einfluß von Gemütsbewegungen auf den menschlichen Körper (Halle 1695) / Über die Bedeutung des synergischen Prinzips für die Heilkunde (Halle 1695) / Über den Unterschied zwischen Organismus und Mechanismus (Halle 1714) / Überlegungen zum ärztlichen Hausbesuch (Halle 1703). (= Sudhoffs Klassiker der Medizin, 36.) Leipzig 1961.

Grolle, J.: „Es gibt kein Halten mehr". US-Forscher verschmolzen eine menschliche Eizelle mit der Eizelle einer Kuh und isolierten unsterbliche Stammzellen aus Embryonen. Die Forscher versprechen sich davon eine neue Ära der Medizin. Die Abwehrfront der Skeptiker bröckelt. Der Spiegel Nr. 48 vom 23.11.1998, S. 272-276.

Grosse, S. D.; Boyle, C. A.; Botkin, J. R.; Comeau, A. M.; Kharrazi, M.; Rosenfeld, M.; Wilfond, B. S.: Newborn screening for Cystic Fibrosis. Evaluation of benefits and risks and recommendations for State newborn screening programs. Morbidity and Mortality Weekly Report *53* (2004), Nr. RR-13, S. 1-36.

Grüne verlangen strenges Klonverbot. Kritik an der Verhandlungsführung von Außenminister Fischer. Frankfurter Allgemeine Zeitung Nr. 256 vom 20.12.2002, S. 4.

Hahn, P.: Wissenschaft und Wissenschaftlichkeit in der Medizin. *In:* Pieringer, W.; Ebner, F. (Hrsg.): Zur Philosophie der Medizin. Wien, New York 2000, S. 35-53.

Hahnemann, S.: Organon der Heilkunst. Nach der handschriftlichen Neubearbeitung Hahnemanns für die 6. Auflage herausgegeben und mit Vorwort versehen von R. Haehl. Leipzig 1921.

Hahnemann, S.: Organon der Heilkunst. Nach der handschriftlichen Neubearbeitung Hahnemanns für die 6. Auflage neu herausgegeben und stilistisch völlig überarbeitet von Apotheker K. Hochstetter. Ausgabe 6B, 2. Auflage, Heidelberg 1978.

Hare, R. M.: Die Sprache der Moral, Übersetzt von P. v. Morstein. Frankfurt am Main 1983.

Haux, R.: Zur Wissenschaftlichkeit in Medizin und Informatik. Informatik-Spektrum *22* (1999), S. 276-283.

Heikle Prüfung. Gentests: Spezielle Zentren dürfen in Deutschland ab 2014 Embryonen auf Erbkrankheiten untersuchen. Zwei Experten [Ulrike Flach und Axel W. Bauer] streiten über das neue Gesetz. Apotheken-Umschau vom 15.6.2013, S. 18-19.

Henle, J.: Medizinische Wissenschaft und Empirie. Zeitschrift für Rationelle Medicin *1* (1844), S. 1-35.

Hildt, E.: Präimplantationsdiagnostik – von Angebot und Nachfrage. *In:* Von der prädiktiven zur präventiven Medizin – Ethische Aspekte der Präimplantationsdiagnostik. Programm der Jahrestagung der Akademie für Ethik in der Medizin vom 3.-5.9.1998 in Tübingen. Zentrum für Ethik in den Wissenschaften, Tübingen 1998, S. 10.

Hillebrand, J.: Die Anthropologie als Wissenschaft, 1: Allgemeine Naturlehre des Menschen. Mainz 1822.

Hillgruber, C.: Schriftliche Stellungnahme zur Vorbereitung der öffentlichen Anhörung des Ausschusses für Recht und Verbraucherschutz des Deutschen Bundestages am 23. September 2015, erstattet im Auftrag des Bundesministeriums für Verkehr und digitale Infrastruktur. Universität Bonn, 14.9.2015. http://www.bundestag.de/blob/387804/452c910aa854cf719f009a22ae13e6c2/hillgruber-data.pdf (Stand: 24.4.2016).

Hirschauer, S.: Die Fabrikation des Körpers in der Chirurgie. *In:* Borck, C. (Hrsg.): Anatomien medizinischen Wissens. Medizin, Macht, Moleküle. Frankfurt am Main 1996, S. 86-121.

Ho, A. D.: Stellungnahme zur Anhörung am 9. Mai 2007 im Deutschen Bundestag zum Thema „Stammzellforschung". Typoskript, 5 Seiten. Heidelberg 2007.
Höffe, O. (Hrsg.): Lexikon der Ethik. 5. Auflage, München 1997.
Hoerster, N.: Tötungsverbot und Sterbehilfe. *In:* Sass, H.-M. (Hrsg.): Medizin und Ethik. Stuttgart 1989, S. 287-295.
Hoerster, N.: Abtreibung im säkularen Staat. Argumente gegen den § 218. Frankfurt am Main 1991.
Hoerster, N.: Lebenswert, Behinderung und das Recht auf Leben. *In:* Bonfranchi, R. (Hrsg.): Zwischen allen Stühlen. Die Kontroverse zu Ethik und Behinderung. Erlangen 1997, S. 43-55.
Hudson K. L., Rothenberg, K. H., Andrews, L. B., Kahn, M. J. E., Collins, F. S.: Genetic discrimination and health insurance: an urgent need for reform. Science *274* (1995), S. 391-393.
Hume, D.: A treatise of human nature, being an attempt to introduce the experimental method of reasoning into moral subjects. London 1739/40. Zitiert nach der Ausgabe von L. A. Selby-Bigge, Oxford 1888. Second Edition with text revised and variant readings by P. H. Nidditch, Oxford 1978.
Hundt, M.: Antropologium de hominis dignitate, natura et proprietatibus. Liptzick 1501.
Ingold, H. R.: „Die Würde des Menschen" versus „Die Ethik des Heilens"? Zur Entscheidung des Deutschen Bundestages über den Import embryonaler Stammzellen. Typoskript, 26 Seiten. Universität Heidelberg 2002.
Institut für Demoskopie Allensbach: Mehrheit für aktive Sterbehilfe. Allensbacher Berichte Nr. 9/2001.
Interessenvertretung Selbstbestimmt Leben (ISL) zur Initiative gegen genetische Selektion: PID Prä-Implantations-Diagnostik – da machen wir nicht mit! Auswirkungen der modernen Fortpflanzungsmedizin auf die Gesellschaft. Kassel 2002.
Interpharma: Dokumentation Stammzellenforschungsgesetz. Update: 13.12.2012. Basel 2012. http://www.interpharma.ch/sites/default/files/dokumentation_stammzellenforschungsgesetz_0.pdf (Stand: 24.4.2016).
Jachertz, N.: Bundesverfassungsgericht: Kind als Schadensquelle. Deutsches Ärzteblatt *95* (1998a), S. A15.
Jachertz, N.: Lauschangriff: Hoffen auf den Bundesrat. Deutsches Ärzteblatt *95* (1998b), S. A173.
Jachertz, N.: Präimplantationsdiagnostik. Am Rande der schiefen Bahn. Deutsches Ärzteblatt *97* (2000), S. A507.
„Jetzt wird alles machbar". Mit dem Auftritt des geklonten Schafs „Dolly" scheint ein Damm gebrochen: Erbgleiche Kopien auch von Menschen werden sich künftig in beliebiger Zahl herstellen lassen. Ethiker rufen nach Verboten. Kritiker zweifeln: Läßt sich die Anwendung der neuen Technik verhindern? Der Spiegel Nr. 10/1997 vom 3.3.1997, S. 216-225.
Jolie Pitt, A.: Diary of a surgery. The New York Times, March 24, 2015. http://www.nytimes.com/2015/03/24/opinion/angelina-jolie-pitt-diary-of-a-surgery.html?hp&action=click&pgtype=Homepage&module=c-column-top-span-region®ion=c-column-top-span-region&WT.nav=c-column-top-span-region&_r=1 (Stand: 24.4.2016).
Kabelitz, D.; Hermeler, H.: Potenzial von Stammzellen für die Behandlung von Autoimmunerkrankungen. Deutsches Ärzteblatt *100* (2003), S. A1943-A1944.
Kamann, M.: Das sind die vier Möglichkeiten bei der Sterbehilfe. Im Bundestag nehmen die verschiedenen Gesetzentwürfe zur Suizidhilfe Gestalt an. Die Welt vom 10.6.2015. http://www.welt.de/142227868 (Stand: 24.4.2016).

Kant, I.: Anthropologie in pragmatischer Hinsicht. Königsberg 1798.

Kehrbach, A.: Tabu – und trotzdem Routine. Vorgeburtliche Diagnostik und die Praxis des eingeleiteten Todes. Dr. med. Mabuse. Zeitschrift im Gesundheitswesen *23* (1998), Nr. 113, S. 61-64.

Keller, R.; Günther, H. L.; Kaiser, P.: Kommentar zum Embryonenschutzgesetz. Stuttgart 1992.

Kenner, L.: Anhörung des Ausschusses für Bildung, Forschung und Technikfolgenabschätzung. Thema „Stammzellforschung" am 9. Mai 2007. Stellungnahme. Typoskript, 25 Seiten. Wien 2007.

Kharrazi, M.; Kharrazi, L.: Delayed diagnosis of Cystic Fibrosis and the family perspective. The Journal of Pediatrics *147* (2005), Supplement 3, S. S-21-S-25.

Kittlitz, A. v.: Hirntod. Was passiert mit Patienten, die potentielle Organspender sind? Kein Gesetz schützt sie oder ihre Angehörigen. Frankfurter Allgemeine Sonntagszeitung Nr. 33 vom 19.8.2012, S. 6.

Klimax. Zeitung am Klinikum Mannheim. Ausgabe 6, Sommersemester 98. Semesterumfrage 15 für das WS 1997/98. Mannheim 1998, S. 33.

Klimke, B.: Eisige Reserve. Berliner Zeitung Nr. 266 vom 14.11.2014, S. 3. Online einsehbar beim Kölner Stadtanzeiger vom 25.11.2014. http://www.ksta.de/panorama/-reportage-eisige-reserve,15189504,29149934.html (Stand: 24.4.2016).

Klinkhammer, G.: Abtreibungsrecht: Schwachstelle. Deutsches Ärzteblatt *95* (1998a), S. A57.

Klinkhammer, G.: Keine Abtreibung nach der 20. Woche. Deutsches Ärzteblatt *95* (1998b), S. A573.

Klinkhammer, G.: Pränatale Diagnostik: „Ein für Ärzte bedrückendes Dilemma". Deutsches Ärzteblatt *96* (1999), S. A1332.

Klinkhammer, G.: Nur ein Tropfen Blut. Die nichtinvasive Pränataldiagnostik hat sich in Deutschland schnell verbreitet. Künftig ist mit einer Ausweitung des Untersuchungsspektrums zu rechnen. Eine Diskussion über die Folgen. Deutsches Ärzteblatt *113* (2016), S. A642-A644.

Klon-Baby. Wo kommt es zur Welt? Frau im Spiegel Nr. 50/2002, S. 78.

Knaup, M.: Der neue § 217 des deutschen Strafgesetzbuches (StGB). Imago Hominis *23* (2016), S. 9-12.

Koch, H. G.: Wie verbindlich sind Patientenverfügungen? Ärzteblatt Baden-Württemberg *54* (1999), S. 397-400.

Koch, K.: Der Katalog der Gentherapie-Studien wächst. Einige Prüfungen sind von zweifelhaftem Wert. Deutsches Ärzteblatt *92* (1995), S. A1752-A1755.

Koch, K.: Klonen menschlicher Embryonen: Die Front weicht allmählich auf. Deutsches Ärzteblatt *96* (1999), S. A4.

Koch, K.: Ein Mensch – drei Fliegen. Deutsches Ärzteblatt *98* (2001), S. A361-A362.

Koch, K.: Interview mit Prof. Rudolf Jaenisch. Biologische Fakten sprechen gegen klonierte Babys. Deutsches Ärzteblatt *99* (2002), S. A3384.

Koch, K. A.; Rodeffer, H. D.; Wears, R. L.: Changing patterns of terminal care management in an intensive care unit. Critical Care Medicine *22* (1994), S. 233-243.

Koelbing, H. M.: Arzt und Patient in der antiken Welt. Zürich, München 1977.

Körbling, M.; Dörken, B.; Ho, Anthony D.; Pezzutto, A.; Hunstein, W.; Fliedner, T. M.: Autologous transplantation of blood derived hemopoietic stem cells after myeloablative therapy in a patient with Burkitt's lymphoma. Blood *67* (1986), S. 529-532.

Körtner, U.: Ist Selbsttötung ein Menschenrecht? Der Standard (Wien) vom 30.10.2007. http://www.kha.at/downloads/koertneristselbsttoetungeinmenschenrecht.stand.pdf (Stand: 24.4.2016).

Kommission für Öffentlichkeitsarbeit und ethische Fragen der Gesellschaft für Humangenetik e. V.: Stellungnahme zur Neufassung des § 218a StGB. Medizinische Genetik *7* (1995), S. 360-361.

Krehl, L.: Pathologische Physiologie. Ein Lehrbuch für Studierende und Ärzte. 2. Auflage, Leipzig 1898.

Krehl, L.: Pathologische Physiologie. Ein Lehrbuch für Studierende und Ärzte. 4. Auflage, Leipzig 1906.

Kroker, H.: Nur wenige Gentests sind medizinisch sinnvoll. Versicherer verzichten bis 2011 freiwillig auf die Durchführung von Tests – ihre Aussagekraft ist ohnehin begrenzt. Die Welt vom 18.1.2005. http://www.welt.de/print-welt/article364761/Nur-wenige-Gentests-sind-medizinisch-sinnvoll.html (Stand: 24.4.2016).

Krones, T.; Richter, G.: Kontextsensitive Ethik am Rubikon. *In:* Düwell, M.; Steigleder, K. (Hrsg.): Bioethik. Eine Einführung. Frankfurt am Main 2003, S. 238-245.

Krug, A.: Heilkunst und Heilkult. Medizin in der Antike. München 1985.

Lai, H.; Chuan J.; Cheng, Y.; Farrell, P. M.: The survival advantage of patients with Cystic Fibrosis diagnosed through neonatal screening: Evidence from the United States Cystic Fibrosis Foundation registry data. The Journal of Pediatrics *147* (2005), Supplement 3, S. S-57-S-63.

Lambert, K.; Brittan jr., G. G.: Eine Einführung in die Wissenschaftsphilosophie. Aus dem Amerikanischen übersetzt von J. Schulte. Berlin, New York 1991.

Laubach, W.: Ethische Probleme in der Intensivmedizin. *In:* Riha, O. (Hrsg.): Ethische Probleme im ärztlichen Alltag. Vorträge 1997-1999. (= Schriftenreihe des Instituts für Ethik in der Medizin e. V. Leipzig, 3.) Aachen 2000, S. 26-37.

Learish, R. D.; Brüstle, O.; Zhang, S. C.; Duncan, I. D.: Intraventricular transplantation of oligodendrocyte progenitors into fetal myelin mutant results in widespread formation of myelin. Annals of Neurology *46* (1999), S. 716-722.

Lehmann, K.: Zur Ethik der Organspende und der Transplantation. Perspektiven aus der Sicht von Theologie und Kirche. Vorlesung in der Universität Mainz im Rahmen der Nachtvorlesungen zu Fragen der Organspende und Transplantation am 14. Juli 2005 im Hörsaal der Chirurgischen Universitätsklinik Mainz. https://www.bistummainz.de/bistum/bistum/kardinal/texte/texte_2005/organspende.html (Stand: 12.12.2012; inzwischen offline).

Lehrl, S.: Bewertung von Autoren und Co-Autoren durch Citation Index und Impact-Factor. Deutsche Medizinische Wochenschrift *125* (2000), S. 1109-1111.

Leven, K.-H.: Der historische Ort des Genfer Gelöbnisses. Ärzteblatt Baden-Württemberg *53* (1998), Nr. 2, Beilage „Ethik in der Medizin" Nr. 63.

Lichtenthaeler, C.: Der Eid des Hippokrates. Ursprung und Bedeutung. Köln 1984.

Lichtenthaeler, C.: Das Prognostikon wurde nicht vor, sondern nach den Epidemienbüchern III und I verfasst. Zweiter Beitrag zur Chronologie der echten Hippokratischen Schriften. Stuttgart 1989.

Liening, P.: Wohlfühl-Ethik? Plädoyer für eine klarere Reflexion von klinischer Ethik und psychologisch-sozialer Beratung. Anfrage an eine „exemplarische" (?) Falldarstellung. Ethik in der Medizin *11* (2001), S. 216.

Lilienthal, G.: Josef Mengele. *In:* Eckart, W. U.; Gradmann, C. (Hrsg.): Ärztelexikon. Von der Antike bis zum 20. Jahrhundert. München 1995, S. 249.

Lindner, R.: Social Freezing. Das Einfrieren von Eizellen zahlt die Firma. Frankfurter Allgemeine Zeitung vom 15.10.2014. http://www.faz.net/aktuell/wirtschaft/fruehaufsteher/social-freezing-apple-facebook-zahlen-einfrieren-von-eizellen-13209317.html (Stand: 24.4.2016).

Luther, E.: Zur Kritik und Apologetik der Marktwirtschaft im Gesundheits- und Sozialwesen. *In:* Schubert-Lehnhardt, V. (Hrsg.): Traditionslinien von gesundheitspolitischen Positionen in Deutschland – vom 20. in das 21. Jahrhundert. Berlin 1998, S. 27-48.

Lütz, M.: Gesundheit ist nicht das „höchste Gut". Welt am Sonntag Nr. 1/2003 vom 5.1.2003, S. 10.

Maes, H.-J.: Max-Planck-Gesellschaft. Regeln für Forscher. Vollständigkeit und Nachvollziehbarkeit sind unabdingbare Elemente wissenschaftlicher Veröffentlichungen. Deutsches Ärzteblatt *98* (2001), S. A89.

Maio, G.: Braucht die Medizin klinische Ethikberater? Deutsche Medizinische Wochenschrift *127* (2002), S. 2285-2288.

Maio, G.: Abschied von der freudigen Erwartung. Werdende Eltern unter dem wachsenden Druck der vorgeburtlichen Diagnostik. (= Edition Sonderwege bei Manuscriptum.) Waltrop, Leipzig 2013.

Max-Planck-Gesellschaft zur Förderung der Wissenschaften e. V.: Verfahren bei Verdacht auf wissenschaftliches Fehlverhalten. [München 2000.]

May, A. T.: Betreuungsrecht und Selbstbestimmung am Lebensende. (= Medizinethische Materialien, 117.) Bochum 1998.

Mayer, K. M.; Sanides, S.: Rohstoff Embryo. Erstmals gelang der Beweis: Im Labor können menschliche Stammzellen zu Organen reifen. Focus Nr. 46/1998 vom 9.11.1998, S. 230.

Meiritz, A.: Geplante Strafrecht-Verschärfung: Sterbehilfe-Verbot spaltet Schwarz-Gelb. Spiegel online vom 3.11.2009. http://www.spiegel.de/politik/deutschland/geplante-strafrecht-verschaerfung-sterbehilfe-verbot-spaltet-schwarz-gelb-a-658688.html (Stand: 24.4.2016).

Meisner, J.: Ist die CDU noch christlich? Gastkommentar für die Zeitung „Die Welt" vom 19.1.2002. PEK skript. Herausgegeben vom Presseamt des Erzbistums Köln. Köln 2002.

Melchert, F.: Der Geburtshelfer zwischen biomedizinischer Technik und Humanität. *In:* Bauer, A. W. (Hrsg.): Medizinische Ethik am Beginn des 21. Jahrhunderts. Theoretische Konzepte, Klinische Probleme, Ärztliches Handeln. Heidelberg, Leipzig 1998, S. 29-37.

Merkel, R.: Wer einen Menschen klont, fügt ihm keinen Schaden zu. Plädoyer gegen eine Ethik der Selbsttäuschung. Die Zeit Nr. 11/1998 vom 5.3.1998. http://pdf.zeit.de/1998/11/bioethik.txt.19980305.xml.pdf (Stand: 24.4.2016).

Milller, F. G.; Truog, R. D.: Rethinking the Ethics of Vital Organ Donations. Hastings Center Report *38* (2008), Nr. 6. http://www.thehastingscenter.org/Publications/HCR/Detail.aspx?id=2822#ixzz43jWhffSA (Stand: 24.4.2016).

Mitscherlich, A.: Die psychosomatische und die konventionelle Medizin. *In:* Mitscherlich, A.: Krankheit als Konflikt. Studien zur psychosomatischen Medizin, 1. Frankfurt am Main 1966, S. 53-73.

Mrusek, K.: Die Pharmabranche nimmt es vorweg. In der Schweiz sollen für die Stammzellenforschung heimische Embryonen verwendet werden. Frankfurter Allgemeine Zeitung Nr. 99 vom 29.4.2002, S. 12.

Müller-Jung, J.: Durchbruch für „Klontherapie"? Kombination von Gen- und Zellersatz bei kranken Mäusen geglückt. Frankfurter Allgemeine Zeitung Nr. 59 vom 11.3.2002, S. 44.

Müri, W. (Hrsg.): Der Arzt im Altertum. Griechische und lateinische Quellenstücke von Hippokrates bis Galen mit der Übertragung ins Deutsche. 4. Auflage, München 1979.

Nationaler Ethikrat: Stellungnahme „Zum Import menschlicher embryonaler Stammzellen", erschienen im Dezember 2001. Berlin 2002. http://www.ethikrat.org/dateien/pdf/zum-import-menschlicher-embryonaler-stammzellen.pdf (Stand: 24.4.2016).

Nationaler Ethikrat: Stellungnahme „Genetische Diagnostik vor und während der Schwangerschaft", erschienen am 23. Januar 2003. Berlin 2003, S. 59. http://www.ethikrat.org/dateien/pdf/genetische-diagnostik-vor-und-waehrend-der-schwangerschaft.pdf (Stand: 24.4.2016).

Nawroth, F.; Dittrich, R.; Kupka, M.; Lawrenz, B.; Montag, M.; Wolff, M. v.: Kryokonservierung von unbefruchteten Eizellen bei nichtmedizinischen Indikationen („social freezing"). Frauenarzt *53* (2012), S. 528-533.

Neugierembryo. Schwedische Grenzgänge. Frankfurter Allgemeine Zeitung Nr. 95 vom 24.4.2002, S. 45.

Nothelle-Wildfeuer, U.: Stichwort Verteilungsgerechtigkeit. Zeitschrift für medizinische Ethik *48* (2002), S. 196-201.

Nüchtern, E.: Was Alternativmedizin populär macht. (= EZW-Text, 139.) Berlin 1998.

Oduncu, F. S.: Klonierung von Menschen – biologisch-technische Grundlagen, ethisch-rechtliche Bewertung. Ethik in der Medizin *13* (2001), S. 111-126.

Petermann, J.; Paul, R.: „Gefährlicher als die Bombe". Spiegel-Gespräch mit dem Molekularbiologen Lee Silver über das Klonen von Menschen und die genetische Zweiklassengesellschaft der Zukunft. Der Spiegel Nr. 29/1998 vom 13.7.1998, S. 142-145.

Preiser, G.: Über die Sorgfaltspflicht der Ärzte von Kos. Medizinhistorisches Journal *5* (1970), S. 1-9.

Propping, P.: Genetische Pränataldiagnostik. Brauchen wir eine Qualitätskontrolle? Deutsches Ärzteblatt *95* (1998), S. A1302-A1303.

Propping, P.: Schlußwort (zu den „Richtlinien zur Diagnostik der genetischen Disposition für Krebserkrankungen"). Deutsches Ärzteblatt *96* (1999), S. A290.

Propping, P.: Wenn die Aufklärung des persönlichen Genoms Wirklichkeit wird: Eine Einführung für die nächste Generation. *In:* Schmid, M.; Erber-Schropp, J. M. (Hrsg.): Chancen und Risiken der modernen Biotechnologie. Wiesbaden 2014, S. 11-52.

Pschyrembel, W.: Klinisches Wörterbuch. 257. Auflage, Berlin, New York 1994.

Putz, W.: Strafrechtliche Aspekte der Suizid-Begleitung in Deutschland. Rechtsgutachten vom 19.9.2006 für die DGHS Bundesgeschäftsstelle. 63 Seiten. Berlin 2006. www.dghs.de/typo3/fileadmin/pdf/Gutachten%20DGHS.pdf (Stand: 20.10.2010; inzwischen offline).

Radbruch, L.; Nauck, F.; Sabatowski, R.: Was ist Palliativmedizin? *In:* Sabatowski, R.; Radbruch, L.; Nauck, F.; Roß, J.; Zernikow, B. (Hrsg.): Wegweiser Hospiz und Palliativmedizin Deutschland 2005. Ambulante und stationäre Palliativ- und Hospizeinrichtungen in Deutschland. Wuppertal 2005, S. 16-17.

Ragg, M.: „Jedes Leben hat einen Sinn". LF-Gespräch mit Barbara Wussow über ihr Engagement für das Recht auf Leben. LebensForum *40* (1994), S. 18-19.

Rau, J.: Wird alles gut? – Für einen Fortschritt nach menschlichem Maß. Die „Berliner Rede" des Bundespräsidenten in der Staatsbibliothek zu Berlin am 18. Mai 2001. http://www.bundespraesident.de/SharedDocs/Reden/DE/Johannes-Rau/Reden/2001/05/20010518_Rede.html (Stand: 24.4.2016).

Rau, J.: Rede von Bundespräsident Johannes Rau beim 107. Deutschen Ärztetag in Bremen am 18. Mai 2004. http://www.bundespraesident.de/SharedDocs/Reden/DE/Johannes-Rau/Reden/2004/05/20040518_Rede.html (Stand: 24.4.2016).

Regenauer, A.: Kein Interesse am gläsernen Patienten. Deutsches Ärzteblatt *98* (2001), S. A593-A596.

Reich, J.: Ein Gesetz gegen das Klonen von Menschen ist genauso sinnvoll wie ein Einwanderungsverbot für Marsbewohner. Die Zeit Nr. 4/1998 vom 16.1.1998.

Reiter-Theil, S.; Lenz, G.: Probleme der Behandlungsbegrenzung im Kontext einer internistischen Intensivstation. Ein kasuistischer Beitrag mit pflegeethischer Perspektive. Zeitschrift für Medizinische Ethik *45* (1999), S. 205-216.

Richter, E.: Keine Abtreibung unter Zeitdruck. Kliniker nehmen zum Schwarzenfelder Manifest Stellung, dem zufolge Schwangerschaftsabbrüche nach der 20. Woche post conceptionem verboten werden sollen. Deutsches Ärzteblatt *95* (1998), S. A1363.

Richter, E. A.: Stammzellforschung: Freie Bahn in Europa. Die Stammzellforschung wird in Europa voraussichtlich ohne strenge Auflagen mit EU-Mitteln gefördert werden. Konflikte mit der deutschen Gesetzgebung sind programmiert. Deutsches Ärzteblatt *99* (2002), S. A1408-A1409.

Richter-Kuhlmann E.; Siegmund-Schultze, N.: Transplantationsskandal: „Kein systemisches Versagen". Deutsches Ärzteblatt *109* (2012), S. A1676-A1677.

Riemer, S.: RNZ-Forum Heidelberg: Wie attraktiv ist „social freezing"? Rhein-Neckar-Zeitung vom 10.12.2014a. http://www.rnz.de//heidelberg/00_20141210060000_110802079-RNZ-Forum-Heidelberg-Wie-attraktiv-ist-social-.html (Stand: 24.4.2016).

Riemer, S.: „Social Freezing": Was der Heidelberger Arbeitsrechtler Eckert dazu sagt. Rhein-Neckar-Zeitung vom 10.12.2014b. http://www.rnz.de//heidelberg/00_20141210060000_110802033-Social-Freezing-Was-der-Heidelberger-Arbeitsre.html (Stand: 24.4.2016).

Rieser, S.: Präimplantationsdiagnostik: Auftakt des öffentlichen Diskurses. Diskussionsentwurf zu einer Richtlinie der Bundesärztekammer. Deutsches Ärzteblatt 97 (2000), S. A505-A506.

Ritter, H.: Die Zerreißprobe. Was man der Menschenwürde nicht zumuten darf. Frankfurter Allgemeine Zeitung Nr. 149 vom 30.6.2001, S. 41.

Rixen, S.: Ist die Hirntodkonzeption mit der Ethik des Grundgesetzes vereinbar? Anmerkungen zum offenen Menschenbild des Grundgesetzes. *In:* Engels, E.-M. (Hrsg.): Biologie und Ethik. (= Universal-Bibliothek Nr. 9727.) Stuttgart 1999, S. 346-378.

Rock, M. J.; Hoffman, G.; Laessig, R. H.; Kopish, G. J.; Litsheim, T. J.; Farrell, P. M.: Newborn screening for Cystic Fibrosis in Wisconsin: Nine-year experience with routine trypsinogen/DNA testing. The Journal of Pediatrics *147* (2005), Supplement 3, S. S-73-S-77.

Rothschuh, K. E.: Konzepte der Medizin in Vergangenheit und Gegenwart. Stuttgart 1978.

Rüegg, J. C.; Rudolf, G.: Neuronale Plastizität und Psychosomatik (1) und (2). *In:* Haux, R.; Bauer, A. W.; Eich, W.; Herzog, W.; Rüegg, J. C.; Windeler, J. (Hrsg.): Wissenschaftlichkeit in der Medizin, 2: Physiologie und Psychosomatik. Versuche einer Annäherung. Frankfurt am Main 1998, S. 82-120 und S. 121-130.

Rüegg, J. C.: Gehirn, Psyche und Körper. Neurobiologie von Psychosomatik und Psychotherapie. 5. Auflage, Stuttgart, New York 2011.

Sass, H.-M.: Hirntod und Hirnleben. *In:* Sass, H.-M. (Hrsg.): Medizin und Ethik. Stuttgart 1994, S. 160-183.

Sass, H. M.; Kielstein, R.: Die medizinische Betreuungsverfügung in der Praxis. Vorbereitungsmaterial, Modell einer Betreuungsverfügung, Hinweise für Ärzte, Bevollmächtigte, Geistliche und Anwälte. (= Medizinethische Materialien, 111.) 5. Auflage, Bochum 1999.

Schmidt, C.; Weinzierl, A.: Spiegel-Gespräch „Es gibt keinen Zwang zum Leben." Jochen Taupitz, 55, Professor für Medizinrecht und Mitglied des Deutschen Ethikrats, über das Recht auf einen selbstbestimmten Tod, die Kommerzialisierung des Sterbens und seinen Vorschlag, Ärzte als qualifizierte Suizidhelfer einzusetzen. Der Spiegel Nr. 11/2009 vom 9.3.2009, S. 58-60. http://magazin.spiegel.de/EpubDelivery/spiegel/pdf/64497197 (Stand: 24.4.2016).

Schmitz, D.; Bauer, A. W.: Evolutionäre Ethik und ihre Rolle bei der Begründung einer künftigen Medizin- und Bioethik. (= Medizinethische Materialien des Bochumer Zentrums für Medizinische Ethik, 122.) Bochum 2000a.

Schmitz, D.; Bauer, A. W.: Intuition oder Evolution? Ein skeptischer Blick auf die prinzipienbasierte Bioethik. Zeitschrift für medizinische Ethik *46* (2000b), S. 13-22.

Schnabel, U.: Klone zu Discountpreisen. Interview mit dem Bioethiker und Medizinhistoriker Axel W. Bauer. Die Zeit Nr. 38/1999 vom 16.9.1999, S. 16.

Schneider, U. K.: Zwischen Datenschutz und Gesundheitsschutz. Einrichtungsübergreifende Elektronische Patientenakten. (= DuD-Fachbeiträge.) Wiesbaden 2016.

Schrep, B.: „Ich will nicht Gott spielen". Die moderne Medizin macht die Früherkennung von Behinderungen bei Ungeborenen möglich. Der Spiegel Nr. 1/2003 vom 30.12.2002, S. 56-58.

Schröder, C.; Schmutzer, G.; Klaiberg, A.; Brähler, E.: Ärztliche Sterbehilfe im Spannungsfeld zwischen Zustimmung zur Freigabe und persönlicher Inanspruchnahme – Ergebnisse einer repräsentativen Befragung der deutschen Bevölkerung. Psychotherapie – Psychosomatik – Medizinische Psychologie *53* (2003), S. 334-343.

Schuster, H. P.: Ethische Probleme im Bereich der Intensivmedizin. Der Internist *40* (1999), S. 260-269.

Schwägerl, C.: Wir sind hier nicht in Seattle, Peter. Wer will mitklonen? Die deutsche Biopolitik im Ehrlichkeitstest. Frankfurter Allgemeine Zeitung Nr. 59 vom 11.3.2002a, S. 44.

Schwägerl, C.: Die Qual mit der Embryonenwahl. Enquetekommission und Nationaler Ethikrat stellen sich dem Reizthema PID. Frankfurter Allgemeine Zeitung Nr. 107 vom 10.5.2002b, S. 4.

Schweizer, R. J.: Verpönte Tätigkeiten verhindern. Rechtsfragen der Forschung mit embryonalen Stammzellen. Neue Zürcher Zeitung Nr. 118 vom 25./26.5.2002, S. 66.

Searle, J. R.: Sprechakte. Ein sprachphilosophischer Essay. Übersetzt von R. und R. Wiggershaus. 6. Auflage, Frankfurt am Main 1994.

Seehofer, H.: Rede zum Entwurf eines Transplantationsgesetzes vor dem Deutschen Bundestag am 25. Juni 1997. Pressemitteilung Nr. 53 des BMG vom 25. Juni 1997. http://www.BMGesundheit.de/presse97/97/53.htm (Stand: 30.8.1997; inzwischen offline) und http://www.uni-heidelberg.de/institute/fak5/igm/g47/bauershf.htm (Stand: 21.6.2010; inzwischen offline).

Siebeck, R.: Medizin in Bewegung. Klinische Erkenntnisse und ärztliche Aufgabe. Stuttgart 1949.

Siegmund-Schultze, N.: Erschütterndes Maß an Manipulation. Deutsches Ärzteblatt *109* (2012a), S. A1534-A1536.

Siegmund-Schultze, N.: Hauttumoren nach Nierentransplantation. Sirolimus ist eine Option bei Patienten mit Hauttumoren. Deutsches Ärzteblatt 109 (2012b), S. A2136.

Silver, L. M.: Das geklonte Paradies. Künstliche Zeugung und Lebensdesign im neuen Jahrtausend. Aus dem Amerikanischen von H. Thies und S. Kuhlmann-Krieg. München 1998.

Sims, E. J.; McCormick, J.; Mehta, G.; Mehta, A.: Neonatal screening for Cystic Fibrosis is beneficial even in the context of modern treatment. The Journal of Pediatrics *147* (2005), Supplement 3, S. S-42-S-46.

Singer, P.: Praktische Ethik. Neuausgabe. Aus dem Englischen übersetzt von O. Bischoff, J.-C. Wolf und D. Klose. 2. Auflage, Stuttgart 1994.

Sippell, D.: Nicht Vormundschaftsrichter, sondern die Familie und Ärzte treffen die schwerwiegende Entscheidung. Süddeutsche Zeitung vom 24.4.1999.

Smedira, N. G.; Evans, B. H.; Grais, L. S.; Cohen, N. H.; Lo, B.; Cooke, M.; Schecter, W. P.; Fink, C.; Epstein-Jaffe, E.; May, C.; Luce, J. M.: Withholdig and withdrawal of life support from the critically ill. The New England Journal of Medicine *322* (1990), S. 309-315.

Soane, B.: Roman catholic casuistry and the moral standing of the human embryo. *In:* Dustan, G. R.; Seller, M. J. (Hrsg.): The status of the human embryo. Perspectives from moral tradition. London 1988, S. 74-85.

Society of Critical Care Medicine Ethics Committee: Attitudes of critical care medicine professionals concerning distribution of intensive care resources. Critical Care Medicine *22* (1994), S. 358-362.

Spaemann, R.: Gezeugt, nicht gemacht. Die Zeit Nr. 4/2001 vom 18.1.2001, S. 37-38.

Spitzer, M.: Geist im Netz. Modelle für Lernen, Denken und Handeln. Heidelberg, Berlin, Oxford 1996.

Sprenger, A.: Zur Strukturierung des therapeutischen Geschehens auf Intensivstationen – Auswirkungen der unterschiedlichen Perspektiven von Ärzten und Pflegekräften. *In:* Tewes, U. (Hrsg.): Angewandte Medizinpsychologie. Frankfurt am Main 1984, S. 228-234.

Stellungnahme der Zentralen Ethikkommission bei der Bundesärztekammer zum Schutz nicht-einwilligungsfähiger Personen in der medizinischen Forschung. Deutsches Ärzteblatt *94* (1997), S. A1011-A1012.

Stellungnahme der Zentralen Ethikkommission bei der Bundesärztekammer zum Forschungsklonen mit dem Ziel therapeutischer Anwendungen (Stand: 1. Februar 2006). Deutsches Ärzteblatt *103* (2006), S. A645-A649.

Stopsack, M.; Näke, A.; Hübner, A.; Gahr, M.; Ceglarek, U.; Thiery, J.; Bührdel, P.; Pfäffle, R.; Kiess, W.: Sächsisches Neuegborenenscreening. Ergebnisse 2002-2004. Ärzteblatt Sachsen Nr. 1/2006, S. 15-20.

Stuhrmann, M.: Untersuchungen zur molekularen Ursache der Mukoviszidose. Das Spektrum der Mutationen im CFTR-Gen und deren Auswirkungen auf Phänotyp, Therapie, Diagnostik und genetische Beratung der Mukoviszidose. Habilitationsschrift für das Fach Humangenetik, Medizinische Hochschule Hannover (MHH) 1998.

Szent-Ivanyi, T.: Organspende: Kritik an der Vergabe von Spenderherzen. Frankfurter Rundschau online vom 25.8.2012. http://www.fr-online.de/politik/organspende-kritik-an-der-vergabe-von-spenderherzen,1472596,16964180.html (Stand: 24.4.2016).

Tag, B.: Zum Umgang mit der Leiche. Rechtliche Aspekte der dauernden Konservierung menschlicher Körper und Körperteile durch die Plastination. Medizinrecht *16* (1998), S. 387-394.

Tauer, C. A.: The tradition of probabilism and the moral status of the early embryo. Theological Studies *45* (1984), S. 3-33.

Taupitz, J.: Menschenrechtsübereinkommen zur Biomedizin: Einheitlicher Mindestschutz. Deutsches Ärzteblatt *95* (1998), S. A1078-A1079.

Taupitz, J.: Biomedizinische Forschung zwischen Freiheit und Verantwortung. Der Entwurf eines Zusatzprotokolls über biomedizinische Forschung zum Menschenrechtsübereinkommen zur Biomedizin des Europarates. (= Veröffentlichungen des Instituts für Deutsches, Europäisches und Internationales Medizinrecht, Gesundheitsrecht und Bioethik der Universitäten Heidelberg und Mannheim, 8.) Berlin, Heidelberg, New York 2002.

Taupitz, J.: Anhörung des Ausschusses für Bildung, Forschung und Technikfolgenabschätzung des Deutschen Bundestages am 9.5.2007. Beantwortung der Fragen gemäß Fragenkatalog. Ausschussdrucksache Nr. 16 (18) 192. Themenblock 3: Rechtliche Bewertung. Typoskript, 12 Seiten. Berlin 2007.

Teufel gegen alle Lausch-Ausnahmen. Rhein-Neckar-Zeitung Nr. 48 vom 27.2.1998, S. 1.

Teufel lehnt Stammzellimport ab. Frankfurter Allgemeinen Zeitung Nr. 10 vom 12.1.2002, S. 5.

Thews, K.; Wagner, L.: Gentests auf Leben und Tod. Stern Nr. 39/1996.

Thorlacius, S.; Struewing, J. P.; Hartge, P.; Olafsdottir, G. H.; Sigvaldason, H.; Tryggvadottir, L.; Wacholder, S.; Tulinius, H.; Eyfjörd, J. E.: Population-based study of risk of breast cancer in carriers of BRCA 2 mutation. The Lancet *352* (1998), S. 1337-1339.

Tluczek, A.; Koscik, R. L.; Endres, K.; Farrell, P. M.; Rock, M. J.: Psychosocial risk associated with newborn screening for Cystic Fibrosis: Parents' experience while awaiting the sweat test appointment. Pediatrics *115* (2005), S. 1692-1703.

Tolmein, O.: Das Grundrecht auf Nichtwissen. Frankfurter Allgemeine Zeitung Nr. 223 vom 25.9.2003, S. 34.

Tooley, M.: Abortion and Infanticide. Oxford 1983.

Traufetter, G.: Geisel der eigenen Gene. Eine gesunde Lehrerin aus Hessen wird nicht verbeamtet, weil ihr Vater an der Erbkrankheit Chorea Huntington leidet. Der Spiegel Nr. 43/2003 vom 20.10.2003, S. 216-218.

Tumorrisiko embryonaler Stammzellen. Deutsches Ärzteblatt *100* (2003), S. A2730.

Turner, J. S.; Michell, W. L.; Morgan, C. J.; Benatar, S. R.: Limitation of life support: frequency and practice in a London and a Cape Town intensive care unit. Intensive Care Medicine *22* (1996), S. 1020-1025.

Verres, R.: Gesundheits- und Krankheitstheorien als Forschungsobjekte der Medizinischen Psychologie. *In:* Bauer, A. W. (Hrsg.): Theorie der Medizin. Dialoge zwischen Grundlagenfächern und Klinik. Heidelberg, Leipzig 1995, S. 154-165.

Virchow, R.: Die naturwissenschaftliche Methode und die Standpunkte in der Therapie. Archiv für pathologische Anatomie und Physiologie und für klinische Medicin *2* (1849), S. 3-37.

Vollmer, G.: Evolutionäre Erkenntnistheorie. Angeborene Erkenntnisstrukturen im Kontext von Biologie, Psychologie, Linguistik, Philosophie und Wissenschaftstheorie. 6. Auflage, Stuttgart 1994.

Wachstum. Bildung. Zusammenhalt. Der Koalitionsvertrag zwischen CDU, CSU und FDP vom 26. Oktober 2009. 17. Legislaturperiode. Berlin 2009. http://www.csu.de/common/_migrated/csucontent/091026_koalitionsvertrag.pdf (Stand: 24.4.2016).

Walzer, M.: Sphären der Gerechtigkeit. Frankfurt am Main 1992.

Walzer, M.: Lokale Kritik, globale Standards. Zwei Formen moralischer Auseinandersetzung. Hamburg 1996.

Weiß, C.; Bauer, A. W.: Promotion. Die medizinische Doktorarbeit – von der Themensuche bis zur Dissertation. 4. Auflage, Stuttgart 2015.

Werkstattbericht. Wie in der Herrmann/Brach-Arbeitsgruppe konkret gefälscht wurde. Forschung & Lehre Nr. 8/2000, S. 421-422.

Wernscheid, V.: Tissue Engineering – Rechtliche Grenzen und Voraussetzungen. (= Göttinger Schriften zum Medizinrecht, 12.) Göttingen 2012.

Wetz, F. J.: Die Würde der Menschen ist antastbar. Eine Provokation. Stuttgart 1998.
Wetzel, M.: Praktisch-politische Philosophie, 1: Allgemeine Grundlagen. Würzburg 2004.
Wissenschaftlicher Beirat der Bundesärztekammer: Richtlinien zur pränatalen Diagnostik von Krankheiten und Krankheitsdispositionen. Deutsches Ärzteblatt *95* (1998), S. A3236-A3242.
Wolff, M. v.: „Social freezing": Sinn oder Unsinn? Schweizerische Ärztezeitung *94* (2013), S. 393-395. http://www.saez.ch/docs/saez/2013/10/de/SAEZ-01204.pdf (Stand: 24.4.2016).
Zedler, J. H.: Grosses vollständiges Universal-Lexikon, 2. Halle, Leipzig 1732.
Zhang, S. C.; Wernig, M.; Duncan, I. D.; Brüstle, O.; Thomson, J. A.: In vitro differentiation of transplantable neural precursors from human embryonic stem cells. Nature Biotechnology *19* (2001), S. 1129-1133.
Zweiter Erfahrungsbericht der Bundesregierung über die Durchführung des Stammzellgesetzes. Typoskript, 27 Seiten. Berlin 2007.
Zypries, B.: Vom Zeugen zum Erzeugen? Verfassungsrechtliche und rechtspolitische Fragen der Bioethik. Rede beim Humboldt-Forum der Humboldt-Universität zu Berlin am 29. Oktober 2003. Manuskript des Bundesministeriums der Justiz. Berlin 2003.

Namensregister